行 銷 傳 播 學

羅 文 坤 著

學歷：中國文化大學新聞學系畢業
　　　國立政治大學新聞研究所碩士
經歷：國華廣告公司行銷企劃處處長、
　　　總經理特別助理
　　　高雄一週發行人、台北一週社長
　　　國立政治大學講師、中原大學講師
現職：清華廣告公司顧問
　　　政治大學副教授
　　　中國文化大學副教授

三 民 書 局 印 行

國家圖書館出版品預行編目資料

行銷傳播學／羅文坤著.－－初版四刷.－－臺北市；
三民，2002
　　面；　　公分

ISBN 957-14-0609-0　（平裝）

1.市場學　　2.大眾傳播

496　　　　　　　　　　　　　　　　84006252

網路書店位址　http://www.sanmin.com.tw

© 　行 銷 傳 播 學

著作人　羅文坤
發行人　劉振強
著作財
產權人　三民書局股份有限公司
　　　　臺北市復興北路三八六號
發行所　三民書局股份有限公司
　　　　地址／臺北市復興北路三八六號
　　　　電話／二五〇〇六六〇〇
　　　　郵撥／〇〇〇九九九八——五號
印刷所　三民書局股份有限公司
門市部　復北店／臺北市復興北路三八六號
　　　　重南店／臺北市重慶南路一段六十一號
初版一刷　西元一九八六年十二月
初版四刷　西元二〇〇二年八月
編　　號　S 89032
基本定價　捌元肆角
行政院新聞局登記證局版臺業字第〇二〇〇號

ISBN　957-14-0609-0　（平裝）

總　　序

　　一九六五年，自晨鳥衞星（Early Bird Satellite）發射成功後，人類已正式進入太空傳播時代（Space Communication Age）。近年由於傳播衞星與電腦（Computer）、傳眞（Facsimilee），以及電視電話（Television-Telephone）相結合，人類不久將可在家享受上學、辦公、開會、研究、購物、訪友、診病、與旅行等的便利。

　　傳播學者施蘭姆博士（Dr. Wilbur Schramm）認爲，電視與傳播衞星，均爲二十世紀最偉大的科學發明，但究竟人類是否能享受它的好處，主要決定於人類「運用」它的智慧，是否能與「發明」它的智慧並駕齊驅！

　　當前世界各國，有關新聞與傳播學的研究範圍很廣，但最迫切的課題，是如何建立本國新聞與傳播學的理論體系，並如何「運用」新聞媒介（卽傳播政策），達成提高人民文化水準，服務民主政治，保障人民自由權利，協助國家發展，與提供高尙娛樂的理想目標。

　　我國新聞（傳播）學研究，自民國七年北京大學開設新聞學，民國九年上海聖約翰大學首創報學系，迄今已有六十多年的歷史，但其效果，仍未達到成熟豐收的階段。

　　對這個問題，曾予檢討，本人認爲，我國新聞科系缺少專任師資與研究出版，是形成上述現象的主要因素。因爲沒有專任師資就沒有研究，沒有研究就沒有出版。而研究是一切進步的動力，出版又是研究、

智慧、與經驗的結晶；沒有研究出版，新聞與傳播學研究，就始終停留
在草創時期。

　　政大新聞研究所，為補救這項缺失，首要工作，在延聘專任師資，
隨後即籌劃研究出版事宜。自民國五十六年：除定期出版新聞學研究（
半年刊，已出至三十一集）外，在新聞與傳播學叢書出版方面，計有曾
虛白先生之「中國新聞史」等七種，均獲好評。

　　學術出版工作，在經費與稿件來源方面，均極困難，故自六十二年
後，叢書出版即告中輟。七十年夏，本人奉命主持新聞研究所，除積極
延聘客座教授，開設新的課程，加強外語訓練，增加碩士班招生名額，
碩士班分組教學，充實「新聞學研究」內容，與籌設博士班及新聞人員
在職訓練外，即恢復新聞與傳播學叢書之出版工作（博士班已奉准自七
十二年六月招生）。

　　此次首先推出之叢書，計有李金銓博士的「大眾傳播理論」，汪琪
博士的「文化與傳播」與鄭瑞城博士之「組織傳播」等。隨即出版者，
預計尚有十餘種。按本所叢書，一向由三民書局總經銷，彼此關係極為
良好。該書局劉董事長振強先生，認為這套叢書，極具價值，乃建議由
其發行。同時本所同仁瞭解，新聞所乃一研究教學單位，不宜擔任發行
工作；尤其三民書局，為我國最成功之出版公司之一，故同仁對劉董事
長之盛意，表示一致同意。

　　茲將這套叢書的書名與作者簡介如下：

　　一、中國新聞史：作者曾虛白先生，前國立政治大學新聞研究所所
長，現任中國文化大學三民主義研究所博士班主任。（民國五十五年初
版，七十年五版）

　　二、世界新聞史：作者李瞻先生，國立政治大學碩士，美國史坦福
大學與哥倫比亞大學研究，現任國立政治大學新聞研究所教授兼所長。

（民國五十五年初版，七十二年二月增訂七版）

三、新聞原論：作者程之行先生，國立政治大學與美國米蘇里大學碩士，現任銘傳商專大眾傳播科教授。（民國五十七年出版，已售完）

四、美國報業面臨的社會問題：作者李察・貝克博士(Dr. Richard T. Baker)，前美國哥倫比亞大學新聞研究院院長。（民國五十八年出版，已售完）

五、新聞道德：原名「各國報業自律比較研究」，作者李瞻教授。（民國五十九年初版，七十一年增訂再版）

六、新聞學：原名「比較新聞學」，作者李瞻教授。（民國六十一年初版，七十二年五版）

七、電視制度：原名「比較電視制度」，作者李瞻教授。（民國六十二年初版，七十一年增訂再版）

八、大眾傳播理論：作者李金銓先生，美國密西根大學博士，現任美國明尼蘇達大學新聞與傳播學院副教授。（民國七十年初版，七十二年修訂初版）

九、文化與傳播：作者汪琪女士，美國南伊利諾大學博士，現任美國夏威夷東西中心研究員，應聘國立政治大學新聞研究所客座教授。（民國七十三年初版）

十、廣告原理與實務：作者徐佳士先生，美國明尼蘇達大學碩士，現任國立政治大學新聞研究所教授兼文理學院院長。

十一、新聞寫作：作者賴光臨先生，美國聖約翰大學研究，現任國立政治大學新聞學系教授兼主任。

十二、政治傳播學：作者祝基瀅先生，美國南伊利諾大學博士，現任美國加州大學溪口分校大眾傳播學系教授兼主任。（民國七十二年初版）

十三、傳播與國家發展：作者潘家慶先生，美國明尼蘇達大學碩士，史坦福大學研究，現任國立政治大學新聞系副教授。

十四、大眾傳播與社會變遷：作者陳世敏先生，美國明尼蘇達大學博士，現任國立政治大學新聞研究所副教授。（民國七十二年初版）

十五、組織傳播：作者鄭瑞城先生，美國俄亥俄州立大學博士，現任國立政治大學新聞研究所副教授。（民國七十二年初版）

十六、傳播媒介管理學：作者鄭瑞城博士。

十七、行爲科學與管理：作者徐木蘭女士，美國俄亥俄州立大學博士，現任國立交通大學管理研究所副教授。（民國七十二年初版）

十八、電腦與傳播研究：作者曠湘霞女士，美國南伊利諾大學博士，現任國立政治大學新聞學系客座副教授。

十九、傳播研究方法：作者汪琪博士。（民國七十二年初版）

二十、傳播語意學：作者彭家發先生，美國南伊利諾大學碩士，現任經濟日報駐香港特派員。

二十一、評論寫作：作者程之行教授。（民國七十三年初版）

二十二、新聞編輯學：作者徐昶先生，美國米蘇里大學碩士，現任臺灣新生報副社長兼總編輯。（民國七十三年初版）

二十三、電視新聞：作者張勤先生，美國舊金山州立大學碩士，現任中國電視公司新聞部副理。（民國七十二年初版）

二十四、行銷傳播學：作者羅文坤先生，國立政治大學碩士，現任國立政治大學廣告心理學講師。（民國七十五年初版）

二十五、公共關係：作者王洪鈞先生，美國米蘇里大學碩士，前教育部文化局局長，現任國立政治大學新聞學系教授。

二十六、國際傳播：作者李瞻教授。（民國七十三年初版，七十五年再版）

二十七、資訊科學：作者鍾蔚文先生，美國史坦福大學傳播學博士候選人。

二十八、大眾傳播新論：作者李茂政先生，國立政治大學新聞研究所畢業，現任國立政治大學新聞研究所專任講師。（民國七十三年初版）

二十九、傳播研究調查法：作者蘇蘅女士，美國密西根州立大學傳播學碩士，現任輔仁大學大眾傳播系兼任講師。（民國七十五年初版）

三十、國際傳播與科技：作者彭芸女士，美國南伊利諾大學新聞學博士，現任國立政治大學新聞研究所副教授。（民國七十五年初版）

以上書目，除已出版者外，僅係初步決定；其他如傳播政策、傳播法律、傳播制度、太空傳播、傳播自由與責任、第三世界傳播、以及傳播媒介對社會的影響等，以後將視實際需要，隨時增加。

這套叢書，作者對內容品質，予以嚴格控制。本人深信，讀者將會瞭解諸位作者付出的心血！他們的貢獻，不僅可提高我國新聞與傳播學研究的水準，而且對我國傳播政策的制訂與執行（即如何「運用」傳播媒介），定有助益。在此，本人謹向作者，致最誠摯的謝意！

最後應特別感謝三民書局劉董事長振強先生，沒有他的欣賞與大力支持，這套學術叢書的出版，是不可能如此順利的！

李　　瞻

國立政治大學新聞研究所
中華民國 72 年 5 月 21 日

行銷傳播學　目次

總　序

第〇章　企業行銷與傳播——代序

第一章　傳播的本質

壹、什麼是傳播⋯⋯⋯⋯⋯⋯⋯⋯⋯⋯⋯⋯⋯⋯⋯⋯⋯ 5

貳、傳播過程模式⋯⋯⋯⋯⋯⋯⋯⋯⋯⋯⋯⋯⋯⋯⋯⋯ 9

叁、消息如何共享⋯⋯⋯⋯⋯⋯⋯⋯⋯⋯⋯⋯⋯⋯⋯⋯14

肆、「意義」的意義⋯⋯⋯⋯⋯⋯⋯⋯⋯⋯⋯⋯⋯⋯⋯21

伍、「意義」如何被學習⋯⋯⋯⋯⋯⋯⋯⋯⋯⋯⋯⋯⋯24

陸、「意義」的層面⋯⋯⋯⋯⋯⋯⋯⋯⋯⋯⋯⋯⋯⋯⋯29

第二章　傳播過程模式

壹、傳播者⋯⋯⋯⋯⋯⋯⋯⋯⋯⋯⋯⋯⋯⋯⋯⋯⋯⋯⋯37

貳、通徑⋯⋯⋯⋯⋯⋯⋯⋯⋯⋯⋯⋯⋯⋯⋯⋯⋯⋯⋯⋯45

叁、受播者⋯⋯⋯⋯⋯⋯⋯⋯⋯⋯⋯⋯⋯⋯⋯⋯⋯⋯⋯48

肆、回饋與比較評估儀……………………………………62

伍、結語——人際傳播與大眾傳播……………………63

第三章　注意與知覺

壹、注意的喚起與維持……………………………………69

貳、注意的種類……………………………………………71

叁、影響注意的因素………………………………………76

肆、知覺的意義……………………………………………90

伍、知覺的基本原則………………………………………90

陸、對人的知覺…………………………………………107

第四章　學習理論

壹、學習的定義…………………………………………115

貳、學習的方式…………………………………………116

叁、學習的基本原則……………………………………123

肆、影響學習的因素……………………………………135

伍、學習理論在行銷傳播上的運用……………………138

第五章　傳播來源

壹、說服傳播中的來源因素……………………………153

貳、如何提高傳播來源的說服力………………………167

叁、行銷傳播來源………………………………………175

第六章　傳播訊息

壹、訊息結構……………………………………………187

貳、訊息訴求……………………………………………………… 204

叁、訊息符碼……………………………………………………… 212

肆、結語——有效的訊息原則…………………………………… 227

第七章　受　播　者

壹、影響說服的受播者因素……………………………………… 237

貳、興趣與被說服性……………………………………………… 245

叁、態度與說服…………………………………………………… 246

肆、抗拒傳播……………………………………………………… 247

伍、說服傳播之受播者原則……………………………………… 250

第八章　團　　體

壹、團體的種類…………………………………………………… 259

貳、團體的壓力——從眾………………………………………… 274

第九章　擴散——探納過程

壹、創新事物擴散概述…………………………………………… 288

貳、採納過程……………………………………………………… 291

叁、擴散過程……………………………………………………… 304

肆、意見領袖與影響流程………………………………………… 310

第十章　消費者行爲

壹、消費者特質…………………………………………………… 325

貳、消費者購買使用過程………………………………………… 361

叁、購買參與角色………………………………………………… 366

第十一章　行銷傳播過程

壹、行銷傳播的角色……………………………………………… 374

貳、行銷傳播的組合……………………………………………… 375

叁、從行銷到行銷傳播…………………………………………… 380

肆、行銷傳播的定義……………………………………………… 382

伍、行銷傳播模式………………………………………………… 383

第十二章　產品在行銷傳播中扮演的角色

壹、包裝傳播的構成要素………………………………………… 392

貳、產品的物理特性……………………………………………… 413

叁、產品特性與消費者需求……………………………………… 415

肆、產品生命週期與行銷傳播…………………………………… 420

第十三章　價格在行銷傳播中扮演的角色

壹、價格的經濟觀………………………………………………… 440

貳、產品特質與價格……………………………………………… 442

叁、新產品的訂價策略…………………………………………… 444

肆、消費者特質…………………………………………………… 447

伍、價格的心理反應……………………………………………… 449

陸、消除消費者對價格之敏感…………………………………… 453

柒、訂價決策的考慮……………………………………………… 455

第十四章　場所在行銷傳播中扮演的角色

壹、商店形象的層面……………………………………………… 462

貳、顧客如何選擇商店……………………………………… 476

叁、廠商如何選擇零售商店………………………………… 478

第十五章　廣告傳播

壹、廣告傳播之特質………………………………………… 483

貳、廣告傳播的功能………………………………………… 485

叁、達成預期反應——廣告目標…………………………… 489

肆、廣告訴求架構…………………………………………… 506

第十六章　廣告媒體

壹、媒體面面觀……………………………………………… 521

貳、多重媒體通路…………………………………………… 524

叁、媒體分論——各種媒體特徵析論……………………… 525

第十七章　行銷傳播戰略

壹、戰略的基本概念………………………………………… 541

貳、行銷傳播戰略的擬訂…………………………………… 544

叁、行銷傳播戰略…………………………………………… 565

第十八章　結　語

附錄　掃描行銷環境窺測消費生活

壹、前言……………………………………………………… 609

貳、臺灣地區行銷環境掃描………………………………… 610

叁、消費生活趨勢窺測……………………………………… 630

第○章　企業行銷與傳播——代序

　　許多企業家均認為「產品推廣」（promotion)是行銷策略中最重要的策略之一；也是行銷過程中最具有決定性的變數；同時，更由於「產品推廣」維繫了廠商與消費者，本質上顯得機動多變，因此也使它成為行銷決策中最有趣也最困難的部分之一。所謂「推廣」（Promotion）是「告知」（Informing）、「說服」(Persuading)，並「影響」(Influencing)消費者之購買決策的功能。

　　成功而有效的行銷並不僅僅是要開發產品（Product）、擬訂適當的價格（Price），或是適時適地將產品提供給消費者，必須要建立有效的產品推廣策略及傳播體系。因為，只有「產品」、「價格」、「配銷」等策略並不完全能為現代企業創造足夠的銷售收入與利潤。如果沒有適切有效的推廣策略，則許多潛在的消費者對產品的形態、用途、使用時機或使用方法均不甚了解，甚或根本不知道有該產品的存在，所以不知道前來購買。由上可知，一個企業必須要有一套健全而有效的推廣策略，將產品的存在及其優點、特性、用途、用法等等訊息傳播給不同的

消費者。因此，「傳播」在現代企業行銷中的確佔了舉足輕重的地位，尤其是「產品推廣」，幾乎是與「傳播」兩者合而爲一體的。

現代企業經常要在消費者和社會大眾之間進行「傳播」活動，這也就是所謂的「行銷傳播」(Marketing Communication)。

「行銷傳播」大致可分爲「告知性傳播」(Informative Communication)，以及「說服性傳播」(Persuasive Communication)兩種。

所謂「告知性傳播」，如果從被動的角度看來，是指生產者或行銷人員將一些產品訊息以及生活情報，透過傳播通徑(媒體)傳達給消費者，其目的只期望消費者知道這些訊息情報，而並不一定希冀產生某種影響效果，或引起某種行動或反應。但是如果從主動的角度看來，則「告知性傳播」可以說是指消費者〔或「消息覓求者」(Information Seeker)〕爲了瞭解某種產品特性，探求某種生活情報，在各種不同媒體通徑中去追尋覓求有關的訊息。

所謂「說服性傳播」則指生產者或行銷人員有意安排訊息，選擇媒體通徑，以便對特定的「閱聽人」(Audience) 或消費者的行爲及態度產生預期的影響效果，大多數的廣告就是典型「說服性傳播」的例子。

現代的工商企業也已經逐漸體認到消息傳播的重要性，因此採用各種出奇制勝的奇招來傳達說服性的訊息，加強銷售力量；也知道如何妥善運用廣告代理商的企劃、製作，完成引起廣大消費者注意的「廣告」；同時也採取各式各樣的「促銷」(Sales Promotion) 技術，設計銷售競賽及促進活動； 更有效地運用公共關係來提高公司的知名度及印象。 這一切均說明了「行銷傳播」在現代工商企業中所扮演之角色日益重要的趨勢，而「整體行銷傳播觀念」(Integrated Marketing Communication Concept) 也逐漸爲人所採納。

「行銷傳播」一詞的涵義要比「推廣策略」(Promotional Strategy)

的涵義來得廣泛，因爲它還包括口頭傳播以及其他非系統化的傳播型態。儘管如此，一個計劃周詳的推廣策略畢竟是行銷傳播中最重要的部分。

　　「行銷傳播」的觀念，在國內尚屬萌芽時期，但是在國外尤其是美國卻日益爲工商業界所重視，一些規模較大的企業，像「西屋公司」(Westinghouse) 及「美國標準公司」 (American Standard)等均設立了「行銷傳播」部門。

　　本書的最大旨意，就是希冀有系統地建立一套行銷傳播理論，供擬定行銷傳播策略者之參考。

　　本書是以行爲科學作爲基礎，深入分析行銷傳播活動的基礎。其所探討的項目包括所有的行銷組合（marketing mix）變數，其至所有的企業活動都可說是行銷傳播的變數。因此，產品（product）、價格(price)、場所（place）以及推廣（promotion）都將被認爲是傳播變數(communications variables)，每一個變數組合成爲整體的行銷傳播訊息〔或稱爲「產品訊息」(the total product message)〕，然後傳達給旣有或潛在顧客。

　　本書提出了一般的傳播模式以及行銷傳播模式，作爲理論建立的基礎，並便於整理與討論。

　　本書儘可能配合實際的例證與個案，來闡述一些概念，並儘量讓讀者了解傳播概念在行銷策略中之實際運用及作業情形，並且歸納出一些行銷傳播的一般原則。

　　本書將有系統地討論廣告傳播的訴求策略以及行銷傳播策略，並讓讀者有一個基本的架構，去瞭解行銷傳播的管理，在制定廣告作業及行銷傳播作業計劃時之重要性。

　　關於行銷傳播的管理，本書試圖從企業的社會責任之角度去剖析，並試圖建立一種合乎社會公眾利益的行銷傳播制度與政策。

　　總之，由於行銷傳播在現代企業及工商社會中所扮演的角色日趨重要，本書擬從行銷傳播的過程開始，以行爲科學爲基礎去探研，試圖建立模式及理論體系，並提出行銷傳播的原則與策略，以及行銷傳播的效果測定方法，最後從社會責任的角度討論行銷傳播的管理及其對社會的影響。

　　由於行銷領域的日漸擴張 (Kotler, P., 1980)，本書除能直接助益於廣告人、業務代表人員、行銷管理人員之外，對於政府宣傳機構人員、新聞從業人員、公職競選人員以及其他與行銷或傳播有關的單位或人員，本書能提出一些可供遵循或參考的方向。

第一章 傳播的本質

壹、什麼是傳播

「行銷傳播」屬於「傳播」型態中的一種，在討論行銷傳播過程之前，我們應該先就「傳播的過程」（the process of communication）加以瞭解。

對於人類傳播的進行方式與過程，我們先從下面所列舉的一些日常生活中的經驗去加以思考並體會一下，人類的傳播如何進行:

●一名汽車駕駛司機正停下車來，在車上攤開臺北市街道地圖，尋找中正紀念堂的座落位置，並研究一下他的駕駛行程及路線。

●一聲警笛呼嘯而過，劃破寂靜的長夜。

●火車站廣場的電子鐘，顯示出黃昏六時正的數字「18:00」，同時宏亮悠揚的鐘聲隨之響起，鐘聲在空氣中盪漾著、盪漾著……。

●「六福客棧」門口的交通燈號由紅變綠。

●電視畫面晃動著，我們可以從晃盪不定的畫面上，看到一大羣新

聞記者的肩膀來回穿梭著，人潮在畫面上熙來攘往。透過人潮的縫隙，我們看到從美國威廉波特衞冕成功凱旋歸來的少棒隊球員被記者們包圍著，正在接受他們的訪問。小國手們精神抖擻，顯露笑容的臉龐，透過記者們晃動的肩膀縫隙，正對著我們述說在海外揚威異域的經過。

●一名男士買了一份日報，登上一班相當寬敞的中型冷氣公車，找到了一個位置，然後坐下來就翻開第三版看社會新聞。

●一個剛滿十四歲的小女孩，烏溜溜的秀髮加上紅潤的臉蛋，相當討人喜歡。一個修長高大的男孩，溫儒成熟，看不出他只有十六歲。小男孩紅著臉走近小女孩面前，含情脈脈地說：「蓮，你要不要去……」然後露出期盼眼光，侷促不安地把話停頓下來。小女孩會心一笑，從小男孩的「行為語言」中看出他的意旨，說道：「好啊！」

●一位任職於民營機構的年輕襄理，單身住在市郊一棟獨立式住宅。清晨，被定時開關收音機從夢鄉喚起，電臺正播出由新力公司所提供的「早安曲」節目。早餐時，他邊看報紙，多彩多姿、引人注目的廣告一一映入眼簾。開門時，發現信箱裏有一封「神秘的禮物」的信，打開一看，原來是某建設公司寄來的 DM 廣告信函。打開轎車車門，正想倒車，驀然望見貼在車後窗上的「VO5」及「香檳火星塞」的貼紙廣告。沿途，看到了公路兩旁、平交道附近的鐵路邊上、中華商場的屋頂上，處處都是廣告牌及霓虹塔廣告。車子到了紅綠燈，從旁邊的公車車窗望上去，看到了車廂上「片片彩虹片片情」的電影廣告和一些文具、眼鏡的車廂廣告。車子又發動了，車內收音機播出新聞後的廣告，正想抽煙，不料口袋中掏出的火柴，卻是××西餐廳的廣告。終於，車子到了公司停下，抽出鑰匙，鑰匙串在一個環上，那個鑰匙環竟然也是某一產品的贈品廣告……。

以上這些事例，都經常在我們日常生活中發生，這些事例都是敍述

著各種傳播的運轉過程。

「傳播」究竟是什麼？應如何去加以界定呢？

「傳播」一詞是由拉丁文「Communis」一字轉化而來，原意是指「共同」或「共通」("Common")。因此，傳播可以視爲「一種建立傳送者與接受者之間共同性或一致性的過程」(Schramm, W., 1955)。當我們的訊息（message）成爲某人認知領域的一部份（或與他的認知領域一致）時，就表示我們與某人之間產生了傳播行爲，除非兩者之間有這種訊息與認知領域間的聯結，否則傳播不可能發生。這種傳播的定義具有兩個重要的意義：**第一**、傳播是一種過程，在這個過程裏包含有一些要素以及彼此間的關係存在，可以用結構方式建立模式來探討。**第二**、傳播者與受播者之間必須發展出一種思考上、觀念上、意見上或態度上的共同性（commonness），這種共同性是指傳播者與受播者間必須具有一種「共享」（sharing）的關係存在。

前面所提到之日常生活中的事例之間，有一些共同點，那便是它們都具有傳播的消息、情報（information）、訊息（message），一種共享消息、情報的傳播關係（communication relationship），以及一種只發生在「傳播關係」間用來處理消息、情報的特殊行爲，我們稱之爲「傳播行爲」。

綜上所述，傳播可以定義爲：「*傳送者*〔(sender)，*或稱爲來源——source)〕將一種訊息（message）透過通程（channel）傳送給接受者*〔(receiver)，*或稱爲終端、目的地)〕，而共享一種消息、意見或觀念的過程。*」

一般人很容易由上述的定義產生一種誤解，認爲傳送者在這種共享關係中是主動角色，而接受者是被動角色。

舉個例來說，有一個人（傳送者）對一個漫不經心、心不在焉、沒

在專心聽的朋友（準接受者）說話。從一般觀察者的角度看來，這個過程中包含了傳送者、訊息、通徑、「準接受者」等要素，他們兩人之間似乎發生了傳播行為；然而，事實上由於他們兩人之間觀念、意見或想法未能產生共享，因此這兩位朋友之間並沒有傳播行為發生。在這個例子裏，傳播之所以未能構成，其理由是在於「準接受者」的主動性不夠，而是消極、被動的。這裏所提到的「準接受者」，值得我們注意──雖然，說話者所發出的聲波震動到他的耳鼓，但是他並沒有積極地在接受而共享話中所傳達的消息、情報，因此不能算是一種傳播行為。這種「落花有意，流水無情」的情形，也可能發生在電視收視者與電視機之間──一個昏昏欲睡的人，任由電視螢幕上不時發出聲光兼具的精彩節目，也是視若無睹的。

同理，一部電視機同時受到來自臺視、中視或華視所發射出來之電視波（電磁波）的包圍；但是，惟有當選臺器的頻道轉到與某一電視臺的頻道一致時，該臺的節目訊息才會被這部電視機所接受，而在螢光幕中顯現出來（當然「一機三螢幕」的裝置又另當別論了）。同樣地，一個人也隨時隨地都受到來自許多不同來源之林林總總之刺激的包圍，正和前面所提到的電視機一樣，他只選擇其中一種他所及時需要的來源去接受；就那些未被他選中的刺激來源而言，這個人就是視若無睹、聽而不聞的被動接受者，也就是所謂的「準接受者」(intended receiver)，因為傳播行為並未發生。

從傳播的實質而言，由於它是一個共享的過程，至少需要兩個「人」在一起，彼此站在「共享消息」(information-sharing)的關係上，交流著一系列的「消息符號」(informational signs)。這種關係的目的──或為蒐集消息情報(information seeking)、或為傳達訊息(message sending)、或為告知(informing)、或為說服(persuading)、或為教導(instructing)、或為娛樂(entertaining)等等──決定了參與者在傳播

過程中所扮演的角色。

至此，我們應該很明白地看出，在同一傳播關係裏，傳送者或接受者為了共享消息，必須積極而主動地參與傳播。析而言之，傳播是一種「與」他人共同進行的事情，而不是「對」他人做的事情(Communications something one does *with* another person, not something one does *to* another person.）(Delozier, M. W., 1976)。

針對這一點而言，我們可以從傳播的定義裏，引申出兩種觀念，這也是以下所要探討的(1)傳播過程模式，以及(2)消息的共享方式。

貳、傳播過程模式

司機攤開臺北市地圖找尋中正紀念堂的座落位置，警笛呼嘯劃破長夜，試管嬰兒張小弟從母親張淑慧腹中生產的實況透過電視轉播給關心他們的大眾收看，男孩向女孩眉目傳情，這些都是傳播，這些傳播都包含了三個最主要的要素：來源、訊息和接受者。只有當訊息對來源和接受者具有相同意義時，傳播才可能產生。就上面所提到的四個傳播的例子裏，我們可以看出來源、訊息、接受者等三要素：

來源：地圖繪製印刷者、警察、電視轉播工作者及電視臺、男孩。

訊息：地圖上所指示中正紀念堂座落位置、警笛的呼嘯、醫師們為試管嬰兒張小弟所進行的分娩手術實況、眉目間所傳遞的愛慕之意。

接受者：司機、從夢鄉中驚醒的人、關心張小弟的大眾、小女孩。

傳播可能是採用口語方式，可能是非口語方式，也可能是兩者的綜合。電視廣告就是兼具影像與聲音，將廣告的「意義」(meaning)傳達給觀眾。業務代表經常用口語方式進行推銷，有時也採用各種目錄、照

片、圖表、表格，甚至商品本身，來幫助傳遞所要傳達的訊息和意義。非口語傳播通常來自一些外在因素，眨眼、嗔笑、聳肩、攤手……乃至於業務員的服裝、儀容、配飾……等等皆是。

　　上述的「來源」、「訊息」與「接受者」正是任何一種傳播過程中所必備的三個基本要素。關於傳播過程，許多學者從各種不同角度去探討，分別建立不同的模式，有些是以文字方式，有些用非文字方式，有些則用數學方式。但是不論採用何種方式建立模式，所有的模式裏都包含了這三個基本要素。

　　關於傳播的過程模式，將在本書第二章裏詳加闡述，在此僅介紹幾種較常被談論到的傳播過程模式：

一、圖形模式

傳播過程可以用一種最簡單的模式來說明，如圖1-1：

圖1-1　傳播過程模式（簡單型）

　　「來源」（或稱爲「傳送者」）是一個或一羣人，他們具有一種消息、態度、意見或觀念想和他人共享。一個歌星、一名演說家、一位拿起電話聽筒與人電話聊天的人……，這些都是「一個人」的傳送者；衛生署、中華電視臺、社會福利中心、「張老師」、家庭計畫協會、大同公司、統一企業……等等，則是「一羣人」，但是也被視爲單一個體的傳送者。該模式中的第二個要素是「訊息」，是一種符號的表示，用來表達傳送者的消息、態度意見或觀念，可能是印刷書寫的文字，可能是口述的文字，也可能是其他表達方式。在行銷傳播上，它可能是報紙、雜

誌廣告，可能是電視廣告影片，可能是產品包裝，也可能是其他方式的產品訊息。至於第三個要素是「接受者」（或稱爲「終端」或「目的地」），指與傳送者共享消息、態度、意見或觀念的一個人或一羣人。就行銷傳播而言，接受者是指該公司產品之未來潛在顧客，以及目前既有之顧客。

「傳播者」可以說是傳播系統中的來源，因爲他蒐集並傳遞訊息給受播者，爲了確使傳播達到預期效果，訊息必須具有三項特性：

（一）它必須引起受播者的相當注意力。

（二）它必須是傳播者與受播者兩方面所共同理解的。

（三）它必須激起受播者的某種需求，並建議他們滿足這些需求的適當方法。

圖1-2所描述的，則是一個稍微複雜的傳播過程模式，這個模式多出了「編製符碼」（encoding）、「還原符碼」（decoding）、「通徑」（channel）、「回饋」（feedback)和「傳播障礙」（noise)等五個要素。

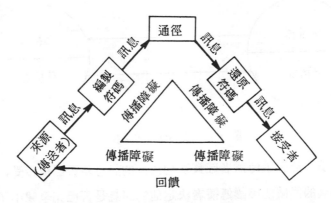

圖 **1-2**　傳播過程模式（複雜型）

所謂「編製符碼」是將傳送者的消息、態度、意見或觀念等訊息化成可以理解的符碼（或符號）形式之過程，這個過程通常由傳播者所操

縱。同樣地，「還原符碼」是將訊息符號轉化還原成為原來之消息、態度、意見或觀念的過程，這個過程則由接受者所操縱，也就是受播者對於所接受的訊息加以研判，並加以「解釋」（interpretation）後納入其「知覺」（perception）領域 。「編製符碼」與「還原符碼」都屬於心智過程（mental process）。訊息是編製符碼過程的結果，也是用來與接受者共享消息、態度、意見或觀念的工具。

「通徑」這個要素是一種通道，透過這個通道，將傳播者的訊息傳遞給接受者。關於「通徑」，可以從幾個不同的角度去探討，這些不同的觀點將在第二章裏詳加敘述。

「回饋」這個要素確定了傳的雙向（two-way）本質，指出在實際情況之下，傳播者與受播者不斷地交替角色，交互影響，對於對方所傳達之訊息在其態度上或行為、行動上的反應表現出來。這種交互作用的情形如下圖1-3：

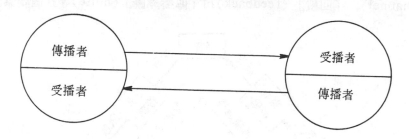

圖 1-3 雙向傳播簡易模式

「回饋」能够讓傳播者確實掌握住他的訊息是否已被接受，從受播者處所得到的回饋能够讓傳播者決定他的訊息是否已完全擊中了對象，或是需要改變策略， 重新在受播者心目中建立一套更清楚的圖像 。 因此，回饋的機轉是傳播者測量傳播過程是否順利進行的尺度。

在行銷策略中可經常發現，一個廣告活動並不能按預期的方式被消

費者所接受，管理人員可以根據市場上消費者的回饋，重新檢討甚或修正廣告訊息。

「傳播障礙」是影響傳播過程順利進行的一切干擾，在傳播進行過程裏，處處佈滿了這種「傳播障礙」，在音訊傳遞時不時加以干擾。

二、文字模式

除了上述的圖形模式之外，還有用文字敍述方式來說明傳播過程模式。拉斯威爾（Lasswell, H. D.，1960）曾用下列的問題，提出一個實用的傳播模式:

誰？（Who?）

說什麼？（Says what?）

以那種通徑？（In which channel?）

向誰說？（To whom?）

產生什麼效果？（With what effect?）

雖然，這個模式只提到傳播的要素，並未對他們的關係加以描述，但是它在傳播研究領域裏，卻有其實際價值。這個模式指出了五個研究分析的主要領域，如下表:

表 1-1　傳播研究的五大領域

模　　　式	分　析　領　域
誰？	來源分析（source analysis）
說什麼？	內容分析（content analysis）
以那種通徑？	媒體分析（media analysis）
向誰說？	閱聽人（對象）分析（audience analysis）
產生什麼效果？	效果分析（effects analysis）

「來源分析」是分析說話的人，也就是傳播者；「內容分析」是分析說話的內容，也就是傳播內容；「媒體分析」是分析傳達的通徑，也就是傳播媒體；「對象分析」是分析聽人說話的人，也就是傳播對象；「效果分析」是分析閱聽人的反應，也就是傳播效果。

從傳播研究的觀點來看,拉斯威爾的模式中所提出的問題固然有用，但是大多數文字式模式的實用性都受到限制。一般而言，這些模式都未能充分顯示出傳播過程的動態性（dynamism），這種限制部份是由於文字本身的固著性(static nature) (Ball, J. & Byrnes, F.C., 1960)。

由上面分析我們可以看出，基於模式建立者所預期的目的不同，傳播模式可以許多不同的方式來說明。有些模式使用來建立傳播過程的概念，有些則用來指導傳播研究。本書的第二章將就傳播模式更進一步詳加探討，將首先討論一般的傳播過程，再進一步針對行銷傳播過程進行討論。

因此，我們緊接著將談到傳播定義的第二種觀念：傳播者與受播者的「共享」（sharing），亦卽消息的共享方式。

叄、消息如何共享

人類是社會動物，也因此必須和其同類之間共享「思考」(thought)，包括想法、消息、情報、意見、態度或觀念等。人類與周圍環境（包括其他人）的接觸與聯繫，是透過人類的感官系統（耳、眼等）。至於人類的思考是一種心智過程，則不可能被他人的感官系統所偵測，思考這種東西本身又不能輕易地取出並放置在他人的頭部，必須要有一些轉載工具是傳送者與接受者所能够用感官系統來共同理解的，例如語言、圖案、手勢、旗語、號幟……等。

　　如有人要和你共享關於「玫瑰」這個思考時，最簡單的方法就是給你一朵玫瑰，你可以看看它、摸摸它、嗅嗅它。同樣地，如果那人要和你共享關於「蘋果」這個思考時，他可以拿個蘋果出來，讓你瞧瞧、摸摸甚至嚐嚐。顯然地，採用這方法來共享思考會有許多困難。首先碰到的難題是，爲了和他人共享思考，我們必須隨身攜帶成千上萬、不計其數的物品。其次，當我們要和他人共享一些像自由、愛情、快樂……之類的抽象名詞時，這種「呈現物體」的表達方式就無從發揮作用了，這也是一些原始社會的先民所難以克服的難題。因此，有人用某一社會間傳播過程的複雜程度作爲衡量該社會智慧文明發展的指標。

　　或許是人類的得天獨厚，當我們遭遇到上述的難題時，另一套傳播系統被發展出來了。在人類的早期歷史裏，人們開始將樹木、動物等的形象刻在石洞的牆壁。同時，他們看到動物或其他人時，也開始發出特殊的聲音來。這些形象的刻繪和特殊的聲音，開始和周圍環境的事物產生關聯。屬於同一家族或同一部落的人們，共享著形象和聲音的共同意義。這些和一些其他用來代表環境間之事物的方法，我們稱爲「訊號」（signs）。訊號只是一種代表事物或觀念的刺激，是與其所代表的眞正事物相關聯的代號，訊號也惟有當所代表的眞正事物或觀念爲他人所共享時，才具有「意義」（meaning）。圖1-4所示，是一種思考共享的過程：

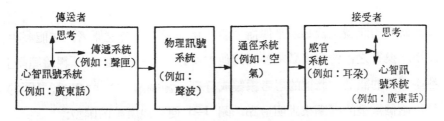

圖 1-4　思考共享過程模式

這個模式顯示，傳送者在其心智中貯存了一組訊號系統，可以用來代表他的思考。他可以用他的傳遞系統，把他的思考編製成符碼後送到接受者的環境裏，在上面這個例子裏，他所使用的傳遞（發射）系統是「聲匣」（voice box），也就是發音系統。接受者則運用他的感官系統，接受經由空氣所傳來的聲波，在這個例子裏，他所使用的感官系統是耳朵。然後，他運用他的心智訊號系統，將這些刺激（符號）予以「還原」，而與傳送者共享思考。

毋庸贅言，上述的例子難免過於簡化，實際的共享過程當然要較此複雜很多；但是，它卻充分顯示出「訊號系統」在傳遞思考的過程上，要比運用「呈現物體」的方式要來得更靈活有效。採用「訊號系統」有很多好處：第一、符號系統可以「隨身攜帶」，不像物體本身之笨重龐巨，我們可貯存大量的「心智訊號」（mental sign）在我們的腦子裏，隨時隨地拿出來運用，而不必隨身攜帶成千上萬的物體。其次，訊號間可以依據需要聯結在一起，用來表示更廣泛的思考，而物體本身則不可能如此輕易地被聯結在一起。例如「春天的楊柳樹」、「貓吃魚」、「籠中的鳥」、「國破山河在」……等等，並不能用物體本身來妥切表達。

一、訊號的共享

傳播的訊號系統必須是傳播者能使用而受播者會還原者，才能發生作用。換言之，傳播者必須使用對他本身以及他的受播者之「經驗範圍」都能通用的訊號，將他的思考編製成符碼。施蘭姆（Schramm, 1965）曾用兩個重疊的圓圈來說明這點，圖 1-5 便是他所繪的圖型：

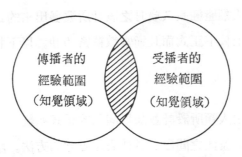

圖 1-5　傳播需要重叠的經驗範圍

「經驗範圍」(a field of experience)又稱爲「知覺範圍」(the perceptual field)，是一個人一生之中所有經驗的累積總和。包含於經驗範圍內的訊號，種類繁多，像語言(如廣東話)、手勢(如揮手告別)、數學符號（如累加符號「Σ」），甚至微笑、眼淚……等等，都是存在於經驗範圍裏的一些訊號。

上圖中經驗範圍所重叠的部份愈廣，則傳播者所使用的訊號能被受播者所還原的可能性就愈大，傳播也就更容易。反之，如果傳播者所採用的訊號不能爲兩人的經驗範圍所共同接受，則受播者勢必不能將訊息的符碼加以還原；換言之，當兩個圓圈碰不著，其交集爲空集合時，傳播就不可能發生。假如向一個從來沒看過甚或聽過冰或雪的非洲人，說某某酋長心冷如冰（亦即無法在經驗範圍上產生重叠），他一定茫然不知所云；又如某人用廣東話在罵你或誇獎你，由於你不懂廣東話（也就是訊號系統不包含於你的知覺範圍），因此，你根本無法知道他在說你什麼。一個不愛欣賞花的人無法和養蘭專家暢談花卉，一個鄉巴佬無法與大學教授暢談國家經濟；隔行如隔山，原因就在這裏。

二、基本的訊號系統

訊號系統有兩種基本形式，一種是語文方式，另一種是非語文方

式。語文方式是人類歷經長久歲月之設計所發展出來的正式訊號系統。非語文方式大致上較不正式而且通常較精密巧妙。以下將就這兩種形式分別加以剖析。

（一）語文方式：

認文方式是由人類所設計並加以演化的正式系統。原始人在發明語文（語言）之前，彼此之間已有各種表達思考的方法。語言發展之後，可以讓別人聽到聲音而不必看到所指的眞實物體，卽能了解所指的意思。語言的發明是人類文明的一件大事，初民基於需要逐漸發展出有組織的音符，使大家聽到聲音便能知道所指的事物。換言之，原始人們把發出的聲音與某種經驗或行爲聯結起來，使聲音負荷了所聯結之經驗或行爲的意義。人類發明了語言之後，可以利用聲音傳情達意而擺脫所指的事物；經過了幾萬年之後，人類歷史上出現了另一個里程碑──文字，能進一步把聲音和說話人分開，使人們的思考傳播得更遠更久。語言是由於人類需要而抽繹事物與經驗而產生，文字也由於需要抽繹圖畫而產生，但文字符號比稍縱卽逝的聲音符號要耐久得多。

世界的語文系統大致可分爲兩大體系：（一）源出於中國的象形語文系統，流傳於中、日、韓及若干亞洲國家，除了象形之外，中文裏更加入了指事、形聲、會意、轉注、假借等字，使象形語文的使用更加靈活。（二）源出於兩河流域之肥沃月彎的字母語文系統則遍見於西方世界，字母系統的語文比較易學、易用、也易變。不論是象形語文系統，或是字母語文系統，都有一套正式的規則與方法。就以字母語文系統爲例，通常是先有一組基本的「記號」──例如字母，用來形成無數的單字。當然，這些單字是用來代表外在世界中眞實事物的訊號。至於那些用來形成單字的「記號」，必須要有特定的排列順序，才能代表傳播者的思考。舉個實例說明，請看下列這些記號：

ｉ　ｅ　ｌ　ｖ

這些記號可以用各種不同的排列方法，組成不同的訊號，根據排列組合的公式，這四個字母的排列方法應該有 N！/(N−r)！種，因此將這四個字母以每次四個的排列方法應為24種，（4！/(4−4)！＝4×3×2×1＝24），可以構成24種不同的訊號。但是在這24種排列組合所構成的訊號中，只有四種排列在英文裏具有意義，代表周圍環境的事物，這四個單字分別是 "evil"（邪惡）、"live"（生活）、"veil"（面紗、藉口）與 "vile"（討厭的、卑鄙的）。雖然，上面這四個包含了四個完全相同的記號（字母），由於排列的順序不同，每個單字在人們的認知領域裏代表著迥然不同的意義與經驗。在英文裏，有26個記號所形成的字母，這些字母有數以百萬計不同的排列組合，其中只有一小部份的排列方式構成英文中所使用的訊號（卽字彙）。

正如字母之構成單字需要特定的排列順序，單字在構成句子時也必須遵循一定的順序。句子是由一連串的單字所構成，根據一套表達詞意的規則加以排列而成。這種在語文運用上，將單字加以特定安排而構成意義的系統，稱為「文章構成法」（syntax），這種系統是使用同一文字訊號的人們所發展出來的共同使用方式。如果沒有「文章構成法」這種規則，一些單字的排列必將「語無倫次，不知所云」。例如，一句「我開一部跑車」（I drive a sports car.）的句子，如果被唸成「drive I car. a sports」或「car. sports drive I a」，則眞是不知所云何物。

再者，語言通常要有一定的分類體系，來規定字的類別衍義、詞類變化，以及構成文句的對應關係及功能、用法等等，這一套體系稱之為「文法」（grammar）。

語言是人類所共同沿用的累積結果，經由學習過程而世代沿襲相傳，中間雖因時代變遷而有若干改變或增加，但是就語言的基本形式關

係而言，還算相當的悠久穩定。

（二）非語文形式:

到目前為止，我們所討論的只是一般性的語文形式的傳播訊號。但是，訊號可以是語文的（verbal），也可以是非語文的(nonverbal)。非語文形式的訊號——像姿態、手勢、眼淚、微笑、哈哈大笑、眼珠的轉動、抑揚頓挫，甚至衣著的式樣顏色或是一陣撲鼻的芳香——通常是用來表達一個人的情緒或情感。伯德惠斯托（Birdwhistell, R.)將研究人類「姿態傳播」(gesture communication) 的學問稱為「Kinesics」（身體運動語言學），據他估計，兩人在傳播時，有百分六十五的「社會意義」（Social meaning) 是運用非語文訊號來傳遞的（Birdwhistell, R., 1970)。葛達德（Geldard F., 1971) 指出人類可以用一種「身體英語」（Body English) 來傳播思考，就「觸覺傳播」(tactile communication) 的範圍及其使用來傳播精密及細節情報之方法，葛達德曾根據三種不同強度和期間的力量，施予胸前五個不同部位，發展出一套包含45種不同信號的觸覺語言系統。這套語言系統可以在幾小時內學會字母，並可用這些字母來造字及造句（Geldard, F., 1971)。

其他的非語文傳播方式包括姿態（鬆弛程度）、談話速度（句子長度）、語氣和語調，以及錯字數目或是一種特殊動作等。例如，在談話之中，當身份地位較高的人以一種較快或較慢速度在說話時，身份地位較低的人通常會依照這種速度說話。在廣東茶樓「飲茶」時，只要你掀起茶壺蓋，服務生就知道你的茶壺裏已經沒有茶了。

姿態可以傳播「喜好」和「身份地位」。例如，一個說話者的身體愈傾向他的聽話人，就表示他對聽話人的好感愈深 。一個人在對身份地位較低的人說話時，他的姿態就顯得比較放鬆自然；反之，當他對身份地位較高的人說話時，通常較易顯得侷促不安。有些研究也指出，一個

人的鼻子可以接受很多情報，他們認爲，一個人的情緒與氣氛會散發出不同的氣味（經由荷爾蒙或皮膚分泌物等），這些氣味可以被人們的潛意識感受出來。

非語文傳播在人類傳播中所佔的比例相當大，通常是用來傳播一個人的感覺、喜好、好感等，用來輔助或加強語文傳播。非口語訊號雖然佔人際傳播的比例很大，但是它卻有一定的限度。麥拉賓（Mehrabian, A.）曾指出，語言幾乎可以用來傳遞一切東西，但非語文傳播的範圍卻是有限的(Mehrabian, A., 1968)。

這一節裏，我們已經將人類用來傳播的機轉——訊號系統，作了系統的介紹。我們曾談到訊號有兩種基本型態——語文式與非語文式。訊號可以被學習，同樣的訊號對不同的人可能會產生不同的意義。在訊號學習之時及其後的學習之中，個人不同的經驗領域與訊號本身之間，多多少少會有不同的聯結。因此，「仁者見仁，智者見智」，同樣的字或字的組合，可能在不同人的腦海裏分別浮現出不同的影像——同樣是「傢俱」這個字有人想到桌子，有人想到酒櫃，有人想到梳粧台，也有人想到丹麥席夢思床……；同樣是「狗」這個字，有人想的是黃土狗，有人想的是杜賓狗，有人想的是北京狗，有人想的是牧羊犬，有人想的是狼犬，也有人想到臘腸狗；同樣地，「踏花歸去馬蹄香」和「風雨中的寧靜」等各人的感受之間，都有不同層次之區分。卽然人們的學習經驗彼此不同，因此在運用訊號系統時，學習過程固然是必要的，但是在共享思考時，卻成爲一種很大的缺憾。

肆、「意義」的意義

儘管我們是利用訊號來與他人共享思考或意義，但是「訊號」與「

意義」這兩個名詞之間切莫混爲一談，視爲一體。訊號只是一種刺激，就像印在紙上的墨漬一樣， 是用來引起人們在腦海中呈現出預期的意義。我們所運用的文字本身不具有意義，而是人們賦予它們某些意義。「意義」是指人們對於外在的刺激所持有的內在反應。「雪」這個字對赤道地區的人不具有意義，「飛機」對非洲原始部落的土人也不具有意義，就是因爲他們對於這些外來的訊號刺激無法在腦海中引起反應，浮現任何關於雪或飛機的形象。文字沒有意義，人們知覺了文字後才具有意義。同樣一些字，經常會具有不同的意義。下面幾個例子，可以用來說明。

有一次在臺北市桃源街牛肉麵館子點牛肉麵時，老闆問道：「要不要辣？」，我順口答道：「辣？一點點！」——我剛學會吃辣。頃刻之間，我的牛肉麵上桌了，天哪！麵湯上浮著一層紅油——道道地地地「辣一點」，那裏是「一點點辣」？我在說「辣？一點點」這幾個字時，我知道我說這句話的意義是要他不要太辣，只要一點點就够了。麵館老闆聽這幾個字時，在他腦子裏卻產生了不同的意義，他也知道這些字對他而言的意義是在麵湯上多澆上兩大勺的辣油。

同樣的例子，也可以從「下雨天留客天，留我不？留！」、「行人等不得，在此方便」的趣談裏，去體會其中的道理。從這些例子裏，我們可以看出，兩個人對同樣一組文字，會產生兩種完全不同的意義。當然，這些例子比較罕見，人們對同一些文字所得到的意義通常不會像這些事例一般，差距這麼大。不過，由於每個人各有不同的經驗範圍，因此幾乎經常對訊號產生不同的意義。

如果訊號沒有意義，則意義便無法傳遞。「唯有訊息方可傳遞，意義並非在於訊息之中，而是在於訊息使用者的腦中。」（Berlo, D.K., 1960）。因此，一名優秀的傳播者會選擇一些能够用來傳達腦中意義的

字。一名行銷者或產品設計者在爲產品進行傳播時，必須愼重地運用一些對潛在顧客能夠產生意義的訊號。而事實上，有些公司在替其產品進行傳播時，經常採用一些本身熟悉的語句而不是用其潛在顧客所熟悉的語句。

　　至此，我們已試圖去闡明所謂「意義」的意義，不過這到底是一個不容易界定的觀念。我們可以將「意義」（meaning）視爲「人們在接受訊號或刺激物之呈現時，在其腦中所產生的內在反應及預存內場之共鳴。」（Berlo, D. K., 1960）。產品的包裝設計、顏色、品牌名稱等都會引起一組內在反應與產品本身產生聯結。圖 1-6 之「新東陽」三個字會讓你想起辣味牛肉乾、豬肉干、肉鬆等食品本身，因此它是具有意義的；其他像「靠得住」、「拍立得」、「白蘭」、「資生堂」、「815」、「S–26」……等等，不勝枚舉，都是品牌名稱與產品本身產生聯結而具有意義的例子。在產品外型設計方面，像天香檸檬香皂能夠讓人一看就知道他的主要成份是檸檬；「蜜絲佛陀」蘋果香水的造型就像是一顆青蘋果；「北海鱈魚香絲」的包裝設計（圖 1-7）讓人感覺到其成份等，這些又是包裝設計具有意義的實例。

圖 1-6　品牌名稱引起對產品本身意義的聯結

　　現在我們應該很清楚，「意義」是一個人的內在反應而非外在反應。「意義」存在於一個人的認知領域裏，而不是存在於他的環境，「意義」可經由社會化過程被學習。下一節裏將討論到「意義」的學習方法。

圖 1-7 產品包裝引起產品意義之反應

伍、「意義」如何被學習

關於「意義」如何被學習，曾經有一些學者提出不同的理論。而較為完美的解釋之中，有一種是由奧斯古（Charles Osgood）提出對「哈爾學習理論」（the Hull learning theory）所作的詮釋。

哈爾的學習理論可以用下列的模式加以簡單說明：

$E = D \cdot K \cdot H \cdot V$

　E. 是表示行爲或個人潛在的反應

　D. 是表示個人內在的趨力

　K. 是表示目標物所具有的誘因

　H. 是表示習慣強度

　V. 是表示線索強度

　　從上述的哈爾學習模式可以看出，一個人的行爲或反應，是受到個人內在趨力、目標物所具有的誘因、習慣以及線索的相乘影響。如果以一個人購買飲料之行爲爲例，則消費者購買某一品牌飲料的可能性，就是行爲或個人潛在的反應（E）；口渴，便是他的內在趨力（D）；某品牌之飲料對他的吸引力，便是目標物所具有的誘因（K）；他對該牌飲料的偏好，也就是他從該牌飲料所得到的增強之強度，便是習慣強度（H）；該品牌飲料之廣告次數的多寡及印象之深刻與否。顧客採取購買該飲料之可能性的高低，受到顧客的內在趨力、目標物的誘因、習慣強度，以及線索強度等因素的影響。而且，這些因素對購買行爲的影響力又是相乘的，換言之，這些因素中的任何一種均不可或缺。也就是其中任何一個因素的量值都不能爲 0，否則就無法產生購物行爲。

　　根據奧斯古的詮釋，由於一個嬰兒剛出生時，基本上尚未有其經驗領域，因此不能發展一套意義，對於周圍的事物他尚未能夠發展出任何的認知反應。對於聲光、聲音等刺激的早期反應，純粹是一種反射作用或天生的本能反應（“wired-in” responses）。「本能」反應不必經由學習而來，是一種不自覺的反應。經過了一些時間之後，嬰兒開始在他的反射作用反應以及引起這些反應的刺激之間建立聯結。

　　舉個實例來說明這個過程：向一個肚子餓而想吃東西的小孩，呈現刺激物──奶瓶時，他會對他奶瓶上的奶嘴產生若干反應──吸吮（反

射作用)、打嗝、感覺吃飽了……等。吸吮的反應以及其後的打嗝反應可以被觀察出來,但是其內在的反應(吃飽)就不能被觀察出來。在孩子嘴裏的奶瓶稱為「親近」刺激("proximal" stimulus),也就是與個體直接「接觸」的刺激。當奶瓶接觸到嬰兒的嘴巴時,就會引起嬰兒產生上述的反應,當奶瓶不接觸到嬰兒時,則嬰兒不會對奶瓶產生任何反應。這種情形可以用圖 1-8 來說明:

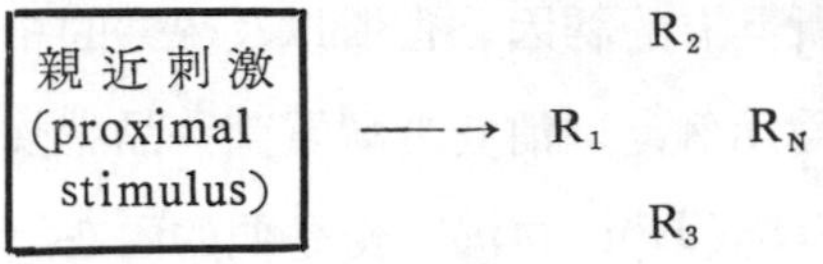

$$
\boxed{\begin{matrix} \text{親 近 刺 激} \\ \text{(proximal} \\ \text{stimulus)} \end{matrix}} \longrightarrow \quad \begin{matrix} R_2 \\ R_1 \quad R_N \\ R_3 \end{matrix} \quad \text{(Berlo, D.K., 1960)}
$$

圖 1-8 親近刺激與反應之關係

當孩子長大之後,他開始對刺激有所認識。例如,放置在遠處的奶瓶——從前必須接觸到他的嘴巴時,他才有反應;現在他只要看到他的奶瓶放在桌上,他就開始產生一些與奶瓶放在他嘴巴裏同樣的反應。放置在桌上的奶瓶稱為「疏遠」刺激("distal" stimulus),也就是不與嬰兒直接「接觸」的刺激。此時,嬰兒已經將遠處的奶瓶以及嘴裏的奶瓶之間,產生一種聯結。換言之,他對於奶瓶已經發展出一種更層次的意義。圖 1-9 顯示,對於「親近」刺激所作的一些反應被「分離」了,也就是從現在起也開始對「疏遠」刺激產生這些反應。這些分離的反應成為一種刺激(S_M),使嬰兒產生某種特定的外在反應($R_a, R_b, R_c, \cdots$等),例如,抓抓手並望著奶瓶哭叫,希望能拿到奶瓶。這種分離的反應及其所產生的刺激現象,都是所謂的「中介過程」(mediation process)的一部份。

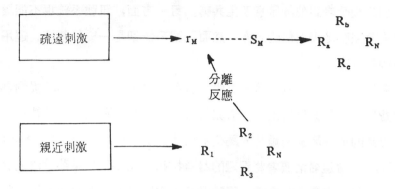

圖 1-9　親近─疏遠刺激─反應之關係圖 (Berlo, A.D.K., 1960)

奧斯古對上述的「中介過程」所持的看法如下 (Osgood, C.E., 1953):

> 「在所有由刺激所引發的行爲之中，有某一部份比較傾向於『與物體聯結』(object-tied)（行爲出現的可能性必須充分仰賴於刺激物體的呈現）；而相對地，另外一部份則比較傾向於『與物體分離』(detachable)（行爲出現的可能性大抵與刺激物體的呈現無關）。訊號 (signs) 這種刺激所引起的反應，包括了這兩種型式。但是，當訊號單獨呈現時，卻往往較容易引起『與物體分離』的反應。」

奧斯古這段話，可以用實際的例子來說明。譬如一個人對「桌子」這兩個字構成的訊號刺激所引起的反應是與桌子物體本身是分離的。換言之，當他接受到「桌子」這兩個字的刺激時，它不必接觸到桌子的實體，就能在腦子裏浮現出桌子的影像。因此，訊號所引起的反應不及（當然也不同於）物體本身刺激所引起的反應。這種現象有助於解釋何以訊號系統 (Sign system) 用於共享思考，並不是一種十全十美的傳播方式。我們的訊號系統，並不能讓傳達者完全將它的思考傳達給接受

者，引起接受者對他的原意產生共鳴。另一方面，訊號系統也不能讓傳播者充分完整地表達他的思考。然而訊號系統卻是一種最便捷、運用最廣泛的傳播方式。

在此將提出另一個實例來說明（參考圖 1-10），這裏所提到是一名消費者在飲用某種新上市之清涼飲料——「統一蔬果露」的情形。圖中所提到的那一罐易開罐裝的蔬菜水果汁卽所謂的刺激物（stimulus object），當這名消費者將鋁罐的封口拉起，並將這罐果菜汁湊近嘴邊喝上一口時，渴意頓時全消，陣陣果菜芳香撲鼻，並在口中留下一股清新的芹菜、菠蘿味——這名消費者正在感受「統一蔬果露」這種「親近刺激」（proximal stimulus）。在對於「統一蔬果露」之飲用所作的這些反應之中，有一部份開始與對「統一蔬果露」之實際物體（卽果菜汁本身）所作的反應中分離，而轉向對「統一蔬果露」這個品牌名稱產生相同的反應。奧斯古對於這種現象，提出了他的看法 （Osgood, C. E., 1953)：

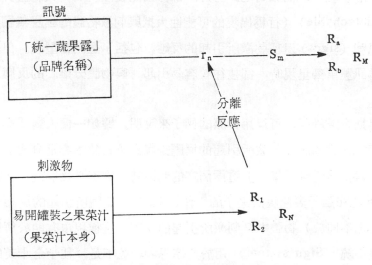

圖1-10　訊號產生意義之過程圖

「當某種刺激以外之其他刺激〔「統一蔬果露」的品牌名稱〕的發生與原刺激物〔飲用果菜汁本身〕產生聯結時，刺激物及與其聯結的刺激兩者，會被制約而產生與刺激物所引起之同樣的反應；後者的呈現，如不借助於刺激物，則只會引起一些『分離』的反應。」

以下將扼要重述一下關於「意義」的一些重要觀念，作爲本節的結論:

第一、意義存在於人們的腦中，而非存在於訊息之中;

第二、意義的學習是經過一種非常複雜的過程;

第三、對於任何兩個人而言，同樣一個訊號絕對無法具有完全一致的意義，對於每一個人不同的經驗範圍（field of experience），每一種訊號所帶給他們的意義，多多少少都會有所差異。

第四、當個人的經驗範圍有所變化時，在該範圍內之訊號所代表的意義，也會隨之變化。日復一日的與環境接觸，多少會改變個人對訊號所持的意義。

第五、我們將「意義」定義爲「當呈現一個訊號或刺激物給某一個人時， 在他腦中所引起的一組內在反應及其引起的預存立場。

在下一節裏， 我們將討論到一些決定我們對訊號所持意義的因素——訊號的本質、個人對訊號的各自經驗以及限定訊號的體系與結構。這些情況稱爲「意義的層面」（the dimensions of meaning）。

陸、「意義」的層面

縱然人們是按個別的訊號來學習意義，字（訊號）與字之間，卻很

少被單獨孤立地使用。在通常的情況下，這些訊號的排列是根據一定的文法規則，形成一個系統。更因爲如此，個別訊號可能會由於本身與其他訊號間文義與結構關係的不同而產生不同的意義。因此，我們可以發現，某一些訊號會比其他訊號顯得更能接近物體，有一些則與物體實物差距甚遠。這一節裏將談到意義的四種層面——字面意義、內涵意義、結構意義以及上下文意義（contextual）。

一、字面意義

孩提時代，我們學習如何將文字與實際物體加以聯結。「球」這個單字與刺激物體的「球」產生聯結，孩子們從學習中知道球具有一些特性：圓的形狀、拍了會反彈、會在地上滾動……等。於是，「球」這個訊號就大多數人而言，會產生一種相同的意義，因爲這一些人間對於「球」這種特別的「字——物關係」（word-object relationship），具有共同的協議。「字面意義」（donotative meaning）就是一種「訊號——物體關係」（sign-object relationship）。字面意義愈明顯的字，也就是愈傾向於「與物體聯結」（object-tied）的文字。

二、內涵意義

有一些字的意義比單純的「訊號——物體」關係或字面意義還來得複雜。某一些字所引起的意義，是非常個人化的，沒有一定的標準來衡定，這些意義稱之爲「內涵意義」（connotative meaning），是指訊號、物體，與個人之間的關係，像「好」、「壞」、「高」、「矮」、「胖」、「瘦」、「品質」……等字眼，對於不同的人們會產生各種不同的反應。

像「好」、「棒」之類字眼的用法，就是一個典型的「內涵意義」

的例子。如果有人告訴您小羅很棒的話，他或許在告訴您，小羅在學校裏功課很好，但事實上，小羅在學校裏的平均成績約在乙等左右。告訴您小羅很棒的那個人是小羅的同班同學，他的學業平均爲丙等。對小羅的朋友來說，小羅當然很棒且功課又好。如果，您也入了同一學校而與小羅同班，並且選修與小羅相同的科目，而您的學業成績平均在甲等以上。對您而言，小羅並不算「棒」，成績也不能算「好」。因此「好」與「棒」之類字眼的意義，會因人而異，呈現高度的個人化，我們就稱之爲「內涵意義」。

在一種精確的報導或報告裏，　應該儘力避免採用上述這種籠統不明，因人而異的個人化或具有「內涵意義」的字眼。籠統或高層次的抽象語句愈多，傳播的精確性愈低，反之亦然。不過，這種內語的抽象形容語句似乎比較容易提高受播者的興趣度。

三、結構意義

爲了達到傳播的目的，我們通常需要將訊號（文字）按一定的順序加以排列。例如單獨採用像「豬」、「髒」、「泥」、「懶」這幾個字的話，就無法表達完整的意義。我們必須在這些字之間建立一種關係，用來傳播我們的思考。語法與文法（syntax and grammar）替我們建立一套系統，用來聯接文字表達意思，也讓我們有一個可資遵循的程序，來組合文字的排列順序，使之成爲一種具有意義（meaning）的語言使用型式，這種結構稱爲「句子」。

句子的結構對受播者而言，所引起的反應與一個單字所引起的情形一樣，換言之，句型結構本身也具有傳達意義的功能。例如，我們說:「ＸＸ有ＹＹ」，你可能不知道ＸＸ或ＹＹ代表什麼，但是你可以從句子的結構可以知道ＸＸ具有ＹＹ的所有權。

如果您對於數學中的集合理論，稍稍具有基本概念的話，你可以回想一下這個符號 "∈" 是指「屬於」。因此，當我們看到 "X∈A" 這些符號時，我們可能不知道 X 或 A 是什麼，但是我們卻很清楚地了解 X 屬於 A。X 是 A 裏的成份，我們也知道 A 裏頭包含有 X。我們可以不必知道 X 或 A 之所指，就能够了解關於 A 與 X 的一些事實。從這個例子裏我們可以從數學式子表達的結構，看出數學式的意義。

電視廣告上說無敵鐵金鋼有「G-79」，雖然我們不知道 G-79 究竟是什麼，但是我們確已知道不管 G-79 是什麼，反正無敵鐵金鋼擁有了這種東西。

類似的例子不勝枚舉，我們都可以看出，結構如何加在訊號之間，幫助我們了解他人的意義。我們可以從「訊號與訊號之間的關係」來推斷一組訊號（卽句子）的意義。因此，「結構意義是指我們從訊號與訊號間關係中所獲致的理解。」

四、上下文意義

我們最後所要討論的意義層面是 「上下文意義」 (contextual meaning)。讓我們舉一個剛剛的例子來作說明吧。

無敵鐵金剛有「G-79」，「G-79」是一種新的武器，威力十足，可以摧毀雙面人的機械怪獸。（當然，G-79 是供孩子們玩的玩具）

這時，我們可以很清楚地知道，「G-79」不是糖果、不是零食、也不是衣服，更不是疾病。當我們知道 「G-79」 之意義時，對無敵鐵金剛的看法，可能與我們不知道 「G-79」 之所指時的看法有所不同。

我們再舉另外一個例子：同樣一個「棒」字，出現在不同的上下文裏，就會產生不同的意義——

「哇！好棒哦！這部電影真是太棒了！」

「好！換上代打的第三棒投手王大明！」

「這叫『棒打薄情郎』！」

「她捧著一籃水果走過來。」

「別忘了，禮拜六晚上到藝術館來捧個場。」

在每一句子裏，由於上下文的不同，同樣的「棒」字就有了不同的意義。

在日常生活裏，我們每天都靠上下文（context）（亦卽包圍在前後的訊號）來解釋別人所說的話，甚至當他人所說的話全部是我們所熟悉的，也不例外。

由於，句子的上下文會影響到字的含義，因此我們在引用他人的話時，必須要考慮到這句話的上下文意義，才能確切地了解他人的眞正含義，以免斷章取義，造成一些無謂的誤解，這點在人際傳播中是非常重要的。

《本章的重要概念與名詞》

1. 傳播（Communication）

2. 編製符碼（encoding）

3. 還原符碼（decoding）

4. 通徑（channel）

5. 回饋（feedback）

6. 訊號（sign）

7. 認知領域（perceptual field）

8. 意義（meaning）

9. 共享（sharing）

10. 親近刺激（proximal stimulus）

11. 疏遠刺激（distal stimulus）

12. 中介過程 (mediation process)

13. 物體聯結反應 (object-tied responses)

14. 分離反應 (detachable responses)

15. 字面意義 (denotative meaning)

16. 內涵意義 (connotative meaning)

17. 結構意義 (structure meaning)

18. 上下文意義 (contextual meaning)

《問題與討論》

1. 討論一下「回饋」的本質與重要性。行銷傳播者如何得到既有消費者或潛在消費者的回饋? 行銷傳播者應如何運用這種回饋?

2. 比較一下口語傳播與非口語傳播。行銷者如何運用非口語傳播訊號來與潛在消費者傳播?

3. 為何同樣的訊號會讓人產生不同的意義? 為什麼這是行銷傳播者所必備的重要觀念?

4. 廣告應該在何種情況之下採用高度的字面語句來傳達訊息? 何種情況下採用內涵語句?

5. 何以「中介」假說 ("mediation" hypothesis) 有助於解釋消費者如何對品牌產生概念與意義? 試舉兩個實例來說明那一些反應是「分離」的 (detachable),那一些則否? 品牌名稱、包裝等訊號會產生何種反應?

《本章主要參考文獻》

1. John Ball and Francis C. Byrnes (eds.), *Principles and Practices in Visual Communications*, National Education Association, Washington, 1960.

2. David K. Berlo, *The Process of Communication* (SanFrancisco:

Holt, Rinehart and Winston, Inc., 1960), pp. 168-216.

3. R. L. Birdwhistell, *Kinesics and Context*. (Philadelphia: University of Pennsylvania Press, 1970)

4. M. Wayne DeLozier, *The Marketing Communication Process* (New York: McGraw-Hill, Inc., 1976)

5. Frank Geldard, *Communication: Concepts and Processes* (Englewood Cliffs, N. J.: Prentice-Hall, Inc., 1971), pp. 115-126.

6. Philip Kotler, *Marketing Management*, 4th ed. (Englewood Cliffs, N. J.: Prentice-Hall, Inc., 1980).

7. Harold D. Lasswell, "The Structure and Function of Communication in Society" in Wilbur Schramm (ed.), *Mass Communications* (Urbana: The University of Illinois Press, 1960), p. 177.

8. A. Mehrabian. "Communication Without Words." *Psychology Today*, 1968, 2, 53-55.

9. Charles E. Osgood, *Method and Theory in Experimental Psychology* (New York: Oxford University Press, 1953).

第二章　傳播過程模式

　　第一章裏我們談到一些傳播過程的簡單模式，並且就思考（意義）的共享方式提出一些基本觀念。在這一章裏，我們將以這一些觀念和簡單模式作為基礎，進一步建立更精密的傳播過程模式，然後根據這個模式來解釋下面這些問題：

　　傳播如何引起？

　　有那一些因素會影響到傳播的過程？

　　受播者接受一項訊息之後可能產生的改變是什麼？

　　為了更清晰解釋並強調傳播過程，圖 2-1 將提出一個傳播過程模式，在這模式中將就傳播者與受播者之知覺領域以外的傳播過程之重要因素，詳加描述。

壹、傳　播　者

一、傳播過程的發生──傳播閾

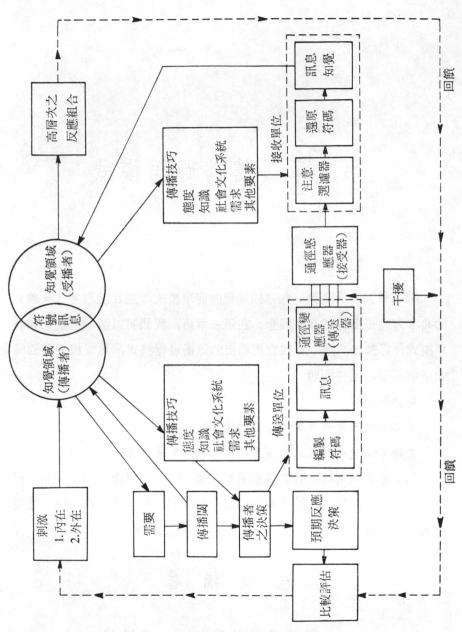

圖 2-1　傳播過程模式

心理學家指出，人類的所有行為都是以目標作為歸向的，他們將這種情形稱為「目標導向」（goal-oriented）。人類的傳播行為是人類行為的一部份， 自然也不例外， 是屬於 「目標導向」 （goal-oriented）的。換句話說，傳播過程的發生是開始於一些必須要去傳播的理由。在上述的模式裏，「需要」可以解釋為傳播的目的或目標（objective）。

需要的產生，是由於個體與其環境產生對峙的結果。環境間的刺激包圍著個體，並且不斷地襲擊個體，把個體帶進一個不和諧或不平衡的境地，這種不平衡的境地就稱之為「需要情境」（need state）。這些刺激可能是外來的，也可能是內在的，不論刺激的墊態如何，都能夠讓個體產生一種不平衡的境地，也就是需要境地 （need condition）。

個體的需要一旦產生，他就必須採取某種方式的對應措施與行為，來緩和並減輕由於需要而產生的緊張態勢（tension）。在確知其需要情境之後，個體就面臨一種決策情況 （decision-making situation） 。關於這裏所提到的觀念中，足以使個體感受並確知其需要情境的緊張程度（tension level），稱為「傳播閾」（communication threshold），個體的緊張程度一旦到達這個閾限時 ， 可能採取下列行動中的任何一種:(1)**非傳播行為**(noncommunicative behavior)——例如一個人餓的時候就會去找東西來吃，口渴了就想喝點東西，這類的行為就稱為非傳播行為；(2)**傳播行為**(communicative behavior)——例如跟別人交談或寫信給他人等行為，稱之為傳播行為；(3) **傳播行為與非傳播行為之結合**(a combination of communicative and noncommunicative behavior) ——例如到餐廳裏告訴跑堂你所要的菜，然後大吃一餐填飽了肚子；以及(4)**儲存** (storage)——把需要情境儲存在認知領域裏，預備下一階段的行動。

通常情況之下，一個人對於滿足其需要情境所將採取的行為方式，

很少有概念，甚至毫無概念。大多數人所採取的行為反應是例行的，週期性的，是習慣形成的結果。不論一個人的行為是否屬於例行的習慣，人們所採取的行為總是不出上述這幾種之外。因此，傳播過程可以說是用來滿足一個人需要的一種方式。

當一個人一旦決定傳播時，他還有一些其他的決策要去做。這些要去決策的項目稱之為「傳播者決策」（communication parameters）。

二、傳播者決策

在進入傳播過程的這個階段裏，潛在的傳播者已經有若干意圖和概念要與別人傳播，以求減輕由於其需要情境所引起的緊張。在他進行傳播之符碼編製（decoding）前，他必須考慮到配合一些決策準則。在此必須強調的是，這些決策的作成，通常是在很短的瞬間，而且經常是固定的例行公事，這些都是經過許多經驗中的學習之後，而貯存於經驗範圍（知覺領城）中的反應本能。只有在一些特殊的個案裏所作的決策必須經過審慎周密的思考與費心。

以下將列述一些傳播者所面對的一些決策點:

（一）訊息內容決策

雖然傳播者在決定採取傳播行為來消減緊張態勢之時，對於他所擬與別人傳播的內容，業已有了一些大致的概念，但是他必須從中挑選出部份特定訊息來編製符碼。舉個例來說明，有個人剛從關西六福村野生動物園回來，當他向你訴說他在六福村裏所見所聞時，他所描述的重點或他所使用的描述語句，可能只描述到六福村野生動物園全貌之一小部份而已。

「由於語言的符號本質，在用來表示真實的事物時，語言並不是一

種很好的實物替代。真實的世界比起用來代表意義之平淡文字或過簡之訊號來得更複雜、更多彩多姿、更富變化，也更浩瀚深遠。」（Katz, 1960）。

（二）目的地決策

傳播者在傳播之前必須先決定所要傳播的對象（即目的地或接受者）應該是誰。在某些情況之下，傳播者業已確知其傳播對象（接受者），例如某人受邀向扶輪社社友演說，他所面臨的決策只是接受或懇辭這項邀請。在另一些情況之下，傳播者必須在一些潛在的接受者之中加以選擇，決定將與誰傳播。例如一位面臨困擾的婦女，必須決定與她先生、專業心理醫師、生命線，或是她的朋友傳播。還有一些情況下，受播者之所以被傳播者選中，純粹是出於偶然情況——例如一個即將淹溺在水中的人，伸出一隻手在水面上，朝著最接近的人大聲呼救，這時他所呼救（傳播）的對象並非預定的人，而是偶爾路過該處的任何人；又如十字路口的紅綠燈所要警戒（傳播）的對象，是偶爾經過該十字路口的任何車輛或行人。在行銷傳播裏，我們所要傳播的對象是與產品有關之特定的目標市場（target markets），這種對象的選擇通常需要相當的時間與考慮。

（三）訊息調節決策

所謂「訊息調整」（message modulation）是指整體訊息之聲調、抑揚頓挫、語氣加強、情境氣氛以及口氣口吻等的控制與調整。這項訊息調整的決策會直接影響到訊息的內容、訊息之編製符碼方式，以及訊息之傳送方式。這項決策主要是處理我們在第一章裏所討論到的訊息之非口語處理方式（nonverbal treatment of message）。葛里翰和宋能爾等著名的佈道家，在講述聖經或傳佈道理時，總是提高他們的聲調（

有時是降低他們的聲調），並且不斷揮手握拳地作手勢，來強調某一個
重點。有些人則用含沙影射、諷刺譏諷或是雙關用語，來表示一個特殊
的話（如「你可眞是一個大好人呀！」這一句話，從某一些人口中說出
的話，並不表示讚美，而是一種帶刺的譏諷！）。臉部表情、儀容姿
態、身體晃動、眼珠移動、擠眉弄眼，或瞪目注視等等都可以用來調整
傳播者訊息之口語內容部份。

上述這些只是訊息調節的一部份，其他還有許多方式，這些訊息調
整因素，可以使訊息的口語部份產生相當的改變。因此，訊息調整之考
慮，主要在於一些如何影響或改變訊息特質以及清晰之技巧與戰術的決
策。

在行銷策略中，業務代表必須體認到姿態、臉部表情、語調口氣、
抑揚頓挫以及其他一些類似因素，在業務展示會中對潛在顧客所產生的
作用與價格。在廣告表現中，這方面的注意與巧妙運用，將有助於其說
服傳播效果。

（四）通徑變異決策

「通徑變異決策」(channel variation parameter)是指對於訊息所
要通過之通徑或通徑組合加以選擇的決策過程。通徑對於訊息如何被接
受的方式會產生影響，因此，在選擇通徑時必須因時因地制宜，應該站
在各種不同情境下之目的與限制的觀點，去進行通徑的決策。

一名優秀的行銷者，必須選擇最適當的通徑組合，對他的目標市場
產生最大的影響。

（五）時機決策

傳播者必須決定一個最恰當的時機來傳送他的訊息，這就是所謂的
「時機決策」 (temporal parameter)。在日常生活的對話裏，或是在
大部份的傳播行爲裏，「最佳」時機就是緊接在意念或思考產生的那一

利那。我們日常生活的對話中，大部份只是對別人的一種回應，對於「時機」並沒有眞正的決策過程。另一方面，在結婚典禮或畢業典禮上致詞時，目的地決策與時機決策這兩項就變得格外重要了。

在行銷決策過程中，必然會面臨一些關於時機的決策問題。例如，業務代表如果想要開發一個大客戶，那麼在酒會或餐會上，他應該選擇什麼時機來表達他的業務訊息，來爭這家大客戶？又如廣告更是重視時機，在安排媒體組合(media mix)時，必須考慮到時間 (timing) 的問題，也就是在一週之中選出最好的幾天，一天裏選出最佳的時間帶，來對其潛在顧客進行傳播。這種道理相當簡單——如果你是一家兒童零食的廠商，你絕不會運用中午或深夜的電視節目來安排您的廣告播出的，因爲中午時間大部份學生尚在學校，深夜時間兒童們皆已上床熟睡了！

（六）**編碼決策**

在編製符碼過程 (encoding process) 中，必須決定採用那一種符碼。通常，傳播者平常所慣用的語言（好比閩南語、國語或日語、英語等）就是他所會選擇的符碼。雖然語言是一種最常用的基本符碼，不過一些廣告設計者、包裝設計師與服裝設計們，在對消費者傳播他們的想法與創作時，通常還會運用到一些其他的符碼，像顏色、形狀、大小、設計、音樂……等等。

（七）**預期反應決策**

這項決策是指傳播者在傳播時必須決定究竟他希望受播者對傳播訊息採取那種反應（或一系列反應）。傳播者對受播者的預期反應(desired response)， 與傳播者所要去滿足的需求之間， 有密切的關聯，而傳播者的傳播目的正好是要去滿足他的需求狀況。在圖 2-1 的過程中可以看出，預期反應決策是與傳播者決策分開的，以便能夠與稍後之受播者的實際反應之間作一比較。有關受播者可能採取的各種反應，將在討論到

受播者時，再詳細加以探討。

（八）各項決策間的交互影響

通常，傳播者所做的決策是彼此相關的，每一項決策都是交互影響，以產生預期的效果。大致說來，在所有決策之中，最重要的要算是受播者的選擇。不同的受播者類型，會影響到傳播者對於訊息內容、語調、通徑、時機……等之決策。如果，一位經理要向他公司的副總經理或總經理報告他所擬定的部門新計畫時，他或許會感到侷促緊張。在報告時，他必須事先約定好副總經理或總經理方便的時間（時機）；必須當面親自向副總經理或總經理報告及研討（通徑）；必須慎重地遣詞用字（內容）；可能還須用較溫和的語氣來報告。反之，如果這位經理是與他的部屬討論同樣的政策時，他就可以用電話傳達（通徑）；可以在他自己方便的任何時間裏與部屬討論（時機）；以較強烈的語調，選用不同的詞句（內容）來加強語氣。

在行銷傳播中，這些決策間的互依性也與上述情形相似。以某家出品一種新的麥片食品的公司做為傳播者為例，必須先決定這種新的麥片食品的廣告對象究竟是小孩或母親。如果，所選出的對象是小孩的話，訊息內容勢必要用簡單易懂的詞句；語調必須輕快、活潑；所運用的通徑可能以電視為主；所安排播出廣告訊息的時間可能集中在兒童卡通節目及星期家庭電影節目。如果所選出的對象換成母親的話，可能情形就大不相同了。

三、傳送單位：編製符碼、訊息與傳送器

當傳播者的各項決策一旦確定之後，就可以開始編製符碼了。所謂編製符碼，是將某一特定的思考編製成為符碼的過程，亦即聯結思考與上述之表達思考之符碼要素的過程。

　　如前面所述，　訊息是符碼編製過程的具體結果，　是思考的符號表示。　就某種意義而言，　訊息是既存於傳播者內心事物之「外顯模型」（model）。如前面「訊息內容決策」一節所述，訊息並不能完完全全精確地將一個人的思考表達出來。很顯然地，這種精確性的降低，是由於在編製符碼過程中，傳播者之訊號系統（即語言）之限制所致。

　　訊息一旦形成，就必須透過傳送通徑或媒介傳送出去。以口語訊息為例，　其傳送媒介就是空氣；　若以書寫訊息為例，　其傳送媒介即為光線。傳送的過程會導致媒介物從自然狀態中產生干擾或變化。「通徑變應器」（channel variator）就是扮演這種角色，「通徑變應器」一詞的由來，是因為通徑（如空氣），受到某些裝置或因素（如人類的聲帶）的震盪而產生了變化。　通常，　幾乎在訊息形成的同時，　就被發射了出去，　一般的談話就是屬於這種情形。雖然如此，就書寫訊息而言，就是一種例外，像信函或書籍，可能均已歷經一些時間之後，才進行最後的發射（即在光線中顯現）給接受者。「通徑變應器」上的缺失或異狀，對於接受者知覺訊息的方式會產生相當的改變。一位新聞播報員帶著深沈、成熟的聲調並且字正腔圓地報導新聞，與一位高八度且五音不全的播報員播報完全同樣的新聞（訊息），對於觀眾而言，一定會引起不同的反應。

貳、通　　徑

　　通徑是聯接傳播者與受播者之間的環結，是將訊息從傳送者處傳送至預定之目的地所必經的通徑。　表面上看來，　通徑似乎相當簡單，　然而，事實上通徑卻是非常複雜的傳播單位。舉一個最基本層次的通徑例子來說明，　這在前面也曾經談到過，　一個說話的人所說的話產生了聲

波，聲波必須經由空氣才能傳送出去，空氣就扮演了「通徑」的角色。如果一個人在真空狀態（完全沒有空氣）下說話，因為沒有「通徑」，所以沒有人會聽得到他所說的話。

其次，我們談到較高層次的通徑時，可以舉報紙為例，報紙刊登了某一公司之產品的廣告，成為傳送該公司訊息時，所經由的通路之一部份，報紙就成了該公司行銷傳播之「通徑」中的一部份了。事實上，報紙所扮演的「通徑」角色，並不像前面所說的空氣那麼簡單，報紙先是把公司的訊息拿到，綜合整理並「還原」其內容（decoding），然後再度「編製符碼」（re-encoding）成為印刷品，傳送給潛在消費者（預期受播者），然後再由他們作進一步「符碼還原」（decoding）的工作。有人將像「報紙」這種通徑上的中介物，稱之為「訊息收發者」（transceivers 即 transmitter＋receiver）。

一、訊息收發者

「訊息收發者」對於訊息如何被潛在受播者接受的方式具有相當的影響力，從某些角度來看，更具有控制力量。在傳播過程中，「訊息收發者」是致使訊息變形歪曲甚或造成誤解的潛在來源。其最主要責任是將傳送者的訊息忠實地加以改造，使訊息得以通過通徑傳達給預期的受訊者（即閱聽人，audience）。圖 2-2 中說明了「訊息收發者」與原始傳送者及預期受訊者之間的關係：

圖 2-2　傳播通徑上的中介者

二、通徑上的干擾與障礙

訊息流經通徑時，會遭受一些外在刺激的影響而產生混亂現象，這些刺激擾亂了訊息原來的眞正形式。這種擾亂現象，在傳播學上稱爲「干擾」（noise,，有人稱爲障礙）。

訊息中的歪曲可能是由於訊息收發者產生之因素，也可能由其他因素所引起；當通徑中沒有訊息收發者存在時，外來的刺激則是造成干擾的主要因素。例如一個人在對一些人講話，或正拿起聽筒在聽電話，這時要是有個小孩嚎啕大哭，一定會影響到聽話人的聽講，或他在聽電話的清晰度，這是因爲同時有兩種以上的刺激（卽聲音，如例中的說話聲與哭聲）在同一瞬間之內進入同一個傳播通徑（卽空氣），彼此產生了干擾現象。

假如通徑中有訊息收發之中介者的話，則傳播的干擾或障礙，可能是由於訊息收發者在對原始訊息進行符碼還原、訊息選濾以及訊息發射等步驟時所引起的。這種情形如圖2-3所示：

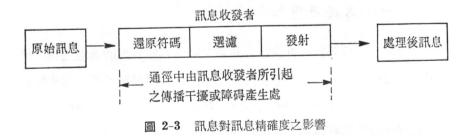

圖 2-3　訊息對訊息精確度之影響

有一種廣播節目屬於綜藝性質的，在節目中主持人除了播送一些音樂歌曲之外，還穿插一些幽默談話或廣告，像凌晨主持的「平安夜」，還有丁山、陳麗秋、藍青等人主持的綜藝廣播均屬於這種型態，在歐美與日本將這類節目稱之爲 D. J.（disc jockey）。我們往往可以在這類

綜藝廣播節目中發現到由訊息收發器所產生之干擾或障礙的反面。在播出這類節目時，主持人不僅會先記下他所要播出的一些重點，而且會先擬好一篇口唸的廣播稿或客戶的廣告詞，但是主持人往往會臨時唸錯詞或說錯話，而產生傳播障礙。為了防止這種可能會發生的錯誤，目前常被主持人運用的方式是預先將所要說的話錄下來，在節目進行時只須按下按鈕就可以播出在 disc jockey 中所要談的幽默、小品或廣告。

報紙，也是一種訊息收發器。在報紙印刷出版過程中有許許多多的守門人或錯誤發生源，可能歪曲了原始的訊息，造成傳播干擾與障礙。「手民誤植」的現象尤其是各種報紙中最屢見不鮮的錯誤發生來源之一。

傳播中的障礙是無法避免的，但也要儘量去避免的，傳播者不容易有效控制干擾或障礙的發生，但是應設法控制到最低限制，才能提高傳播的精確度。

叁、受 播 者

一、通徑感應器

當傳播者一旦將訊息符號送入通徑並朝向預定目地的前進之後，傳播工作的完成任務就落在受播者的身上了。由於訊息符號都是以肉體刺激（physical stimulus）的形式傳遞（如光波、聲波等），因此受播者必須要有一些感覺機構用來感應並接受來自各種通徑上的不同刺激，這些感覺機構就稱為「通徑感應器」（channel monitors），人的感官系統就是這種機構。雖然人類用來作為環境情報刺激之感應器共有五感官（視覺、聽覺、味覺、嗅覺，與膚覺），但是主要的通徑感應器為眼睛與耳朵。（Adrian, E. H., 1970）

　　前面在談到傳送單位時，曾舉例提到一個說話者的聲音（傳送者）在空氣（通徑）中產生立即振盪，這種空氣振盪（卽聲波）的壓力傳至耳朵而產生感應，於是訊號（聲音）就由耳朵輸入神經中樞的知覺機構了。同理，人的眼睛也是以相同的方式感應並接受環境中不同的光波。這些對身體造成各種不同壓力的外來刺激，活潑了人們神經細胞，並經由神經系統將外來刺激輸送到大腦。刺激在神經系統中的輸送速度高至100 公尺／秒以上，當刺激到達大腦之後，另一個決策過程就展開，以便決定是否對這刺激輸入加以注意。

二、接收單位：注意選濾器、還原符碼與訊息知覺

　　雖然訊息刺激是由通徑感應系統來偵測和感應，但是人們在偵測感應時，很可能是在無意識狀態之下而未注意到刺激。換言之，訊息可能並未引起受播者的注意力。

　　當你走在西門町鬧區時，可能有許許多多商店的招牌或店面佈置在你眼前閃過，但是卻未能被你注意，你不可能對林林總總的外來刺激完全加以注意。當你駕車在公路上奔馳並開著收音機時，你並未完全聽入收音機所播出的所有廣告和新聞。對於這種「視若無睹」及「充耳不聞」的現象，你可能會說：「哦！我剛好有別的心事。」或是：「我正好要趕著去看電影！」。因此，雖然西門鬧區閃爍招牌和耀眼櫥窗的光波，的確被你的眼睛偵測到了，但是卻未被你的意識所注意；雖然，車內收音機所傳送出來的聲音很大，足以使你的耳朵偵測到空氣中的聲波，但是你的意識卻未加以注意。

　　在課堂上也往往有心不在焉的情形發生，有些學生坐在教室裏，對教授所講授的課程，絲毫都聽不進去，原來這是周末下午的課，他（她）

們心中正想著周末夜的約會。教授的聲音還算宏亮，其聲波足以震盪他
（她）們的耳膜，但是卻無法將訊息符號傳交給大腦。

上述這些例子都是日常生活中所經常遭遇到的事情，隨時都有可能
在我們身上發生。我們經常過濾掉一些不需要的刺激，只選擇一些對我
們重要的刺激加以注意。這種選濾的過程，稱為「選擇性注意」(selective
attention)，其所根據的標準是個人因素以及刺激特性。當一個人饑餓
時（他有覓食充饑之需求），會對食物的廣告特別加以注意，這時的「
需求」就是個人因素。當刺激的強度甚高時，我們也會無意間特別加以
注意。強烈的光線、鮮明醒目的色彩、一聲震耳的巨響、深夜裏的汽車
喇叭聲等，都是刺激特性影響注意的例子。有關影響受播者注意之各種
因素，將在第三章裏進一步加以探討。

當訊息刺激被人們注意之後，「還原符碼」(decoding)的過程就展
開了，在這個階段裏訊息刺激將被轉譯入思考之中，也就是將訊息符號
與受播者認知領域中的某些經驗加以適當的結合。

經過還原之後的符號是人們用來「知覺」事物的基礎。「知覺」
(perception)是指一個人從一刺激的組合中，所得來的整體印象或「圖
像」(picture)。「知覺」可運用從目前刺激情境所得來之感覺資料以
及從過去經驗中所學習到的資料 (Ruch, F. L., 1963)。知覺的對象範
圍包括大腦中所接收的一組身體刺激，以及人們在完成思考時的心智活
動。如下圖 2-4 所示：

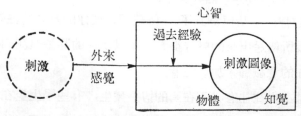

圖 2-4　知覺結合了外來刺激與個體之過去經驗

「注意」(attention) 與「知覺」(perception) 兩個名詞經常讓人產生混淆。「注意」指人們對某一刺激加以留意；「知覺」則是指人們對於「注意」到之刺激用其所貯存之過去經驗加以反應、理解並形成心智思考單位的過程。「知覺」所受到的一些影響因素，我們也將在第三章裏加以討論。

三、影響傳播精確度之傳播者與受播者因素

在介紹傳播過程的下一步驟之前，我們將就一些足以影響到傳播過程之精確度的因素加以探討。從傳播的觀點來看，「精確度」(fidelity) 是指在受播者心智中「重現」傳播者之思考或觀念之過程的正確性、清晰性與忠實性之高低。「精確度」與「干擾」乃相對的名詞，而且兩者有負相關的關係存在──干擾程度愈高則精確度會愈低，反之亦然。我們曾談到「干擾」會進入通徑之中而阻礙訊息的流通，從傳播者或受播者方面也會產生其他的「干擾」去阻礙訊息。底下就是要針對這些會影響到傳播過程之精確度的因素加以探討，大致說來，至少有五個要素會影響到傳播的精確度：(1)傳播技巧，(2)態度，(3)知識，(4)社會──文化系統，及(5)需求等。(Berlo, D. K., 1960)

（一）傳播技巧（communication skill）

傳播技巧是指我們編製符碼或還原符碼的能力，傳播技巧的培養有賴於對文字符碼及符碼系統的精通。正確的用字、清晰的文法理解以及豐富的文辭修養將會提高傳播的精確度。

（二）態度（attitude）

態度會影響到訊息的傳送與接收，至於「態度」一詞，行為科學家至目前為止尚無一共同的定義。在此，將根據實際需要將「態度」定義為「一個人對某些人、事物或觀念所持有之正面或反面、贊成或反對、

喜歡或厭惡之意見。」傳播者對他自己、對他的訊息內容，以及對受播者的態度，都將影響到傳播過程的精確度。

如果一個人對他自己持有積極的態度的話，這種積極進取、樂觀自信的態度將會反映到與他人之傳播過程中，並將提高令人喜歡之反應的可能性。我們可以看得出來，一些成功的業務代表通常都是對自己能力充滿信心的人。因為，潛在的顧客察覺到業務代表的自信心時，會連帶對你所提到的訊息具有信心，而更能加以接受。當然，過份自信自滿的業務代表也會讓客戶覺得他太驕傲，甚至「油條」，而傳播的精確度也就勢必會降低了。如何不卑不亢？這是傳播者態度上的重要課題。

人們對自己訊息所持之態度，也是決定傳播精確度之重要因素。一個對自己的訊息持有積極態度的人，較容易讓他的受播者對該訊息引起正面的反應。成功的業務代表，首先必須要先能說服自己，因此，他通常對其產品有充分的信心，也就是對其銷售之產品先建立積極、信賴的態度。

最後要提到的是，傳播者對其受播者之態度也會影響到傳播的精確度。當受播者知道某一傳播者對他們尊重、喜歡或懷有好感之態度時，會更能接受這名傳播者的訊息，也更易於同意他的論點與看法。

總之，傳播者對他自己，對他所要傳播的事物，及對他的受播者，如果持有正面或積極的態度時，將對傳播關係產生正面的影響，也就是說，會提高傳播的精確度。

（三）知識

一個人對事物的瞭解程度大小會影響到訊息之傳遞及知覺的完美程度。傳播者如果要達到更高的傳播精確度時，必須要考慮到其受播者對事物的知識水準。如果訊息傳達的目標訂得太高，也就是受播者的知識水準偏低時，受播者就不能充分地瞭解訊息而將通徑中的訊息符碼加以

還原。如果訊息傳達的目標訂得太低時，例如向成人訴求而用對兒童的口吻，就會讓受播者感到被侮辱。又如 IBM 公司或震旦行的新進業務代表，在剛擔任其業務銷售時，如未先經專業訓練，則難免對某些電機原理及程式感到有些微生疏，而在推銷電腦或其他事務機器上會遭遇到一些困難，因爲他很可能會向一些內行客戶說一些外行話，而遭受客戶的不信任。因此，業務人員的專業知識通常要凌駕在一般的企業主管人員之上，否則很難達到預期的銷售目標。以上例的電腦推銷員爲例，他的訊息必須集中在對一般企業主管所能瞭解之電腦專業知識以及電腦如何爲其省錢之妙方之上。在選擇推銷對象方面也要考慮到對方的知識水準，鄉下地方的小銀行主管不太可能很願意和你談到有關電腦之技術問題的。

（四）社會──文化系統

另一個影響傳播精確度的因素是社會──文化系統，也就是傳播者與受播者所歸屬的社會及文化體系。一個人的角色、角色期待、社會階層、家庭、參考團體、文化及次文化背景等等，都會影響到人們訊息的傳送與接收方式。馬庭紐 (Pierre Martineau, 1957) 在「廣告動機」(Motivation in Advertising) 一書中提到：就服飾廣告而言，中下階層的女性不喜歡豪華時髦或大膽作風的流行款式，她們認爲這些款式過於極端激進，她們認爲在服飾的廣告訴求中最好採高尙文雅的表現方式。反之，中上階層婦女則對流行時髦的款式表示好感，「精緻」、「個性」、「品味」、「靈巧」、「夢幻」等字眼較易被這階層女性所接受，而「迷人」這類的字眼則讓她們覺得相當廉價。

跨文化間的傳播要比在同一文化系統中的傳播更爲困難得多。除了語言上的障礙之外，跨文化之間的傳播也遭遇到生活習俗與禁忌間的困擾。例如，在某一文化國度裏有某些特殊的動作或圖片在廣告中出現，

可以引起興趣， 並且被該文化所接受； 同樣的動作或圖片如果在另一文化國度裏，則可能被視爲荒誕怪異，甚或猥褻污瀆不可思議的情形。(Martyn, H., 1964) 又如， 在日本廣被採用作下酒零食的 「米菓」──愛樂力，是一種用米研製烘焙而成的脆餅，在日本行銷時一直強調其在下酒時機的市場，而獲致極好的銷售佳績。當「愛樂力米菓」在臺灣銷售時，也曾試圖打開其下酒時機的市場，最後終因文化背景及生活習俗不同，未能被臺灣地區的消費者所接受而宣告失敗。蓋因中國人較重視食物的色香味，米菓固然香脆可口，畢竟不能上餐桌登大雅之堂，只配作一般場合吃的零食；此外，最重要的失敗原因，是由於臺灣地區居民在飲酒時之下酒食物太多了，舉凡滷蛋、豆乾、海帶、雞肝、雞腸……五花八門，不一而足，而且價廉物美，其口味遠勝過東瀛來臺的愛樂力，因此註定米菓在臺展開其下酒時機市場之失敗。這是由於文化及生活習俗之不同所造成之傳播障礙的另一個實例。（近年來，米菓擺脫下酒市場的定位，終於獲致最後成功！）

（五）需求

在傳播過程中，傳播者或受播者的需求（需要）（needs）均扮演著非常重要的角色。雖然傳播者的需求會影響到其訊息內容，但是在此所要強調的重點，將放在需求對受播者在反應訊息時所產生的影響。

有關的研究指出，個體從環境中選擇刺激時，有一種「選精擇肥」的現象❶，只有那些符合個體之興趣、需求和目標的刺激才能被個體選中。也有不少的實驗證實了饑餓對注意和知覺的影響。(Bruner, J.S. & Goodman, C.C., 1947; Chein, R.L.I., & Murphy, G., 1942; McCelland, D.C., Atkinson, J.W., 1948) 他們發現饑餓會使人們更加注意食品或與食品有關的項目。當人們在饑餓或半饑餓狀態下，

---

❶　這也就是所謂的「選擇性注意」(Selective attention)，將在下一章加以說明。

會特別注意到食譜、食品廣告,或其他和食品有關的事物; 而剛吃過飯,
旣飽且醉的人, 可能會對食品的廣告或與食品有關的事物「視若無睹」,
絲毫不加以注意。 進而言之, 當人們在饑餓狀態下時,其知覺過程(
perception) 也會受到影響,甚至歪曲。例如,當人們處於饑餓狀態之
下, 要他們就所施予之模糊不清之刺激進行自由聯想(free association)
時, 人們經常提到一些食物或與食物相關的項目,而那些模糊不清的刺
激, 卻不一定是食物。這種現象的存在可以用來解釋,一些廣告主非常
愼重選擇廣告播出時間之原因,他們往往選擇於潛在消費者接近或身處
對其產品感到高度需要的狀態之下,進行廣告訴求。例如,在深夜電視
或廣播節目時, 播出速食麵的廣告,引起宵夜時對該商品的需求; 或在
炎熱夏季裏播出清涼飲料的廣告, 喚起口渴狀態下對該商品的需求……
等, 都是一些實際的例子。

四、反應組合

前面幾節我們對一些影響受播者對訊息之原始反應的一些因素大致
加以討論, 我們也就基本的反應——注意與知覺,特別加以析述。雖然
這些反應是一些高層次反應之先決條件,但是並不代表傳播者的最終目
標。當然, 傳播者最重要還是希望獲得受播者對其論點的同意 (亦卽某
些程度的說服或態度改變), 以及經常採取某些預期的外在行動 (例購
如買某一特定品牌的商品)。這裏將就一些傳播反應模式加以探討,這
些模式綜合了前面所討論過的原始反應, 以及所謂的 「高層次反應」
(high-level response)。

(一) 拉維奇——史丹納模式 (Lavidge-Steiner Model)

拉維奇 (Robert J. Lavidge) 與史丹納 (Gary A. Steiner) 提出
一描述人們潛在反應之概念化的模式, 個體透過這種反應概念化的過程

來形成其外在行為——購買。拉維奇與史丹納認為一個訊息的傳播必定循著圖 2-5 中所示之順序，卽使是一些熟悉的訊息也不例外。至於新訊息與熟悉訊息之唯一不同點在於訊息在該過程中每一步驟中所耗費的時間長短不一而已 (Lavidge, R. J. & Steiner, G. A., 1961)。

每一個步驟都可以歸類到三個基本的心理狀態——認知狀態、情感狀態與動機狀態。認知狀態的範圍涵蓋了人們思考的層面，情感狀態的範圍涵蓋了人們情緒的層面，動機狀態的範圍涵蓋了人們動機的範圍。每一步驟之間的距離並不一定相等，而是各不相同的。拉維奇與史丹納指出，好比「從知曉到偏好之間的距離可能非常短，而從偏好到購買之間的距離則可能非常長。」(Lavidge & Steiner, 1961) 通過這些步驟所需時間之長短也因受播者之個別情況而有所不同。

這個模式當然也有值得商榷爭辯的地方，其中提出最強烈批評的人之一的帕爾達 (Kristian Palda) 曾經指出，除了少數一些個例之外，並沒有任何實證資料用來支持這種序列的假定或理論，也就是指「前一階段的結果會對下一階段產生中介效果」的說法並沒有切確的實驗證據 (Palda, K. S., 1966)。就效果而言，他認為並沒有一種能測量傳播效果的取代方法，他相信測定傳播效果是否成功的唯一方法是測定廣告促成行為改變的實際達成程度。如果就企業行銷傳播而言，帕爾達所說這種效果就是指銷售量的改變程度。

雖然拉維奇——史丹納的模式尚無實證數據來支持，但是它卻為有關事件之發生由最初知曉到最後行動（購買）的系列關係提出一些思考的觀念架構。

(二) 麥古瑞之情報處理模式(The McGuire Model of Information Processing)

麥古瑞(William J. McGuire)在所提出的一項「拉維奇——史丹

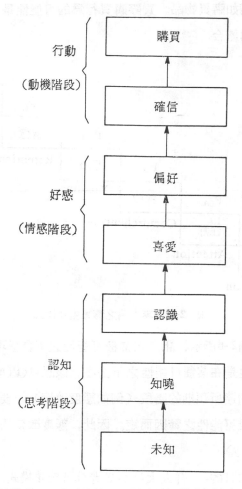

圖 **2-5**　拉維奇——史丹納的「效果結構」模式（摘自 R. J.
Lavidge and G. A. Steiner, "A Model for Predictive
Measurements of Advertising and Effectiveness",
Journal of Marketing, vol. 25, pp. 59-62, Oct. 1961.）

納模式」相似的模式中，也假設傳播的「效果層次」（hierarchy of
effects）（Robertson, 1970）。麥古瑞指出，傳播過程包括了五個階段，
每一階段之是否會發生的可能性，決定了一個人是否能被說服去表現出

預期的行爲。例如購買物品。實際購買行爲的可能性是所有這六個階段
發生之可能性的總合。

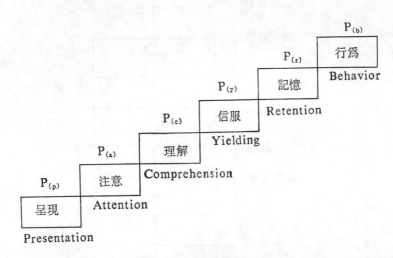

圖 2-6 麥古瑞之情報處理模式

　　如上面之圖2-6所示，訊息在某種可能性之下會呈現給某人(P(p))；
同樣地，某人也是在某種可能性之下去注意該訊息(P(a))；依此類推。
受播者是否能到達所預期的階段（例如態度改變），要視由「呈現」到
「信服」各階段可能性之歸因而定。因此，態度改變的可能性 ＝P(p)
·P(a)·P(c)·P(y)。

　　居於探討的目的，　吾人大可不必過分計較該模式之數學結構，　但
是我們仍應確實瞭解一下該模式的觀念思考架構，尤其對於訊息呈現以
至於受播者實際表現出傳播者所要達到的外在行爲之間所發生之中介過
程，我們更應深入加以探討。

（三）DAGMAR 模式

　　長久以來，廠商或企業都一直使用銷售數字來擬定廣告的目標。例
如，某某飲料的廣告目標在於「提高10％的銷售量」，在這種方式的目

標之下，廣告必須對銷售數量的多寡負起責任。事實上，這是一種不合理的方式，因為廣告並非萬能的，而影響銷售量多寡的變數太多了，廣告只是其中的一種而已。

　　柯里教授於一九六一年在美國全國廣告人協會資助之下提出一項報告，報告中指出將銷售的所有責任推由廣告來肩負是非常不合理的。他強調銷售量的多寡是受到行銷變數總體組合的影響，廣告跟人員銷售、價格、包裝，以及其他「行銷力量」（marketing forces）一樣，只不過是其中的一個成分而已。（Colley, R. H., 1961）

　　由於這些行銷力量之間的交互影響，因此柯里教授認為，試圖將廣告視為影響銷售的唯一因素是完全不合情理的，他建議行銷者應該將注意焦點集中在傳播目標的達成與測定之上，他並提出一套測定廣告之傳播目標的工具。

　　柯里教授所提出的模式，一般人都稱之為 DAGMAR (Defining Advertising Goals for Measured Advertising Results)，它與前面提到的拉維奇──史丹納模式和麥古瑞模式一樣，都提出了一系列的階段，廠商訊息透過這些階段，而使一個潛在顧客從全然不知曉商品一直到採取購買行動。這些階段的過程如圖 2-7 所示：

行　　動

確　　信

理　　解

知　　曉

未　　知

圖 2-7　DAGMAR 模式

表面上看來，這個模式雖然相當簡單，但是它對廣告傳播卻有很大

的影響效果。因爲,這個模式提醒企業主管了解測定企業之「整體」行銷傳播過程之結果,必須考慮傳播過程中每一階段的績效,而不只是測定銷售結果而已。

（四）反應模式之比較與綜結

前面這一節裏,我們已經大致地將三種傳播反應模式作概略說明,當然還有許多其他模式用來說明行銷傳播的過程及反應,像 AIDA 模式、Colley 模式、Hooland 模式、Rogers 的擴散模式、電通的 CSP 模式……等等,不勝枚舉,在此僅舉出三種模式。前面談到這些模式的目的是用來指出受播者對訊息採取反應時,所牽涉的範圍不只是單純的外顯行爲而已。反之,我們更探討了一些發生在訊息的呈現與傳播者所尋求之行動的產生之間所發生的中介及轉化反應。

在這一節裏,我們將探討每一模式間的相似性,並以此結論,作爲進一步對各種反應詳加探討時的基礎。如表 2-1 所示,三種模式都是從最初的未知階段開始(也就是麥古瑞模式中所指之「呈現」之前的階段)。緊接著就是對於訊息的知曉或注意,這是最初步的反應。在「知曉」之上的階段,稱爲「理解」(comprehension)或「認識」(knowledge),兩者都是指在反應的第二階段所必然發生的某些程度之「了解」 (understanding),這種反應是知覺過程的一種功能,因爲受播者必須運用對訊息的過去學習經驗,才能了解訊息對他的意義所在。

再接下去的階段,在名稱上比較紛歧,有人稱爲「確信」(conviction),有人稱爲「信服」 (yielding)。拉維奇——史丹納模式中,在「確信」這個階段之前,還有「喜愛」與「偏好」這兩個步驟。其實,這一些都可以簡單地歸結爲「態度發展與改變」,也就是屬於「說服」結果的領域。

在三種模式之中,麥古瑞模式是唯一特別提到訊息在引起行動反應

表 2-1　拉維奇——史丹納、麥古瑞及 DAGMAR 等三種
　　　模式之比較與綜結

拉維奇——史丹納	DAGMAR	麥　古　瑞	綜　　　　結
購　買	行　動	行　爲 記　憶	行　動 學　習
確　信 偏　好 喜　愛	確　信	信　服	態度發展與改變 （說　服）
知　識	理　解	理　解	了　解 （知覺過程功能）
知　曉	知　曉	注　意	注意／知曉
未　知	未　知	呈　現	未　知

之前，必須被記憶的模式。「記憶」在學習過程中的功能，將在第三章裏進一步探討。由於「記憶」可能會在初期的反應階段裏發生，因此在麥古瑞模式中將「記憶」的位置放在「確信」與「行爲」之間，是有待商榷的事。例如，某一消費者可能會在理解階段就記住與某一品牌有關的大量情報，而未被訊息中的說服內容所左右而信服。

這些模式中的最後一個反應階段是「行動」，拉維奇與史丹納將行動特別用來指「購買」，而麥古瑞則以「行爲」來代表這一階段的反應。然而，我們可以採用較通稱的名詞——「行動」（action）來說明此一階段的反應，因爲行銷傳播者通常對於「購買」以外的影響行爲方式，像拜訪零售店、來函索取目錄、提高品牌印象…等，也感到興趣。

肆、回饋與比較評估儀

　　如前面所述，受播者對傳播訊息所採取的反應，可能是外顯（可觀察的）行為，也可能是內隱(不可觀察的、心智的)行為。傳播者為了瞭解其傳播訊息被接受的精確度如何，以及傳播訊息所產生的效果如何，必須從受播者處得到回饋（feedback）。圖 2-1 的傳播模式中的回饋圈（feedback loop）代表「傳播者──受播者」之原始關係的轉移：當初的傳播者現在變為受播者，而當初的受播者如今卻變成為傳播者。在面對面傳播裏，我們同時傳送並接受訊息。我們一邊說話，一邊觀察著受話者的臉部表情與姿態，例如微笑、點頭、皺眉、搖頭、搔首、困惑、瞠睇……等表情或姿態就常在我們說話時出現，作為對我們說話內容的反應。這些外顯的反應，可以立即在我們傳送訊息的當時，從對方的行為或表情中觀察出來。在另一些情況之下，傳播者則無法在傳送訊息的當時，立刻觀察到受播者的回饋。例如企業機構之廣告訊息的回饋，則必須在傳送訊息後之相當長久的一段時間之後，才能夠得到。因此，在發送訊息時，才決定要變更傳播訊息或傳播通徑，則已經是太遲緩了。

　　回饋可以告訴我們，是否已和他人順利地共享意見、態度與思考，它還可以提供我們在決定是否要修改訊息內容或終止進一步傳送時之必要情報。

　　比較評估儀 （comparator） 是指就受播者之真正反應與傳播者所預期其受播者對該訊息所採取之反應之間，進行比較與分析的過程。當預期反應與實際反應之間產生矛盾現象，同時這種矛盾又形成對傳播者之認知領域的外在刺激，而促使傳播者繼續傳送訊息來減輕這種矛盾現象。在人際傳播中可經常發現這種繼續傳播的努力，例如一小組團體成

員對另一位孤立的成員進行傳播時，就經常發生這種情形。(Schacter, S., 1951) 大致說來，這個團體成員（他們彼此有共同意識）會繼續傳播，一直到那名意見紛歧的孤立成員改變他的看法而與團體的看法一致，或是團體對該孤立成員深感絕望而對他們試圖改變該孤立成員看法與態度之意圖感到挫折時，才告罷休。

就企業而言，從市場上得來的回饋情報通常相當緩慢，特別是與人際傳播中的回饋相較之下，更是顯得緩慢。行銷人員往往比較銷售目標與銷售數字、市場佔有率目標與實際的市場佔有率、知名度目標與實際的品牌知名度，……等等，來測度行銷傳播的回饋。蒐集必要的回饋情報需要花費相當時間，而要適當地修改公司的訊息，以使市場反應更切合公司期望，也同樣需要更多的時間。

伍、結語 —— 人際傳播與大衆傳播

本章裏所發展出來的傳播模式是最基本的，可適用於人際傳播以及大眾傳播。這兩種傳播方式都有相同的基本要素，也有相同的傳播目的，但是有一些大眾傳播過程的特性卻與人際傳播的特性有顯著的不同：

第一、大眾傳播通常是間接的，也就是它運用一些技術性的通徑來銜接因時間或空間而隔離的傳播者及其受播者。

第二、大眾傳播並非人際間面對面的傳播，因為大眾傳播者通常是將其訊息指向許多非特定的眾人，而非特定的某一個人。

第三、大眾傳播缺少一種「立即回饋」(immediate feedback)之反應系統，因此通常是單向的（至少就短期間而言是如此），傳播者通常不太有機會在傳播訊息的當時情境下去修改其傳播訊息。

第四、大眾傳播幾乎可在同時間將訊息傳送給許多個體(Warneryd, K. E. & Nowak, K., 1968)。以無線電廣播和電視廣播這類的電子媒介而言，訊息的接受可以說是完全同時發生的。但是就印刷媒介而言，其讀者對於訊息的接受則未必完全在同一時間裏，最多也只是大約在同一個時段裏去閱讀訊息而已，例如對許多人而言，他們會在上午六點到十點這一段時間裏去閱讀報紙。

由上面的分析得知，大眾傳播與人際傳播之間的主要差異是在於訊息的傳送方式，此外，基本的傳播要素都大致相同。

《本章重要概念與名詞》

1. 訊息收發者 (transceiver)
2. 干擾 (障礙) (noise)
3. 注意 (attention)
4. 知覺 (perception)
5. 精確度 (fidelity)
6. 傳播技巧 (communication skill)
7. 態度 (attitude)
8. 認知狀態 (cognitive state)
9. 情感狀態 (affective state)
10. 動機狀態 (conative state)
11. 效果層次 (hierachy of effects)
12. DAGMAR
13. 人際傳播 (interpersonal communication)
14. 大眾傳播 (mass communication)

《問題與討論》

1. 試就與下列情況相關的傳播模式，討論「傳播者決策項目」

(communicator parameters):

(a) 生氣的球迷向裁判咆哮;

(b) 丈夫送給他太太一份生日禮物和一束玫瑰花;

(c) 職員要求加薪;

(d) 編輯撰擬一篇社論;

(e) 業務代表與客戶交談;

2. 試區別「選擇性注意」 (selective attention) 與 「選擇性知覺」 (selective perception)。這兩種概念的常識,如何運用於廣告? 如何運用於業務代表的推銷工作?

3. 公司是否可以提高傳播產品訊息給消費者時的 「精確度」 (fidelity) (或減除干擾)? 試從受播者、傳播者、通路與訊息收發者等角度加以說明。

4. 試以最常通用的傳播模式,列出行銷上的相等過程,並說明回饋圈及各種要素。

5. 討論各種傳播模式,如何運用在行銷傳播之上?

《 本章重要參考文獻 》

1. E. H. Adrian, "The Human Receiving System," in Keneth K. Sereno and C. David Mortensen (eds.), *Foundations of Communication Theory* (New York: Harper & Raw, Publishers, Incorporated, 1970), pp. 166-175.

2. David K. Berlo, *The Process of Communication* (San Francisco: Holt, Rinehart and Winston, Inc., 1960).

3. Jerome S. Bruner and Cecile C. Goodman, "Value and Need as Organizing Factors in Perception," *Journal of Abnormal and Social Psychology*, Vol. 42, pp. 33-44, 1947.

4. R. Levine, I. Chein, & G. Murphy, "The Relation of

Intensity of a Need to the Amount of Perceptual Distortion, a Preliminary Report," *Journal of Psychology*, Vol. 13, pp. 283-293, 1942.

5. Russell Colley, *Defining Advertising Goals for Measured Advertising Results* (New York: Association for National Advertisers, Inc., 1961).

6. Daniel Katz, "Psychological Barriers to Communication," in Wilbur Schramm (ed.), *Mass Communication* (Urbana: The University of Illinois Press, 1960), pp. 316-317.

7. R. J. Lavidge and G. A. Steiner, "A Model for Predictive Measurements of Advertising and Effectiveness," *Journal of Marketing*, Vol. 25, pp. 59-62, October, 1961.

8. D. C. McCelland and J. W. Atkinson, "The Projective Expression of Need: I. The Effect of Different Intensities of the Hunger Drive on Perception," *Journal of Psychology*, Vol. 25, pp. 205-222, 1948.

9. William J. McGuire, "An Information Processing Model of Advertising Effectiveness," *paperpresented at the Symposium on Behavior and Management Science in Marketing*, Center for Continuing Education, The University of Chicago, July, 1969.

10. Pieere Martineau, *Motivation in Advertising* (New York: McGraw Hill Book Company, 1957), p. 169.

11. Howe Martyn, *International Business* (New York: The Free Press, 1964), p. 78.

12. Kristian S. Palda, "The Hypothesis of Hierarchy of Effects: A Partial Evaluation," *Journal of Marketing Research*, Vol. 3,

pp. 13-24, February, 1966.

13. Floyd L. Ruch, *Psychology and Life* (Chicago: Scott, Foresman and Company, 1963), p. 294.

14. Thomas S. Robertson, *Consumer Behavior* (Glenview, Ill.: Scott, Foresman and Company, 1970), pp. 46-47.

15. S. Schacter, "Deviation, Rejection, and Communication," *Journal of Abnormal and Social Psychology*, vol. 46, pp. 190-207, 1951.

16. Karl-Erik Warneryd and Kjell Nowak, *Mass Communications and Advertising* (Stockholm: The Economic Research Institute at the Stockholm School of Economics, 1968), pp. 14-15.

第三章　注意與知覺

　　傳播者在說服受播者接受其意見或觀點之前，傳播者必須要先充分抓住並維持其潛在受播者的注意力。要吸引受播者對訊息的注意，尤其是對商業訊息的注意，是一件相當困難的工作。我們每個人隨時都被包圍在成千的訊息之中，受這些訊息的侵襲，因此我們只能够選擇某一些訊息來加以注意，而排斥其他的訊息。由於行銷傳播往往須動用到大筆的經費，因此行銷傳播者必須了解注意的過程是如何進行以及那些因素可以幫助他來掌握其受播者的注意力。同時，他也必須確知一些抑止及妨礙注意力的因素，以及如何去克服並摒除這些足以阻撓受播者注意之障礙的方法。

　　緊接在注意之後的過程，稱之爲知覺過程。許多影響到注意的因素也同樣會影響到人們對於傳播訊息的知覺。本章將就這兩點詳加討論。

壹、注意的喚起與維持

　　儘管訊息是被我們身體的感覺器官（眼、耳、鼻……等）所「接收」，我們很可能還是無法察覺到一些外來的訊息。你必定歷經過一種情境，那就是在公路上開車時，你雖然把收音機打開著，卻一點也沒「聽進去」收音機所播出的廣告或新聞。你可能當時在想一些別的事情（例如道路的方向）或正跟你的朋友交談等。因此，儘管從收音機所發出的聲波不斷侵擾你的耳膜，你還是依然「充耳不聞」！又如此刻你正在閱讀這段文字，你還可能也無法對你所坐的椅子或你周圍的一些聲音完全察覺，因為你現在的注意力全放在這一頁文字之上。

　　從上述這些例子來看，「注意」（attention）一詞可以簡單地定義為「將知覺集中在某一施予之刺激之上的心智過程。」因此，一個人不可能在同一時間之內把注意力放在兩件不同的事物之上。或許有人認為他可以同時注意兩種不同的訊息，其實那只是由於他能在極短暫的瞬間裏將他的注意力游移於這兩種刺激之間。根據學者們的研究發現，人們可以在大約五分之一秒的霎那之間把注意力從某一刺激轉移到另一刺激之上（Vernon, M. D., 1970）。

　　注意與知覺的過程可以用下圖 3-1 來表示：

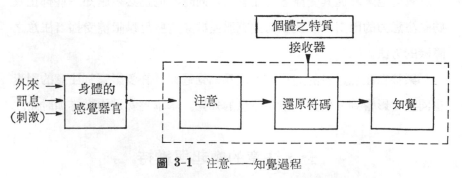

圖 3-1　注意──知覺過程

　　如上圖所示，個體對於外來的訊息（或刺激）有一套接收器（Reception module）系統來接受與收集，這個「接收器」包含了三個

單元: 注意(Attention)、還原符碼 (Decoding)與知覺 (Perception)。外來的訊息透過了身體感覺器官 (Physical receptors ，如耳、鼻、眼……等）的收受之後，能否被個體所接收，那就要看這些外來的訊息是否能够進一步進入個體的接收器系統，也因此有一些訊息縱然是從個體的眼前掠過，但是個體卻視若無睹，絲毫不對該訊息加以注意；又有一些訊息即使形成聲波，不斷震盪了個體的耳鼓，但是個體卻充耳不聞，絲毫未對該訊息加以注意，必須是經過「注意」之後的訊息，才會進一步被個體還原符碼，並且加以知覺。

至於個體的接收器究竟受到什麼因素的影響？也就是個體究竟根據什麼標準去衡量那些外來訊息值得注意，而那些則不值得注意？這就牽涉到個體之個別特質的問題，這些特質包括了需要、知識水準、社經地位、年齡、心理特質、興趣、經驗範圍……等許多個別差異特徵。因此，我們要引起或維持受播者對訊息的注意，就必須澈底掌握受播者的這一些特質。

貳、注意的種類

大致說來，人們對訊息或事物的「注意」，可概分爲「非意願注意」(involuntary attention)、「無意願注意」(nonvoluntary attention)、「意願注意」(voluntary attention)等三種。「非意願注意」對受播者而言需要較少或完全不需要費心力，刺激強行闖入受播者的知覺意識，有時連他都不願這種刺激的侵入，還是照闖不誤，強迫中獎。這種「強迫中獎」式注意的引起，必須著重於刺激強度的提高——如嘹亮尖銳的聲音、強烈耀眼的亮光等。「無意願注意」有時又可稱爲「自發性注意」(spontaneous attention)，是指受播者被某一刺激吸引之後，由於發現

該刺激饒富趣味，因此興致勃勃繼續對該刺激加以注意。在這種情況之下，受播者雖然不抵制外來刺激，但是在最初也並非完全心甘情願地去注意該刺激；不過，一旦他的注意力被某刺激吸引之後，由於該刺激對他而言具有某些利害關係或合乎他的興趣，因此繼續對該刺激加以注意。通常廣告主製作廣告、產品包裝訊息或其他行銷傳播訊息所要引起消費者的注意，大都是屬於這類「無意願注意」，因為消費者通常是不太願意主動去蒐集及找尋廣告等行銷傳播訊息。所以廣告主必須提高廣告訊息內容的趣味性和娛樂性，以吸引並維持消費者的注意。

最後一種是「意願注意」，是指受播者自動心甘情願地去注意某一刺激，這一類的受播者通常稱為「訊息或情報的蒐尋者」(message or information seeker)。例如一些考慮購買新汽車的消費者通常是自動自發心甘情願地把他們的注意力放在汽車廣告之上；同時，最近剛買過某一商品（例如汽車）的人，也會主動地去蒐尋有關汽車的廣告，對他所購買之廠牌的廣告，尤其加以注意，以尋找一些訊息來確定其購買決策之正確性，並藉以做為心理上的支持。

以上這三種注意的形式，係根據受播者注意某一刺激時之意願程度，來區分不同層次的注意。

在討論到「注意」這個問題之時，必須提到「注意」的反面——「不注意」(nonattention或inattention)。「不注意」是指：(1)人們有意選擇另一競爭的刺激或訊息；或 (2)由於另一外來強度更強的刺激而使人們分散對原刺激或訊息的注意力。廣告主所要面臨的主要問題，就是要如何把潛在消費者的注意力，從競爭訊息中吸引過來。人們閱讀報紙或他所喜歡的雜誌時，他所感到興趣的部分，主要是其中的報導、文章或圖片內容，而非廣告內容。廣告主所設計的廣告訊息必須能將讀者的注意力從競爭訊息中吸引過來，而且要使他們的注意力能夠暫時在廣告

訊息停留若干時間，以便將銷售重點傳達給他們且讓他們了解。根據施蘭姆（Wilbur Schramm）的看法認為，當潛在受播者所知覺的訊息淨益（net profit）與其所知覺之注意訊息時所需付出之努力之間的比率愈高的話，則受播者注意該訊息的可能性也就愈高。換言之，受播者對訊息的預期選擇率與受播者所察覺該訊息所能得到的淨報酬成正比，而與其所需要的努力成反比。施蘭姆把這種選擇性注意的原則稱之為「選擇分數」（fraction of selection）或「選擇定律」，並以公式表示之（Schramm, W. & Roberts, D. F. 1971）：

$$\frac{選擇之可能性}{（預期選擇率）} = \frac{可能得到的報酬}{需要付出的努力} = \frac{（覺知之報酬強度）-（覺知之懲罰強度）}{覺知之需要付出之努力}$$

這個公式應該以概念方式加以解釋，而不宜用數量方式加以解釋。「閱聽人」（audience）往往根據他對訊息所知覺之淨報酬與其所知覺

(a)

服務講究,一杯不苟.

Lufthansa
漢莎航空公司

(b)

圖 3-2 文案較少的廣告

之「努力」間的關係,來選擇外來的訊息。因此,提高訊息中閱聽人所知覺到的「淨報酬」,並減低閱聽人所知覺的「努力」,將會增加閱聽人對該訊息加以注意的可能性。

廣告主應該都相當了解上述這個觀念與原則,儘管他們並不完全知道這個觀念的名稱叫做「選擇定律」。雜誌廣告通常不願採用太多的文案,而儘量希望透過圖片來向讀者訴求。這些廣告不須耗費讀者太多的心力與時間,通常都能有效地抓住讀者的注意力,並使其注意力能長時

間停留，而讓他將廣告內容與商品名稱加以聯結。在某些情況之下，如果讓讀者知覺到他可以從某些廣告訊息中獲得很高的報酬的話，他將不厭其煩地花費大量的時間和精力去閱讀大量的文案內容。就以在「音樂與音響」或「無線電月刊」等雜誌上的廣告為例，你仔細端詳一下廣告中的文案，就可以發現大部分廣告文案內容都是技術性的資料，這些內容對於一般消費者而言雖是艱澀難懂且枯燥無味，但是對真正的音響玩家而言卻是正合口味而且興趣濃厚。圖3-2與圖3-3是兩種文案不同，對象也不同的兩則廣告的比較。

(a)

(b)

圖 3-3　文案很多的廣告

叁、影響注意的因素

前面所討論到的觀念重點稱為「選擇性注意」(Selective attention)。顧名思義，這個名詞的定義非常簡單，是指「人們在一些刺激之中選擇某一刺激而加以注意的過程」。人們對於訊息的選擇是基於兩種因素：

刺激（訊息）因素和個別因素。

一、刺激因素

刺激的一些特殊屬性在吸引受播者的注意上扮演相當重要的角色。對任何訊息而言，我們必須承認這些因素中的幾個因素會同時影響對受播者之注意力的吸引，在此為便以討論才分別加以闡述如后：

（一）、大小尺寸（Size）

大致說來，物體或刺激之尺寸愈大的話，其注意值愈高，愈容易引起注意。例如，在氣氛幽雅，人聲低沈的餐廳中，突然間侍者手中的杯盤墜落在地，發出了巨響，這時所有人的注意力必然投向這名侍者。又如在報紙或雜誌上的廣告中，全頁甚或跨頁的廣告，通常要比全十、半十或全三（報紙），或半頁、邊欄（雜誌）的廣告，更能引起人們注意。不過，這種注意力的增減並不是成等比級數或等差級數的；換言之，在版面大小上是兩倍大的廣告，並不見得在注意值上是小版面的兩倍大——全頁廣告對於讀者注意力的吸引效果，不一定是半頁廣告的兩倍。據學者們發現，某一廣告如果要在注意力的吸引上獲致雙倍效果的話，必須在版面大小上比另一廣告大出四倍左右，這種現象稱之為「平方根法則」（Square root law）（Rudolph, H. J., 1947）。這個法則主要是運用在印刷媒體的廣告，指出廣告注意值的增加約是廣告大小增加量的平方根。如果要想提高三倍注意值，那就必須在廣告版面大小上增加九倍了！

（二）、移動

移動中或狀若移動中的物體，要比靜止狀態的物體，更能引人注意。以商店櫥窗的擺設為例，動態的陳列方式要比靜態的陳列方式更能引起人們的注意力。有些手錶廠商在設計櫥窗擺設時，經常運用動態的

設計，例如將防水錶浸在透明的水箱中，並且配合活動轉軸，產生良好的注意效果。由於許多零售店的陳列位置有限，廠商不妨考慮運用活動的店頭陳列，以便在有限的陳列空間裏讓產品發揮最高的注意效果。臺北市中華商場及其他各地的活動霓虹燈塔，也往往由於其活動的緣故，而使其廣告訊息（通常爲商標）引起行人們的注意。

印刷媒體廣告也可以運用某些設計上的技巧，產生移動效果來吸引

圖 3-4　利用鋸齒狀虛線造成「移動」的視覺效果

讀者的注意力。例如用鋸齒狀的線條可產生移動的視覺效果，因爲人們眼睛的視向通常是由左至右的掃瞄，不連續的虛線由左至右的延伸，可產生移動的視覺效果，如圖 3-4 就是採用鋸齒狀的虛線，產生一種移動中之「利樂球」的效果。有些廣告設計者則運用攝影的特殊技巧來造成畫面的「移動」效果，最普遍的方法之一是將照相機快門的速度調低，使移動中的物體產生一種特殊的「塗佈」效果（"smear" effect），也就是讓移動中之物體的背後景像模糊且有一種類似刷抹顏料或塗料的「塗佈」痕跡，藉以烘托出物體在移動的錯覺，達到動態的視覺效果。一些汽車廣告或機車廣告往往運用這種方式來拍攝照片，圖 3-6 就是一個明顯的例子。其他還有許多繪圖及設計上的技巧，經常被廣告主所採用，來造成物體移動的錯覺，上面所提到的只是諸多方法中的兩種例子而已（Bowman, W. J., 1968; Burtt, H. E., 1938）。

（三）、強度（Intensity）

刺激的強度會影響人們的注意——強度的刺激——像尖銳的聲音、強烈的味道、耀眼的光線等，通常會比微弱的刺激更能夠引起受播者的注意。由於這種高強度刺激一方面縱使會提高受播者的注意，但是另一方面卻往往會讓受播者感到煩躁不安，因此在運用這種方法來提高訊息之被注意程度時，必須非常謹慎，以免造成反效果。

（四）、新奇性（Novelty）

不尋常的刺激通常能吸引更大的注意力，而受播者所熟悉的刺激則較不易引起他們的注意。這種現象可以用行爲科學中之「人類調適」的觀念（concept of human adaptation）來加以解釋，也就是說，人們對於周圍的情境較容易調適而不會刻意加以注意。一種刺激對個體而言，愈是他們所熟悉的話，愈容易讓他們對該刺激「消除敏感」（desensitized），換言之，該刺激愈不容易引起他們的注意。例如，用一

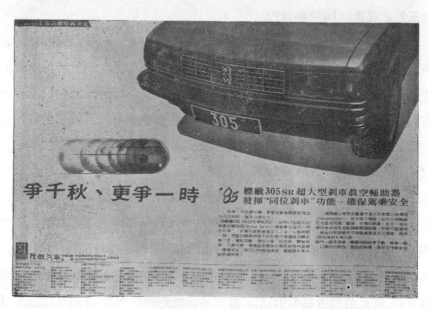

圖 **3-5**　造成移動錯覺的廣告

根釘子去頂食指，剛開始時會覺得痛楚，但是經過片刻之後，痛楚減輕了，因為您已經適應了這根釘子。據說中國功夫中的「鐵砂掌」，還有學禪過程中的禪七，都是經過這種「調適」過程而練成的；「入芝蘭之室久聞不覺其香」也就是這個道理。在上學或上班的馬路旁，您可能每天都走過或開車經過一座廣告招牌，由於每天必經，時間一久很可能您對它注意力會日益減低。但是有一天這座廣告招牌遷走了，您很可能又會注意到它已經不在那兒了。總之，我們往往會特別注意一些「例外」或「意外」的新奇事物！

（五）、對比（Contrast）

刺激對比是另一個吸引注意的因素，對比程度愈高的刺激愈容易引起人們的注意，雞羣中的「立鶴」、萬綠叢中的「一點紅」都是由於對比性大而引起人們的注意。在許多黑白廣告之中的彩色廣告能特別引起人們注意，因為這幀彩色廣告與四周的黑白廣告形成強烈的對比。在報紙尚未走上彩色印刷時，「套紅」往往被認為是一種引起注意的方法，因此許多廣告主競相爭取套紅（套紅費用較高），尤其在聯考放榜前後這段期間的補習班或私立學校的招生廣告，更是全面套紅，當時有某家補習班由於廣告預算超支，乃取消其招生廣告中的套紅，不料卻因未套紅而竟引起更多人的注意與報名，這更是「萬紅叢中一點黑」的對比效果引起更大的注意。此外，顏色本身的深淺對比的大小，也會影響到注意力的吸引程度。有人將廣告作品稱為「大眾藝術」（"pop art" 或「普普」藝術）之一，色彩的強烈對比，正是這種「普普」藝術的特點之一。除了顏色之外，聲音的對比也會吸引人們的注意，在諸多大聲吵雜的廣告影片之中，突然出現一支婉轉悅耳甚至寂靜無聲的廣告影片，勢必更能引起觀眾的注意。「黑人牙膏」的廣告影片，過去一直是「不說話」，正由於它「不說話」而與其他廣告影片形成對比，因此能引起人

們的注意。

（六）、彩色

除了上述「套紅」的例子之外，通常彩色的事物比黑白的事物更能引起人們的注意。色彩愈豐富的話，愈容易刺激人們的視覺，而色彩愈缺乏時，愈不能引起人們的注意。女人在服飾上「爭奇鬥艷」無非是想多引人注意；而彩色廣告的效果比黑白廣告更引人注意，其道理也在此。

（七）、突出

「危言」往往可以「聳聽」，「嘩眾」雖未必取寵，卻能引起注意，一個驚人的刺激必定會引起人們的注意，刺激的出現愈是出其不意的話，愈能引起注意。當你在觀賞電視節目時，突然螢光幕上挿入新聞快訊或號外，而中斷了您所觀賞的節目，這個突然挿入的訊息，必定非常吸引您的注意。當年舒潔衛生紙的電視廣告影片，利用「新聞號外」的方式來傳達其「處女紙漿」的訊息，引起普遍的注意，並造成當時相當轟動與議論的話題。這種突然而至的刺激，在吸引注意的效果上是非常大。

（八）、版面與位置

就印刷媒體而言，某些版面位置比其他的版面位置，更能吸引人們的注意。大致說來，上方位置的版面比下方位置的版面，更能吸引讀者的注意力；而左方位置的版面要比右方位置的版面，更能吸引更多的注意（Myers, J. H. & Reynolds, W. H., 1967）。

廠商也非常瞭解其產品在販賣地點之陳列架上位置的重要性。例如在超級市場上陳列位置較搶眼的商品，較能引起更大的注意。

（九）、外型

不同的外型會產生不同的注意效果。以印刷媒體為例，根據美國史

塔奇廣告閱讀率中心（The Starch Readership Service）所做的研究顯示，高度大於寬度的廣告通常比寬度大於高度的廣告更能引起注意（Starch Sewice, Vol. 566）如下列二圖中圖 3-6 通常要比圖 3-7 更能吸引人們的注意力：

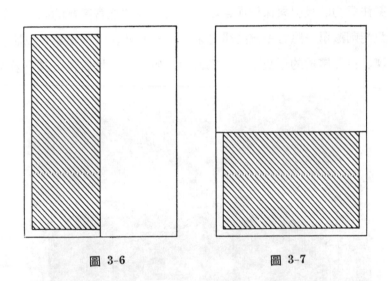

圖 3-6　　　　　　　　　　　圖 3-7

　　這種高度大於寬度之廣告所產生的吸引力，可能是由於人們在翻閱書報時，閱讀垂直長條形版位的文字內容要比閱讀同樣面積大小之方形版位的文字內容或水平橫條形版位的文字內容更爲容易。

　　廠商也知道不同包裝及容器的形狀對於吸引潛在顧客來注意其品牌而言，　是非常重要的。　這種特性對一些在自助式商店裏販賣的品牌而言，尤其重要。

（十）、孤立

　　處於孤立位置的物體可以吸引較多的注意。福斯汽車的廣告經常把福斯汽車的照片放在整版廣告的中央位置而四周保留空白。圖 3-9 某家建設公司將其訊息畫在整版廣告的中央位置，所佔的位置還不到整個版

面的二十分之一，其餘的位置均保留空白。（圖 3-8）這種孤立位置的
手法，是吸引注意力的有效技巧。孤立，從某個角度看來，也可以視為
另一種方式的「對比」（contrast）。

（十一）、多重感官之訊息

就注意力的吸引與保留而言，能夠刺激多種感官系統的訊息，通常
要比只能刺激單一感官系統的訊息來得更為有效。這種現象足以說明聲
光並陳、色彩繽紛的電視廣告，為何會比收音機廣播廣告更具有效果的

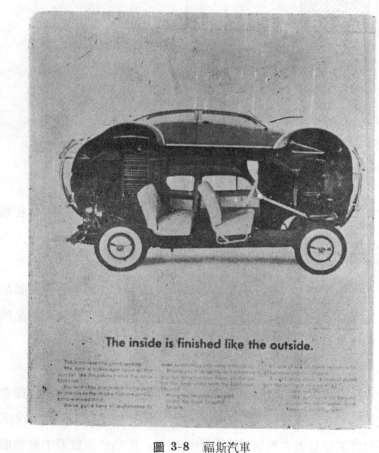

圖 3-8　福斯汽車

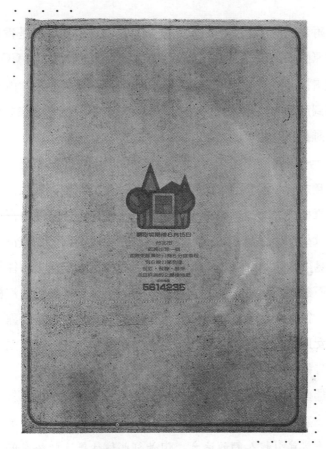

圖 3-9　留白較多的廣告

理由了。因為，電視兼具了刺激視覺系統與聽覺系統的雙重效果，而收音機廣播僅僅刺激了人們的聽覺系統。最近也有人研究如何在印刷媒體上傳遞多重感官訊息（最簡單的例子是在喜帖上印上香水油墨，使收到喜帖的人不但可以「看」到喜訊，而且可以「聞」到喜悅的香味），這方面的發展，目前已有重要的技術突破，那就是所謂的「微菌技術」（microencapsulation technology），這種技術在報紙、雜誌或 DM 等印刷媒體之廣告上的運用，是將數以百萬計之含有廣告商品之香味的超微

小分子，附著在所廣告之商品本身的照片之上，例如產品是香皂則附著上香皂之原味； 產品是醃薰豬肉則在產品照片上附著 BACON 的香味。當讀者攤開報紙、雜誌或DM廣告，在看到產品之照片的同時，他還可以聞到產品的香味。這些種廣告較容易去掌握讀者的注意與興趣，並且可以維持較長的期間。

以上十一種因素都是來自刺激本身的因素，在此必須提醒的是，這些影響注意之刺激因素的效果只是一種概括性的原則，就大部分情況而言，這些原則是有助於行銷傳播的運用，但是就少數特殊情況而言，可能被認為效果不彰。 尤其， 我們必須了解， 吸引閱聽人或消費者的注意，並不見得是行銷傳播最主要目標，在很多種情況之下，往往為了要引起注意而忽略了其他更重要的目標，得不償失。例如一些汽機車或油漆的海報，往往採用姿色艷麗的女郎來當廣告人物，穿著暴露，搔首弄姿，而且女郎所佔的版面位置，甚至大於產品本身，喧賓奪主。——雖然，這種海報是吸引了人們的注意，但是人們的注意焦點並不是產品本身，而是那些惹火的女郎。注意的效果達到了，銷售及說服效果卻是一籌莫展! 波嘉特 (Leo Bogart) 指出： 「廣告的研究資料顯示，許多廣告訊息，雖然曾引起人們的注意，但是卻也往往無法留給人們深刻的印象。」(Bogart, 1967)。除引起注意外，當然也必須考慮到傳播訊息所肩負的其他任務與目標。

二、個體因素 (受播者因素)

另外一組影響訊息注意的因素,稱為個體因素(individual factors)，這些特性有些是與生俱來的，有些則是後天經過學習之後，貯存於知覺領域之中。以下將就這些因素分別加以闡述:

(一)、恆久的興趣

當人們察覺到某一事物或觀念對他具有潛在利益或重要性時，他將會特別去加以注意。例如：愛情、性、魅力、蠱惑，以及其他人們的恆久興趣等，都是人們長期關心的事物，這些都會影響人們所去注意之訊息的種類。一位棒球迷，對於有關棒球賽的消息會特別加以注意；一位運動家對於運動器材的廣告，也會特別加以注意；對平劇感興趣的人，關於國劇公演的消息或電視上的平劇節目，都會特別去注意。當一個人對於傳播訊息內容的興趣愈高的話，用來吸引其注意力時所需的刺激因素也就顯得愈不重要也愈沒有作用了。例如，當你急於去收看或收聽你所喜歡的電視或廣播節目時，由於你興緻勃勃，即使該頻道的電波甚為微弱而且難以收到，你仍然會去扭轉選臺器或微調，一直到你收到你所要看的節目為止。只要人們的興趣非常高昂，通常人們是不太在乎獲取訊息的困難性與知覺效果的精密性。對籃球之興趣高昂的人，會排三四小時的隊伍，只為買一張票去看球賽而毫無怨言；一個沈迷垂釣的人，會在報紙上密密麻麻的字海裏，竭力去尋找類似「漁訊」或有關漲潮的小小則消息。相信每個人都有類似這樣的經驗和情況發生。

（二）、立卽的關切

有時人們對事物所持的某些關切只是偶然而發的。這種偶發而立卽之關切的本質會影響到人們對訊息的注意。例如，某人知道他的輪胎需要換新時，他會比那些輪胎完好無損的人更注意有關輪胎的廣告。懷孕中的媽媽，會對有關育嬰的常識及嬰兒用品的廣告，特別加以注意。

（三）、注意範圍

「注意範圍」（Span of Attention）也是屬於個體因素之一，是指受播者在一次之間所能「看」得到之事物的數目。就正常的成年人而言，一個人一次所能看到的事物約在六到十一個之間，其平均值約為八個（Wood worth, R. S. & ilosberg, H., 1960; Miller, G. A.,

1956)。這個理論說明了人們在情報處理上的限制。廣告如果要醒目而引人注意的話，在佈局上就必須相對地簡明清晰，使人一目瞭然。同樣地，包裝如果要想獲得最佳注目效果的話，在設計上也不應該太過於複雜凌亂（Myers & Reynolds, 1967）。

（四）、注意力的流動

人們的心智似乎不太可能一直全神貫注地把所有的注意力完全放在一件事物之上，通常注意力的停駐時間是相當短暫的，通常每隔四、五秒鐘，人們的注意力就一定會轉移的，這種現象稱之爲「注意力的流動」（Fluctuation in Attention）。廣告從業人員必須瞭解人們這種特性，而在製作廣告訊息時，要不斷地轉移景象或注意的焦點。例如在廣播廣告中，採用每隔一定時間就重複一次的播出方式，或採用兩個人對話的方式，使聽眾能夠順乎自然地，移動其注意力，因爲聽眾的注意力卽使在短暫的四、五秒間產生了「注意力流動」，但是仍然會轉移到同一訊息之上（Myers & Reynolds, 1967）。

（五）、意見和態度

人們對於一些能支持他們本身之看法、意見和態度的訊息，會特別加以注意。反之，他們對於那些與他們的看法、意見和態度相悖逆的訊息，較容易加以過濾而視若無睹、聽若無聞。因此，人們的態度和意見，也應該視爲人們傳播系統中「選濾機轉」（filtering mechanism）的一部分，只容許他所接觸之訊息中的某一部分；進入他的心靈（Lazarsfeld, Berelson, & Gaudet, 1948; Klapper, 1960; Childs, 1965）。態度與意見不僅在上意識上影響到人們對情報和訊息的選擇，同時也在潛意識中影響到人們對情報和訊息的選擇（Berelson & Steiner, 1964）。這點在廣告上的運用，應該是相當明瞭的：廣告主必須事先掌握潛在顧客的顯著態度，並配合這些預存的意見和態度去擬定廣告活動

的方針。

（六）、需求

　　人們的需求情形會影響其對訊息的注意。一個饑腸轆轆的人，駕車在公路上奔馳時，能夠很快地在瞬眼之間，注意到道路兩旁有關食物或飯店、餐廳的廣告牌。因爲這名飢餓者的需求（need），對於能夠減除其需求的任何事物，會集中並提高其敏感性與注意力。

　　就廣告而言，去發覺人們對產品的需求型態，以便廣告訊息得以在最適當時機傳達給消費者，是非常重要的。例如在晚間七點半左右，大家才剛剛用過晚餐的時候，播出炸薯片、麥當勞或速食麵等食品廣告，的確是一椿不智之舉；同樣地，在寒冷的多天，播出清凉飲料的廣告；在炎熱的夏天，大作白金懷爐的廣告，都是不可理喻的笨事。反之，在晚間十點鐘左右的宵夜時間裏，電視上所插播牛奶、速食麵、洋芋片等廣告，必能很輕易地抓住廣大觀眾的注意力。

　　由上述分析，刺激因素和個體兩者都會影響到訊息接受的注意力。將這兩組的因素並提而論的話，我們還可以發現兩者之間有關聯性存在；大致說來，刺激因素與個體因素之間，呈現一種「負相關」。例如：如果受播者（個體）對某一產品或勞務的興趣度很低時，如果要吸引該受播者之注意力的話，勢必需要一個很強的刺激才能達成任務。反之，如果受播者（個體）對某一產品或勞務有濃厚的興趣或高度需求時，則只需一點微微的刺激就足以吸引他們的注意力。例如大部分人們對於保險機構通常是較不感興趣，如果要吸引人們對保險業務之廣告的注意力的話，刺激因素勢必要在廣告上扮演非常重要的角色。

　　以下將就受播者接受機構中另一個主要程序──知覺（perception）進行探討。

肆、知覺的意義

在傳播的領域裏，「知覺」（perception）是最重要的主題之一。人們通常是根據他們對外在世界的「知覺」加以反應，而不是就外在世界本身加以反應。同樣地，消費者只是就他們對於品牌、公司、包裝、廣告和其他市場刺激的知覺加以反應，而不是純就這些市場刺激本身加以反應。

「知覺」與「注意」同為受播結構中很重要的程序，在探討過「注意」之後，在此當就影響知覺的因素、知覺過程的原則，以及行銷人員可能運用這些觀念來影響其顧客行為的方式，一一加以探討。

「知覺」，是指對刺激物產生心智形象或印象的過程，也就是刺激物讓個體在其認知領域中「塑造」形象的過程。「知覺」包括對外來刺激的選擇、組織與解釋（Berelson & Steiner, 1964）。在這個過程之中，個體會根據他的認知領域，對刺激賦予意義。前面提過，每個人的經驗範圍或認知領域是彼此互異的，所以兩個人之間對於同一刺激的知覺方式極少有完全一樣的情形。因此，人們對於事物的知覺並不能完全代表該事物的實體，而只是其個人對外在事物的部分認知結構的代表（Krech & Crutchfield, 1962）。

下面要探討的，就是人們如何知覺其外在環境的一些原則。

伍、知覺的基本原則

人們對於所要知覺的事物，通常會按照下列四個基本原則去知覺：

第一、知覺通常是按刺激的結構要素去進行；

第二、知覺通常會根據受播者的特性去進行；

第三、知覺是有選擇性的；

第四、知覺會經人們加以組織並結構化後賦予意義。

這些原則都是根據我們對人們知覺方法的一些經驗，加以歸納的。

一、結構因素對知覺的影響

結構因素是指刺激因素的組織情形以及刺激的呈現方式。茲用下圖說明「接近性」(Proximity) 與「相似性」(Similarity) 的概念：

a. 接近性　　　　　　　　　　　　b. 相似性

圖3-10　刺激的接近性與相似性

「接近性」是指刺激要素的物理接近情形，如上圖右a. 所示，讀者通常會把它看成兩排水平的圓圈，而不會視為六列垂直的圓圈，這種現象是由於圖中圓圈１與圓圈２之間的距離，要比圓圈１與圓圈３之間的距離來得近。 水平的圓圈之間， 由於彼此接近的緣故， 顯得互相「歸屬」。這種由於同類物體在空間上彼此接近，而使每一物體有被視為構成整個知覺組型之一份子的傾向，稱之為「接近性」。

「相似性」是指刺激要素之間外觀特徵上的相似情形。上圖 b 中所呈現的圖案，人們會看成三列垂直的圓圈以及兩列垂直的方塊，因為１與３的形狀相似，而１與２的形狀互異。這種由於多種物體在形狀上有相似的特徵，而使人們在知覺上加以歸類為一整體的傾向，稱之為「相似性」。

第三種刺激結構因素是「封閉性」 (Closure)，茲以下圖表示：

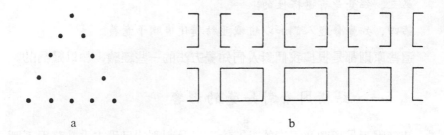

圖3-11 刺激的封閉性

上圖 a 中所呈現的是一組黑圓點，並非一完整的圖形，黑點之間彼此亦無明顯關係，但人們會把它看成一個完整的三角形。又如圖 b 中之上排，雖然各段相向的直角折線彼此都不銜接，但人們會有將中間部分看成三個方形 （如圖 b 下排之圖形） 的傾向。 這種知覺組織的心理傾向。稱爲「封閉性」。因此， 「封閉性」是指人們對知覺情境加以「完整化」的過程， 是一種 「加油添醋」 的過程。 對於物體特徵或知覺刺激中的特徵，並不能很明顯看出彼此間具有何種關係時，人們往往會根據過去的經驗範圍去解釋或知覺，這時通常是主觀地添加或減少它的特徵，使其趨向整體或更完全，以符合他們的解釋。因此，不完整的物體或刺激情境，在人們知覺領域裏，會有產生完整形狀的傾向。這種「封閉性」在廣告上運用得很廣。

熟悉刺激之結構因素在知覺上所扮演的角色，將有助於廣告設計及包裝設計之對潛在顧客所產生預期效果。

二、受播者因素對知覺的影響

訊息接受者的一些特性因素,往往也會影響到他對訊息的知覺情形。例如，人的需求 (needs)、情緒 (moods)、態度 (attitudes)、 人格特質 (personality traits) 以及價值 (values) 等，都是一些足以限制、

改變甚或完全曲解一個人所接受之訊息的個人因素。以下將分別加以討論:

(一)、需求 (needs)

不論是生理需求或心理需求,都會影響到人們如何去知覺一個訊息。一項由邁克立倫氏 (D. C. McCelland) 與艾肯遜 (J. W. Atkinson) 所主持的研究,證實了生理需求 (饑餓) 與知覺之間的關係,實驗者以一羣潛艇基地的船員作爲對象,要求這羣受試者在一片實際上是空無一物的投影銀幕上,極力去辨識他們所能在銀幕上所能「隱約看到的事物」。由於受試者都是處在饑餓的生理需求情境之下;因此,儘管銀幕是空白的,受試者卻指出他們確實在銀幕上看到食物和餐具 (McCelland and Atkinson, 1948) 。

在一項由墨菲 (G. Murphy)、雷凡恩 (R. Levine) 及伽恩 (I. Chein) 等人所主持的研究中,研究者在一個毛玻璃的呈現幕中,若隱若現地呈現一系列的食物照片給受試者觀看,然後要受試者回答他們在呈現幕中曾看見什麼東西。這次實驗對象是兩組大學生──一組是饑餓的學生,另一組是剛吃過飯的學生。實驗的結果發現,餓學生看到食物的頻次要比飽學生來得高;看見食物的學生中,大多數是餓學生,少數是飽學生 (Levin, Chein, & Murphy, 1942)。其他還有許多研究也都支持「饑餓及其他生理需求會影響人們對所見所聞之知覺」的說法。

另一項由布魯納 (J. B. Bruner) 和古德曼 (C. C. Goodman) 所作的研究結果發現,人們的心理需求也會影響到人們對事物的知覺。他們的研究是對一羣貧苦人家的孩子以及一羣富有人家的孩子進行實驗,受試者的年齡都在十歲左右。實驗者運用一種能投射不同大小之光束的儀器,把一些硬幣投射給孩子們看,要求他們判斷硬幣的大小。實驗結果顯示,貧窮人家的孩子會將各種硬幣看得比實際尺寸還大,而富有人

家的孩子則沒有這種曲解誇大的情形發生。換言之，貧窮孩子所判斷硬幣的大小，比富有孩子大得多，因爲貧窮孩子比較需要金錢 (Bruner, & Goodman, 1947)。 其它還有一些研究， 也都紛紛支持這項發現，表示一個人的需求會影響他對事物的知覺 (Carter & Schooler, 1949; Bruner & Rodrigues, 1953)。

由於人們對事物的理解可能受到需求所左右，因此，近年許多研究消費者動機的專家們，已在直接訪問之外，發展出一些用解釋圖畫、填補句子之類的所謂「投射技術」(projective technique)，來探測人們「內心深處的秘密」。這乃是從人們理解的結果，來探索它的來源，進而掌握消費者的需求。這種方式的調查結果，往往會比直接訪問更爲可靠。

（二）、情緒（Moods）

一個人的情緒可能會影響他對刺激物體的知覺。一項由魯巴 (C. Leuba) 及魯卡士 (J. D. Lucas) 所作的實驗，說明了不同的情緒如何影響一個人對外來的刺激產生不同的知覺。在這項實驗中，研究者運用催眠術，依次將受試者催入「快樂」、「苛刻」、「焦慮」等三種不同的情緒之中，每次催眠之後，要受試者觀看圖片，並且要他們描述所觀看之圖片的內容。實驗結果發現，人們在三種不同的情緒之下，對於所觀看的圖片分別有三種不同的知覺方式。當人們在快樂的情緒之下時，似乎很少注意到圖中的細節，他的知覺是粗枝大葉的。當他在苛刻的情緒之下時，他的觀察似乎很仔細，對於圖中的細節都注意到了。當人們在焦慮的情緒之下時，對圖中的細節，甚至於臉部表情都看得更仔細清楚，並且會對知覺的事物加以解釋。不同的情緒，似乎影響到人們所觀看到的事物，更影響到人們對觀看到之事物所知覺的意義 (Leuba, & Lucas, 1945)。

（三）、態度（Attitudes）

　　人們對於和他既存之強烈態度背道而馳或相悖逆的訊息，究竟如何去處理？許多學者曾經就這個問題進行各種研究，其中最有名的便是由古柏（Eunice Cooper）與賈和達（Marie Jahoda）所進行的研究，這項研究被稱為「畢哥特先生」研究，是一項諷刺種族及宗教歧視所做的漫畫研究。這項研究的主題是一項勸美國東部人民不要反猶太人的運動，這個運動以卡通人物「畢哥特」（Mr. Biggott）為中心，漫畫中指出畢哥特對猶太人成見極深。例如其中有一幅說明他在醫院接受輸血時，堅持拒用普通血液，一定要用「藍血」（blue blood，指高貴的血液），運動推展者們都認為這一類的漫畫諷刺意味很高，應該可以讓讀者嘲笑畢哥特的荒誕行為，進而看出自己反猶太之成見的謬誤。然而，研究人員發現，那些對猶太人成見最深的人，把這些漫畫的意義完全曲解，來適合自己的想法和看法。有的認為這些漫畫是讚揚美國種族純粹主義；有的人則認為這是猶太人企圖煽動宗教糾紛的設計；更有些人認為畢哥特做得對，不應該讓醫生用普通的血來換掉他的「藍血」。這些有成見的人不但沒有改觀，反而成見更深。研究者發現，對這些漫畫所產生的歪曲或誤解，有成見的人為無成見者的兩倍半；那些對種族成見歧視之為害社會一無瞭解的人，所產生的曲解更是多達三倍。這項實驗顯示，人們往往會堅持其既有的態度或成見，而對於那些和他既有態度相悖逆的訊息，完全加以誤會或曲解（Cooper, & Jahoda, 1947）。

　　另外有許多其他學者所作的傳播研究中，也有類似的發現。譬如一項由坎納（Charles F. Cannel）和麥唐諾（James C. MacDonald）所作的研究中，曾依隨機抽樣法在密西根州安阿坡（Ann Arbor）市，選出 228 名成年居民，詢問在報刊上所報導的一篇有關吸煙與癌症關係的文章，是否已使他們相信吸煙是癌症的原因，採信（知覺）這種因果關係的，在不吸煙者中佔54％；而在吸煙者中，只佔28％。（Cannel &

MacDonald, 1956) 顯示人們既有的態度會影響他的知覺。

(四)、人格特質 (Personality Traits)

　　人們在知覺外界的事物或人物時，人格特質扮演非常重要的角色。例如，智力就經常被人們用來對他們所觀察的事物下研判論斷，並提供他們對這些觀察事物的解釋原則 (Newcomb, Turner, & Converse, 1965)，由於人們彼此之間有智力高低的差異性存在，因此，對於外在環境的事物或事件，也就有不同的理解（知覺）了。同樣的訊息能被某些人理解，對其他人而言，就不一定能體會出個中的意味神髓。一般大學生(智商約在120左右)所能理解的訊息,很可能對於智商低於九十的人而言，就顯得生硬而不能令他們完全理解。平均而言，智商低於九十的人佔我們人口中的百分之二十五；智商低於一百者，佔了百分之五十。由此可體會出，何以有那麼多廣告及銷售訊息的水準，為了要去迎合那些階層的民眾，必須平易通俗而不得太曲高和寡了。此外，行銷人員在製作其他行銷組合變數（例如產品設計、包裝圖樣和命名）時，也必須隨時注意到這項人格特質——智力。

　　「性別差異」似乎和人們之對他人的知覺方式間，有相關性存在。例如， 男人對於其他男人的行為總是比對於女人的行為， 更容易去理解；同樣，女人也比較容易去體會其他女人的行為舉止，而對男人的行為則往往較不易完全理解。因此，大致說來性別相同的人會比性別相異的人，更容易研判並理解彼此的行為 (Newcomb setal, 1965)。儘管目前尚無證據用來解釋上述這項性別差異在行銷作業上的運用，不過我們不妨可以採納下列這項建議，亦卽: 在其他條件相同的情況之下，男性銷售人員似乎比較能成功地掌握男性客戶，而女性銷售人員則似乎較能有效地掌握女性顧客。在雇用業務代表或在安排銷售計畫時，值得我們進一步考慮並研究性別差異的問題。

其他還有許多人格特質或特性，都會造成我們對於外來刺激之知覺上的差異。例如，阿爾波特（C. W. Allport)發現，具有「過分社會化、極端合羣、信賴他人，或容易相處」等人格特質的人，通常較不能對他人做正確的判斷（Allport, 1961)。阿爾波特指出：「熱心親切的人通常具有較高的移情能力、同情心、愛以及對他人的崇敬，因此，他（她）們對於別人的缺點或短處較不易有客觀的看法。」（Allport, 1961)。關於這些特殊的研究發現，是否與行銷人員或業務代表有密切關係，並不是一件重要的事；重要的是我們要澈底瞭解並認清，人格特質的確會在我們日常生活裏，影響我們對人或事物的知覺。這裏所談到的人格特質及其和人們知覺之間的關係，致使我們發展並採用一些人格測驗，來有效地甄選業務人員。甚至在編訂業務人員組訓計畫時，也會運用到這些觀念。由於運用了特殊設計的人格測驗，而更卓越地進行業務人員的甄訓工作，將有助於提高公司的銷售力，這是不容忽視的事實。

（五）、「覺閾」——感覺界限（Sensory Thresholds）

從感覺的生理歷程來看，人們任何一個感覺的產生都必須經過多種器官聯合發生作用。首先是刺激影響到受納器（receptor）引起神經衝動，其次是感覺神經將神經衝動傳至腦或脊髓，然後腦與脊髓作成決策下達命令，經運動神經傳至反應器（effector）表現出反應。感覺之形成，乃係刺激而引起，但是人們對刺激的察覺卻受到其生理特性所限制，刺激的強度必須在一定的範圍之內——必須達到某種程度而又不越過一定範圍時，才能引發受納器的神經衝動。類似這種引起感覺經驗所需的最低限度及最高限度的刺激界限，稱為「絕對覺閾」（absolute sensory threshold），低於或超過這個覺閾的刺激，個體便不感覺其存在。「最低覺閾」（lower threshold）是指刺激強度低於此即不爲個體所察覺之臨界點；「最高覺閾」（upper threshold）則指刺激強度超過

此點即不被個體所覺知之臨界點。「閾」是指界限的意思，刺激達到某一強度範疇之內，個體才感覺其存在，若在該強度範圍之外，太強或太弱，個體均不感覺其存在。對行銷人員而言，更重要而且也較常運用的「覺閾」是「差異覺閾」(difference threshold)，是指如有不同強度的兩種刺激先後或同時呈現時，此兩種刺激之間的差異，必須要在此兩種刺激的強度之差到達某種程度時，始能經由感官察覺並給予辨別。例如有兩部汽車喇叭聲音（刺激），經同一測定距離測定之後，一為80分貝，另一為81分貝，此時這兩部汽車喇叭之音量，可能無法用耳朵來辨別出孰大孰小。如果將兩音量間的差距逐漸加大，當第一部汽車喇叭的音量不變而第二部汽車喇叭的音量增至85分貝時，受試者的感覺反應總次數中，恰好有50％指出有差異（亦即剛好有半數受訪者分辨出兩者之差別）時，其間的差異為 85－80＝ 5 （分貝），5即為「差異覺閾」(difference threshold)，也就是辨別兩個刺激之差異時，所需之最低差異量，因此又稱為「最小可覺差異」(just noticeable difference, j. n. d.)。 在實驗時，通常是保持第一個刺激之強度不變，而改變第二個刺激之強度，藉以加大或縮小兩刺激強度間的差異。此時，第一個刺激稱為「標準刺激」(standard stimulus)，而第二個刺激通常稱為「比較刺激(comparative stimulus)。就人類的感覺而言，差異覺閾的大小與標準刺激之間保持一種定比的關係。如以重量而言，若標準刺激輕時，它和比較刺激間只要有很小的差異便可察覺出來；但若標準刺激很重時，兩種刺激之間需要較大的差異才能分辨出來。這種物體刺激強度變化與察覺刺激之知覺上相對差異間的關係為德國心理生理家韋柏(E. H. Weber, 1785-1878) 所發現，並於1834年創立用來測定此種關係的數學公式，如下：

$$\frac{\Delta \mathrm{I}}{\mathrm{I}} = \mathrm{K}$$

在公式中△ I ＝辨別兩種刺激差異所需之最小刺激強度增加量（最小差異量），亦即「差異覺閾」。

I ＝標準刺激的強度，亦即兩刺激最初呈現時之強度。

K ＝常數。

這項公式即為韋柏定律（Weber's law）。從這個公式可以看出，就人們的感官而言，在某一刺激之最初強度與另一相同強度刺激增強至人們「正好可覺察」之刺激強度變異量之間，有一定的比率存在。以前面的例子而言，如汽車喇叭最初音量調整到80分貝，人們必須要俟音量增強至90分貝時才能察覺到音量的變化，則套入公式可得常數如下：

$$K = \frac{\triangle I}{I} = \frac{10}{80} = 0.125$$

由上式可看出常數K是 0.125 。從此常數可以推斷，當最初音量調到100分貝時，則必須要將音量增大 12.5 分貝，才能讓人們察覺到汽車喇叭音量的變化。

雖然韋柏所提出這種現象與定律是關於人類感覺的敏感度，但是大體上的原理還是可以運用在行銷策略之上。米勒（R. L. Miller）曾說明韋柏的想法與定律，可以用在價格策略、人員銷售策略及廣告策略及其它行銷變數之上。米勒指出，經銷商從經驗中得知，不同產品之價格訂得太近的話，往往會造成消費者的困擾；結果，消費者只注意到其中很少部分的價值，而無法分辨出其間的差異，進而視為同一品質水平產品。在此情況之下，品質較卓越的產品可能就會吃了悶虧，而會因價格差異不大導致無法脫穎而出，「綠野香波」在臺初上市時，之所以要採極顯著差距的高價位政策，主要是在喚起消費者注意並重視其品質上的差異性。

對於零售價的降價問題，米勒也提出了許多零售店的經驗之談──

也就是在降價時，至少必須降到舊價格之 20% 至 25% ，才能引起消費者的反應，也才有助於銷售量的增加，少於這個比率的降價勢必無效 (Miller, 1962)。

（六）、感覺區辨 (Sensory Discrimination)

對於呈現給同一感官的類似激刺而言，人們有一種知覺其間差異的能力，稱爲「感覺區辨」。口味測驗 (Taste test) 經常被用在香煙、可樂、果汁飲料、啤酒、口香糖等產品。口味測驗的結果經常顯示，人們往往無法在許多同類產品之中，正確地辨認出其平常使用的品牌。

豪斯班 (R. W. Husband) 和葛福瑞 (J. Godfrey) 曾就消費者對香煙的辨認進行一項實驗研究，在研究中豪、葛二人曾要求五十一名受試者去分辨四支香煙，並告以四支香煙之中有一支卽爲其平日所常吸用之品牌，請每一位分別辨認出那一支爲該品牌。在測驗過程中每一名受試者都經過 「遮眼」 處理 (blindfolding)，卽香煙上的品牌皆被拭去，而無法看出那一支香煙係何種品牌。實驗的結果得到一個結論——受試者無法在他們所吸過的四種不同品牌香煙中，正確地指出他們平日所常吸用的品牌 (Husband, & Godfrey, 1934)。其後的香煙口味辨別研究雖有顯示，能在試吸之香煙中正確辨別出平日慣吸之品牌的受試者的比率，業已達到統計學上之顯著意義，但就整體而言，其百分比仍然偏低 (Ramond, Rachal, & Marks, 1950)。

另外和香煙口味測驗相類似的研究，是針對消費者對三種較普及而有名的可樂所作的口味區辨測驗，大抵上也獲致相近的結果。在這項研究中，受試者被要求分別就可口可樂、百事可樂、榮冠可樂等三種掩去品牌後的飲料各試飲一盎斯之後，分辨出何者爲何品牌，結果也發現，受試者極難分辨這些同質化商品，和用機率方式猜測而不試飲的結果差不多 (Bowles & Pronko, 1948)。

　　對啤酒所作的口味研究，也再次地顯示出，人們單憑著對於味道的知覺，無法在幾種品牌的啤酒中去區辨某一品牌。「大眾動機研究學會(The Institute for Research in Mass Motivation) 發現，在三百七十九名受試者中有百分之八十的人，無法在『遮眼』的口味測驗中去分辨不同的啤酒品牌……。（在另外一項研究中更發現）甚至發現平常固定飲用某一特定品牌且絲毫「無法忍受」其他品牌啤酒之消費者，在除去品牌標籤之後，仍然無法在兩種不同品牌（其中有其慣用之品牌）的啤酒中，去辨認其平常固定飲用之品牌。」(Myers, & Reynold, 1967)

　　就其他商品——像口香糖、洗髮精、甚至汽車等而言，人們也同樣缺乏區辨的能力。這些現象說明了一個事實；人們的生理系統限制了其個體在不同刺激中區辨細微差異的知覺能力。在行銷傳播上的運用，就是針對消費者之感官系統所不能區辨的產品而言，如果要塑造商品的差異，除了在產品之實體本身加以改變之外，必須在實體以外的整體商品呈現上去創造差異。價格、包裝、命名、商品印象、廣告及其他行銷變數，在塑造顧客心目中之品牌差異上，都是非常重要而有效的。

三、知覺的選擇性

　　由上面的探討，我們可以明顯地看出，人們會根據個人需要、情緒、態度以及人格特質和生理現象來選擇或歪曲外來的傳播訊息。由於人們確是依據此原則來選擇訊息，因此其所選出的訊息或部分訊息，都是最合乎其認知結構的；換言之，人們只是選取與其認知結構相吻合的訊息，如果萬不得已必須接受訊息時，人們往往會曲解訊息的意義，以求這些訊息與其知覺領域配合一致。這種現象稱之為「知覺的選擇性」(the selectivity of perception)。

　　選擇性知覺 (selective perception) 的產生，是由於人們知覺系統

中「選濾機轉」 (filtering mechanism) 的作用，以期對個體的「自
我」(ego)採取防衛措施。這種機轉的作用，在個體的認知結構中維持
了一種平衡而和諧的態勢。人們總是會不斷設法去消除不和諧而渴望追
求一種認知上的全面和諧。因此，行銷人員在廣告訊息設計上，必須設
法在某些方面與消費者的需要、態度、及認知系統等配合一致，甚或
加以強化，如此，廣告訊息才能蒙獲消費者認知結構的許可而順利通過
「選濾機轉」，否則徒會致使意圖被接受的訊息，遭到消費者的篩濾或
曲解。如圖3-12:

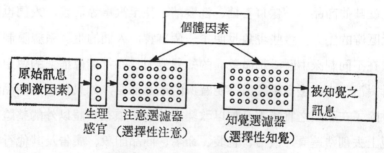

圖3-12 注意與知覺的選濾機轉

正因為上述的「選濾機轉」，所以我們在睡眠以外的時間，對於外
界千千萬萬、林林總總耳聞目睹的事物或外來的一切刺激因素，並非照
單全收，其中絕大部分的「原始訊息」都是我們所「視而不見」、「聽
而不聞」的。換言之，沒有一個人會去注意或知覺他所遭遇的一切事
物，他也不會對所有向他生理感官所發出的任何刺激，一一不分青紅皂
白地予以一視同仁的重視。他總是會重視或注意其中的部分刺激，而忽
略甚至篩濾淘汰或曲解其中的大部分刺激。被個體選擇到的刺激，就會
被他作為知覺的主要材料，其他被忽視的刺激，充其量也只是當作知覺
的次要材料被運用。

至於個體如何選擇林林總總、千千萬萬中的一二刺激來注意或知覺?

他所根據的標準究竟爲何？從上面所探討的各節，我們可以歸納出，個體選擇刺激時，是根據其自己當時的立卽目的來作爲選濾的標準的——那些有助於他達成立卽目的的事物，才是他選擇的對象，否則就會被篩濾淘汰或曲解這種爲了完成其知覺事物所進行的選擇，又稱爲「功能性的選擇」（functional selectivity）。因此，他選擇什麼訊息或事物來加以注意或知覺。大多取決於當時的需要、態度、情緒、人格特質等「個體因素」，這些因素已於前節中詳述，又稱爲「功能因素」（functional factor），與前述的「結構因素」，都是影響人們知覺所見所聞的兩大類因素。

四、組織事物並賦以意義的知覺

任何經過選濾器而進入我們認知領域（cognitive field）的事物，通常不會是一片雜亂無章且彼此毫無相關的印象和感觸的。任何雜亂的訊息或刺激一旦進入認知領域後，通常會被加工處理，而井然有序地被組織成爲有系統、有意義的知覺訊息，並且被歸類到特定的結構系統之中，認知系統是由一些取決於其所歸屬之主結構的許多支結構所組成。換言之，認知可以將人們知覺爲相同或相似的事物，歸類在一起來加以處理。這種認知結構組織，可以用來解釋人們爲何會根據其既有的認知結構，來知覺外來的刺激的輸入；外來的刺激必須與既有的認知結構一致，否則個體也會設法曲解使其一致。例如一部迷你型的收錄音機，如果在原始深山中；被深居在山中的原始部落的山地人拾獲的話，他們會以爲那就是一個「魔鬼盒子」或是「謎匣」（blackbox），因爲在他們認知領域中並無「收錄音機」這種東西，所以他們會拿在他們認知結構中既有而且相近的事物（盒子）來知覺或歸類這樣東西，把它當作一種「奇異的盒子」。所以未曾看過飛機的土人，也許會把降落在他們島上的

太空梭看成一隻「大鳥」；沒看過駱駝的土人，或許會把一隻駱駝認爲是「腫了背的馬」……；人們通常不會等待到弄清楚這些東西究竟是什麼，就會立刻對外來的刺激加以組織，並賦以意義，以求和旣有的認知結構一致。當一項和其認知結構不一致的事物，進入了個體的認知系統時，個體通常會將這些事物加以修正，以求切合現有的認知結構，或改變其現有的認知結構來容受這項與認知結構不一致的外來刺激。換言之，人們的認知領域必須隨時保持均衡與和諧的狀態。

艾希（S. E. Asch）在一項實驗中，試圖去探討人們如何只憑一些簡單的描述，而組織成他們對某人的觀感。艾希在實驗中向一羣大學生受試者列述一些互不相關之與性格有關的形容詞，並說明某人具有這些性格，然後要求受試者寫下他們對此人的印象。結果發現，實驗者向受試者列述的幾個互不相關的形容詞，被受試者組織成多彩多姿、意義豐富、神氣活現的人物印象，實驗者所未提到的個性，居然也被受試者「知覺」到。艾希的實驗發現，人們會根據其認知系統來知覺外來刺激，完整地加以組織，並自圓其說，賦與意義，並且歸類到有意義的整體認知領域之中（Asch, 1946）。

在組織外來刺激並賦以意義的過程中，人們所用來作爲衡量之依據者稱爲「參考架構」（frames of reference）；人們並有以支結構的特性來知覺主結構的情形，稱之爲「月暈效果」（halo effect），值得加以深入探討，茲另述於后：

（一）、參考架構（Frames of Reference）

人們在知覺刺激時，通常會依照其現有的認知架構來解釋感官的「輸入」（sensory input），換言之，人們是根據一種「參考架構」來解釋「感官輸入」。以一般通俗的名稱來說，這就是表示人們是根據「他所熟悉的事物」去理解外來的訊息。例如，一件略加包裝設計的商品，

如與一堆包裝雜亂無章或未包裝的貨品，同時陳列時，人們會覺得它是「美麗精緻」的；同樣的商品，如果和一些經過金碧輝煌、光彩燦爛之包裝設計的精品同時陳列時，人們卻覺得這件商品是「平淡無奇」。同樣的東西，人們之所以會有「美麗精緻」與「平淡無奇」之不同知覺，乃是由於人們用以作為參考衡量之背景架構互異──前者的「參考架構」是一堆包裝雜亂無章或未加包裝的貨品；而後者的「參考架構」則是一些經過金碧輝煌、光彩耀目之包裝設計的精品。又如，百科全書的業務代表，或許會向他的潛在顧客提出一個問題：「您認為教育是否很重要呢？」由於大多數的回答通常都是肯定的，因此業務代表和其潛在顧客之間，就已經在這個基礎上建立一種「共同的」參考架構，對於百科全書的推銷就有很大的助益。或者我們可以再舉一個已經上市的新品牌吸塵器的例子來作說明，挨家逐戶去推銷這種吸塵器的業務代表，難免會遭到某些持有懷疑態度之顧客的拒絕。假定這名業務代表已經成功地把吸塵器推銷給這名產品排斥者的左鄰右舍的話，他就可以告訴這名潛在顧客說東家的王太太和西家的莊太太都已經買了這種吸塵器，如果王太太或莊太太或其它已經購買的顧客之中，有某些人是這位潛在顧客之重要「參考架構」的話，或許她（他）就比較願意進一步聽聽這位業務代表的解說，這種特殊的「參考架構」，稱為「參考團體」，這個團體對於個體的行為有很大的影響力量。

　　這種「參考架構」或「參考團體」的觀念是根據認知結構中之「物以類聚」的觀念而來，即認知結構中將類似的事物或訊息加以分類評估和理解。如果受播者被傳播者所引發的認知結構是「正向」的（譬如前例中之「教育是重要的」），則跟隨在此認知結構之後的訊息，至少在最初階段會令受播者從「正向」聯結的角度去加以解釋，而產生某種程度的共鳴。當然，人們認知結構在深入冷靜分析後；會使消費者改變他

的知覺，然後心想：「這傢伙畢竟是個推銷員，他當然會設法來討好我。」（負向聯結）。這項傳播的結果是否產生說服效果，則要看這位推銷人員的訊息內容、消費者需要以及被喚起之認知結構的相對強度來決定了。

（二）、月暈效果（Halo Effect）

在知覺事物，組織外來刺激並賦予意義的過程之中，人們往往會傾向於根據對屬於事物之部分結構的大體印象，來判斷或解釋該事物之某種特性，這種現象在傳播心理學上稱之為「月暈效果」（Halo Effect）。例如：某位家庭主婦對於統一企業有良好印象的話，她就會傾向於對統一企業公司所出品上市的任何新產品產生好感，她會將統一企業公司的企業背景及她對統一企業所了解的正面屬性與這項新產品之間產生「聯結」。又如某君看過邵氏出品的幾部武俠電影片之後，對邵氏出品、楚原導演的古龍小說改編電影產生了極好的印象，他會傾向於對任何一部邵氏出的楚原及古龍搭配的電影產生好感，甚至他會認為「邵氏出品，必屬佳構」！反之，如果某女士曾經對Ａ牌化粧品產生反感，則卽使Ａ牌化粧品公司所推出的某一新產品在品質、色彩、香味方面確有極顯著改善，該女士仍然對此新產品興趣淡然，毫無信心！如果某一廠商曾出品一種廣受喜愛的產品時，不妨可利用月暈效果來推廣其出品的其它產品，而以「姐妹品」等姿態出現在行銷傳播訊息之上。

另一種類似的情形是對人的知覺過程，人們對某人的看法會傾向於根據他對此人所歸屬之團體所持之印象，來對此人下判斷。這種判斷方式稱為「刻板印象」（stereotyping），換言之，人們會根據他對某人所屬之團體所持之印象或看法，來「解釋」這個人，也就是根據「主結構」來看「分結構」，此人所屬之團體的性格，會影響到我們對此人的看法。因此，我們在看美國人、日本人、港僑、北方人、上海人、客家

人、外省人、本省人、黑人、演藝人員、海外學人……等等「團體」中之某一成員份子時，通常會以我們對此等團體所持之全盤印象（主結構），來解釋此一成員的性格（分結構）。由於我們對「美國人」的全盤印象是有錢的，我們對於某一特定的美國人，往往會高估他的財力，認為他也是有錢的。由於我們印象中的客家人都是勤僕節儉的，如果偶爾看到一位出手稍潤的客家人，便會覺得他奢侈浮華；同樣地，演藝人員在人們心目中，有一種生活浪漫的先入為主的「刻板印象」，如果某一演藝人員生活較平常，便會被認為是生活嚴謹。湖南人爽直氣快，日本人氣量較小、上海人「海派」、猶太人小氣、老年人較固執（老頑固）……等等都是人們對他人之團體所持之全盤刻板印象。通常，我們會按人們的種族、國籍、省籍、職業、居住地區、年齡、性別、宗教信仰等來建立刻板印象。

行銷傳播人員可以有效地將消費者的知覺組織與刻板印象等觀念，運用在廣告之上。例如，在一種新上市的嬰兒食品的廣告中，如果運用醫師來作推薦的話，會讓消費者產生一種專業的權威感，使人聯想到健康、營養、純淨……等印象。又如用意大利人來推薦「披查脆餅」，或用法國人來推薦茗酒香水等，都會讓消費者產生好的聯想和印象。

大體說來，人們通常會根據其知覺中之事物或人物所歸屬於的認知結構來對事物、人物加以判斷。在某些情況之下，這種判斷或許沒有偏差。畢竟人們是根據其長久以來所學習得來的刻板印象，產生根深蒂固而且近乎本能意識之聯想來判斷事物或人物的。

陸、對人的知覺

「業務代表」在昔日均以「推銷員」稱之，在行銷組合中亦扮演極

爲重要的角色。如何建立業務人員與客戶之間的良好關係，也就成爲行銷人員所普遍關注的問題，因此對於他人之知覺的探討，更是有效掌握人際關係的重要途徑。

大致說來，有四種要素會影響到客戶對業務代表的知覺，而獲取客戶對業務代表的好感。這四種要素是：第一印象、熟悉、酬償、相似。茲分別略述於后：

一、第一印象

在社交場合之中，第一印象往往左右了一個人在他人心目中的看法。在業務代表洽商生意時，也不例外，第一印象通常佔了決定性的重要力量，影響到未來生意上的往來。尤其，當一個客戶對業務代表本人或其代表之公司和產品缺乏充分認識與了解時，客戶往往會傾向於從他對該業務人員的第一印象來推定該業務代表及其代表之公司和產品。人們只要在看到某人甚或其照片後的短短幾分鐘之內，就會憑其第一印象，對其個人的許多個性，像智力、年齡、出身背景、宗教信仰、教育程度、忠誠情形、坦白與否、熱心程度……等等，作一初步的研判(Freedman, Carlsmith, & Sears, 1970)。因此，業務人員必須在第一次拜訪新客戶時，切實注意自己儀表、風度與談吐，盡全力爭取新客戶一種良好的第一印象，並引起潛在客戶的好感。如果在初次拜訪潛在客戶時，業務代表能夠順利建立良好的第一印象時，對於往後之密切關係的維繫，將會有莫大的助益。

二、熟悉

人們對於自己所「熟悉」的人總是會較易產生好感。所謂「一回生，二回熟」、「見面三分情」，兩個人見面的次數愈多，彼此之間就

會愈趨於熟悉，而彼此之間也就愈容易建立好感。因此，「勤」是業務代表的基本原則，唯有經常去拜訪既有客戶或潛在客戶，才能不斷延續業務代表與客戶之間的友誼，進而增加銷售業績。

三、酬　償

另外一項影響人們對他人產生好感的因素是酬償程度（rewarding-ness）。業務代表如果能夠讓客戶對過去一些快樂的經驗發生聯想，或是用某些方式讓客戶覺得處處受尊重而獲得心理上的酬償時，通常比較容易引起該客戶的好感。但是，酬償並不一定需要像禮物或金錢等物質上的方式，通常心理上的償酬更常被運用而且都能發揮預期效果，譬如說一些好聽或恭維的話來讚美客戶，往往可搏取客戶的好感，然而這種恭維或讚美必須莊嚴不卑，以免肉麻而導致反效果。同時，恭維讚美必須絕對符合事實，否則會被人認為你的讚美誇張、虛偽或有企圖。例如某客戶不善跳舞，而你卻硬誇獎他是「舞林高手」，這種恭維非但無法達到預期的酬償效果，反而會遭客戶懷疑你的企圖，認為你是不誠懇、老實、坦誠，而只是曲意奉承而已！是以業務代表在選用恭維或讚美客戶的字眼時，必須注意到這些字眼是否真確得體而值得信賴，而且能與客戶對本身的評估相符合。

四、相　似

人們對於認為與自己相近似的人，比較容易產生好感，俗語云：「酒逢知己千杯少，話不投機半句多。」就是這種道理。彼此具有共同興趣、嗜好、態度、個性、價值標準、人格特質，或來自相似的家世背景、居住環境、教育程度，或年齡相彷彿、性別相同的人們，比較能夠建立彼此之間的情感。因此，業務代表如果能夠與客戶之間建立共同的

興趣或嗜好的話，較能與客戶之間產生共同的話題，而較有可能讓客戶對他產生良好印象，增進彼此間的關係。因此，一名優秀的業務代表，必須要能很快地弄清其潛在顧客的興趣、嗜好、個性、習慣、處世態度、意見看法及其背景狀況等。而且，當業務代表發現某一興趣或看法等能和顧客一致時，應該試圖利用此共同的興趣或看法，來增進彼此間的進一步關係。所謂「見人說人話，見鬼談鬼經」，今天與張三暢談波蘭政局、中東局勢，明天則與李四濶論女子壘球、男子籃賽，後天更與王二盡敍紅中白皮之麻將經。

　　總之，一個人（尤其是業務代表）如想增進與他人間之人際關係的話，必須設法去建立良好的第一印象，提高與他人間的熟稔程度，由衷誠懇地給他人予眞心的讚美恭維， 以及發展與他人間的共同興趣、 嗜好、態度與看法。

《本章重要概念與名詞》

1. 非意願注意 (involuntary attention)
2. 無意願注意 (nonvoluntary attention)
3. 意願注意 (voluntary attention)
4. 不注意 (nonattention)
5. 選擇分數 (fraction of selection)
6. 人類調適 (human adaptation)
7. 注意範圍 (span of attention)
8. 注意力的流動 (fluctuations in attention)
9. 接近性 (proximity as a structural factor)
10. 相似性 (similarity as a structural factor)
11. 封閉性 (closure)
12. 最低覺閾 (lower threshold)

13. 最高覺閾 （upper threshold）

14. 差異覺閾 （difference threshold）

15. 最小可覺差異 （j.n.d.）

16. 韋柏定律 （Weber's law）

17. 感覺區辨 （sensory discrimination）

18. 參考架構 （frames of reference）

19. 月暈效果 （halo effect）

20. 刻板印象 （stereotyping）

《問題與討論》

1. 試舉實例說明行銷人員如何在廣告中運用刻板印象（Stereotyping）。

2. 在廣告作業上，應如何擬訂有效戰術，去吸引非意願注意及無意願注意？

3. 廣告人員應如何運用「選擇分數」於廣告作業之上？

4. 請你從國內近期刊登的平面廣告之中，舉例說明：那些廣告運用刺激因素的移動性、新奇性、位置效果、外型、孤立等，去吸引讀者注意？並請加以解釋你選擇的理由。

5. 生產物理上同質化商品的公司與不生產類似商品的公司之間，是否要有不同的行銷策略？如何區別？爲什麼？

6. 依你之見，如果過份注重廣告如何去吸引顧客，可能會有那些問題？

7. 業務人員應如何運用「知覺」原則來加強其銷售力？

8. 依你之見，公司應如何在行銷策略上運用「月暈效果」的概念？

9. 何以廣告或業務代表最好能與潛在顧客之間建立一種共同的參考架構？

《本章重要參考文獻》

1. G.W. Allport, *Pattern and Growth in Personality* （New York: Holt, Rinehart and Winston, Inc., 1961.）

2. S. E. Asch, "Forming Impression of Personality." *Journal of Abnormal and Social Psychology*, 1946, 41, 258-290.

3. B. Berelson and G. A. Steiner, *Human Behavior* (New York: Harcourt, Brace & World, 1964).

4. J. W. Bowles, Jr., and N. H. Pronko, "Identificatation of Cola Beverage: II. A Further Study" *Journal of Applied Pschology*, 1948; N. H. Pronko and J. W. Bowles, Jr. "Identification of Cola Beverages: I. First Study,"*Journal of Applied Psychology*, Vol. 32, pp. 304-312, 1948.

5. William J. Bowman, *Graphic Communication*(New York: John Wiley & Sons, Inc., 1968).

6. Jerome S. Bruner and Cecile C. Goodman, "Value, Need, as Organizing Factors in Perception," *Journal of Abnormal and Social Psychology*, Vol. 42, pp. 33-44, 1947.

7. Jerome S. Bruner and John S. Rodrigues, "Some Determinants of Apparent Size," *The Journal of Abnormal and Social Psychology*, Vol. 48, No. 1, pp. 17-24, 1953.

8. Harold E. Burtt, *Pschologyy of Advertising* (Boston: Houghton Mifflin Company, 1938).

9. Charles F. Cannell and James C. MacDonald, "The Impact of Health News on Attitude and Behavior," *Journalism Quarterly* Vol. 33, pp. 315-323, 1956.

10. Launer F. Carter and Kermit Schooler, "Value, Need, and Other Factors in Perception," *Psychological Review*, Vol. 56, pp. 200-207, 1949.

11. H. L. Childs, *Public Opinion* (Princeton, N. J.: D. Van Nostrand Company, Inc., 1965).

12. E. Cooper and M. Jahoda, "The Evasion of Propaganda: How Prejudiced People Respond to Anti-Prejudice Propaganda," *Journal of Psychology*, Vol. 23, pp. 15-25, 1947.

13. Jonathan L. Freedman, J. Merrill Carlsmith, and David O. Sears, *Social Psychology* (Englewood Cliffs, N.J.: Prentice-Hall, Inc., 1970), pp. 31-99.

14. R.W. Husband and J. Godfrey, "An Experimental Study of Cigarette Identification," *Journal of Applied Psychology*, Vol. 18, pp. 220-284, 1950.

15. J.T. Klapper, *The Effects of Mass Communication* (Glencoe, Ill.: The Free Press of Glencoe, Inc., 1960).

16. D. Krech, R.S. Crutchfield, and E.L. Ballachey, *Individual in Society* (New York: McGraw-Hill Book Company, 1962).

17. P.F. Lazarsfeld, B. Berelson, and Hazel Gaudet, *The People's Choice*, 2d ed. (New York: Columbia University Press, 1948).

18. C. Leuba and C. Lucas, "The Effects of Attitudes on Descriptions of Pictures," *Journal of Experimental Psychology*.

19. R. Levine, I. Chein, and G. Murphy, "The Relation of the Intensity of a Need to the Amount of Perceptual Distortion," *Journal of Psychology*, Vol. 13, pp. 283-293, 1942.

20. D.C. McCelland and J.W. Atkinson, "The Projective Expression of Needs: I. The Effect of Different Intensities of the Hunger Drive on Perception," *Journal of Psychology*, Vol. 25, pp. 205-222, 1948.

21. George A. Miller, "The Magical Number Seven, Plus or Minus Two: Some Limits on Our Capacity for Processing Information," *The Psychological Review*, Vol. 63, No. 2, pp. 81-97, March

1956.

22. R. L. Miller, "Dr. Weber and the Consumer," *Journal of Marketing*, pp. 57-61, January 1962.

23. James H. Myers and William H. Reynolds, *Consumer Behavior and Marketing Management* (Boston: Houghton Mifflin Company, 1967).

24. T. M. Newcomb, R. H. Turner, and P. E. Converse, *Social Psychology* (New York: Holt, Rinehart and Winston, Inc., 1965).

25. C. K. Ramond, L. N. Rachal, and M. R. Marks, "Brand Discrimination Among Cigarette Smokers," *Journal of Applied Psychology*, Vol. 34, pp. 282-284, 1950.

26. H. J. Rudolph, *Attention and Interest Factors in Advertising* (New York: Funk & Wagnalls Company, 1947).

27. Wibur Schramm and Donald F. Roberts (eds.), *The Process and Effects of Mass Communications* (Urbana: The University of Illinois Press, 1971).

28. "Starch/tested Copy," *The Starch Advertisement Readership Service*, Vol. 566, no. 108, p. 2.

29. Magdalen D. Vernon, "Perception, Attention, and Consciousness," in Kenneth K. Soreno and C. David Mortensen (eds.), *Foundations of Communication Theory* (New York: Harper & Row, Publishers, Incorporated, 1970), p. 138.

30. R. S. Woodworth and H. Schlosberg, *Experimental Psychology* (New York: Henry Holt and Company, Inc., 1960).

31. Leo Bogart, *Stralegy in Advertising* (New York: Harcourt, Brace & World, Inc., 1967).

第四章　學習理論

　　行銷傳播工作者可以從學習原理中,獲取一些值得參考的理論架構,藉以發展出有效的行銷傳播訊息。因為人類的大部份行為方式都經由學習而來的, 所以行銷工作者可以運用學習原理來塑造或左右消費者的學習, 進而影響消費者的選擇與決策行為。

　　首先必須在此說明的是, 目前已經有許多理論與學說提及,有關人類如何學習以及學習的真正意義。在這裏所要探討的, 並不是在於比較評估每一種學習理論的優劣點, 也不在於強調某一種對「學習」所下的定義有何與眾不同的長處; 而是希冀達成下列目的: (一)提出一系列與行銷傳播有密切關聯的學習理論; (二)強調影響人類學習的諸多變數; (三)建議行銷傳播工作者應如何運用這些學習理論, 來擬定更完善有效的行銷傳播計畫(Markin, 1969; Engel, Blackwell, 1982)。

壹、學習的定義

「學習」的意義普遍為人們所瞭解，心理學家對「學習」所下的定義是「個體因接觸四周環境中的某一些事物，而使其形成某種行為或改變某種行為的過程。」(Bettinghaus, 1973)，或「由於練習或經驗而使行為產生或改變」。這裏所指的「行為」均包括「外顯行為」與「內隱行為」，也就是包括「可觀察的行為」與「心智行為」兩種。換言之，係指廣義的「行為」而言。因此，某人對A品牌所持之印象或態度的改變（內隱行為），以及烹飪技術的進步（外顯行為），都屬於「學習」。

雖然，上述的「學習」是指一種「行為的改變」，不過我們必須知道其中有一些例外的情形，不屬於「學習」。一般說來，對於刺激的反射反應，便不能算是一種「學習」反應。這些反射反應包括饑餓、疲勞、藥物反應，以及成熟反應（指個體的發展歷程中，趨向完成狀態的反應，例如神經、肌肉或腺體的成長完成狀態）。還有，任何方式之本能的立即反應（例如，手碰到火或熱氣，本能地立即縮回），也都不能算是學習反應。

貳、學習的方式

心理學家認為，學習的方式有兩種：一種叫做「工具學習」(instrumental learning)，另外一種叫做「制約學習」(conditioned learning)。這兩種學習方式，可以用圖4-1及圖4-2來說明：

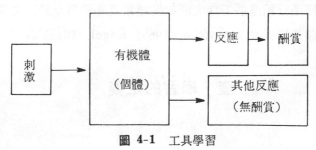

圖 4-1 工具學習

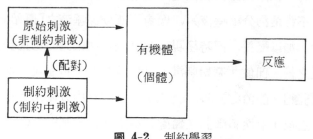

圖 4-2 制約學習

「工具學習」（也稱為「操作學習」"operant learning"）的形成，是由於操作者在有機體（個體）接受某一刺激，並「正確地」完成操作者所預期之反應時，即給予該有機體某種「酬賞」（reward）；相反地，當有機體接受相同之刺激，而未能產生「正確」反應時，則不給予「酬賞」，或給予「負增強」（negative reinforcement），甚或施予某種「懲罰」（punishment）。如此反覆地實施，將可讓該有機體（個體）學習到「正確」的反應。這個理論指出，個體對於經過適當增強後的反應，第二次在接受刺激時，產生這種「正確」反應的可能性將會相對提高。換言之，「增強」（reinforcement），（即「酬賞」）加強了刺激與反應之間的關係（或聯結），因而增加了個體對同樣刺激再度產生相同之預期反應的機會。

「制約學習」的形成，則由於某一刺激與另外一種會引發某種既知反應的舊刺激，不斷同時「配對」（paired）呈現，經過數度嘗試之後，新的刺激也開始能引發和「配對」呈現之原始刺激所引發之既知反應完全一致的反應。這種學習方式又稱為「古典制約」（classical conditioning），是俄國生理學家巴夫洛夫（Ivan P. Pavlov, 1849）首先發現的，其後也有許多學者先後發現這種現象。巴夫洛夫是在本世紀初，用狗進行消化實驗時，發現了唾液反應之現象。巴氏在其古典制約的實

驗情境下，將一種原與分泌唾液之「反應」毫無關係的「刺激」——鈴聲（鈴聲本不會讓狗分泌唾液），與會引起分泌唾液之「原始刺激」——餵狗之食物，加以配對，同時呈現，也就是每次餵狗時都搖鈴。經過多次配對呈現之後，即使「原始刺激」（即食物）不再呈現，而只單獨呈現該「中性刺激」（即鈴聲）時，也能引發狗的口中分泌出唾液的反應。巴夫洛夫把這種「中性刺激」（鈴聲）稱爲「制約刺激」（Conditioned Stimulus, CS），而稱原來引發狗分泌唾液之反應的原始刺激（即食物）爲「非制約刺激」（Unconditioned Stimulus, UCS），狗被鈴聲所制約了。

　　行銷人員往往在有意無意間運用工具學習方式或制約學習方式，來塑造或改變消費者的行爲。譬如，當某顧客購買某廠牌的汽車之後，該廠牌汽車之製造商或經銷商（或兩者），往往會寄給這名消費者一封感謝函，信中除了對顧客表示謝忱之外，並恭賀且誇讚消費者選購此廠牌汽車之抉擇是明智的；有些廠商還在謝函中，同時向這名新車主列舉有關這部新車子的許多特徵與優點，並說明這是他牌所沒有的；有些廠商則列舉出許多使用過該廠牌車種的一些知名人士，說明該車種深受各界喜愛。總之，廠商所努力的目的，除了在泯除顧客心中的「知覺風險」（perceived risk）之外，更希冀向該顧客提供一種「社會支持」（Social Support），俾以平衡顧客心中可能會發生的「認知失諧」（cognitive dissonance）現象。這個例子可用來說明「工具學習」：廠商在「有機體」（顧客）對「刺激」（行銷傳播訊息）產生正確的「預期反應」（即「購買該品牌汽車」）時，施予某種「酬賞」或「增強」（如感謝函中的「社會支持」）。因此，顧客會對該廠牌產生良好的印象，在換購或增購下一部汽車時，將會再度考慮選購同一廠牌的汽車。

　　另外，有一些例子可進一步來說明「工具學習」：一位剛搬到某新

社區定居的家庭主婦，在最初幾次上市場買青菜或肉類時，都不是固定向某一家或某幾家購買，而只是隨便找幾家買買。不過，每次她向張三買青菜時，張三總是會另外送給她一些蔥、薑、蒜、辣椒之類的東西，而且每次一定會小心翼翼地替她把青菜包好，放在菜籃裏，而其他菜攤卻沒有提供這些免費服務。而每次在李四的肉攤買肉時，李四總是滿臉愉悅笑容可掬；李太太更是親切和氣地和她話家常，有時還對她的穿著打扮誇讚恭維；李四偶爾還會多割一小塊瘦肉給她，這也是其他肉販所沒有的。由於這位家庭主婦從張三和李四那兒獲得一些額外的好處、親切的服務以及誇獎讚美等「酬賞」，因此她以後就繼續向張三買青菜，向李四買肉，久而久之就成了他們的常客，而成爲固定的習慣。在行銷策略運用上，行銷企劃或推廣人員，經常以贈品、贈獎、附獎、抽獎等方式來促進銷售，無疑地也是試圖以「工具學習」方式，提供消費者一種「酬賞」。

在運用「制約學習」方式時，廣告人員經常讓商品與某些能引發人們所熟悉且嚮往的情境同時呈現，產生配對聯結，來塑造某種品牌印象。例如在美國廣告史上極有名的「哈紗威襯衫廣告」(Hathaway Campaign)，就是試圖以「戴眼罩之獨眼男士」，穿著哈紗威襯衫，來塑造英勇冒險之男性氣概的品牌印象（圖4-3）。又如，國內之麥斯威爾即溶咖啡與歌林家電製品近幾年來的廣告（圖4-4及圖4-5），分別擇用孫越和陳志忠擔任廣告模特兒，希望藉由他們這種典型的「個性人物」(character talent)，分別引發出一種豪邁瀟洒和穩重成功的情境，進而讓消費者投射在該情境，並對產品產生好感。這些都是希望運用「制約學習」方式進行廣告，讓消費者將廣告商品之品牌與廣告中所描述之種種嚮往情境間產生聯結，而對該品牌產生反應。換言之，也就是建立良好的品牌印象。另外，還有許多其他商品也都以各種行銷傳播方式，運用制約學習

圖 4-3　哈紗威襯衫以戴黑眼罩的男士塑造品牌印象

方式，使消費者對於廣告商品之品牌與人們之交誼、歡樂、享受人生等

情境產生聯結；像黑松汽水的廣告使消費者很容易地將之與「眞正的朋

圖 4-4 麥斯威爾咖啡運用個性人物——孫越來塑造品牌形象與個性

圖 4-5 歌林彩視運用陳志忠來塑造品牌形象並提高產品品位

友」、「友情的歡樂」產生聯結；可口可樂使人聯想到青春歡笑的氣氛；保力達—B使人聯想到享受人生的情境。廣告中將這些品牌與各種歡樂場面同時呈現（即原始刺激與制約刺激的聯結），進而只看到該品牌商品（即制約刺激）就產生嚮往或欲求。廣告主最終目的是要引發「消費者購買廣告商品」的反應，並使消費者在使用該商品時，將自我投射在各種歡樂的情境，而獲得滿足。根據同樣的制約學習理論，廣告人員也經常將廣告商品與消費者所歸屬或期望歸屬的參考團體間形成配對聯結，使目標對象對於所廣告之商品品牌，產生與其對參考團體所產生之相同的情緒反應，進而對該品牌產生歸屬感或嚮往之欲求。

叁、學習的基本原則

從行為科學家對學習過程所做的研究中，我們可歸納出一些有助於行銷傳播工作者在不同領域中運用的基本原則：

（一）需要的強度及重要程度會影響學習的速度：

當個體的需要達到某種程度後，會構成個體之生理變化，而對個體形成一種「驅力」（drive），並經歷一種高層次的緊張狀態，促使個體表現外顯的活動（如尋找食物或購買飲料），來消減此種「驅力」。因此，「驅力」可驅使人們尋求各種途徑來滿足需要，進而消除緊張態勢。通常，需要愈強烈或愈急迫，所造成的「驅力」愈大，因此愈能驅使人們去尋求解除緊張態勢的途徑。就能滿足消費者需要的產品而言，消費者於迫切需要時要比在輕微需要時，更迅速地「學習」到該產品的功能與優點。因此，廣告人員應該配合在消費者對其廣告之商品感到有強烈需要時，將廣告訊息傳達給消費者。消費者在迫切需要的情況之下，會提高「解決問題」（problem solving）的靈敏度，學習效果也

就隨之加快。如果購買該廣告商品的行動，能夠有效地降低消費者之「驅力」的話，則這種購買行動更是一項「正增強」。例如，某一消費者在深夜肚子餓時，對於電視、收音機或雜誌上有關宵夜點心的廣告，特別會加以注意並記住該品牌。因此，有些速食麵的廣告主經常在電視之晚間收播新聞之前插播廣告，提醒觀眾宵夜時間到了，別忘了沖泡該牌速食麵作爲宵夜點心，頗能收到喚起需要及製造「驅力」的效果。如果，消費者看到廣告，並且購買了廣告所推薦的某品牌速食麵後，有了良好的印象及極滿意之經驗，消除其「驅力」，此後，在他再度需要時，極可能會再續購該品牌。

（二）在學習過程中，「全面增強」（total reinforcement）比「局部增強」（partial reinforcement）更能加速學習效果；但是採用「局部增強」時，學習結果較不容易改變（也就是比較不容易消失）：

「全面增強」又稱爲「百分之百增強」，是指當每一次個體對某一特定刺激做了「正確」反應時，均予以酬償（增強）；而「局部增強」則是指只有向個體對某一特定刺激所做出之「正確」反應中的某幾次，予以增強，對於這幾次以外的反應，卽使是正確的，也不予以增強。梅耶士和雷諾斯（Myers and Reynolds）曾就「局部增強」與消費行爲之間的關係，作了如下的說明：

品牌印象一經塑造之後，卽不易改變，其原因之一是由於「局部增強」之作用；大部份品牌印象的形成，都不是透過「全面增強」，而是經由「局部增強」的塑造。因爲，當某一消費者對某品牌偶爾有過一次不愉悅或不滿意的慘痛經驗之後，就曰「學習」到一項事實：該品牌不可靠。雖然，他並非每一次使用該品牌時，都有這種

　　經驗，但是經過這次慘痛經驗後，他已經不再接受那些支持「該品
　　牌值得信賴」的說法了(Myers, J. H. & Reynolds, W. H., 1967)。

（三）對於刺激所做的反應，如果經常收到「酬賞」，則會增進「刺激
　　──反應」間的聯結；反之，對刺激所作的反應如果從未被「酬
　　賞」，則會減弱「刺激──反應」間的聯結：

　　　這項學習原則可以用來說明「延續印象型」的廣告 (reminder ad.
又稱為「提醒廣告」)，為何對消費者行為的延續影響至鉅──尤其是
對消費者所購買的產品而言。這種廣告提醒消費者記起，由於購買並使
用廣告中之商品，所獲致的愉悅和滿足的經驗情境。從某方面看來，這
種「提醒廣告」可以說是向消費者提供一種替代式的「酬賞」。許多廣
告人員都相信，將廣告作某種程度的重複，會加強消費者對「品牌」與
「商品利益」間所做的聯結，他們通常把廣告出現的頻度，稱為「廣告
重複度」 (advertising repetition)。

（四）當人們在對外界所施予之某一刺激產生反應時，如果其所知覺之
　　酬賞數量愈多的話，就愈可能對該刺激產生相同方式的反應：

　　　例如，某一消費者感到喉嚨乾燥不舒服，當受了廣告影響去購買A
牌涼錠來含用後，發現這種含有檸檬及薄荷等成份的涼錠，不僅立卽使
他的乾燥喉嚨恢復舒暢，而且覺得氣味芬芳，口味絕佳。在上述例中，
A牌涼錠的廣告就是一種「刺激」；這位消費者看到廣告之後，而採取
「購買A牌涼錠來含用」的行動，就算是對「刺激」所作的「反應」；由
於他的購買行動（反應），正是施予刺激者（卽廣告主）所預期的「反
應」，且獲得了多重的「酬賞」（除了治癒喉痛之外，還帶給他芬芳氣
息，清新舒暢；且口味絕佳，清涼爽口），因此，他繼續對該「刺激」
（卽涼錠廣告）所採取的相同「反應」（卽購買A牌涼錠）的可能性，

也就相對地提高了。同樣地，在競爭白熱化的洗面霜市場上，某種能提供清潔肌膚及滋潤保養雙重功能的品牌，所帶給消費者的「酬賞」，要比只提供清潔作用的品牌來得多。

在上述這項原則裏，所提到有關「酬賞」的「數量」，是指「酬賞」的「量」及「質」。例如，使用Ｘ牌香水，其香味（酬賞）甚符合使用者的偏好，而且可以持續十小時，而Ｙ牌香水雖然亦頗相似，但香味僅能持續五小時；消費者從Ｘ牌香水中所獲得的「酬賞」，在質的方面，比從Ｙ牌香水中所獲得的「酬賞」要多。

（五）對「刺激」做了「反應」之後，若愈快獲得「酬賞」，愈可能建立該「刺激」與「反應」間的聯結：

消費者在購買某些種類的商品時，對於商品的立即「酬賞」效果最感重視，像藥品、殺蟲劑、美容用品等等。以治療面皰、粉刺或青春痘的美化品為例，消費者在購買時所考慮的首要因素就是速效。假設，Ａ牌磨砂美容霜能夠迅速完全消除某消費者臉部的黑斑、粉刺、青春痘等困擾的話，那麼這名消費者繼續購買Ａ牌磨砂美容霜的可能性就會很高了。因此，某些商品經常在廣告中強調「速效」，或是某商品所能帶給潛在顧客的「立即效用」。例如，減肥中心或減肥藥品的廣告標題，經常是「只須一星期，就能讓您減輕五磅體重」；又如，某家電產品在廣告中提出「打電話，服務就來」，強調了售後服務的迅速。如果商品品質或服務水準，都能有效地做到如廣告中提及之儘速帶給消費者「立即酬賞」的話，消費者繼續購買或採用同一品牌的可能性就會隨之提高。

（六）不需花費許多心力就能去進行的反應，比需要費很多心力去進行的反應，更容易被人們學習。換言之，對刺激所做的反應，愈簡單愈能被個體操作：

人們在追求目標時，總是會遵循著「事半功倍」的原則，也就是希

望能花較小的力量而得到較大的功效。這項原則也可以運用在學習原則
之上：輕而易舉或事半功倍的操作，即可對某刺激加以反應，這種「刺
激──反應」間的聯結，會很快就被人們學習。所以有些廠商或廣告主
往往在廣告裏附上免貼郵票的廣告回函，讀者只須勾出幾個項目並填上
回郵地址寄回廠商，就能「輕易地」索取到目錄、樣品、說明或訂購產
品或勞務。這種讓消費者能很輕易操作「反應」的廣告方式，就符合了
上述這項學習原則。此外，一般廣告主都認為，他們的廣告訊息必須簡
單明瞭，讓消費者能夠輕易地了解商品所能帶給他們的利益和滿足。如
圖 4-6 中的例子，廠商或雜誌社為了讓消費者或讀者能更簡便而迅速地
訂購商品或訂閱雜誌，往往在其廣告中以「現在訂購即可享用，暫時毋
須付款」為主題讓消費者能夠很輕易地採取購買行動。

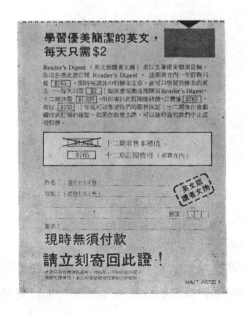

讀者文摘
讀者優待證

致讀者文摘：請即把本人訂閱的產品和應得的禮物寄來。本人現時無須付款。

本人選擇（請加上適當☑號；最多三款）

自修課程
☐當代英語課程
☐Super Reading

中文書
☐應用英文大全
☐怎樣增強英文讀字能力
　（普及版）
☐汽車全書
☐家庭園藝
☐攝影自學指南
☐談奇述異
☐大自然一千個為什麼
☐世界天然奇景
☐中國名勝古蹟
☐家庭健康指南
☐實用修理全書
☐故宮藏書精選
☐第二次世界大戰實錄

英文書
☐Family Word Finder
☐70 Favourite Stories for Young Readers
☐My First Library
☐My Nature Library
☐Webster's New World Dictionary
☐The World's Best Fairy Tales（一套兩冊）
☐Write Better, Speak Better.

音樂集
卡式版　唱片版
☐……☐As Time Goes By
☐……☐150 Best Loved Melodies
☐……☐The Best of James Last
☐……☐Close To You
☐……☐International Gold
☐……☐Mood Music from the Movies
☐……☐Music of Old Vienna
☐……☐Treasury of Family Favourites

姓名：（請用正楷）

地址：

郵區 ☐☐☐

電話：　　　　　　　　簽名：

暫時無須付款　　　　　　　W/T-SP-512

此證只限在台灣通用。本公司保留接受訂單與否的權利

圖 4-6　方便購者採取訂閱行動的讀者文摘優待卡

（七）在依照某種順序而排列的訊息符號（文字、聲音或形象）中，被安排在最前端及最末端的符號，要比被安排在中間的符號，更易被人學習：

　　心理學與傳播學上的許多實驗一再顯示，人們對於安排在書面材料中之最前端及最末端之符號、文字或論點，所產生的學習及記憶效果，要比對於安排在中央或近於中央部份者，所產生的學習及記憶效果要來得好。顯然地，這項學習原則也可以適用於行銷傳播之上——如果訴求重點或商品利益，能够在廣告文案的最前端及最末端呈現時，則潛在顧客對於訴求重點或商品利益的學習與記憶效果，要比當這些訴求重點或商品利益在廣告文案之中間部份呈現時的學習及記憶效果好。完形派(Gestalt)心理學家把這種現象解釋為：起端與終端的「突出現象」(the outstandingness of the beginning and ending position)。無論如何，最前頭與最末尾這兩個位置，通常是用來說明闡述某一商品所能提供給消費者之最重要利益點的最佳位置。至於，在那些種情況之下，置於最前端之訊息的傳播效果會優於最末端，而在那些情況之下，又會不如置於最末端之訊息的傳播效果，則屬於另外的探討範圍了。

(八) 當S_1｜R_1的「刺激——反應」聯結形成後，與S_1類似的刺激S'_1要比S_1與不類似的S_2，更容易和R_1的反應產生聯結：

　　換言之，人們對於相類似的刺激會比對於不相類似的刺激，更容易學會採取相同的反應，這種現象稱為「刺激的類化」(stimulus generalization)。從字面上的意義來說，「刺激類化」是指人們對於在其知覺中歸類為同一範疇內的不同刺激，會傾向於採取相同的反應。以目前市面上的洗髮精為例，如果某人經由學習歷程而建立了「綠野香波」（刺激）與「清香舒適」（反應）間的聯結（也就是，使用「綠野香波」後覺得清香舒適）時，則他對「Vo5仙草洗髮精」或「花王護髮精」，會比對其它洗髮精更容易學得與「清香舒適」之間的聯結（也就是比較容易讓他覺得具有如「綠野香波」般的清香舒適）。因為，這名消費者基於「皆含綠草香味」及「色澤皆翠綠」等方面接近且類似的埋由，而

將「綠野香波」這種刺激與「Vo5仙草洗髮精」、「花王護髮精」這兩種刺激加以類化（generalized）；至於其他的洗髮精，則由於香味、色澤、成份、價格等方面，都和「綠野香波」有諸多差異，因此無法與之產生「類化」，當然也就較不容易讓這名消費者產生與「清香舒適」反應間的聯結了。

根據「刺激類化」的原則，可以說明為何當某一率先上市的廠商成功地推出一項商品後，許多小廠商還能夠在市場上找到一處立足點的原因了。因為，這些名氣較差的廠商經常在領先的大廠商推出成功商品之後，緊接著推出在包裝上、色彩上、外型上，甚至在商品名稱上都與率先上市之成功商品甚為類似的商品，讓消費者不容易察覺出它的產品與成功商品間的差異性，而造成「刺激類化」的現象。這項原則不但常見於一般商品，電影或電視節目製作上也經常發生類似一窩蜂式的模仿現象──當社會寫實電影廣受歡迎之後，許多製片家就羣起拍製社會寫實片；當「賭」片大行出道時，大家又爭拍「賭」片。

在傳播戰略上，一些大規模的知名廠商，也經常運用「類化」的觀念作為基礎。這些大規模之廠商的作法是：替他們的系列商品取一個「族名」（family name，或稱為『系名』）；或在某一個「族名」之下，去發展系列商品。譬如，在「統一」的族名下有麵粉、飼料、沙拉油、速食麵、乳品、果汁、罐頭、醬油……；在「花王」的族名之下，有洗髮精、洗髮粉、潤髮乳、護髮精、美力洗髮乳、護髮刷、洗潔精、……；在「福特」的族名之下有千里馬、跑天下、全壘打、載卡多……等。這些知名廠商認為，他們所生產的各項商品，品質都很優良，只要消費者購買了族名之下系列商品中的某一種，而且感到滿意（增強）時，他必定會把族名之下的其他商品和他所使用過並滿意的商品，加以「類化」，而對其懷有好感。這種現象，也就是前一章裏所提到的「月

暈效果」（halo effect）。

　　與「刺激類化」相對而且有密切關聯的觀念爲「刺激區辨」（stimulus discrimination），或簡稱「區辨」：是指個體能分別針對不同的刺激採取不同的反應，或是在諸多刺激中僅選取其中的某一刺激採取反應。換言之，是指個體對於類似的刺激，會加以分辨選擇，以做出正確的反應。任何廠商都希望他們的商品能夠引起消費者注意，也希望消費者能夠在諸多品牌之中，清楚地辨別出他們商品的品牌特性，以形成品牌忠誠度。因此，當消費者將某些品牌之商品歸爲類似商品範疇時，廠商就必須運用傳播戰略，向消費者傳達其商品的物理性差異、獨特利益，或該品牌之使用羣特性（例如參考團體）的差異；也就是設法找出該品牌的「獨特銷售重點」（USP, Unique Selling Proposition），來塑造該品牌與其他品牌間的差異性，使消費者易於「區辨」。

　　在市場競爭白熱化時，許多品牌往往運用上述這兩種原則，來進行其防衞戰略或攻擊戰略：一般說來，居於業界領導地位之強勢品牌，希望消費者能「區辨」其品牌與競爭品牌間的不同；而居於業界之跟隨地位之弱勢品牌，則希望並鼓勵消費者將其品牌與強勢品牌之間產生「類化」。

（九）在學習過程中，若能積極主動參與，會提高學習速度，並增加學習數量：

　　在學習情境中，一個人若是在生理上或心理上愈主動地介入與參與，其學習效果將會愈快也愈完整。在行銷運用上，業務代表必須瞭解讓潛在顧客試用商品的重要性，因爲「試用」可以使潛在顧客實際參與，而更容易很快地「學習」到商品的特性及優點。例如，在銷售吸塵器時，業務代表可以要求潛在顧客在地毯或沙發上實際去操作，實際去體會或感受吸塵器的吸力，並親眼目睹它所吸入的塵埃污垢。此外，行銷人員

也已充分瞭解「免費試用樣品」對於銷售的助長力量。例如，某一消費者在試用過某種強調能治療青春痘的面霜之樣品後，如果覺得這種面霜眞能像廣告中所強調的那樣，有迅速治療青春痘之功效的話，則這名消費者就可能會傾向於購買這種曾經試用過的品牌，而不去購買其他一些只在廣告中作同樣強調而未經他試用過的品牌。

廣告雖然不能促使消費者對產品產生直接的身體反應或行動，但卻可以讓消費者以其他方式參與產品。例如，某些電視廣告影片就是要觀眾產生替代式的行動參與。拍攝這些廣告影片時，攝影機的移動方式、拍攝角度以及視覺效果的技術等，都經過特殊的處理。在某些情況之下，讓觀眾覺得攝影機的鏡頭，就像他們的眼睛一般，或在超級市場中徘徊瀏覽，或在高速公路上駕著新車風馳電掣；在另一些情況下，則讓觀眾覺得廣告影片中的演員，彷彿就在身邊和他們閒話家常；這些都稱爲替代式參與。不論是讓消費者直接去接觸商品、試用商品，或是運用廣告傳達情境，讓消費者產生替代式參與商品的感覺，這種讓消費者積極介入、參與的方法，是經常被人運用的有效行銷手段，不僅可以吸引消費者注意行銷傳播訊息，並且可以提高消費者對商品訊息的學習效果。

(十) 對消費者而言，愈有意義的訊息愈容易學習：

所謂有意義的訊息，是指和個人的過去經驗範圍或其目前的處境、現況有關聯的訊息。以學校之課堂爲例，教師在授課時，如能列舉一些學生們所經歷的實例，來補充課程內容的話，就更能提高學習效果。

在製作行銷傳播訊息時，行銷人員必須切記，訊息是否有意義，是要站在受播者的角度去衡量，而不是根據傳播者本身的意思來界定。因爲，「消費者導向」是近代行銷理論中所再三肯定的原則。

爲了要製作出有意義的訊息，廣告企劃製作人員必須充分了解消費

者在接受訊息時，經常運用到的「參考架構」(framework of reference)，也就是消費者在「知覺」傳播訊息時，所用來作爲參照依據之過去或現在的相關因素。換言之，廣告企劃製作人員必須了解潛在顧客在「還原符碼」(decoding) 或「解釋訊息」(interpreting) 時，所必須具備的過去學習經驗或聯結。因此，優秀的行銷傳播人員，除了要有高度的「移情能力」(empathy) 外，更要重視消費者的研究。

（十一）**當訊息是在孤立而不受其他訊息干擾的情境下呈現時，對受播者而言，會比當訊息與其他競爭對象之訊息同時呈現時，更容易被他們記住：**

假如能讓一個人在接受某種訊息之際，可以孤立起來而不受到其他競爭對象之訊息干擾的話，他將會更迅速地注意、學習，並且更容易被此單獨呈現之傳播訊息所說服。最明顯的例子，就是所謂「洗腦」(Brain washing)，受播者完全在一種絕對孤立而且封閉的情境中，被強迫灌輸某種單獨呈現的訊息。

在行銷傳播中，類似「洗腦」這種「理想」的傳播情境，是絕對不可能存在的。不過，行銷傳播人員仍然可以運用某種方式，暫時讓消費者「孤立」起來，使他們在這種暫時「孤立」的情境下，接受所安排的傳播訊息。例如，臺灣田邊製藥公司獨家承包了臺視每週日半小時的「五燈獎」節目、統一企業公司獨家承包了中視的「六燈獎」節目、新力公司承包了中廣調頻網的「早安曲」節目……等等。在這些由某一廠商獨家提供承包的半小時或一小時的節目時間之內，可以暫時性地將觀眾或聽眾孤立起來，讓他們只接受到該公司提供的廣告訊息，而不受到競爭之類似商品廣告的干擾。不過，即使在這種「暫時孤立」的情境之下，受播者猶無法避免一些其他型態的外來干擾，例如，在廣告播出時傳來的嬰兒哭聲、電話鈴響、汽車聲、飛機聲等。

還有一些廠商的做法,是將某一期雜誌中的所有廣告篇幅都買下來,由獨家提供他們的廣告訊息。「直接函件」（D. M.）廣告的最大特色,就是能提供這種「暫時孤立」的傳播情境。

「專賣店」或「專櫃」式的流通路徑是另一種將消費者孤立而傳播其行銷訊息的作法。例如,「統一麵包專賣店」、「嘉裕西服」、「繽繽服飾」、「山葉鋼琴」、「天仁茗茶」、「資生堂化粧品」、「彪馬休閒生活系列」……等等,都是經由各地「專賣店」或「專櫃」等流通路徑,將產品銷售出去。消費者到了這些「專賣店」或「專櫃」,只能看到這些品牌的商品,而且只能和這些廠商專屬的業務代表或店員交談。當然,這些業務代表或店員們也只會向他們介紹該廠牌商品的優點和特性。在這種情況下,消費者也等於被「暫時孤立」起來,只接受單一廠商的傳播訊息,而不會接觸到任何有利於其他競爭品牌的訊息。

（十二）訊息本身或是對訊息所作的反應步驟愈複雜,訊息就愈難以學習和記憶:

廣告從業人員大都確信,一個複雜的訊息是不會吸引讀者或觀眾的。大致說來,廣告若能有效地傳達一、兩個重點給消費者,應該可以很容易地就被消費者接受而記住。反之,若想在一個廣告中,同時向消費者傳達好幾個有關產品的重點,一般說來,幾乎是不可能的事。或許,必須要經過一段時間的累積效果後,才有可能傳達好幾個重點;然而,就某一廣告訊息或某一廣告活動（campaign）而言,訊息內容不宜過於複雜,否則極難達成目標。

行銷傳播人員在製作傳播訊息時,通常分好幾個階段來實現其預期目標。例如,有些廠商所製作的訊息,在初期階段只是想要引起消費者對產品的興趣;第二步則希望消費者對產品懷有好感或偏好;第三階段則試圖說服消費者前往商店去參觀拜訪;最終階段的訊息則須由商店裏

的銷售人員來傳達了。這種分段傳播廣告訊息的方式，可以降低訊息的複雜性，而讓消費者較容易學習和記憶 (Bettinghaus, 1973)。

肆、影響學習的因素

前面一節所提到的學習原則中，曾經列出了許多影響到學習效果的因素，像需要 (needs) 的強度、增強或酬賞的有無、速度、多寡與數量、反應的難易度、訊息的複雜性、個體的參與度……等。在這一節裏，將就其中影響範圍層面最廣的「酬賞」以及另一個影響學習效果的因素——「記憶與遺忘」兩者與學習之間的關係，進一步加以探討。

一、酬賞的觀念

「酬賞」(reward) 一語可以定義爲「可以加強『刺激——反應』關係的事物」。換句話說，酬賞是指能夠提高對施予刺激採取同樣反應之可能性的事物。「酬賞」的相似詞是「正增強」(positive reinforcement)，這兩個字是相通的。其相反的意義就是「懲罰」(punishment)，或稱爲「負增強」(negative reinforcement)，是指會降低對施予之刺激採取同樣反應之可能性的事物（亦卽會減弱『刺激——反應』間之聯結）。所謂「酬賞」或是「懲罰」，都是站在個別知覺者的角度去定義的。也就是說，同樣的事物對某些人而言，可能「知覺」爲酬賞；而對另一些人而言，卻將其「知覺」爲懲罰。例如，「臭味」人皆惡之，對大多數的人而言，它應該是一種「懲罰」；然而，南海偏偏有一逐臭之夫，獨嗜臭味，視臭味爲一種「酬賞」。又如，同樣是要讓某一男孩打掃廁所，固然可以將它視爲這位男孩做錯某事後，所應得的「懲罰」；但是也可告訴這名男孩將廁所打掃乾淨是一件爭取榮譽的良機，保持廁

所乾淨是一件令人讚賞的美德，那麼這名男孩不但會樂意去打掃廁所，甚至會把打掃結果展示給別人看；因爲他已經將打掃廁所這件事當作一種「酬賞」了 (Hyman & Sheatsky, 1947; Zimmerman & Bauer, 1956)。

二、記憶和遺忘

人們對於所學習的東西，通常並不能完完整整加以保留或記憶。在傳播過程之中，受播者往往會將訊息材料加以刪減或簡化成爲一種更簡明的形式。這種刪減情報的情形稱之爲「挫化」 (leveling)。在挫化過程中，受播者往往會輕易地捨棄訊息中的某些細節。同時，受播者會對訊息中他所認爲較重要的材料加以強調或誇大。訊息中的某些部份，對他而言會顯得更醒目，而且更容易被他記住，這種情形稱之爲「銳化」(sharpening)。

訊息中的那些部份會被「挫化」？那些部份會被「銳化」？完全要看受播者的需要、態度、期望，以及過去的學習經驗。訊息的挫化與銳化，決定了訊息中的那些部份內容將會進入受播者的心靈而被他所記住。這些過程會導致受播者對他當初所學習的訊息內容產生曲解及偏差。人們爲了要維持認知均衡(cognitive consistency)，往往會在許許多多外來的訊息之中，選精擇肥地選擇某些部份儲存於記憶之中，使它更適合於其認知架構 (cognitive framework)而趨於均衡。因此，人們所記憶的內容或重點往往會與傳播者本意之間產生偏差和出入。在傳播學上，這種現象稱之爲「選擇性記憶」 (selective retention)。簡言之，選擇性記憶是指人們會按他所想記憶的方式，去記憶他所想記憶的東西。許多研究結果顯示，不同的人在接受同一訊息時，會因爲他們各有不同的態度和參考架構，而分別記住訊息中的不同部分。

　　與「記憶」相對的是「遺忘」（forgetting），是指一個人無法回想過去所學習的材料。某些人認為，人們決不會眞正遺忘他所曾經歷過的任何事情。在某些情況之下──譬如某人被催眠時，人們可以回想起一些在正常情況下無法回想的童年的往事。

　　被人們所遺忘的事物之中，有一部份是由於他在學習這些事物之前或之後的一些行動，對所學習的事物產生干擾的情形而造成遺忘現象。換言之，遺忘之產生並不在於資料或情報之有否貯存（如未貯存，自然無所謂記憶可言），而在於資料或情報經貯存後之取用。經貯存的資料或情報，未必在需要時能夠隨時取用；如果在需要資料或情報之時，未能取用所貯存之資料或情報時，就是遺忘（並非消逝，只是未能取用）。造成遺忘現象的干擾，在心理學上稱之爲「抑制」（inhibition）。過去所學習之事物或經驗將目前所學習之事物或經驗產生干擾的現象，稱之爲「順攝抑制」（proactive inhibition）；反之，事後所學習之經驗或事物對於先前所學習之經驗或事物產生干擾的現象，稱之爲「逆攝抑制」（retroactive inhibition）。這種用資料干擾觀點來解釋遺忘的理論，稱之爲遺忘干擾論（interference theory of forgetting）。無論順攝抑制或是逆攝抑制，如果干擾的事物或經驗與被干擾的事物或經驗之間的相似性愈高的話，這種干擾或抑制的現象就愈顯著，亦卽受干擾之事物或經驗被遺忘的可能性就愈高。

　　這個理論可以用來解釋廣告之間的干擾情形：當A與B兩種類似廣告之內容相近，而B廣告緊隨著A廣告出現在消費者面前時，A廣告將會干擾到消費者對B廣告的學習（順攝抑制）。同樣地，當消費者想去「記憶」A廣告之內容時，如果他又看到與A廣告類似的B廣告在電視上出現，這時B廣告也會干擾到他對A廣告的內容記憶（逆攝抑制）。在這兩種情況之下，產生干擾現象的主要因素，是兩個廣告之「相似性」

(similarity) 以及兩者所呈現之時間上的「接近」 (closeness)。

人們所遺忘的事物之中,另有一部份純粹是由於在神經中樞——大腦中之記憶痕跡 (memory trace) 的消逝 (decay)。我們往往有一種經驗,對於新學習的事物會有急遽淡忘的現象。在宴會中,有人剛介紹過某人跟我們認識之後,我們往往會立刻忘掉他的名字;我們剛剛從電話本裏查出了某一個電話,但是在撥過這個電話之後,我們往往會立刻忘掉這個電話號碼;我們讀過一篇文章或聽過一段故事,經過一段時間之後,我們往往會忘掉其中的部分情節。總之,學習的經驗或事物會隨著時間之經過而淡忘或消逝。事實上,人們對於剛剛學習之後的事物,遺忘的速度最快,而緊跟的是剩餘事物的安定。換言之,在剛學習過某些事物之後的瞬息間,極易忘卻其中的部份情節,而對於未被遺忘的事物,則會趨於穩定而刻留於大腦中的記憶痕跡。

伍、學習理論在行銷傳播上的運用

學習的原則在行銷傳播上的運用範圍相當廣泛,例如廣告、人員推銷、包裝、銷售促進、公共關係、消息發佈,以及其他的行銷傳播領域上,都可能運用到有關學習的理論和原則。在企劃製作各種行銷傳播訊息時,行銷人員必須善於利用消費者過去之既有學習經驗,並須確實加以掌握。人們所學習的事物,大部分是受到其家庭、教育、文化,以及次文化等背景的影響,如能就這些影響因素詳加分析的話,則行銷人員將能製作一些針對某一特定市場區隔階層而言更有意義的訊息,同時也會較其他訊息更容易被他們所學習。例如,人們從小就學習了「色彩」與某些氣氛及意念之間的聯結:藍色給人的感覺是清涼的、憂鬱的、正式的;綠色給人的感覺是寧靜的、清爽的、年青的、自然的、安全的;

紅色使人聯想到溫暖、危險、忿怒、熱情與歡樂；黃色使人聯想到喜悅、輕鬆、樂觀、不實與春天；橙色代表火焰、熱度、行動、豐收與秋天；白色代表清晰、純潔、天真、無邪與乾淨。行銷傳播人員必須掌握這些文化性的學習經驗，在包裝上或廣告上適當地傳播商品的特性。像玉山牌涼性香煙、青箭薄荷口香糖果和歡欣古龍精等商品，在包裝色彩上採用綠色或藍色調，就是一個明顯的例子，用來說明行銷傳播人員如何利用消費者過去的學習經驗來傳達清涼感。

由於學習理論在行銷傳播中運用最頻繁的是在廣告上，以下將先針對在製作廣告訊息時所會運用到的一些特定的學習原則加以探討：

一、學習原則與廣告製作

近幾年來，行銷傳播人員已經知道如何將學習原則運用在推廣、包裝、價格和通徑選擇之上。無可諱言地，在這之中最常運用到學習原則的，可能是廣告訊息與廣告活動的製作與設計。布里特 (Steuart Henderson Britt) 曾經提出一些與廣告製作有關的學習原則，將有助於廣告從業人員參考(Britt, 1955)：

（一）不愉快的廣告訊息通常會和愉快的廣告訊息都同樣容易地被學習；而引起極少情緒反應或完全無法激起情緒反應的廣告訊息，在學習上的效果最差：

能夠激起人們之情緒反應的廣告訊息，不論其所引起的情緒反應是正面的或是反面的，在學習效果上要比完全不能激起任何情緒反應的廣告訊息來得更有效。當然，廣告主大都希望他們的廣告訊息能夠引起對其品牌的正面情緒反應，而不願讓消費者留有反面的印象。但是，單就從學習的目的而言（例如，打知名度時），反面的印象卻要比毫無印象來得更好。幾年前，某一家製造風涇藥品的廣告主，在世界少棒轉播節

目中，不斷插播一支令人厭煩而不愉快的廣告影片，許多觀眾紛紛投書反應其心中不滿和憤怒的情緒。然而，這些人之中事後在購買風溼藥品時，有人卻又指名購買這種牌子，因為他們只知道有這種牌子。

（二）消費者的學習能力是決定學習內容和學習效果的重要因素。由於消費者具有不同的學習能力，消費者中有某些人在學習情報之數量與速度方面，會比其他人所學習的要來得較多且較快：

消費者市場可以按照許多不同的方式加以區隔，有時我們所用來區隔的變數與知識和教育程度之間有高度相關。如果在設計廣告訊息之前，能夠對其市場目標對象深入了解的話，廣告主才可能設計出適合其對象知識水準之最有效的廣告訊息。對知識水準較低的觀眾或讀者而言，廣告主或許只能在廣告中提出一個主要的銷售重點，而針對知識水準較高的對象，則不妨在廣告中強調兩三個銷售重點。同時，對知識水準較低的對象訴求時，在廣告訊息的次數方面，要比對知識水準較高的對象訴求時要來得多，才能達到相同程度的品牌理解。

（三）消費者對充分理解的廣告訊息，要比對單純經過重複而學習的廣告訊息保留得更好：

這個原則部份是根據前面所討論過「有意義訊息要比無意義訊息更容易被人學習，其效果亦較好」的原則而來。消費者經過理解之後所學習到的訊息，比純粹由於重複而「記住」的訊息，在記憶效果要好很多。例如，美國香煙公司採用「LS/MFT」這五個英文字來告訴消費者「幸福牌香煙是好香煙」（Lucky strike means fine tobacco），這只有在花費鉅額廣告費用向消費者解說 LS/MFT 這五個字母之後，這個廣告訊息才能被消費者所理解。「速必落」、「必安住」或「噴效」可能不必像「金鳥」、「黑貓」、「象王」、「鱷魚」、「拜貢」一樣花費那麼多廣告費用去創造知名度，就能讓消費者知道它們是殺蟲劑。

（四）**對於觀念的學習，在大量集中的廣告之後，接續著分散的廣告，可以產生最好的學習效果：**

例如在介紹新產品或新品牌時，行銷傳播者為了得到最佳學習效果，往往在介紹期間（導入期間）運用大量而集中的廣告，然後再銜接著頻次較低的廣告。在初期的「滲透」階段的廣告活動過了之後，廣告露出的次數應該隨之減少，因為持續大量而集中的廣告可能會讓消費者覺得厭煩。反之，對於運動學習，也就是身體之體能活動的學習而言，則應採用相反的學習計畫才能達到較佳效果，也就是在少量而零散的學習之後，才銜接大量而集中的學習。像揮高爾夫球棒、打字、游泳等，都必須先少量分散而後大量集中地學習，因為人們在進行運動學習時，人體必須消除身體疲勞恢復體力，同時要藉此修正錯誤的動作 （Ruch, 1963）。

（五）**在指導消費者操作機械技巧時，必須在廣告中示範操作技巧，示範方式要儘量類似消費者本身親自在操作一樣：**

這項原則不但適用於廣告，也同樣適用於業務代表。業務代表實地操作之外，最好也能讓消費者自己實際操作，並從中感受出商品的優點與特性。又如在拍製電視廣告影片時，可以運用攝影機的角度去拍攝，讓消費者若身歷其境，彷彿自己在實地操作一般。這種技術對於一些消費者必須自己操作才能使用之機械的廣告特別有用。

（六）**廣告訊息之提示順序，會影響到廣告的學習效果。消費者對於安排在廣告訊息之前端與末端之訴求重點的內容記憶，要比對於在廣告訊息中間所提示之訴求重點的內容記憶要來得完好：**

廣告者必須將商品的主要利益安排在廣告訊息的前端或末端，或前後兩端的位置提示。很可能在某些情況之下，安排在前端要比在末端好；而在另一些情況之下，則安排在末端要比在前端好。但是，對於訊

息重點的學習而言，不論是安排在前端也好，在後端也好，總是要比安排在中間位置的效果來得好。

（七）**消費者對於獨特的或不尋常的廣告訊息，在學習及記憶效果方面都要比對一般平凡無奇的廣告訊息來得更好：**

運用一些出奇獨特之色彩、音響、創意或其他訊號的廣告，在許多廣告之中會顯得突出醒目，也比運用一般平凡傳統方法所製作的廣告，更容易被人記住。試觀每天不斷向消費者轟炸之各種五花八門的廣告訊息，我們就不難瞭解何以消費者只記住與眾不同、出奇致勝之廣告訊息的原因了。

（八）**提示失敗的情境，能够促進學習。於廣告中提示消費者在使用商品時所要避免的事，可以提高學習效果：**

在示範一項產品時，如果能够提示消費者在使用產品時可能發生的錯誤，則可能會提高學習效果。這項原則也包括提示消費者由於該錯誤所導致的不良後果，也就是所謂的「失敗情境」。

（九）**只得到偶發性酬賞的消費者要比得到經常性酬賞的消費者，在記憶「正確」之反應方面，可以記得更久：**

這項傳播原則與我們前面所探討過之「局部增強」與「全面增強」的觀念有所關聯。布里特指出，爲了要使贈獎或其他促銷方式更具效果的話，一個公司在舉辦贈獎活動的期間不宜太長。因爲，消費者對於期間較短的贈獎或促銷活動，視爲一種意外收獲或一種額外利益；反之，如果實施期間過長，則消費者會對之感到痳痺，認爲贈品或贈獎等促銷活動是意料中之事或理所當然之事，當促銷活動結束之後，消費者一旦未能獲得「應得」之贈品或贈獎時，往往會有一種上當或受騙的感覺。甚至久而久之，促銷贈品的意義，竟超過商品本身。例如，「乖乖」不斷贈送玩具作爲促銷，長期以來，小孩子認爲「乖乖」附送玩具是理所

當然的，而且有許多兒童之所以選購「乖乖」，其主要目的不在商品本身，而只爲了蒐集商品所附送的贈品。

（十）對消費者而言，再認（recognize）一個廣告訊息，比回憶（recall）一個廣告訊息來得容易：

　　所謂「再認」是指當呈現一個刺激（例如廣告、商品或品牌名稱等）給消費者時，消費者表示他們記得過去曾看該刺激。「回憶」則是指消費者在沒有任何有關訊號（如廣告、包裝或品牌名稱等）之提示下，能夠記憶過去所曾看過的刺激。在某些情況下助予消費者提示而讓其回憶某些廣告訊息（又稱爲「助成回憶」），在另一些情況下則不給予任何協助或提示（又稱爲「純粹回憶」），兩者相較之下發現，再認（即助成回憶）比回憶（即「純粹回憶」）需要較低層次的學習與記憶，大部份的人所能再認的商品或廣告要比他們所能回憶的多出很多。

　　這項原則在廣告上的運用，是讓包裝、品牌名稱更容易辨認，以幫助消費者找到廣告之商品並進一步購買該品牌。具體的策略是在消費者之購買時點（指購買之時間與地點）上，運用 POP 廣告、陳列效果或包裝醒目來讓消費者再認他們在廣告中所看過的商品品牌。這項原則並不說明純粹回憶無法產生作用，事實上只是較難達到目的而已。

（十一）消費者對事物的遺忘速度，在剛學習過後之短暫期間之內趨於最快：

　　這項原則指出，在一個新產品的導入階段裏，必須運用大量的推廣力量。在活動的初期階段裏，必須運用大量密集的廣告、廣泛的樣品分發及贈品的附送、明顯醒目的陳列架以及其他精心籌劃的推廣手法。經過初期之大量而密集的推廣之後，廣告可以逐漸緩和與穩定階段，這時的廣告目的只在延續消費者的產品知識，並加強其品牌印象。

（十二）對於同一個廣告訊息的重覆，在學習效果上通常和用不同方式

重覆同一主題同樣有效：

心理學家發現，在學習過程中採用相同訊息以及運用同一訊息的不同變化兩者之間的學習效果並無顯著差異。這項原則在廣告策略上的運用，是建議廣告主在重覆同一廣告主題時，不必製作太多額外的廣告作品來求變化，以免浪費高昂的製作成本。在此必須指出，這項原則用於短期間的廣告可能是正確的，不過針對一項長期的廣告活動而言，當某一用來傳達主題的廣告訊息已經滲透了消費者的每一階層且為他們所學習之後，原先之廣告訊息應該加以適當變化，以免造成消費者的厭煩。消費者有些時候可能會在心理上繼續接受同一廣告訊息，有些時候則可能不再注意相同的廣告。

（十三）當消費者知悉從商品中能獲取何種利益時，對廣告的學習效果會提高。換言之，在廣告訊息中明示商品的效用，將提高消費者對該廣告訊息的學習效果：

廣告者應該設法讓消費者知道使用某一品牌之商品所能獲得的利益，亦即商品所能帶給他們的效用與好處。這種作法也可以用來增強消費的購買反應，亦即對消費者之購買行為提供社會支持。心理學家發現，當人們知道他們所做的事受到讚賞時，學習效果會提高。

（十四）廣告訊息如果不與先前的學習環境相牴觸時，學習起來會更容易：

這項原則指出，廣告者應該善於利用消費者過去的學習經驗，避免所製作出來的廣告訊息與消費者以前所學習的發生牴觸。廣告訊息必須建立在過去的學習經驗之上，應該在廣告中說明所廣告的商品比以前來得「較好」，而不宜過份強調與過去「完全不同」。消費者對於熟悉的事物，會比對完全陌生的事物更容易去學習、理解與接受，與過去學習之經驗牴觸的事物，較不易被人所學習。

（十五）單純地重覆廣告訊息，對學習效果之促成而言並非絕對必要，「歸屬感」與「滿足感」才是兩項必需的要素：

「歸屬感」是指消費者在知覺訊息時，認爲訊息之構成要素與自己息息相關，亦卽消費者有充分參與訊息之機會，對訊息認同並產生一體感。根據這項原則，當廣告訊息要提出論點與辯證時，必須讓消費者認爲事關已身而對商品表示關切，並需要該商品來滿足。這項原則與前面所提到之「訊息內容對消費者而言有意義時較容易被學習」的觀點相類似。

「滿足」一詞是指消費者在學習情境中所能知覺到的酬賞，廣告訊息如能對消費者提供一種酬賞或愉快經驗時，消費者會對廣告訊息學得更好。例如，「本身好趣事」 （Benson & Hedges） 香煙廣告中之幽默，使所有消費者樂於閱讀該廣告；象干蚊香的廣告影片中，音樂輕快活潑，動作詼諧逗趣，重點簡明扼要，使消費者很容易就能學習。

（十六）兩個強度相等但新舊情形不同之廣告訊息的重覆結果，對於以前記憶之舊訊息強度的增加，將大於對新近記憶之訊息強度的增加；亦卽重覆的效果對舊訊息比對新訊息有利。另外在訊息遺忘速度方面，舊訊息之遺忘速度比新訊息的遺忘速度來得較緩慢：

這項原則之第一部份指出，當新舊兩種品牌在消費者心目中之地位相等時，就廣告效果而言，既有之舊品牌從廣告中所能獲得的利益，將會比新品牌來得多。例如，健健美剛上市時，因爲其商品性質與既有之養樂多一樣，因此同樣進行廣告，養樂多所獲得的廣告效益比健健美多很多。 這項原則之後半部是有關遺忘的原則， 又稱爲 「裘斯特法則」（Jost's Law），指出兩個強度相等的訊息中，舊訊息之強度流失比新訊息來得緩慢。因此，既有之舊品牌只要花費比新品牌較少廣告投入，便能夠維持目前的市場佔有率。反之，上市新產品或新品牌商品的公司，

必須花費比競爭品牌或商品更多的廣告投入。

　　布里特的廣告學習原則絕非一成不變的鐵律，也不能絕對保證在市場上百分之百成功。然而，這些原則的確提供廣告者一些有效的參考指南，在擬定廣告戰略及製作廣告文案及作品時，應隨時考慮到這些原則。

二、學習原則與廣告頻率

　　這裏將談到所有廣告從業人員所關心的另一個問題 —— 究竟我們應該呈現多少次廣告訊息， 也就是所謂 「**廣告頻率**」 （advertising frequency） 的問題。

　　當然，要回答上述問題必須考慮到不同的廣告目標以及不同的商品類別。但是，在此我們所關心的是與學習和遺忘有關的層面；根據這個觀點，至少有下列四種因素會影響到廣告的頻率（或重覆次數）：

（一）廣告訊息的長度及複雜性:

　　廣告訊息冗長及複雜者比簡短及容易者需要更多次的重覆，才能被消費者所學習。

（二）競爭廣告的干擾情形:

　　當許多公司在廣告類似商品或幾家公司投入大量廣告時，對任何一家商品之廣告訊息的學習效果而言，其干擾程度均甚高。在這種情況之下，廠商投入的廣告量及廣告呈現頻率，必須要比在干擾程度較低之環境下之廣告投入來得多，才能夠讓消費者達到預期的學習效果。

（三）廣告對消費者的意義:

　　消費者認為頗有意義或與自己息息相關的廣告，比消費者認為較無意義的廣告，需要較少的重覆次數就能讓消費者達到預期的學習效果。

（四）廣告內容或廣告商品對消費者所引起的情緒或需要程度:

　　引起消費者較高層次之情緒反應及需求狀態的廣告，比引起消費者

較低層次之情緒反應及需求狀態的廣告，需要較少的重覆次數就能讓消費者達到預期的廣告效果。某些商品或勞務（像銀行、電腦、機械等）本身非常缺乏情緒訴求，廣告者不但要儘量製作能引起需要或情緒反應的廣告訊息，同時要依賴高度的重覆次數，才能使消費者得到預期的學習效果。

　　誠然，上述的原則甚爲重要，但是最後的決策必須對足以影響到消費者學習的各種情境加以評估之後才能確立。無可否認的，可動用之廣告費用多少是決定廣告頻率之重要因素，不過我們在此所關切的是希望能透過這些學習原則的運用及研究，讓所有從事行銷傳播工作的人，能夠在他們所受的約束及經費限制之下，進行最好的決策，達到最佳的廣告效果。

三、學習原則與產品策略

　　雖然，學習理論在廣告上的運用似乎最廣，但是從事行銷傳播工作的人都知道學習理論運用在產品策略方面的價值，尤其在「擴散──採納」過程以及產品包裝設計方面更需要運用到學習原則。新產品的擴散和採納都與消費者的學習有關，新產品的採納與接受必須要讓消費者對新刺激產生反應，並進而改變其態度和行爲。如果新產品只是將舊產品稍稍加以改良，而以新產品姿態出現的話（像在牙膏中加了非氟抗酵素、在洗碗精中加了護手液、口香糖推出新口味等），則能容易被消費者所接受，這種容易的原因可以用學習理論中之「刺激類化」原則來解釋。然而，當產品完全是嶄新的，而且對消費者而言具有全新概念時，例如錄影機、微波烹調器等剛上市時，消費者在採納這些新產品前所需的學習期間通常較長，因爲消費者要徹底改變過去觀念來接受全新產品，在行爲上的改變幅度較大。廠商在行銷或推廣這一類全新商品時，必須在

心理上及財務上均有所準備，一定要歷經一段長期間之後，他們的投資才有可能得到預期的報酬。

在產品設計及包裝設計時，行銷傳播人員也如上面所說的，必須考慮到消費者過去的學習經驗，例如色彩、設計、標籤、包裝外型等，必須要能夠引發消費者各種不同的氣氛和感受，像高品質的、女性的、男性的、柔軟的、冰冷的、清涼的、香脆的、可口的、年輕的、熱情的，以及各種不同的其他反應，都可以在包裝及商品設計中去塑造。這些商品或包裝上所具的特徵信號，能提供消費者某些情報，讓他們知道廠商所販賣的商品究竟屬於那一種類型，在設計時必須考慮到商品本質及消費者的學習經驗。

四、學習原則與價格策略

消費者從每天上街逛市場的購物經驗中，消費者已經學得價格與許多觀念之間的聯結——例如商品品質、權勢威望、社經地位及其他觀念都可能與商品價格發生關聯。價格究竟會引發那一種反應，完全要看商品類別、消費者特性與環境因素而定。行銷傳播者往往運用這些學習聯結並配合其他訊息變數（例如：包裝、廣告等），在消費者心目中塑造預期的品牌印象。價格在行銷傳播中也扮演了相當的角色；對行銷傳播者而言，學習也是一種非常重要的因素。行銷工作人員不斷希望能讓消費者達到某種程度的品牌回憶與品牌理解。他們希望當消費者產生適當需要或問題時，能夠想起他們公司的品牌，也希望消費者能了解他們品牌所擁有的商品利益和滿足需要的品質，以及他們品牌的商品所能滿足消費者的方式。價格策略可以有效地運用學習理論，在行銷傳播中傳達商品的高級感，帶給消費者一種附加價值。像化粧品、高級衣料、汽車等一些屬於自我關心度較高的商品，價值往往被用來作為衡量商品品質

的指標。巧妙地運用學習原則及定價策略，可以加強塑造商品印象。

《本章重要概念與名詞》

1. 學習 (learning)
2. 工具學習 (instrumental learning)
3. 制約學習 (conditioned learning)
4. 全面增強 (total reinforcement)
5. 局部增強 (partial reinforcement)
6. 刺激類化 (stimulus generalization)
7. 酬賞 (reward)
8. 挫化 (leveling)
9. 銳化 (sharpening)
10. 選擇性記憶 (selective retention)
11. 順攝抑制 (proactive inhibition)
12. 逆攝抑制 (retroactive inhibition)

《討論問題》

1. 行銷人員應該如何應用「刺激類化」的觀念，來發展產品及行銷策略? 試舉實例加以討論。

2. 試舉三則以上運用制約學習原則去發展的廣告。 說明何者爲 「制約刺激」? 何者爲「非制約刺激」?

3. 試選出五種在本章裏探討的學習原則，並舉例說明其在廣告上的運用。

4. 行銷人員希望消費者去學習有關產品方面的內容有那些? 如何運用學習原則，來幫助行銷人員達到前述目標?

5. 有那些因素會使某些目標對象比他人更 「精於」 學習廠商所傳播的訊息?

6. 行銷人員應如何運用消費者過去的學習經驗，來加強消費者對行銷傳播

訊息的學習效果?

7. 廣告人員應如何運用「挫化」及「銳化」的觀念，來提高消費者對公司之行銷傳播訊息的學習效果?

8. 為了提高消費者的學習效果，對於下列三類不同產品是否需要不同的方向? 如果是，應如何不同?

(a) 便利貨品。

(b) 一般商品。

(c) 專業商品。

《本章重要參考文獻》

1. Erwin P. Bettinghaus, *Persuasive Communication* (New York: Holt, Rinehart and Winston, Inc., 1973).

2. Steuart Henderson Britt, "How Advertising Can Use Psychology's Rules of Learing," *Printers' Ink* 252, Sept. 23, 1955, pp. 74, 77, 80.

3. James F. Engel, and Roger D. Blackwell, *Consumer Behavior*, 4th ed. (New York: Holt, Rinehart and Winston, Inc., 1982).

4. H. Hyman and P. Sheatsky, "Some Reasons Why Information Campaign Fail," *Public Opinion Quarterly*, Vol. 11, pp. 412-423, 1947.

5. Rom J. Markin, *The Psychology of Consumer Behavior* (Englewood Cliffs, N.J.: Prentice-Hall, Inc., 1969).

6. James H. Hyers and William H. Reynolds, *Consumer Behavior and Marketing Management* (Boston: Houghton Mifflin Company, 1967).

7. Floyd L. Ruch, *Psychology and Life*, 6th ed., (Chicago: Scott, Foreman and Company, 1963).

8. C. Zimmerman and R. Bauer, "The Effect of an Audience upon What Is Remembered," *Public Opinion Quarterly*, Vol. 20, pp. 238-248, 1956.

A. C. Zimmerman and R. Bauer, "The Effect of an Audience upon What Is Remembered," Public Opinion Quarterly, vol. 20, pp. 238-248, 1956.

第五章　傳播來源

「傳播來源」（Source），有時是指「傳播者」（Communicator），也就是發出「傳播訊息」的「單位」（指個人或機構），它是傳播過程中非常重要的一環，經常會左右對受播者的說服效果。我們可以經常發現：在人羣之中有某些人的談吐舉止是比其他人更具說服力；同樣的訊息內容，由不同身份背景的傳播者來傳遞，往往會產生不同的傳播效果；同樣一篇演講稿，有些人說來令人覺得索然無味而昏昏欲睡，有些人說來卻是鏗鏘激昂而震撼山河。究竟是那些特性或因素致使某些傳播者比其他人更具有說服力，本章將就這個問題加以探討。

壹、說服傳播中的來源因素

一、來源的可信度(Source Credibility)

受播者對傳播者所知覺的可信度（Credibility），對於傳播者能否

成功地說服受播者接受其觀點，有相當大的影響力量。而這種「可信度」並非傳播者眞正持有的，而是受播者所「知覺」到的。從許多針對傳播來源之信度所做的研究中，我們可以歸納出一些有助於行銷傳播的原則。其中最具代表性的是：如果受播者所知覺的「來源」具有較高的可信度時，這個「來源」在他心目中會比其他可信度較低的「來源」更具說服力。表面上看來，這個道理很簡單，然而我們進一步深入探討的話，將發現「來源可信度」的觀念具有多層面的意義。「可信度」是指受播者對來源所持有的「知覺」，這種「知覺」包括來源的威望、權力、專業權威、信賴度、統御力、年齡、膚色及其它許多知覺層面（Bettinghaus, 1973）。

關於來源的可信度，曾有許多學者從不同的角度去研究。賀夫蘭和魏斯在早期主持的一項研究中，曾向大學生散發四篇分別探討抗傷風藥、原子能潛艇、鋼鐵缺乏危機及電影事業未來前途等不同主題的文章。其中有一半學生們所接受的四篇文章，均標示出他們所信賴的來源；而另外一半學生所接受的相同文章，則標示出他們所不信賴的來源。實驗結果顯示，那些經標出爲高信賴度來源的文章，對學生們所產生的意見改變，顯然要比經標出低信賴度來源的文章要來得大。受試者對於來源所作的評價，影響了他們意見改變的程度。大致說來，學生們認爲高信賴度的來源較爲「客觀」，其論點也較爲「公正」，卽使其論點和低信賴度的來源所持的「完全一樣」（Hovland & Weiss, 1951–1952）。賀夫蘭和另一位學者克爾曼（H. Kelman）也曾就傳播來源信賴度之差異性進行探討，他們分別就高、中、低等三個不同等級信賴程度之傳播來源加以研究，在研究中這兩名學者選擇一篇討論對少年犯採取較寬容之處理方式的廣播詞，受訪者就聽過的廣播節目之錄音中去評定信服及態度改變情形，在播放這一段廣播講詞之前，研究者先向三組受試者分別介

紹演講者。其中一組所介紹的演講者爲少年法庭法官（代表高信賴度來源）；第二組所介紹的演講者是從一般聽眾中任意挑選出的代表（代表中信賴度來源）；第三組中所介紹的演講者也是聽眾代表，但是卻指出這名演講者年青時也曾是有前科紀錄的少年犯。研究結果與先前賀夫蘭與魏斯所作的研究結果接近，被介紹爲高信賴來源（法官）的那一組所產生的態度改變最大；其次爲中信賴來源（一般聽眾）；產生最少態度改變的那一組受試者所被介紹的演講者，就是曾有前科紀錄少年犯之低信賴來源。賀夫蘭和克爾曼在結論中指出，受試者的意見改變，受到對傳播來源之公正與信賴之評估的影響，要比受到對其專意性之評估的影響來得大（Kelman, & Hovland, 1953）。

這些研究有助於史深入探討受播者對傳播來源可信度之形成的諸多層面，下面列舉的就是這些層面，有些看來甚爲接近，且受播者對來源可信度的知覺是整體的，其可信度的形成也是綜合傳播來源之各項層面而得的整體印象。

（一）、確實性（Trust worthiness）：

在來源可信度中有一個層面，是受播者對傳播來源所知覺之確實性的高低。如果受播者知覺中認爲傳播者是「誠實可靠」的話，則該傳播者對他所產生的說服力，將會比他所認爲「不實」的傳播者對他所產生的說服力較大。這種誠實度或確實性的高低，主要是在於受播者對傳播者之「意圖」所產生的知覺。如果受播者認爲傳播者懷有某種動機或企圖（尤其是圖利於傳播者個人的動機）的話，則受播者對他的傳播訊息的信服程度就會打了相當的折扣；反之，如果受播者認爲傳播者並無任何企圖或動機，或是認爲傳播者是完全客觀的話，那麼這位傳播者對他的說服力就會比上述有企圖的傳播者的說服力要高出甚多。

華斯敦、亞隆遜，與亞伯拉罕三人所做的一項研究，證實了上述的

論點。在這項實驗研究中，實驗者以一名罪犯作為傳播來源，向兩組受試者分別提出兩種對警察力量之看法的不同論點。當這名罪犯向其中一組受試者提出反對警察力量之日益壯大的論點時，該論點對受試者所產生的態度改變非常小。然而，當這名罪犯向另一組受試者所提的論點，是支持日益增大之警察力量時，受試者卻產生很大的態度改變(Walster, Aronson & Abrahams, 1966)。

當受播者在接受訊息之傳播時，相信該訊息對他並無任何企圖時，他也會產生很大的意見或態度改變。這種情形稱為「無心對話」(overheard conversation)，也就是指受播者察覺傳播者對他無所企求，沒有要去改變他的意圖，而他也並非該訊息的傳播對象時，會令他認為該傳播來源是可信的。許多研究發現都證實了這種「無心對話」的效果(Walster & Festinger, 1962)。

以廣告而言，消費者會隨時注意廣告主的意圖，並隨時提高警覺採取戒備。要想隱藏或消除廣告中的說服意圖，的確相當困難。不過，某些廠商為了提高廣告的說服力，往往在其電視廣告影片中訪問家庭主婦，要求受訪的家庭主婦說明她們為何要選購該公司的產品及未來續購的意願，並且由她見證來說明該產品的優點與使用後的滿意情形；有些也用知名人士來作推薦（見圖 4-4），現身說法地提出他們的看法與評價；還有些則實際呈現該商品，在影片中或單獨展出商品的魅力或特點，或與他牌商品同時展現比較，造成「眼見為信」的效果。這些廣告手法，不外乎是在試圖暗示該廣告的「客觀性」，藉以提高其訊息及商品的可信度。

廣告主有時也可以運用「無心對話」的概念來製作廣告訊息，以提高可信度。例如，在影片中可以用某一名消費者（或家庭主婦），在無意間聽到他人的對話，其中一人對其他的人說明廣告產品之優點、魅力

與特色，並且再三誇讚。這樣的廣告手法，可以讓觀眾在有意無意間認同了這名主婦的情境，且在潛意識中認為該廣告影片不是直接向其訴求，而他也只是無意間「偷聽」到別人的對話而已。

總之，一項成功的行銷說服傳播中，傳播者必須儘量掩飾其說服意圖，必須設法以「障眼法」方式塑造「敵暗我明」（可別真的與消費者為敵）的情境，切莫露出絲毫要「操縱」顧客、「擺佈」顧客，或勸服顧客的意向和企圖。如此，才能讓顧客相信你是客觀的，進而建立其訊息的確實性與可信度。

（二）、專家性（Expertise）：

某些話題經由某些人（傳播來源）的口中說出，就顯得比他人「夠資格」，這也就是受播者認為這名傳播者具有較高的「專家性」；在受播者知覺中，這位「專家」似的傳播來源通常具備了相當的教育、知識、消息來談論這項話題。被受播者認為是某一主題之「專家」的傳播來源，就該主題而言，通常具有較高的說服力。也就是在他所專精的領域裏，該傳播來源比那些不被認為「專家」的傳播來源，更能改變受播者的意見或態度。

專業化的消息來源，通常較易被認為是「專家」，例如大眾傳播媒介就屬於這類傳播來源，由於它們被認為是「專業化」的消息來源，所以對受播者的意見具有較高的影響力。在一項就藥劑師採納新藥所作的研究中發現，藥師受到談論特定主題之藥學刊物的影響，比受到綜合性藥學刊物的影響大（Coleman, Katz, & Menzel, 1960）。專業化傳播來源之所以有如此效果，大致是由於人們知道該來源所流傳的對象有限。

就廣告而言，我們可以運用某些專家來推廣某些產品。例如，我們可以考慮請呂良煥或涂阿玉等人替高爾夫球及裝備廣告；或請傅培梅、

馬均權等人替醬油及調味品作廣告；也可以請馬它或馬密替洗髮精及化粧品作廣告……。因為這些人在消費者心目中，就各該敍述的商品而言，均具有較高的「專家性」。然而，一旦消費者察覺或認為他們是為了圖利才去為該商品作廣告的話，這種效果就會大打折扣了。

（三）、地位與威望（Status-Prestige）：

每個人在每天當中，都在扮演不同的一些角色——在公司裏，某人可能是公司主管；在球場上，他可能是少棒隊經理；會場上，他卻是青商會理事；回家後，他變成了丈夫和父親。人們總是會在不同的場合之中，適切地扮演他不同的角色，每一角色都分別意味著某種地位或威望程度。各人所扮演的角色不同，於是產生了不同等級的地位和威望。相較之下，總經理的角色比組長重要，因此地位也較高；立法委員有時就顯得比縣議員重要，地位也相形較高；同樣地，船長比水手地位高，電機工程師比電工地位高……。這些地位的高與低，都是比較的，是相對的，而非絕對的。被認為地位或威望較高的傳播來源，通常比被認為地位或威望較前者為低之傳播來源，更具有說服力。尤其，當談論的主題與該傳播來源的角色地位相稱或相關時，地位或威望對說服的增強效果更大。但是，某一具有某種地位威望的人，對人談到與其角色無關或完全違背的主題時，這種說服效果就變得不高。例如，由陳立夫資政來談復興中華文化或中藥科學化等話題，可能會有相當說服力，但是，若由他來談婦女保養或服飾等話題時，則其說服力必然大大不如馬它、馬密或王榕生。「威望」（Prestige）、「地位」（Status）與「專家性」（Expertise）這些字，可能有相當程度的意義重疊，但是絕非相似詞（Bettinghaus, 1973）。

（四）、來源不均衡（Source Incongruity）：

受播者對傳播來源及其傳播訊息持有同樣的喜好態度時，三者之間

就存在著均衡（Congruity）的局面。一旦，受播者對傳播來源持有偏好態度，但是對他所傳播的訊息內容持有不以爲然或不表苟同的不利態度時，三者之間的「不均衡」狀態，於是形成了。例如，王君非常鍾愛或崇拜胡茵夢，但是他對Ｋ公司所生產的各項產品不懷絲毫好感甚至厭惡，如果有一天胡茵夢出現在推廣Ｋ公司所生產之羊毛地毯的廣告影片中時，王君認知便產生了「不均衡」的現象。根據海德爾（F. Heider, 1958）「認知均衡理論」，當人們認知中有兩種不同的態度傾向而構成不均衡的局勢時，人們會設法改變其中的一種態度，而使其認知維持均衡狀態。王君之認知領域產生了「不均衡」狀態，勢必要設法使之均衡，王君共有兩項選擇性的作法，一是降低他對胡茵夢的好感，一是提高他對Ｋ牌羊毛地毯的好感。王君爲了改變態度中之不均衡要素，而使之趨於均衡，他必須針對傳播來源及傳播訊息（物體）重新加以評估，使其產生均衡趨向。從圖5–1中，可以看出這種情形（Osgood & Tannenbaum, 1955）：

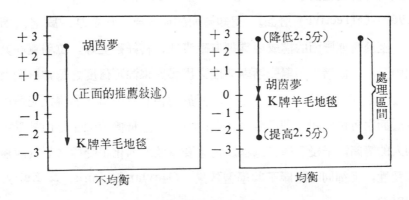

圖 5–1 認知不均衡之處理方式之一

在運用這項原則時，有一種限制必須加以注意，那就是當受播者認

爲他所接受的訊息是不足探信的時候，他可能只會拒絕接受這項訊息，而不會產生態度改變。如果，訊息中仍有部份可信而非完全不可信時，受播者也可能會稍微修正其態度 (Freedman, Carlsmith & Sears, 1970)。

（五）、喜好程度 (Likability):

當受播者喜歡某一傳播來源時，姑且不論其喜歡的理由爲何，該傳播來源對受播者而言比他所不喜歡的傳播來源更具說服力。在第三章裏曾論及「對人的知覺」，其中也提到給人好印象有助於傳播。不過這裏所提的「喜好程度」稍有不同，是指來源的說服力而言：如果一個人對別人持有正面的好態度的話，他對此人所傳播的訊息內容，將會用同樣的態度去評估。因此，根據前述的「均衡原則」，受播者對訊息的態度，也將變得更良好。

（六）、拉瑞克分類法(The Rarick Classification)(Rarick, 1963):

拉瑞克曾就可信度的組成要素，提出他的分類標準。他指出，傳播來源的可信度包括了認知(cognitive)層面與情感 (Howard & Sheth, 1969)(affective) 層面。認知層面的構成要素有權力、威望、資歷等；至於情感層面的構成要素則有確實性、喜好程度等。拉瑞克在其研究中發現，傳播來源對受播者態度之影響與來源可信度之認知層面及情感層面之間，均爲正相關。但是，對於傳播訊息中事實內容之記憶與情感層面之可信度間，卻呈現負相關的情形。這種情形似乎是由於受播者個人的情緒，干擾了學習過程。情感要素雖然強化了受播者對於說服的接受性，但卻同時阻礙了其學習效果 (Hovland, Janis, & Kelly, 1953)。

（七）、貝勒──李莫特──莫奇分類法 (The Berlo-Lemert-Mertz Classification):

　　在另一項用以決定傳播來源之基本層面的研究中，貝勒、李莫特、莫奇 (Berlo, Lemert & Mertz, 1966) 三人提出了人們經常用來評估傳播來源可信度的三種基本要素。這三種要素是安全、資格、動力。第一種要素——「安全」（Safety），基本上是指受播者知覺中之來源的確實性（trustworthy）如何而言。如果受播者認為傳播來源是友善的、道德的、公正的、愉悅的和優雅的時候，該來源在「安全」要素上就能獲較高的評價。換言之，受播者對傳播來源感到安心而不懷戒懼，所以對他所傳播的訊息，也就覺得確實性、可靠性很高了。第二種要素——「資格」（qualification）有點類似專業性（Expertness）、權威性（authoritativeness）。一個被受播者認為對某一方面是勝任的、有知識的、有經驗的，或受過訓練的傳播來源，在「資格」要素上所獲的評價，通常是較高的。第三種要素——「動力」（dynamism），則係指活力的、直率的、積極的、有力的等意義，凡具有這些特性的傳播來源，通常可信度也就較高。

　　值得一提的是，三位學者所指的各項形容詞評價，並非意味每個受播考都必須據以一一評價傳播來源，通常是綜合各形容詞之後，再依三種層面的要素，作一整體性評估，而決定傳播來源在三要素上的可信度。

（八）、傳播來源可信度之其他探討層面：

　　除上述與傳播來源之可信度有關的探討課題之外，在此將略述一些與之有關的探討層面，由於某些研究結果並不甚顯著，故不擬作深入探討。

　　若干學者（Aronson and Golden, 1962; Bennett and Kassarjian, 1972)的研究結果發現，年齡、性別、膚色、穿著、儀態、聲調等等都會影響到傳播來源的可信度。

　　就年齡而言，受播者經常以傳播來源的年齡來決定其可信度，在某些情況之下，年長的人常會比年輕的人更具有影響力，因為人們較常向比自己年紀大的人去請教問題或徵詢意見 (Merton, 1949; Stewart, 1947)，且人們相信年紀較大的長者經驗較豐富，閱歷較多，也因此更「專家」。

　　聲音、語調、穿著、儀態等，也經常是受播者用以評估傳播來源可信度之有關「指標」。俗云:「佛要金裝、人要衣裝」，衣著就如產品的包裝。一個衣著華麗高貴、西裝革履、金碧輝煌的人，在談論「如何致富」的話題時，必然具有相當的影響力(Friggens, 1974)。又如一名經介紹為火箭科學家的人，如果在講話時帶點德國腔，可能會比字正腔圓地用美語更具影響力。選舉時的政見發表會，候選人大多會先斟酌聽眾的省籍來決定用那種「聲帶」發言，就是希望獲得更大的說服力。

　　上述這些「非口語符號」(nonverbal signs)，經常會巧妙地影響到受播者對傳播者及其訊息的評價。行銷傳播人員，尤其是廣告中的發言人 (Spokesman) 及銷售人員，要隨時注意其穿著、儀表、語調、聲音與風度等等。

二、睡眠者效果

　　前面所探討的都在說明，可信度高的傳播來源會影響受播者的意見改變。然而，這種意見改變是否會持久呢？這也是值得探討的課題。現有的研究結果顯示，受播者在剛接觸過說服性傳播訊息後的當時，傳播來源可信度的影響效果會急速消失。更令人詫異的是有許多研究發現，當受播者最初接觸之傳播訊息來源是低可信度時，在經過一段時間之後，其意見隨傳播來源所提倡之方向而改變的情形，竟然增加了。

　　圖5-2中，顯示了上述這種現象，並稱之為「睡眠者效果」(Sleeper

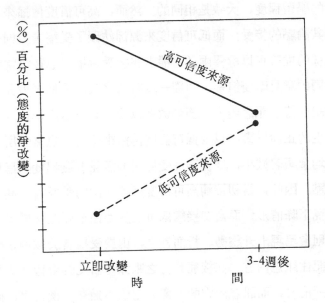

圖 5-2 「睡眠者效果」示意圖

effect)。隨著時間的經過，由於高可信度傳播來源所導致的意見改變會降低；而由於低可信度之傳播來源所導致的意見改變卻會增高。其後的學者在他們的實驗中，都曾經發現過上述這種現象 （Hovland & Weiss, 1952; Hovland, Lumsdaine, & Sheffield, 1949)。

究竟是什麼原因導致「睡眠者效果」？到目前為止，學者們所找到的解釋都是在於對一些改變受播者意見之因素的了解。**第一**，受播者必須記住傳播者之訊息內容或論點，否則其意見改變的情形將不會持續。**第二**，受播者對於傳播者的結論，必須要有某些接受動機。在這種情況之下，受播者對傳播訊息的接受乃繫於對傳播者所知覺的可信度。因此，在接觸訊息當時的意見改變是基於受播者對訊息的學習與接受。

在最初接受說服性傳播訊息當時，兩種受播者（一種是接觸高可信度傳播來源的受播者；另一種是接觸低可信度傳播來源的受播者）對於

訊息內容的學習程度，大致是相同的。然而，高可信度傳播來源可加強受播者對其論點的接受；而低可信度來源卻妨礙了受播者對同一論點的接受。這樣的推論可以解釋兩種受播者在接受傳播訊息後之當時，何以會產生不同的意見改變情形。而經一段時間之後，受播者會先忘記傳播來源，而記住傳播訊息內容。經過數週以後，高可信度傳播來源對訊息接受所產生的正面影響，以及低可信度傳播來源對訊息接受所產生的反面影響，均會顯著減小，終使兩種受播者的意見改變程度，呈現幾乎相同的水平點。因此，當初接觸高可信度傳播來源的受播者，其意見改變程度會呈現下降情形；而當初接觸低可信度傳播來源之受播者，其意見改變程度則會呈現上升趨勢。析而言之，由於受播者於數週之後遺忘傳播來源而記住訊息內容，在接觸當時之來源可信度的影響（正面或反面的）已幾近消失，而訊息內容的影響力則依然猶存；換言之，此時受播者之意見改變受訊息本身的影響，大於受傳播來源可信度之影響。

假定「睡眠者效果」確實存在，而於數週之後再度提示當初傳播來源之可信度的高與低，究竟會產生什麼情形？也就是在正要進行「事後」測定（約三星期之後）之前，對受播者重提當初傳播來源，其效果如何？克爾曼與賀夫蘭（Kelman & Hovland, 1953）曾就此問題向受試者進行實驗，其實驗設計如表 5-1。

根據研究設計，受試者首先被分成 A、B 兩組受播者，每組都接受相同的說服性訊息內容，其中一組是由高可信度的傳播來源提示訊息內容，而另一組則由低可信度傳播來源提示相同的訊息內容。在受播者接觸過由兩種不同可信度之傳播來源所提出的相同傳播訊息後，隨即測定其意見改變情形。經過三星期之後，再次訪問受試者。A 組中有一半的人，由實驗者重提當初之高可信度傳播來源（卽 A_1），而另外一半的人（卽 A_2），則不予提醒；B 組中也是分 B_1 及 B_2 兩組，其中 B_1 組由實驗者

告以當初之低可信度傳播來源，而另一半B₂組，則不予提醒。然後，再度測定其意見改變情形。

表 5-1　重述「高一」與「低一」可信度傳播來源之效果實驗設計

接　觸　後　隨　即　測　定			三　週　之　後　測　定		
受播者	實驗變數（來源）	效果測定	受播者折半分組	是否重提傳播來源	事後效果測定
A.	高可信度傳播來源	X_1	A_1 A_2	是 否	X_3 X_4
B.	低可信度傳播來源	X_2	B_1 B_2	是 否	X_5 X_6

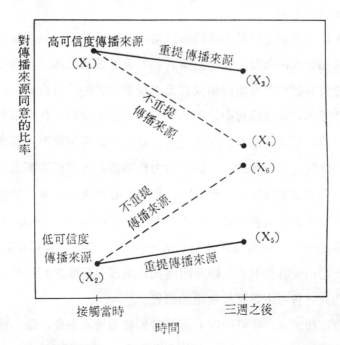

圖 5-3　來源可信度之效果及是否重提傳播來源之效果比較

　　誠如預料，在接觸訊息後隨即進行之測定中，由高可信度傳播來源提示的訊息，達到較高的意見改變。而三星期之後所進行之測定中，產生了一些有趣的現象；圖 5–3 說明了該實驗研究結果。

　　從上圖中可看出：對當初接受高可信度傳播來源傳播訊息的受試者而言，三週之後凡經重提傳播來源之半數受播者，其同意傳播來源所提之訊息者的比率，會比未經重提高可信度傳播來源之另外半數受播者，同意此一相同訊息者的比率，要來得高（即 $X_3 > X_4$）。對於當初接受低可信度傳播來源傳播訊息的受試者而言，三星期之後，未經重提傳播來源之半數受播者，其同意訊息內容者的比率，卻反而比經重提當初之低可信度來源之另半數受播者，同意同一訊息者之比率，要來得高（即 $X_6 > X_5$）；換言之，未經重提當初之傳播來源的受訪者，產生了更多的「睡眠者效果」。

　　從上述這些研究結果中我們可以得到一個啟示：行銷傳播人員在進行行銷傳播之前，必須先瞭解消費者對其企業或該企業之代表的看法，也就是先要掌握消費者如何知覺其公司或其代表的「可信度」。尤其，當行銷傳播者在廣告訊息中運用高可信度傳播來源時，就必須要準備大量廣告預算，不斷「重提」傳播來源，以加強該傳播來源與廣告訊息及公司產品之間的「再聯結」。對於財力較單薄而廣告預算不太充裕的公司而言，由於廣告露出量既然有限，似可不必花大把鈔票，敦攬高可信度之傳播來源去當廣告訊息中的「發言人」（Spokespeople），不妨考慮採用可信度平平，但是費用低很多的一般「小人物」來傳播訊息。因為，廣告露出量既然不多，隔三四週後，來源可信度之高與低的影響並無太大差異，自可不必支付無謂的浪費。

　　綜合本節所述，「可信度」所涵蓋的意義層面很多，每一種都可據以建立傳播來源的可信度。一些學者曾將各種層面的可信度加以分類，

以供研究者在進一步研究「傳播來源可信度」之效果時，作爲研究架構。
在本節裏，我們也提到，傳播來源可信度的立卽效果，並不會持久。在
這些探討的領域之中，最有趣的項目之一是「睡眠者效果」，那就是學
者們發現，高可信度傳播來源對受播者意見改變的影響，在經過一段時
間之後，產生下降的情形；　而低可信度的影響，　則產生上升的情形；
然而，在事後測定意見改變情形之前，如再重提當初傳播來源之可信度
時，則上述「睡眠者效果」（上升或下降）的現象會有緩和的趨勢，也
就是事後經重提傳播來源之可信度的受播者，其意見改變情形比未經重
提的受播者，更接近接觸當初的意見改變情形，高可信度者維持更高，
低可信度者依然較低。

　　下面要談到的是影響傳播來源之說服力的一些其他特性以及提高傳
播來源說服效果的一些原則。

貳、如何提高傳播來源的說服力

一、與受播者看法一致

　　傳播者在開始進行說服傳播之前，如果能先提出一些受播者業已同
意的看法時，將可提高說服效果（Karlins & Abelson, 1970）。

　　由於傳播者已先提出了與受播者意見相近的傳播訊息，他們之間已
有了若干的共同性，也就是說傳播者已進入了受播者的認知領域，他已
通過了受播者的「知覺選濾器」（perceptual filter）。一旦能做到這點
時，傳播者便能夠按照他自己的見解，將用來改變受播者意見的訊息傳
播給受播者。

魏斯（Weiss, 1957）在一項研究中向贊同「自來水加氟」一事的受試者，傳播一篇主張「反對水中加氟」的傳播訊息。受試者分成兩組，其中一組在接受該訊息之前，先提出一項贊同學術自由的論點（該論點乃受播者業已同意的論點）；另一組只接受「反對水中加氟」的訊息，而未接受「學術自由」的訊息。魏斯發現，第一組的受試者，也就是在接受「反對水中加氟」之訊息前，先接受「學術自由」之論點的人，比事先未接受「學術自由」之論點的第二組受試者，產生更顯著的意見改變情形。

許多常向大眾發表演講的人，尤其是政治性的演講，都會在有意無意之間運用這項原則。例如，公職候選人的政見發表會上，有經驗的候選人大多曉得如何在正式進入發表政見之前，先發表一些因時、因地、因人而異的話題，先博取前往聆聽政見之選民的注意、贊同、支持，甚或「同情」。當然，受播者是否接受說服，並不僅僅靠這種「戰術」就可成功，傳播者所要說服的訊息內容或論點，也必須適合他的身分地位。

二、與受播者立場一致

當傳播者在開始傳播訊息時，就先對受播者就某事件的立場表示支持的話，其說服效果將會提高，甚至其所持論點與該立場並不完全符合時，亦然。

艾溫（Ewing, 1942）在一項實驗中，向兩組對亨利福特持有好感的受試者，傳播一項不利於福特的訊息。其中一組受試者，在接受訊息時，傳播者從頭到尾再三表示，其用意是讓人們對福特更懷好感；而另外一組受試者，雖然也接受相同的訊息，但是傳播者則表示，他個人對

福特不懷好感，其目的是要讓他們降低對福特的好感。艾溫發現，當傳播者表明其立場（對福特的看法）與受播者一致時（即第一組受試者），其意見改變（即降低對福特之好感）的情形，較為顯著。這種情形或許是由於受播者認為傳播者既提出與本身立場相悖的論點，顯然沒有意圖要左右受播者的意見或態度，因此其論點必定比較客觀可信。賀夫蘭、賈尼斯與凱利（Hovland, Janis, & Kelley, 1953）也曾就此提出下面的推論：「當傳播者是毫不知名或不甚知名的來源時，假如他在開始進行傳播時就能明白表示其立場與受播者所持之立場一致，則將提高受播者對其訊息的接受性。」

三、與受播者產生類化

如果受播者認為傳播者和他們類似時，受播者將會更容易接受其說服。這裏所說的類似，可從多方面去知覺，包括人格特質、種族、膚色、宗教信仰、政治哲學、興趣嗜好、自我印象和社團關係等。

人們傾向於更接受類似自己的其他人之說服，多半是由於人們喜歡與自己相似的他人。另外一個原因，則可能是由於人們認為與自己類似的人，可能意見會較一致，而且可能會使用相同或相類似的標準來判斷事物。若干實驗研究中，均發現並支持這項推論。密爾斯和傑里遜（Mills and Jellison, 1969）在一項研究中，曾經向四組受試的大學生呈現內容完全相同的一篇演講，內容主張大學教育應該著重廣博而非專精。四組受試者中有兩組是主修音樂的學生，另兩組則係主修工程的學生。研究者向主修音樂的兩組大學生中之一組說明，該演講稿是由某音樂家所撰寫；而向另一組則指出該演講稿是某　工程師所擬。同樣地，主修工程的兩組受試大學生，也是按照上述方式分別被告以傳播者為音樂家及

工程師。 研究的結果顯示， 與傳播者先有類似之專業興趣的受試大學生，其意見改變的情形，比與傳播者之專業興趣互異之受試大學生的意見改變情形，更爲顯著。換言之，「工程師」比「音樂家」對主修工程的學生，更具說服力。而「音樂家」則比「工程師」對主修音樂的學生更具說服力。

除了上述的實驗以 「專業興趣」 作爲受播者知覺 「類似」 之依據外，其他研究也曾以團體關係之類似性來作爲實驗操作變數，也都得到同樣的研究結果。也就是說，如果人們認爲傳播者與其同屬一個團體時，將會更容易接受該傳播者的說服(Kelley, and Volkart, 1952; Kelley, and Thibault, 1954)。

四、傳播者形象與訊息之關係

傳播者說些什麼內容以及他如何說，都可能影響受播者對他的形象 (image)。

傳播訊息與傳播來源是互爲因果的，就如同傳播來源會影響受播者對其訊息的接受性一般，訊息內容也會影響受播者對傳播來源的知覺。

企業的行銷傳播人員必須隨時自我提醒，企業透過以廣告爲主的傳播通路帶給消費者的傳播訊息，將會影響到該企業的形象。此外，公司之業務代表對顧客所說的談話，會直接影響到該代表的形象，進而影響到該公司的形象。

有一些實驗研究結果證實，訊息內容會影響到受播者對傳播者的印象。其中有一項實驗是在四所日本大學進行的 (McGinnies, 1968)，實驗者將六種不同的說服訴求內容錄製在錄音帶上呈現給受試者，這六項訴求內容主要是針對美蘇冷戰及古巴飛彈危機，分別提出支持美國及支

持蘇聯的不同意見。每一個訊息都由同一個傳播者錄音，期使受播者對傳播來源的評估是基於彼所傳播之訊息內容，而非傳播者本身。研究結果支持了假說：傳播訊息會影響受播者對傳播者的不同評價。例如，受試者中有一組接受的訊息是支持美國的，受播者對傳播來源的評價，很明顯地比另一組評價支持蘇聯之受播者給予較「誠實、熱誠、風趣、強力、消息靈通和智慧高的」評價，雖然這兩組的傳播來源都是同一人。其他還有許多學者的研究，也都支持了同樣的假說(Tannebaum, 1956; Freeman, 1955)。

五、對自己、訊息及受播者要有正面態度

傳播者對自己、其訊息及其受播者如果具有正面態度，而毫無負面態度時，其說服效果將更提高 (Berlo D. K., 1960)。

就行銷的意義而言，業務代表如果缺乏自信(對自己持有負印象)，勢必難以成功地銷售公司的產品。因此，成功的推銷員，必須先建立自信心，先說服自己，推銷自己。經常看到某些業務代表在準客戶面前，說一些像「您或許並不想要這產品，但我還是要向您說明！」或「您可能不需要其他東西了吧！」這一類的話，就很明顯地對自己缺乏信心與篤定，而且經常會被潛在客戶察覺。其結果是讓潛在客戶內心也有同感，認為「我或許不想要該產品或不需任何其他東西了。」

傳播者對訊息的態度，也頗容易為受播者察覺。當教授在講授他所不感興趣的主題時，他的態度會很自然地反映在其訊息之中。業務代表如果對其所推銷的產品缺乏信心的話，也同樣地會將這種態度反映在其推銷詞裏，而難以說服客戶。試想，假如連業務代表自己都不相信其產品的話，又如何能要求客戶來相信你的產品？也因為如此，許多公司在

實施業務代表訓練時，不但要訓練他們提高推銷開場與締結之熟練技巧，更重要的是要讓業務代表們相信他們所推銷的產品，確有勝人之處，以培養他們對產品的信心。

另外一種會影響傳播者之說服效果的態度，是傳播者對受播者的態度。就業務代表而言，只對本身或其推銷之產品具有信心是不夠的，他們還必須對其潛在客戶，充分表現良好態度。業務代表可以從許多方面表現其良好態度，例如，要專心傾聽客戶的談話，要對客戶表示尊敬之意，切莫正面駁斥客戶等，都可以流露出對客戶的良好態度。通常的情況下，客戶都會很快察覺到業務代表的良好態度，而且會還以良好的回饋的。

六、認清傳播來源的屬性

認清傳播來源的各種屬性，並將這些涵意廣泛的屬性加以適當的分類，將有助於了解如何對受播者產生影響。

對於傳播來源之屬性分析得最清晰實用者之一，是克爾曼(Kelman, 1969)所作的分類。克爾曼將傳播來源分成三類——權力（"power"，意指控制能力）、吸引力（attractiveness），以及可信度（credibility）。這三類傳播來源屬性，形諸於外，則分別產生三種不同的影響方式——順從（compliance）、認同（identification）與內化（internalization）三種。

（一）、順從：

「順從」是指受播者希望從傳播來源博取良好反應，而接受傳播者的影響。受播者或許並不完全相信訊息內容，但是由於他預見到某種酬賞（正或負）式的社會效果，而不得不順從。就以學校教育為例。學生

通常是不得不順從教師所講授的內容，既使有時或許不相信其內容，但為了求得高分數或避免被「當」掉，只好姑且順從之。同樣地，一個企業的業務代表在推銷工業產品或精密產品時，也必須對顧客具有某種程度的權威性，而讓顧客事先察覺，如果順從該業務代表，將會得到某些好處。尤其，當顧客的產品知識不够而無從評價選擇時，業務人員的權威性更會對顧客的購買決策，發揮重大的影響力。例如，某消費者打算購置精密照相機或立體音響組合，如果他對這些產品的機件性能特長（諸如，焦距、景深、單雙眼、輸出功率、諧波失真、交互調諧失真、頻率響應、信號噪音比、顫動率……等）認識不清時，他可能較會順從銷售人員所提供的建議。在所有的銷售人員之中，對消費者影響力最大的可能是醫療用品及機械性消費產品之推銷人員，因為購買這些產品的消費者通常較缺乏足够的能力去分辨產品的好壞與優劣，而作最後的抉擇。

（二）、認同：

「認同」是指受播者希望在某些方面與傳播者相似，而接受傳播者的影響，也就是說受播者景仰傳播者並希望模仿他。透過「認同」，受播者認為他自己具備了傳播來源角色所需的條件。引起「認同」的傳播來源屬性，就是「吸引力」（attractiveness）。

在廣告表現上，經常可以運用這種「認同」過程來進行製作，我們可以聘請著名的運動員或影視明星來拍攝廣告影片推銷產品，崔苔菁、金石、石松、孫越、曹建……等，都是很具吸引力的廣告「代言人」（Spokes men）。就某些產品而言，也可考慮在廣告中運用一些參考團體，像燒香拜廟者、學生、工人、醫生、農民……等等都可以讓某些特殊對象產生「認同」現象，而影響他們的購買決策。

（三）、內化：

「內化」是傳播來源可信度的作用，其形成乃是由於受播者傳播來

源所傳播之訊息與其個人的價值結構相符合,而接受了傳播來源的影響;簡言之, 就是他相信該訊息與其看法一致。「內化」過程, 是由於傳播來源之可信度屬性產生。由於其對受播者所造成之變化持續最久,所以在三種傳播來源的屬性之中, 可信度是最重要的一種。某些廣告的效果不彰, 就是因為缺乏可信度所致。因為缺乏可信度時,受播者就會察覺出傳播來源想操縱受播者之意圖。知心的朋友和某些特殊的意見領袖所產生的影響效果很大, 是由於受播者相信他們, 而不認為他們有任何想操縱的意圖。

七、把握傳播來源的說服原則

關於如何提高傳播來源的說服效果, 在此將綜合上面各節所述之傳播來源的特性, 歸納出一些說服原則 (或推論):

(一) 大致說來, 當受播者知覺傳播來源的可信度是較高時, 其說服效果也較高。

(二) 當受播者察覺出, 傳播來源企圖在其說服過程中去獲取某些東西 (即操縱意圖) 時, 傳播來源的可信度, 以至於說服效果均將降低。

(三) 在經過傳播的一段時間之後 (通常 3 ~ 4 週), 由高可信度傳播來源所產生之意見改變, 會產生減少的現象;而由低可信度傳播來源所產生之意見改變, 則會產生增加的趨勢。高可信度與低可信度之傳播來源對受播者殘留的意見改變, 最後幾乎趨向同一水平。

(四) 在最初接觸過高可信度傳播來源後的一段時間之後, 如果經重提該高可信度傳播來源, 其對受播者所產生之意見改變的保留情形, 將比未經重提該傳播來源時, 來得更高;就低可信度之傳播來源而言,

事後經重提該來源的受播者，其意見改變情形，將比未經重提該來源之
受播者的意見改變來得低。

（五）傳播者在一開始進行傳播時，如果能夠先表示一些受播者已
持有之看法，然後再提出其意圖說服之訊息的話，其影響效果將顯著提
高。

（六）傳播者在開始進行說服性傳播訊息時，如果能先說明其對該
主題之立場與其受播者之立場一致時，將提高其說服效果，甚至當該說
服性訊息之論點與其立場相悖時，亦然。

（七）受播者知覺中的傳播來源，愈與受播者類似時，其說服效果
愈高。

（八）受播者對傳播者所傳播之訊息的知覺，將會影響他們對該傳
播者的看法（形象）。

（九）傳播者對自己、訊息或其受播者的態度愈趨於正面，則其說
服效果愈高。

（十）傳播來源的權威性、吸引力愈高時，其對受播者行為的影響
力則愈大。

上述的原則並非一成不變的鐵律，但是卻可供吾人作為提高傳播者
之說服力的指引與遵循方向。必須記住的是，傳播來源只是影響說服效
果的諸多變數中之一，傳播來源與許多其他因素，像訊息、媒介、受播
者與傳播情境等，交互作用，共同產生傳播效果。

叁、行銷傳播來源

到目前為止，我們所探討過的傳播來源是指具有某些特性的非特定
個體，這些特性可望以影響受播者接受其說服訴求。就行銷傳播而言，

情境顯然較爲複雜，因爲消費者可能會認爲在行銷體系中的某些構成要素都是行銷情報來源，而且這些來源可能會在消費者對行銷傳播之反應上，產生錯綜的相乘效果。

行銷傳播的來源包括公司、業務代表、媒介、媒介中的代言人（廣告模特兒、廣播員……等）、銷售人員等。這些傳播來源會因產品及情境之不同，而對消費者購物決策具有不同的重要性。在本節裏，將就這些行銷傳播來源一一加以探討。

一、公司

雖然公司是人員、物品、機器等的集合體，但是消費者卻往往將之視爲單一個體，而且具有明顯的個性。人們可以輕易地描述某一公司的企業印象，例如，是否正派、是否踏實、是否成長、是否強大、是否可信賴、是否安定、是否親切、是否創新……等等。廣告活動及公共關係對於一個公司企業印象的形成，具有相當大的影響力。很多公司往往在產品廣告預算之外，花耗大筆費用來進行企業印象廣告。而且有時候，企業廣告往往會融入商品廣告之中。例如，可口可樂、素仙子、資生堂化粧品、和成……等，企業所作的商品廣告，經常會在廣告最後（以電視而言），帶出一句足以代表企業個性及形象的「口號」(Slogan)。

無庸置疑，所有企業廣告都會影響消費者對公司所持的企業印象。質而言之，所有的企業經營理念與作爲，都會影響其企業印象。從產品的設計、包裝、價格、命名，甚至於販賣場所等，都會顯露出其企業個性。

在作任何商品決策時，廠商不應忽視該決策對企業印象所產生的影響與效果。有些爲了遷就某一利潤較高的生產品，某些企業往往會作一些有害於整體企業印象的決策，吾人應儘量避免這種短視的錯誤決策。

企業印象是一種長期投資,在作任何大小管理決策時,應隨時加以考慮,以免因小失大。

　　一個公司如果被消費者認爲是聲譽良好、值得信賴、成長繁榮、親切關心消費者時,該公司應將之視爲無價資產,時時加以維護。在會計帳目之上,這項「資產」通常被記載爲有名而無實值的「商譽」,行銷人員不應該低估企業印象的價值及其對消費者選購行爲的影響。

　　具有良好企業印象的公司, 由於 「月暈效果」 的影響, 會在企業的 「族名」 之下, 張立大傘而使所有產品獲得好評, 會協助業務代表成功地與客戶洽商及銷售,而且能促使消費者儘速採納新產品或新品牌 (Levitt, 1967), 有助於新產品上市。 馳名國際的寶鹼公司 (Procte[r] and Gambl)及國內知名的統一企業公司, 其新產品上市得以能順利被消費者所接受, 就是得利於其良好信譽。此外, 公司的企業印象還會影響到該公司的股市行情、向金融機構的資金週轉能力、以及對零售點的掌握。因此, 將公司視爲行銷傳播之影響「來源」, 其重要性自是毋庸贅言形容了。

二、業務代表

　　由於業務代表是直接面對客戶, 站在與顧客接洽之第一線上的人,因此經常被視爲行銷傳播訊息來源。有些學者爲了區分企業內部之訊息來源, 而將「公司」稱爲「來源」, 而將「業務代表」稱爲「傳播者」 (Engel, Wales and Warshaw, 1971)。

　　李維特 (Levitt, 1967) 在一項關於傳播來源對工業產品銷售之效果的實驗研究中, 向四組受試者播放一段十分鐘長度用來介紹新的造漆用化工原料的影片。其中有 組受試者觀看的影片是由某家信譽卓著、可信度高之知名公司 (孟山都) 的業務代表所作的「優秀」展示; 第二

組受試者觀看的影片也是由同一家公司的另一位業務代表展示商品，不過演出較「差勁」；另外兩組受試者所觀看的影片，則分別由一家可信度較低之公司的不同業務代表所作的「優秀」與「差勁」的商品展示。

該實驗研究結果顯示，受試者將「公司」和「業務代表」視爲兩種不同的傳播來源。「公司」這項傳播來源顯著影響受試者「進入」知名廠商的業務代表，也就是受試者會較樂於接受來自信譽良好之廠商的業務代表所作的展示。此外，「優秀」的商品展示總是比「差勁」的商品展示，獲得更高的評價；而這些商品展示，也會反過來影響受試者對業務代表的評價與看法（訊息會影響受播者對傳播來源的知覺）。

李維特同時發現，「公司」與「業務代表」之間有交互作用的效果存在，卽：來自信譽卓著之知名公司之業務代表所作的商品展示，卽使較不優秀，也比來自信譽較低之公司之業務代表所做的優秀展示，更獲受試者好評。這點說明了公司的卓越信譽與良好印象，會幫助消費者或客戶易於接受該公司之業務代表，甚至客戶明知該業務代表的表現較拙劣或較難令人信賴，也是如此。因此，公司規模較大或風評較好的業務人員，較易進行推銷工作（至少短時間內是如此），而名氣較弱或規模較小之公司，必須比知名公司更愼重甄選業務代表，並施予較完備的訓練，才能在市場上發揮競爭力量。

三、廣告媒體

雖然在一般人心目中，廣告媒體應該是傳播通路的一部份（本書中亦將媒體列於傳播通路一章中討論），但是我們必須承認，許多消費者有時會將媒體當作情報及訊息的來源。「讀者文摘」、「天下」、「卓越」等，在讀者心目中的可信度及威望性很高；「仕女」、「女性」、「家庭月刊」、「時報週刊」……等，均已臻於相當水準，而成爲消費

者的購物指南，這些都使廣告主樂於在其中刊登廣告。在美國，像「好管家」(Good Housekeeping)雜誌在消費者心目中，尤其具有權威性，該雜誌利用一種印信「Recommanded by Good Housekeeping」來認定某些消費商品，成為消費者購物上的重要參考，由於其客觀性頗受消費者信賴，許多廠商非常在乎這種認定，都設法去爭取。

福克斯 (Fuchs, 1964) 在一項探討雜誌聲譽對消費者在評價產品上所產生之效果的研究中發現，聲譽較高的雜誌可提高消費者對其中所刊載之產品廣告訊息的評價；而聲名低的雜誌對於消費者之對該雜誌所刊載之產品廣告訊息的評價，並無任何明顯效果（正面或反面的效果均無）。因此，福克斯認為，聲譽差之雜誌充其量只是無法讓消費者對其中的廣告商品產生態度改變而已。

福克斯所作的第二點結論，頗令人存疑。因為，就長期累積效果而言，聲譽差的媒體是否會影響消費者的評價，福克斯並未提出具體結論。不過，一般相信，長期在一些聲譽不佳、權威性又低的媒體中刊登廣告，會讓消費者對該廣告產品產生拙劣的印象。

專業性的印刷媒體，經常會提高在其中刊登之廣告的各種廣告訊息的說服效果。因為，讀者認為專業性雜誌比一般性雜誌，更像個專家、更具有權威性。因此，在「體育世界」中刊載運動器材的廣告，在「經濟日報」、「工商時報」上刊登商用電腦的廣告，或在「臺灣醫界」、「當代醫學」、「醫藥新聞」等雜誌上刊登醫藥用品的廣告……；非常對象階層精準集中，而且會讓受播者覺得對這些產品的專業性較具信賴，而較易產生正面效果。從某些角度看來，這種情形也算是一種「月暈效果」(halo effect)，也就是凡在權威性、專業性較高的媒體上刊登廣告，其說服效果將會較高。

四、廣告代言人(Spokesman)

廣告代言人就是出現在廣告中的人物，就電視 CF 而言，就是電視廣告演員或模特兒，有人亦將其稱爲「雇用推廣員」(hired promoter)。

廣告代言人經常被視爲廣告訊息來源。丁山、陳麗秋、李季準、許成……等知名廣播播音員，在某些聽眾心目中，確已建立了相當的信賴度與權威性，因此，對許多聽眾而言，這些播音員具有較高的說服力，較易讓聽眾接受彼等所推介的廣告商品。二次大戰期間，美國廣播界名人史密斯·凱特小姐（Kate Smith）透過廣播來推銷戰時公債，極爲成功，由於其眞誠、熱心的形象，使聽眾相信她所說的話；句句肺腑，坦誠無欺。

有些廠商曾在廣告中，採用不知名的人，身穿白色外衣，站在實驗室裏，向觀眾推介某種感冒藥或化工製品。而另一些廠商的做法，卻有所不同，他們設法尋求知名之權威機構組織的認可與推薦，例如，美國寶鹼公司在推廣「Crest」牙膏時，就曾獲得美國牙醫公會牙齒治療委員會的推薦，進而運用此公認團體的「權威」與「專家」來推廣該品牌。

另一類廣告代言人也經常爲廣告主所採用，就是所謂的「見證廣告」（testimonial），見證人有時是知名人士，有時則是默默無聞之輩。美國羅斯福總統夫人曾經替「好運牌」乳瑪琳作見證；長跑小將蒲仲強曾替彪馬運動服飾推廣；傅培梅爲澳洲牛肉協會推薦牛肉給消費者，……等等廣告，都是想藉這些「代言人」在其專業上的權威性，來提高說服效果。不過，偶爾難免會使某些消費者對於「代言人」的動機與立場，感到懷疑。爲了要克服這個問題，某些廣告主因此採用一般平凡的家庭主婦或消費者，來替商品作見證。有時，廣告主也用「代言人」與主婦

懇切交談的方式，來推薦商品。由於消費者認爲這些廣告較自然而未經掩飾，寄以較高的信賴感，因而較易接受訊息的說服。

五、其他傳播來源

零售店經常扮演產品訊息之傳播來源的角色，這種情形尤以西藥房更爲顯著，因爲有些藥品訊息不容易或政府不允許在大衆媒體廣告中，傳播給消費者，因此許多在廣告中未能詳盡說明或未能在廣告中說明的藥品特性、臨床報告、……等訊息，則有賴藥房老板的解說與推薦了。顧客對店員的知覺與印象，也會影響到行銷傳播訊息的可信度及其說服效果（Boyd & Levy, 1967）。

六、行銷傳播來源的整體效果

前面所提到的行銷傳播來源，都是探討個別效果。事實上，這些行銷傳播來源在影響消費者對產品訊息之評價時，並非個別發揮作用，而是整體產生效果的。例如，某一消費者在「體育世界」雜誌裏，看到一則由洪濬哲所推介之某一名牌運動鞋的廣告。在這個個例裏，就有三種行銷傳播來源──雜誌、公司、籃球名將，三者之間相互輝映，對讀者產生整體效果。

多數情況下，行銷傳播來源大都不會單獨存在，而是幾種傳播來源交互作用，同時對消費者產生影響。行銷工作人員必須事先檢視，在發揮整體效果時，足以抵銷或削弱其它傳播來源之作用力的傳播來源，以避免整體效果的薄弱。就短期效益而言，一個知名而信譽卓越的企業，或許可以彌補拙劣的業務人員之能力不足。但是就長期營運而言，則必須人力改進該拙劣業務人員之銷售技巧，提高其服務品質，否則勢必使公司信譽受到極大的考驗。同樣地，零售點也必須謹愼選擇，才能維繫

企業的良好聲譽地位。

《本章重要概念與名詞》

1. 來源可信度 (source credibility)
2. 無心對話 (overheard conversation)
3. 拉瑞克分類法 (Rarick classification)
4. 貝勒——李莫特——莫奇分類法 (Berlo-Lemert-Mertz classification)
5. 睡眠者效果 (sleeper effect)
6. 克爾曼分類法 (Kelman classification)
7. 發言人 (Spokesman)

《問題與討論》

1. 試列舉一些足以影響可信度之公司傳播組合中的重要因素。依你之見，這些要素是否會因產品型態互異而有不同的重要性？如果是，其不同點為何？
2. 試列舉一些有助於加強業務代表之說服力的銷售「原則」。
3. 公司按照業務人員與客戶間的「類似」性來分配客戶，是否為一有效戰略？如果是，那麼有那些層面的「類似」性，可以用來作為分配依據？
4. 試針對「睡眠者效果」加以討論。這種概念在廣告上的運用為何？在銷售代表方面的運用又如何？
5. 試述廣告者或銷售人員如何運用「第一印象」的概念，與客戶取得協調，以便於銷售訊息的傳達？
6. 克爾曼的來源屬性分類法，如何運用在行銷傳播，以說服消費者接受公司產品？試舉例加以說明。

《本章重要參考文獻》

1. E. Aronson and B. Golden, "The Effect of Relevant and

Irrelevant Aspects of Communicator Credibility on Opinion Change," *Journal of Personality*, Vol. 30, pp. 135-146, 1962.

2. Peter Bennett and Harold Kassarjian, *Consumer Behavior* (Englewood Cliffs, N. J.: Prentice-Hall, Inc., 1972), p. 89.

3. D. K. Berlo, *The Process of Communication* (San Franscisco: Holt, Rinehart and Winston, Inc., 1960).

4. D. K. Berlo, J. B. Lemert, and R. J. Mertz, "Dimensions for Evaluating the Acceptability of Message Sources," *Research Monograph*, Department of Communication, Michigan State University, 1966.

5. Erwin P. Bettinghaus, *Persuasive Communication*, 2d ed. (New York: Holt Rinehart and Winston, Inc., 1973).

6. Harper W. Boyd and Sidney Levy, *Promotion* : *A Behavioral View* (Englewood Cliffs, N. J.: Prentice-Hall, Inc., 1967).

7. James Coleman, Elihu Katz, and Herbert Menzel, *Doctors and New Drugs*(Glencoe, Ill.: The Free Press of Glencoe, Inc.), in Joseph T. Klapper, *The Effects of Mass Communications* (Glencoe, Ill.: The Free Press of Glencoe, Inc., 1960).

8. James F. Engel, Hugh G. Wales, and Martin R. Warshaw, *Promotional Strategy* (Homewood, Ill.: Richard D. Irwin, Inc., 1971).

9. T. N. Ewing, "A Study of Certain Factors Involved in Changes of Opinion," *Journal of Social Psychology*, Vol. 16, pp. 63-88, 1942.

10. Jonathan L. Freedman, J. Merrill Carlsmith, and David O. Sears, *Social Psychology* (Englewood Cliffs, N. J.: Prentice-Hall, Inc., 1970).

11. F. Freeman et al., "News Communicator Effects: A Study in Knowledge and Opinion Change," *Public Opinion Quarterly*, Vol. 19, pp. 209-215, 1955.

12. Paul Friggens, "Pyramid Selling-No.1 Consumer Fraud," *Reader's Digest*, March 1974, pp. 79-83.

13. Douglas A. Fuchs, "Two Source Effects in Magazine Advertising," *Journal of Marketing Research*, Vol. 1, pp. 59-62, August, 1964.

14. F. Heider, *The Psychology of Interpersonal Relations*, (New York: Wiley, 1958).

15. Carl Hovland, Irvin Janis, and Harold Kelley, *Communication and Persuasion* (New Haven: Yale University Press, 1953).

16. Carl Hovland, Arthur A. Lumsdaine, and Fred D. Sheffield, *Experiments on Mass Communication* (Princeton, N.J.: Princeton University Press, 1949).

17. Carl Hovland and Walter Weiss, "The Influence of Source Credibility on Communication Effectiveness," *Public Opinion Quarterly*, Vol. 15, pp. 635-650, 1951-1952.

18. John A. Howard and Jagdish Sheth, *The Theory of Buyer Behavior* (New York: John Wiley & Sons, Inc., 1969).

19. M. Karlins and H.I. Abelson, *Persuasion*, 2d ed. (New York: Springer Publishing Co., Inc., 1970).

20. H.H. Kelley and J.W. Thibault, "Experimental Studies of Group Problem Solving and Process," *Handbook of Social Psychology* (Cambridge, Mass.: Addison-Wesley Press Inc., 1954), Vol. 2, pp. 735-785.

21. H.H. Kelley and E.H. Volkart, "The Resistance to Change of

Group-Anchored Attitudes," *The American Sociological Review*, Vol. 17, pp. 453-465, 1952.

22. Herbert C. Kelman, "Processes of Opinion Change," *Public Opinion Quarterly*, Vol. 25, pp. 57-78, 1969.

23. Herbert Kelman and Carl Hovland, "Reinstatement of the Communicator in Delayed Measurement of Opinion Change," *Journal of Abnormal and Social Psychology*, Vol. 48, pp. 327-335, 1953.

24. Theodore Levitt, "Communications and Industrial Selling," *Journal of Marketing*, Vol. 31, pp. 15-21, April 1967.

25. E. McGinnies, "Studies in Persuasion: V. Perceptions of a Speaker as Related to Communication Content," *Journal of Social Psychology*, Vol. 75, pp. 21-33, 1968.

26. R. K. Merton, "Patterns of Influence: A Study of Interpersonal Influence and of Communications Behavior in a Local Community," in P. F. Lazarsfeld and F. N. Stanton (eds.), *Communications Research* (New York: Harper & Brothers, 1949), pp. 180-219.

27. J. Mills and J. Jellison, "Effect on Opinion Change of Similarity Between the Communicator and the Audience He Addressed," *Journal of Personality and Social Psychology*, Vol. 9, pp. 153-156, 1969.

28. Charles E. Osgood and Percy H. Tannenbaum, "The Principle of Congruity in the Prediction of Attitude," *Psychological Review*, Vol. 62, pp. 42-55, 1955.

29. Galen R. Rarick, "Effects of Two Components of Communicator Prestige," *unpublished doctoral dissertation*, Stanford Unive-

rsity, 1963.

30. F. A. Stewart, "A Sociometric Study of Influence in Southtown," *Sociometry*, Vol. 10, pp. 11-31, 1947.

31. P. Tannenbaum, "Initial Attitude toward Source and Concept as Factors in Attitude Change through Communication," *Public Opinion Quarterly*, Vol. 20, pp. 413-426, 1956.

32. E. Walster, E. Aronson, and D. Abrahams, "On Increasing the Persuasiveness of a Low Prestige Communicator," *Journal of Experimental Social Psychology*, Vol. 2, pp. 325-342, 1966.

33. E. Walster and L. Festinger, "The Effectiveness of Overheard Persuasiveness Communication," *Journal of Abnormal and Social Psychology*, Vol. 65, pp. 392-402, 1962.

34. W. Weiss, "Opinion Consequence with a Negative Source on One Issue as a Factor Influencing Agreement on Another Issue," *Journal of Abnormal and Social Psychology*, Vol. 54, pp. 180-186, 1957.

第六章　傳播訊息

在第三章裡，我們曾談到訊息因素可能有助於吸引注意、影響知覺和加強學習。在這一章裡，我們將進一步就訊息因素對態度改變的影響加以探討。這些訊息因素，可以分爲三大類：（一）與訊息結構有關者；（二）與訊息訴求有關者；（三）與訊息符碼有關者。這三類訊息因素的綜合作用，決定了訊息對受播者所產生的效果。

壹、訊息結構

訊息結構是指訊息要素的組織，其中有三種結構最爲人們廣泛地研究，卽：訊息的「面」（sidedness）、呈現的順序、結論提出的方式。

一、訊息的「面」（sidedness）

就傳播訊息而言，究竟提出正反兩面的說服效果較大或是只提出一面的說服效果較大。這個問題一直是許多調查研究所探討的主題，而且

研究的結果也頗分歧不一致。研究結果顯示，這兩種訊息提出方式的說服效果孰高孰低，要視當時的狀況而定。這些狀況包括：**(1)** 受播者的原有意見；**(2)** 接觸相對論點的先後順序；以及 **(3)** 受播者的教育程度。

在進一步討論這些狀況之前，讓我們先對「片面訊息」(one-sided message) 與「兩面訊息」(two-sided message) 的意義加以界定。所謂「片面訊息」是指在訊息的論點中，只提到單方面的意見，整個訊息的論點完全傾向傳播者的立場，至於傳播者的弱點或與傳播者立場對立之意見的有力點，則隻字未提。而「兩面傳播」則有異於前者之一面倒現象，是指傳播者在訊息中除了提出其所主張的立場之外，同時承認其所持意見的某些缺點以及其相對意見的優點。然而，卽使在「兩面訊息」中都提出了正反兩面的意見，但是傳播者的立場，總會顯得較爲堅定強硬。

茲就前述三種影響「片面」或「兩面」訊息效果的狀況，分別加以探討。

（一）受播者的原有意見：

假如受播者業已贊成傳播者所持之意見時，傳播者必須運用「片面論點」；反之，假如受播者之原有意見，與傳播者所持之意見相悖逆時，則傳播者採用「兩面論點」將更具說服效果。

在向業已贊同你的意見的受播者進行傳播時，採用「片面論點」可以增強其原有信念。人們總是在找尋任何可以支持或增強其意見或信念的事物，「兩面訊息」則容易在其心目中形成某些猜忌。

對於預先就不同意您意見的受播者而言，專家們發現：如果能運用「兩面訊息」的傳播方式，則會比運用「片面論點」方式更有效地改變

態度。對具有「敵意」的受播者提出「兩面論點」，會顯出傳播者的客觀、公正與誠實。如此一來可以讓受播者鬆弛戒備，使傳播者的意見得以通過其知覺篩濾機，轉而爲其接受。「片面論點」只會徒增受播者的反感與拒絕。因爲這種訊息與受播者所相信的意見相對立。

上述這些假說，都有充分的研究證據來支持。這一方面最早期的研究，應該算是賀夫蘭、倫斯丹及雪菲德 (Hovland, Lumsdaine and Sheffield, 1949) 等人所進行的研究。他們在研究中分別向三組士兵詢問對於擊敗德軍後抗日戰爭將持續多久的看法。在測定士兵們最初的看法之後，第一組受試者所接受的訊息是「片面論點」，說明抗日之戰將持續很久，文中只強調日軍強大的事實；第二組受試者所接受的是「兩面論點」，內容雖然也支持與前面相同的看法，但是也指出日軍的某些弱點；第三組受試者爲控制組，不接受任何訊息。研究結果也支持與上述略同的假說：

1. 對於業已相信抗日戰爭會持續很久的士兵而言，「片面論點」要比「兩面論點」更具影響力。

2. 對於相信對日之戰將不會太長的士兵而言，「兩面論點」則比「片面論點」更具影響效果。

馬基尼 (McGinnies, 1966) 在另一項研究，更進一步支持上述的假說。馬基尼在研究中先用問卷填寫方式向日本學生詢問有關下列事件的看法： **1.** 美國對古巴飛彈危機所採取的行動；以及 **2.** 美國潛艇訪問日本海港。一星期之後，研究者分別向受試者提出下列四篇演講中之一篇：(1)支持美國對古巴飛彈危機之立場的片面論點；(2)支持同一立場的兩面論點；(3)支持美國潛艇訪日的片面論點；(4)支持同一看法的兩面論點。

研究的結果與先前研究所發現的結果類似，亦卽：對於業已同意演

講者立場的學生而言，片面論點較具影響力；對於先前不同意演講者立場的學生而言，兩面論點似乎比較有效。

（二）受播者事後接受相對論點的可能性：

假如傳播者知道（或預知）受播者事後可能會接受對立論點時，應該提出兩面論點。

傳播者在向受播者提示兩面論點時，事實上已經在使受播者對於對立論點產生「免疫」的作用。如此一來，受播者卽使於事後接受到對立論點，由於他事前已經聽過這些論點，因此會對其效果產生折扣。

倫斯丹與詹尼斯 (Lumsdaine and Janis, 1953)所作的一項研究，支持了這種說法。這兩名學者將一羣大學生分成兩組，分別就蘇俄不太可能在幾年之內大量生產原子彈（本研究完成於1953年）的論點，向他們提出「片面」及「兩面」訊息。這兩種方式的說法，都使受試者按照傳播者的立場產生相當程度的意見改變（卽認為蘇俄短期內不會大量生產原子彈）。一星期之後，接受過「片面論點」的一半學生以及另一半接受過「兩面論點」的學生，都讓他們再接受一項對立論點的訊息（卽蘇俄會大量生產原子彈）。研究結果發現，先前接受「片面論點」的那一組學生，事後接觸對立論點後，其意見明顯地隨著對立論點產生改變（卽相信蘇俄會製造大量原子彈）；而另一組於事前接受過「兩面論點」的學生，在接觸對立論點後，其意見並未產生顯著的改變。

因此，讓受播者事先知道相對立的論點，似乎可以使受播者產生「免疫力」，事後再接觸對立論點時，較不易受到感染影響。

（三）受播者的教育程度：

「兩面論點」對於教育程度較高的受播者，較具態度／意見改變效果；而「片面論點」則對教育程度較低者，較具效果。

　　賀夫蘭、倫斯丹與雪菲德（Hovland, Lumsdaine & Sheffield, 1949）等人的實驗研究發現，傳播論點的「面」之呈現方式，會因受播者教育程度之不同，而產生不同的說服效果。三位研究者按教育程度將受試者分爲高中以上及高中以下兩組，研究結果發現：「兩面論點」對於高中以上教育程度之受試者較具說服效果；對高中以下教育程度的受試者而言，則採「片面論點」，較具說服效果。這種現象的可能解釋是：教育程度較高的人，較具獨立判斷能力，無論如何總是會去蒐尋某一論點的正反兩面說法，傳播者在事前如果能承認自己說法的某些弱點，或是肯定對立（競爭）說法的某些優點，必定能讓自己建立相當的客觀性與信賴感。如果傳播者不能適切地提到對立論點的一些優點時，對於教育較高的受播者而言，會去認定那些對立論點，而降低傳播者之訴求論點的效果。對於教育程度較低的受播者而言，則較傾向於接受他們所聽來的而不願看到其它對立論點，兩面論點容易使他們困惑，而分不清何者才是傳播者所眞正要他們去相信的。因此，對教育程度較低的人而言，應該運用片面論點的呈現方式。

　　上述這三種情況都是就一般傳播過程所作的研究，而有關訊息論點之"面"的心理實驗結果，是否就可以直接運用在行銷傳播之上？針對這個問題，懷遜（Faison, 1961）曾經就近五百名高中生，職校生以及大學生進行一項研究。懷遜讓其中半數的學生收聽汽車、瓦斯爐、地板蠟之「片面」論點的廣播廣告，這些廣告都是一些「陳腔老調」，只是一昧地強調產品的特徵。而另一半受試者所聽到的則是比較屬於「兩面論點」的同樣產品廣告，除了正面敍述產品的特徵之外，也指出某些弱點。

　　懷遜的實驗研究獲致了下列的結論：

　　1. 大致說來，「兩面」廣告訊息就三類產品而言，都顯著地比「片面」廣告訊息更爲有效。

2. 「兩面」廣告對教育程度較高的受試者較爲有效；而「片面」廣告則對教育程度較低的受試者較爲有效。

3. 對於使用競爭品牌的受試者而言，「兩面」傳播較爲有效；對於使用廣告中之產品品牌的受試者而言，則以「片面」廣告較爲有效。（這裡所說的受試者使用之品牌，與前面所說「受播者之先前意見」的意義是相近的）。

4. 廣告對受試者之意見改變效果似乎與所廣告商品類型有關。懷遜的研究結果顯示，低價位產品（地板蠟）的廣告比高價位產品（汽車）的廣告，更能造成態度改變效果。這項研究發現並不意外，因爲消費者在購買像汽車等這類高價位商品時，所知覺的風險（perceived risk）要比他在購買像地板蠟這類低價位商品時要來得高；而且在購買高價位商品時，也花費較多的時間、精神與金錢。因此，對於如此高價位的商品，消費者較會執著其既定的意見，而不再受外來訊息的影響。

5. 在第一次接觸過廣告訊息的四至六星期之後，懷遜再度測定受試者對三種品牌的態度。結果發現：「片面」論點方式或是「兩面」論點方式，事後均未產生效果減弱的現象。而先前接受「兩面」論點之廣告的受播者，對於廣告品牌的正向態度，卻於事後增強了。

6. 受播者對產品的了解程度愈深，則愈不易受「片面」或「兩面」論點之廣告的影響。

根據上述這些關於「片面」訊息及「兩面」訊息之優點與缺點的研究結果，我們可以再進一步加以推論。例如，當我們將消費者區隔爲品牌忠誠者及非忠誠者兩類時，就可在訊息策略上，運用「片面」廣告來向品牌忠誠者傳播；而運用「兩面」廣告來向非品牌忠誠者傳播。然而，要兼顧每一種區隔而順利地傳播訊息給不同類型的消費者，可能會產生問題，尤其是運用大眾媒體進行廣告時。不過，許多公司在訓練業務

代表時，往往會針對不同消費者設計不同的銷售訊息及推銷話術，或印製不同的廣告 DM、DH，來克服這種問題。

　　一個公司在引進新品牌時，如果能適當運用「兩面」廣告而不是單純運用「片面」廣告的話，倒也不失為一明智之舉。因為，當一個新品牌上市之後，遲早會遭受市面上既有品牌之對抗廣告的回擊。如果能在事先防範，採取「兩面」式廣告活動──除強調新品牌之優點外，也將新品牌的某些短處、弱點加以適當提示的話，勢必會使消費者對競爭品牌的「對抗廣告」產生「免疫」，而不受其影響左右。同樣地，也有許多產品由於在廣告中巧妙地運用 「兩面」 訴求方式， 而獲得相當的成

廣告 6-1 (a)

廣告 6-1 (b)

功。例如，廣告史上有名的「福斯金龜車」的系列廣告（廣告 6-1），
一直在其廣告中說明其外型「奇貌不揚」，而使消費者不會刻意在其外
型、線條及流行上去挑剔金龜車，轉而在性能上去感受其卓越性；「它
能襯托出府上的大宅第」（廣告6-2），讓消費者覺得外型雖不趕時髦，
性能卻在求進步。又如，「李斯得靈」漱口水曾在其廣告中指出該藥水
具有「令人一天恨兩次的味道」，該廣告強調李斯得靈漱口水雖然味道
欠佳，但是殺菌力特強。

業務代表也可以運用「兩面」訊息策略來造成「免疫」效果，例如
他可以在推銷過程中，坦承商品的一些微小缺點，而使潛在顧客在心目
中對競爭商品的銷售宣傳內容產生抗體。

Think small.

Our little car isn't so much of a novelty any more.

A couple of dozen college kids don't try to squeeze inside it.

The guy at the gas station doesn't ask where the gas goes.

Nobody even stares at our shape.

In fact, some people who drive our little flivver don't even think 32 miles to the gallon is going any great guns.

Or using five pints of oil instead of five quarts.

Or never needing anti-freeze.

Or racking up 40,000 miles on a set of tires.

That's because once you get used to some of our economies, you don't even think about them any more.

Except when you squeeze into a small parking spot. Or renew your small insurance. Or pay a small repair bill. Or trade in your old VW for a new one.

Think it over.

廣告 G-2

在決定行銷傳播訊息的「面」時，也要考慮到消費者的教育程度，例如向工程師們推銷儀器的業務代表，或許運用「兩面訴求」較爲有利；而向一對新婚夫婦推銷百科全書時，則或許運用「片面訴求」較易成功。

大致說來，廣告代理商以及廣告客戶，都不願意輕易嘗試運用「兩面」廣告，尤其是客戶更不可能會接受這樣的建議。因爲，他們在先天上或潛意識裡，就害怕承認自己的弱點或競爭對手的優點，而「損自己之志，壯他人之威」。像上述福斯汽車及李斯得靈的個案，的確是少之又少，而且需要很大的勇氣與魄力。

二、訊息呈現順序

在探討過訊息的「片面」方式及「兩面」方式之間的相關效果之後，以下幾個相關的問題也頗需吾人去深入了解：

1. 在呈現「片面訊息」時，傳播者訊息中之最重要部份，應該於何時呈現？最初？中間？抑或尾端？

2. 在呈現「兩面訊息」時，傳播者應該依「正→反」順序？抑或「反→正」順序？

3. 當兩個互相對立的訊息，向同一受播者呈現時，一前一後。究竟先前的傳播者較有利？抑或第二個傳播者較爲有利？

(一) 漸層法與漸降法 (Climax vs Anticlimax)

在說明前面第一個問題之前，有幾個特別的專用語必須先加以說明：

1. 漸層法 (climax) ——如果傳播者在呈現訊息時，將最重要的論點置於訊息之最後尾端，這種「倒吃甘蔗」式的順序排列法，就稱爲「漸層法」。

2. 漸降法 (anticlimax) ——如果傳播者將最重要的論點放置於訊

息之最前端，在一開始呈現訊息時就提出，這種「開門見山」式的順序排列法，就稱爲「漸降法」。

3. 金字塔法 (pyramidal order)——如果傳播者將最重要的論點放置於訊息中間呈現，而讓前、後兩端處於平舖直敍狀，這種順序排列方式恰似「金字塔」，故稱之 (Bettinghaus, 1973)。

上述這三種訊息呈現順序方式，很難遽斷孰優孰劣，不同的情況下，應該運用何種不同的順序方式。有關這方面的研究，可大致歸納出下列三點結論：

1. 如果受播者對所呈現之訊息的興趣度不高時，在呈現順序上，以「開門見山」式的「漸降法」最爲有效。

2. 如果受播者對所呈現之訊息內容，有高度興趣時，在呈現順序上，則以「倒吃甘蔗」式的「降層法」最爲有效。

3. 在訊息呈現順序的效果上，以「金字塔」式的效果最差。

前兩點結論是關於受播者興趣高低與呈現順序之間的關係。受播者興趣不高的話，必須開門見山地在傳播開始進行時，就立刻先呈現較強烈、較有趣的內容，才能吸引受播者的注意，因此以「漸降法」的呈現方式最爲有效。而受播者對傳播訊息內容的興趣相當濃厚時，就不必太擔心如何去吸引消費者注意這件事，因此可以用「漸層法」，使受播者有如倒啃甘蔗，漸入佳境。「好酒沈甕底」的心理期待，更使受播者專心傾聽，而提高傳播效果 (Hovland, Janis and Kelley, 1953)。

站在行銷傳播的立場，對於消費者不太感興趣的產品和媒體而言，傳播的重點必須置於最前端。就以報紙或雜誌上所刊登的廣告爲例，人們很少全文看完，通常只是看看標題或主要視覺化表現。因此，在印刷媒體廣告製作上，標題與副標題佔了相當重要的地位，成功的平面廣告作品實有賴於好的標題來吸引讀者的注意與興趣。

　　在任何情況之下，千萬不要將重要的訊息置於中間位置（如金字塔），否則所能吸引的注意效果最差、學習效果及說服效果也是最差。

（二）前置效果與後置效果（Recency and Primacy Effect）

　　在提示「兩面訊息」時，「正面論點」究竟應該置於訊息的前端或後端呢？當兩個對立訊息依次呈現時，究竟在前的訊息較有利，還是在後的訊息較有利呢？這也就是「前置效果」（primacy）與「後置效果」（recency）。

　　「前置效果」的理論指出，置於訊息之最前端的內容會產生最好的效果；主張「後置效果」的人則認為，置於訊息最末端呈現的內容，會產生較好的效果。

　　最早針對「前置──後置」之效果進行研究，試圖去回答上述這些問題者是社會心理學家龍德（Lund, 1925）。他在一項實驗研究中，龍德分別以前後不同順序，將「正」、「反」兩種訊息向大學生提出。其中一半所接受的訊息呈現順序是「正→反」，而另一半學生所接受的訊息呈現順序則是「反→正」。在接受訊息的前兩天，先測定學生們對訊息內容所持之態度；接觸過訊息之隨後，再度測定學生對訊息內容的態度。研究結果發現，置於最前端的訊息，不論其為正面抑或反面論點，總是比置於最後端的訊息要來得有利。龍德就根據其實驗研究結果的證據，提出了「說服的前置定律」（law of primacy in persuasion）。

　　「龍德定律」（Lund's Law）一直經過二十五年之後，才有人提出與之對立的研究發現（Rosnow and Robinson, 1950）。從此，許多學者逐漸將注意力集中在「前置好抑或後置好」（Primacy V. S. recency）的對立爭議上，而不斷地獲得許多研究結果。羅斯諾和羅賓遜（Rosnow and Robinson, 1950）兩人，曾就「前置法」與「後置法」在各種不同情況下的優劣加以比較分析，並將各家學者的發現作了以下的結論：

　　近年來，「前置」與「後置」的問題，逐漸成為大家注目的焦點。姑且不將「前置」或「後置」在說服上的作用效果稱為「定律」，只要我們將其它各項變數同時加以考慮的話，就可以發現其中某些變數會產生「前置」效果（稱為『前置變數』）；而另一些變數則會產生「後置」效果（稱為『後置變數』）；而另一些變數則可能會產生兩種效果，要視其在兩面傳播中之運用及當時位置而定（稱為『自由變數』）。對於不顯著一面倒的、僵持不下的主題、有趣的事物，以及非常熟稔的話題，通常會有「前置」效果產生。反之，對於顯然一面倒的主題、興趣度較低的事物，以及較不熟悉的話題，則易產生「後置」效果。

　　上面這段結語說明了，訊息呈現的各種情境會影響到順序效果，有些情況之下，置於前端的訊息較有利，而另一些情況下，則是置於後端的訊息較有利。

（三）其他訊息順序之因素

　　除了上述各節所提到者之外，還有許多其它順序因素會影響到訊息在態度改變的效果。茲綜述如后：

1. 訊息的順序排列，如果能先喚起需求，然後再接著提供能滿足這些需求的相關情報時，則較相反方向的排列更能有效地讓人接受該訊息 (Cohen, 1957)。

2. 就改變意見的效果而言，訊息的順序排列如將受播者最感需要的內容置於前端，其次再銜接較不需要的內容時，則較相反方向的順序排列更為有效 (McGuire, 1957)。

3. 就高可信度的傳播者而言，如果將「支持性」之正向論點置於前

端，其次再銜接「對立性」之負向論點時，其說服效果要比相反順序的排列來得更佳 (Janis and Feierabend, 1957)。

長久以來，廣告從業人員已經深知在廣告的開端就喚消費者需求，然後再說明其商品能充分滿足該需求的重要性。例如：「油污、頑垢多煩惱，試試××強力洗潔精」、「您有 30 公分的人際關係障礙嗎？ 口臭，請用××漱口水」……; 這類型的廣告訴求屢見不鮮，它們都有一個共同之處，那就是先引發消費者一個問題（或喚起一個需求），然後再建議使用其商品才是問題解決之道。這種順序排列方式也常用於其它行銷傳播。

三、訊息結論之提出

另一項關於訊息之有效結構安排的問題為，訊息中有無必要向受播者明白提出結論。同樣地，這個問題的答案也不只單純一種，通常是因不同的狀況而可能會有不同的答案。早期的實驗研究結果，大致可以得到下列的結論:

（一）大致說來,傳播者如果能向受播者提出結論的話,其傳播訊息的說服效果則會較高(Hovland, Janis and Kelley, 1953; Hovland and Mandell, 1952)。

（二）就達到意見改變的傳播目的而言，對教育程度較低的受播者傳播訊息時，提出結論會得到較高的效果；對教育程度較高的受播者傳播訊息時，則提出結論與不提結論在改變意見的效果上，並無顯著差異 (Thistlethwaite, Haan and Kamenetzky, 1955)。

（三）如果受播者察覺出傳播者在陳述其結論時，懷有左右受播者或從

受播者獲取某些好處之意圖時；或受播者認為傳播者代為下結論對其智慧會造成「侮辱」時，則傳播者不向受播者提出結論，會更有效地達到訊息的態度改變效果。

(四) 如果傳播者所傳播的訊息內容是非常個人化或自我相關 （ego-involving） 時，讓受播者自行下結論， 可能效果較好； 就非個人化話題而言，則由傳播者提出結論通常效果較好 （Hovland, Janis and Kelley, 1953）。

(五) 就高度複雜的訊息內容而言，傳播者向受播者提出結論的效果較好；就簡單的訊息內容而言，則無顯著差異 （Hovland, Janis and Kelley, 1953）。

　　上述這些結論都未免稍嫌過簡，尤其其中有些說法彼此之間都有相互矛盾的地方。以第一個結論中所陳述的推論而言，如果傳播者事先不能確定受播者之特性時，則傳播者是否提出結論的原則為： 對教育程度較低的受播者進行傳播必須提出結論；而對教育程度較高的受播者而言，是否向彼提出結論， 在改變意見的效果上， 則無顯著差異。因此， 為求萬全起見，通常就提出結論了。

　　至於第二個推論述句中所言，教育程度較低的受播者需要傳播者向他們提出結論，因為他們較不易自行對傳播內容歸納出結論，較會對傳播訊息的意圖加以臆度， 甚或加以曲解或作不正確的推斷。 在另一方面，教育程度較高的受播者，心智能力發展較健全，較能正確地就訊息內容提出結論，因此傳播者是否就訊息內容提出結論，則在效果上略有不同。

　　在第三個推論述句中，則綜合了兩種觀念： 第一種觀念是指當受播者察覺傳播者在提出結論之際具有某些種意圖時，則其意見完全不會隨

傳播者之意向而改變。在另一方面，傳播者不提結論，而由受播者自行下結論時，則感覺上較無操縱左右受播者意見之企圖，同時也似乎較具可信度（Freedman, Carlsmith and Sears, 1970）。如果傳播者陳述結論時，可能會對受播者的智力構成侮辱時，顯然由受播者自行去作結論，效果較好。當受播者的智力、教育程度較高，或傳播的主題及論點較簡單時，對受播者智力構成侮辱的可能性及風險也就愈高。

第四個推論述句是關於傳播者所傳播的訊息內容類別的推論。由於受播者對自我關聯性較高或較個人化的訊息內容較為關心，且會較仔細審視，因此受播者較希望由他們自行對該話題進行研判分析及提出結論，而較不喜歡受人左右而去接受傳播者的意見。而對於非個人化與自我關聯性較低的主題，由於受播者涉入不深且與其個人無關，因此，較易接受傳播者所提出的結論（Hovland, Janis & Kelley, 1953）。

最後一個推論述句也是與話題之複雜性有關的話題。受播者對於較複雜的話題，可能較需要傳播者的「協助」，來了解訊息內容的涵意或寓意。智力及教育程度較低的受播者，尤其需要傳播者來替他們就複雜話題提出結論。當然，智力及教育程度較高的受播者有時也需要傳播者提出結論，例如，當訊息中所討論之主題的複雜性超出其知識領域或智商水平時，受播者就需要傳播者來為他們提出結論。化學工程師雖然被公認是智力高、教育程度高，但是當電腦專家向他說明某一特殊電腦系統及其它週邊系統的卓越機械性能時，很可能還是向他提出結論建議較有利。

綜合上述，行銷人員在運用這些研究發現結果時，必須非常謹慎，以免造成反效果。在行銷傳播運用上，即使通常還是以「提出結論」的效果較好，但是羅伯遜（Robertson, 1971）卻提出不同的看法：

　　向消費者提出明確的結論，可能會對產品的市場及使用範圍加以不必要的限制。　事實上，　這個問題可以擴伸到新產品推廣宜採用『具體明確』定位或『彈性靈活』定位的問題。　例如鐵福龍（Teflon 即不沾鍋之材料）在引進階段所採取的新上市廣告活動，一成不變地集中火力強調『具體明確』的訴求，即『無脂肪烹調將有利於食物營養的均衡攝取』。這種訴求並未受到特別歡迎，而鐵福龍也一直到其廣告訴求改為強調『容易清洗不沾鍋』之後，才算真正地成功。又如福特火鳥(Mustang)轎跑車，從外觀看來都被人視為是年輕人的車子，大可就此角度去界定其消費羣。然而，福特火鳥汽車在其廣告中並未就其使用場合、時機及其潛在使用者，作任何結論與界定。在火鳥早期初上市時，福特的管理階層曾經考慮將火鳥與柯威爾（Corvair）相比較，而強調其卓越性能。幸虧大部分消費者並未將「火鳥」與「柯威爾」歸類為同一範疇，否則將是一項錯誤 (Robertson, 1970)。

　　有些專家認為，在廣告中不明確提出結論，可以讓消費者按照對他最有意義的方式去解釋廣告訊息及商品利益，而讓市場自行界定其範疇。然而，這種作法有時卻是非常冒險的，例如消費者所認定的產品利益，要是產品無法達到的話，將會讓消費者感到非常不滿意而導致負面效果。

　　如果行銷傳播訊息或產品本身的機件性能很複雜時，向消費者提出結論，或許較為適當。因為在這種情形之下，吾人所作的結論定可幫助消費者了解產品或勞務所具的特性及機能 (Howard and Sheth, 1969)。同樣地，在行銷傳播訊息中向消費者明示結論，有時也可能會導致相反的效果，例如，當消費者對產品特性、功能知悉甚詳而瞭若指掌時，或是當行銷傳播訊息並不複雜時，就無需刻意去提示結論了。

貳、訊息訴求

在探討過訊息結構之後，我們將探討第二類訊息因素，也就是訊息內容與訴求的問題。 訊息訴求是指在訊息中所應說的內容。 更具體地說，訊息訴求關係到傳播者對訊息內容所能引起之良好反應的要求，也就是訊息為了要達到效果所應表達的方向及方式。以下將要介紹一些可能被用來吸引受播者，並促使其接受訊息的訴求方式。

一、恐懼（威脅）訴求

以恐懼或威脅訴求為題的研究、 調查不勝枚舉， 在行為科學的研究文獻中， 至少有一百篇以上是探討這個問題的。 最早進行恐懼訴求在說服傳播中之運用的研究， 要算費須貝克等（Feshbach and Janis, 1950）在一九五〇年代初期所作的研究。他們在一項實驗研究中，以一羣高中新生為實驗對象，將他們分成四組，讓他們分別接觸各種不同恐懼程度的訊息，訊息主題都是與牙齒衛生保健有關，告訴學生們若不刷牙則牙齒會變壞，以及口腔牙齒的衛生保健欠佳將造成的不良結果。第一組學生所接受的訊息是屬於「強烈恐懼訴求」，第二組學生所接受的訊息是「中度恐懼訴求」，而第三組學生所接受的訊息則是「輕度恐懼訴求」，最後一組則係控制組。

在「強烈恐懼訴求」的訊息中，研究者列舉七十一項由於牙齒衛生保健不當所造成的不良後果，其中最強烈的恐懼訴求項目，甚至還包括可能會導致癌症、眼盲， 以及各種口腔病毒感染等。 在「中度恐懼訴求」的訊息中，研究者列舉四十九項牙齒保健不當的不良後果，而「輕度恐懼訴求」的訊息中，則只列舉了十八項不良後果。最輕微的恐懼訴

求中所提及的只是一些較輕微的結果，例如「輕微的蛀牙」之類的描述。在強烈恐懼及中度恐懼訴求中，除了語文說明材料之外，更配合了一些極爲生動的幻燈片來說明蛀壞的牙齒以及口腔感染。

研究的結果發現，輕微恐懼訴求的說服效果大於強烈恐懼訴求的說服效果。接受輕微恐懼訴求方式之訊息的學生，對於牙齒衛生保健的態度改變最大；接受中度與強烈恐懼訴求的學生，則不太接受傳播者所建議的牙齒保健方法。過強的恐懼訴求只是造成受播者的「規避」(avoidance)反應，而降低了說服的功能，因爲受播者在接受強烈恐懼訴求之後，會產生高度焦慮不安，因而只注意到本身的焦慮情況，忽略了傳播訊息內容。

這項研究結論發表之後，近十年之間一直未有其它的研究結論與之抗立，一直到一九六〇年代初期才有不同的結論出現 (Berkowitz and Cottingham, 1960; De Wolf and Governale, 1964; Leventhal, Singer and Jones, 1965)。

卡林斯與艾貝遜 (Karlins and Abelson, 1970) 兩人從許多關於恐懼訴求的研究中，整理出下述的結論，並指出強烈及輕微恐懼訴求的效果最好的情況：

「強烈恐懼訴求在下列情形之下，其改變他人行爲的效果要比輕比輕微恐懼訴求好：

(1) 該恐懼訴求威脅到受播者所喜愛的事物時。

(2) 由可信度較高的來源提出該恐懼訴求時。

(3) 該恐懼訴求的主題是受播者所不熟悉的事物時。

(4) 該恐懼訴求的重點是針對受播者的高度自尊 (Self-esteem) 以及（或）低度知覺風險時。

關於恐懼訴求的處理，則以下列情形最能達到改變行為的效果：

(1) 在該訴求所提出的建議中，可以立刻採取行動時。

(2) 該訴求所建議的內容,有具體可行的處置方式時。」(Karlins and Abelson, 1970)。

雷伊及韋爾奇 (Ray and Wilkie, 1970)兩人在整理過關於恐懼訴求的文獻之後，則作了以下的結論：

「極端強烈的恐懼訴求或過於微弱的恐懼訴求都不能達到很好的效果。適中程度的恐懼訴求，似乎能發揮最佳效果。其理由很簡單，因為恐懼訴求如果太過於微弱的話，就不足以吸引受播者注意力。反之，如果恐懼程度太強的話，可能會導致受播者「規避」訊息或忽略了訊息中所做的建議。」 (Ray and Wilkie, 1970)。

雷伊與韋爾奇根據這項推論以及一些其他的研究發現，而對於詹尼斯與費須貝克的研究發現加以深入分析比較。他們認為詹尼斯與費須貝克在研究中所運用的訊息，乃是不同程度的「強烈」恐懼訴求；而其他學者所作的研究中所運用的訊息，卻是不同程度的「微弱」恐懼訴求。因此，不同學者的研究之所有不同的發現，是由於每一研究者對「恐懼訴求」的「高」與「低」（或「強」與「弱」）所下的定義不同。

圖 6-1 中顯示在兩項研究中所運用之不同程度恐懼訴求的比較：

在圖上的說明中雷伊與韋爾奇指出，詹尼斯與費須貝克所界定的「恐懼訴求」（即使是最「輕微的」），都要比殷思國 (Insko, Arkoff and Insko, 1965)，等人在他們研究中所界定的「恐懼訴求」（即使是最「高」的）來得強烈，且更引起受試者的反應；而這種界定層次的

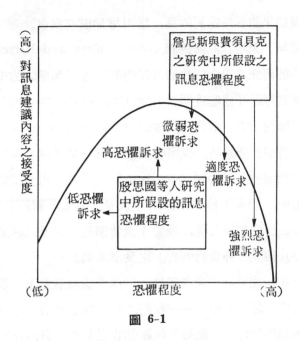

圖 6-1

不同，正是導致兩者研究結果之顯著不同的最重要原因。雷、韋二氏認為，由於我們運用人格特質、社經地位，以及消費習性來分析市場區隔，因此可以掌握個別的恐懼反應，行銷人員當可按照不同市場區隔，制定適當恐懼訴求程度的訊息。

我們可以從許多廠商的產品廣告中看到關於恐懼訴求的例子，像漱口水、體香劑、香皂、牙膏……之類的產品，都是慣用恐懼訴求，他們常在廣告中指出，如果口氣不夠芬芳，或是體內異味無法抑止，或是牙齒不夠潔亮，將在社交場合中不禮貌或不爲他人所接受。

二、娛樂訴求(Distraction)

業務代表請客戶去吃飯，到底是浪費錢呢？還是增加成交機會呢？如果根據現有的傳播研究結果加以分析的話,則上面問題的答案應該是,

該業務代表如果請客戶吃飯的話，應可增加成交機會。

從詹尼斯、凱耶，與柯錫諾（Janis, Kaye and Kirschner, 1965）等人所主持的研究結果中，我們可以得到上述問題推論的支持。他們的研究目的是在探討「邊吃邊閱讀」（eating-while-reading）的方式是否會提高訊息的說服力。他們在實驗研究中，讓其中一組受試者在閱讀所呈現的四種說服性訊息時，也同時接受一份花生米與百事可樂，這就是所謂的「食物制約」（food condition）。另外一組受試者所閱讀的說服性訊息相同，但是不給予食物，也就是「無食物制約」（no-food condition）。研究結果發現，接受「食物制約」之受試者被同一訊息說服的比率要比接受「非食物制約」之受試者高。

在另一項研究中，研究者播放一段與受試者意見不一致的演講錄音帶給一羣男學生聽，其中一組在收聽同時，讓他們看一些悅目的雲彩、山峰等風景幻燈片；另一組男生收聽的也是類似訊息的錄音帶，不過在播放錄音帶同時，讓他們看一些裸體美女的幻燈片。研究結果顯示，看過裸女照片的受試者，在接受訊息說服的比率上，要比看過風景照片的受試者來得更高。

以上兩項研究都在說明：「*愉悅形式的娛樂訴求，有時可以提高訊息的說服效果。*」（Karlins and Abelson, 1970）在此必須聲明的是，所謂「愉悅式的娛樂訴求」必須愼重地選擇。過多的「娛樂」（distraction）可能會造成受播者的「注意力分散」（distraction），使受播者太投入於娛樂訴求而不注意主要訊息，因而降低了訊息的說服效果。

上述研究中，「性」與「食物」對受試者而言，都是所謂的「愉悅方式的娛樂」。析而言之，任何能令受播者覺得是一種「酬賞」的內容，均可視爲「娛樂訴求」。

有兩種解釋可以說明何以「愉悅式的娛樂訴求」會助長訊息的說服

效果:

第一、訊息所提出的立場如果與受播者立場相反時，通常會遭遇受播者的抵制（運用「選擇性注意」及「選擇性知覺」方式去廻避、曲解之），而「娛樂訴求」正好可以令受播者「解除戒備」，而讓說服性訊息得以進入受播者的知覺領域。

第二、娛樂訴求如果與說服性訊息同時呈現的話，可以讓受播者獲得「酬賞」（rewarding），根據學習理論我們可以得知，酬賞有助於學習效果。

因此，娛樂訴求戰術對受播者而言，既能「解除戒備」(disarming)，又是一種「酬賞」(rewarding)。

三、參與訴求

在前面幾章裏，我們曾經提到，讓受播者積極參與是吸引受播者注意及提高學習效果的一種方式。在此要談到的則是「積極參與」在說服過程中所產生的效果。

汽車銷售的業務代表以鼓簧之舌天花亂墜地向準客戶暢談某一車種的卓越性能較有效呢？還是讓準客戶坐上車去試開上一段路，讓他們親自去體會車子的裝備、性能、車況較有說服效果呢？又如吸塵器的推銷店員，研究是絞盡腦汁、挖空心思去堆集一些形容詞，並且費許多時間去解說該吸塵器的吸力有多大？還是讓準客戶雙手緊握吸塵器，自行操作去感受它的威力較有說服效果呢？

根據現有的研究結果顯示，「積極參與可以提高說服訴求的傳播效果。」（Hovland, Janis and Kelley, 1953; Watts, 1967）受播者的積極參與可以提高他們對訊息的注意及學習效果，正是解釋何以採用這種參與訴求可以提高訊息之說服效果的兩項理由，因為這兩項因素都

是態度或意見改變的必需過程。

對業務代表而言，讓準顧客去嘗試產品的效果是很明顯的。就廣告而言，則前幾章所提的「微蒴技術」（microencapsulation），以及集券、點券、贈券等 Couponing 方式，或其他可以讓消費者參與的一些方式（如：試用品分送、××比賽⋯⋯等），均可提高廣告的說服效果。又如電視廣告影片中，有時就可運用一些特殊技巧，讓觀眾有如「身歷其境」一般地在「試用」某種產品，讓他們也有一種參與感。

四、理性訴求與感性訴求

對消費者進行訴求，究竟是理性訴求好呢？還是感性訴求好？這個問題的答案非常難以下一定論，因為無論是感性訴求或理性訴求，都能夠激起消費者的情緒反應。

事實上，在現有的傳播學文獻中，所有關於這方面的研究結果都可大略分為兩派，分庭抗禮。一項在一九三六年大選期間所作的研究，分別運用理性訴求與感性訴求於其選舉訊息中，研究結果顯示感性訴求較為有效（Hartmann, G., 1936）。在另一項「關於如何懲治罪犯的訊息」研究中發現，理性訴求在改變受播者意見上要比感性訴求更為有效（Weiss, 1960）。

截至目前為止，尚難定論這兩種訴求何者居絕對優勢。然而，從事說服性傳播的人員都較偏向於喜歡採用感性訴求。關於這點，拜丁豪（Bettinghaus, 1973）曾建議採下列幾種方式進行感性訴求來激起情緒反應:

（一）以強烈的感情語文來描述特定的情境:

也就是說，用強烈情緒、感性的語言或文字來報導一件事實，經常使用的方式是運用一些對受播者非常親切或非常具有「弦外之音」的字

眼。

（二）將所要說服的主題與一般人知曉的流行觀念加以聯結:

當傳播者所要說服的主題觀念鮮爲人知時，可以將觀念與受播者皆知的熟悉觀念加以聯結，而讓受播者能由兩者相提併論，而易於接受該說服訊息。

（三）將所要說服的主題觀念與視覺的或非口語的刺激加以聯結，可以激起情緒反應:

在表達說服性的主題或觀念時，運用一些視覺化的輔助物或一些燈光、色彩、配音等非口語訊息，作爲補充或強調，將較容易激起情緒化反應。

（四）由傳播者親自示範非口語的情緒或感性動作:

這種示範動作非常有效，但是經常被傳播者所忽略。這種動作包括身體、手部的移動比劃，臉部的表情、眼神的溜動、語調語氣的變化等，如果能有效運用，將提高說服效果。例如，話到傷心之處，或頓足，或搥胸，或眼眶一紅，或泣不成聲……等，將會激起高度的情緒化反應。

在運用這些訊息時，必須注意到口語訊息與非口語訊息銜接的一致性，以及主要訊息與補充訊息的關聯性。

五、挑釁訴求（Arousal of Aggression）

傳播者如果能先在訊息中挑起受播者之攻擊性或侵略性，然後再於訊息中建議他如何減除由於攻擊性所產生的緊張情緒的話，通常較能讓對方接受該建議。魏斯和懷恩（Weiss and Fine, 1956）發現，被挑起攻擊性的受播者最容易接受在本能上獲得宣洩的建議。

因此，某些運動比賽器材的廣告，倒是可以運用這種方式來爭取消

費者對該品牌的接受性。例如：足球、射擊，及其它比賽用運動產品，可以巧妙地運用傳播訊息來挑起顧客的攻擊性，然後再於訊息建議中說明該產品可以承受最嚴重的破壞。當然，在進行挑釁訴求最忌諱的是像走江湖賣膏藥的方式，或惡形惡相的畫面。

六、幽默訴求

近幾年來，行銷傳播訊息中採用幽默方式訴求，已有日益普遍的趨勢，然而，幽默訴求的效果並非明顯易見的，立竿見影的。大致說來，幽默訴求在吸引對廣告之注意力以及幫助理解與記憶廣告內容方面非常有效。然而，幽默訴求在說服上的效果，則有點令人懷疑（ Karlins and Abelson, 1970)。

雖然，許多研究結果和事實印證都未能充分支持幽默訴求是說服消費者轉移品牌的有效方法，但是這確是讓新品牌廣泛提高知名度以及領導品牌延續商品印象的有力途徑。由於消費者層次不同，對於幽默的意境也各人領略不同，因此在採用幽默訴求時，仍應審慎為之。

叁、訊息符碼 (Message Codes)

前面兩節我們討論了訊息結構與訊息內容(訴求)，在這一節裏，我們將就訊息符碼(codes)如何影響受播者對訊息之反應的部份進行探討。

同樣一種想法或觀念，可以用好幾種不同的符碼或符碼組合方式來表達。傳播者更可以在每一種符碼系統中的某些要素中選出部份來創造不同的訊息反應。這些符碼系統包括口語符碼、非口語符碼與超語言符碼 (paralinguistic codes)。

一、口語符碼

　　口語符碼是指根據事先制定的一些規則，去組合的文字符碼系統，中文、英語、日語……等都是口語符碼系統。以英語爲例，有某些字或某些組字，如形容詞、副詞等，都可用來加強訊息的情緒反應。如前所述，許多廣告從業人員相信，經過加強情緒化的訊息，有助於塑造或改變消費者的態度。例如，同樣說明一種商品的基本特性，廣告者就可以有下列兩種說法（Bettinghaus, 1973）：

　　（一）一項類似皮革的塑膠新產品，將於日內供應皮鞋製造廠。

　　（二）一項神奇的塑膠新產品，品質遠超過皮革，即將取代所有其他產品，而成爲高級皮鞋製造業者所採用。

　　相信所有的廣告從業人員都會選擇第二種說法，因爲同樣的基本觀念，第二種描述已由於巧妙地運用一些形容詞來強調及修飾，而使語句增色許多。

　　要想激起受播者較高的情緒反應，只知道運用形容詞是不太夠的，最重要的還得知道如何適當貼切地選擇正確的形容詞。大致說來，每位傳播者都可以從幾個字中選擇其中一個，來表達一個基本意念。然而，有些同義字所表達的外延意義雖然幾乎一樣，而所引起的眞正情緒反應卻是迥然不同。例如，用來描述某一女郎的體重過輕，我們可以說她「皮包骨」、「瘦皮女猴」、「苗條」、「修長」……，這些形容詞都在說明該女郎體型瘦小，但是前兩個形容詞就不及後兩個形容詞來得優雅、斯文。又如，解大小便的場所，「糞坑」不如「茅坑」文雅；「茅坑」不如「廁所」；「廁所」不如「盥洗室」、「洗手間」；「盥洗室」又不如「化粧室」；「化粧室」又不如「休息室」。

　　拜丁豪曾以下圖爲例，說明一些用語的配對，每一對用語的「外延

意義」大致相同，然而它們所引起的「內涵意義」（卽情緒反應）卻極為不同，左邊的用語較爲緩和適中，而右邊的用語，卻引起較強烈的情緒反應：

緩　和　措　詞	強　烈　措　詞
國營企業制度　(Government Ownership)	社會主義　(Socialism)
迷惑的　(Confused)	狂亂的　(Insane)
挑逗的　(Provacative)	性感的　(Sexy)
瘦　的　(Thin)	皮包骨的　(Skinny)
信任別人的　(Trusting)	易上當的　(Gullible)
不吸引人的　(Unattractive)	惹人討厭的　(Revolting)
醺醺然的　(Inebriated)	酩酊大醉的　(Drunk)
大麻使用者　(Marijuana user)	毒品癮君子　(Pothead)

資料轉自 Bettinghaus, E.P., "Persuasive Communication", 1973.

傳播者在決定運用緩和措詞或強烈措詞時，應該先確知受播者的既存立場與意見。如果受播者的既存意見已與傳播者意見一致時，則使用較強烈的措詞（亦卽高度情緒化語句）較爲有效，因爲情緒語句可以增強其既有態度。但是，大部份的受播者卻多半不太能完全接受「極端強烈的措詞」(Bettinghaus, op. cit.)。因此，傳播者在選擇措詞時，務必格外小心，以免弄巧成拙而收到相反的傳播效果。

就行銷傳播人員而言，尤應注意到字詞聯結 (word combination) 的重要性。如果能够運用巧妙的結合方式，把一個特別意義的字和品牌名稱相聯結的話，將有助於該品牌印象之塑造。許多品牌在剛上市時，其品牌名稱對消費者而言都是毫無意義，或意義不大的。例如：「黑松」無法讓消費者聯想到清涼飲料，而「聲寶」、「大同」也不易聯想到家

電產品……。但是這些品牌可以在其品牌名稱的前後加上消費者所關心的形容詞予以聯結，並且運用廣告力量在消費者心目中塑造良好的品牌印象，例如：「眞正的朋友——黑松」、「技術的聲寶」、「服務的大同」……等。

二、非口語符碼

非口語符碼也與口語符碼一樣，可以根據一定的規則來組合其符號，非口語符碼必須在使用者間具有共同的意義，才能構成非口語符碼系統。在許多情形之下，非口語符碼對於說服性傳播而言要比口語符碼來得更重要。這些非口語符碼包括臉部表情、姿態、手勢、衣著、位置、空間、音樂、色彩、設計、聲調、音質……等等，不勝枚舉。

口語符碼與非口語符碼的最大差異，在於受播者從這些符碼中所接受的情報性質，也就是這些符碼所傳送之情報類別。大致說來，口語符碼較適合表達「認知」性的事物，如意念、觀念、思想、信仰、意見等；而非口語符碼則較適合表達「感覺」或「情緒」，用來激起受播者的情感反應，並告訴他們關於傳播者的一些事實，而未必是他所擁有的意念或觀念。（Bettinghaus, 1973）〔見專題6-①，漫談非口語傳播〕

（專題 6—①）漫談非口語傳播

·魯賓遜與李光輝

十餘年前，李光輝從印尼叢林飛返臺灣後的一天晚上，我與家人在餐桌上談起了李光輝在叢林中的原始生活。由於我是學傳播的，姐姐突然提出一個饒富趣味而令人深思的問題給我：李光輝在叢林中的生活，不與任何人接觸，是否已停止了傳播行爲？

我堅信人不可一刻停止其傳播行爲。究竟一個人在叢林中，在孤島上

過著原始生活時，能否停止傳播？這個問題，起初也令我楞了一陣。不過，我隨卽想起了戈夫曼（John Goffman）在「公眾場合中的行爲」（Behavior in public places）一書中所強調的一句話：「雖然一個人可以停止說話，但是卻不能停止用身體語句（bodily idiom）進行傳播。」這也使我聯想到高凌風先生在一首肉麻的歌曲中那段「我可以不知道你的名和姓，我不能不看見你的大眼睛」歌詞的眞諦了。

因此，李光輝也好，魯賓遜也好，雖然他們身居叢林荒島，孤獨過著原始生活，遠離人羣，算是停止了口語傳播，可是他們卻沒有片刻停止過其他的非口語傳播——他們必須了解自然環境，他們必須與孤島的一草一木，一蟲一鳥進行傳播；他們仍然會思考回憶，他們仍然有空間領域的觀念，他們仍然不停與他們本身之間進行傳播——他們的感覺、觸覺、嗅覺、聽覺、味覺、膚覺、視覺乃至於他們的手足四肢並沒有片刻停止過它們的功能。

如果從這個角度去探討傳播，那麼傳播的定義，可說是非常廣泛，而非口語傳播也就顯得非常重要了。

梅拉比安（Abbert Mehrabian）曾在「今日心理學」（Psychology Today）雜誌上發表了一篇題爲「無文字傳播」（*Communication words*）的文章，曾經把人類使用文字和其他傳播方式的百分比，作成下面的圖表：

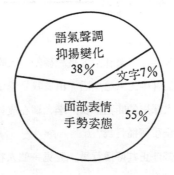

研究姿態傳播的學者——行爲解剖的大師伯德惠斯特　(Ray L. Birdwhistell)，也曾估計過，兩個人在傳播當中，有百分之六十五的意義 (Social meaning) 是以非口語方式傳送。

儘管他們所用的測度方式不相同，而且不太使人明瞭，可是我們卻可以肯定一項事實：任何人類傳播過程中，從其他行爲信號 (Cues) 中所獲得的訊息 (Message)，要比從文字中所獲得的訊息還要多。

從魯賓遜孤島飄流的故事，從李光輝叢林掙扎的傳奇，我們都不難想到非口語傳播的重要性。有人甚至將非口語傳播拿來與人們的呼吸相提並論！

·亞里斯多德與達爾文

從歷史的觀點來探討非口語傳播研究的話，至少可以追溯到亞里斯多德時代，只是當時並沒有正式名稱，而他的學生也未修過「研究方法」及「統計」、「電腦」的學分罷了！

對非口語傳播加以科學化研究的始祖，可能要算是一世紀以前的進化論宗師達爾文 (Charles Darwin) 先生了。在他一八七二年的著作「人類與動作的情緒表達」 (The Expression of Emotions in Man and Animals) 中，達爾文把面部表情、手勢姿態等身體動作稱爲「特殊口語傳播」 (Extraverbal Communication)，並強調其重要性，認爲這種傳播與個人及社會均有密切關係，甚至可促成發展，增進福祉。

達爾文這句話在當時並不受到重視，經過近百年之久，直到二次大戰前後，學者專家們才逐漸從人類學、生物學、動物學、精神病學、人種學、語言學、社會學、社會心理學等等角度，採用現代的科學方法，對非口語傳播展開調查、實驗、分析等研究工作，使非口語傳播的學術地位邁進了一個新紀元，達爾文前輩的眞知灼見，擴展了人們對傳播的研究領域。如今，非口語傳播的研究，不僅成爲一門新興學科，並繼續不斷地發展，匯成一股新的學術潮流。

在從事合作開發這塊學術處女地的許多學科之中，要以人類學和心理

學所表現的最爲突出了。

單就從事此研究的人類學者而言，至少已分爲兩個支派了。一派是戰前就已經開始的，以艾福隆(David Efron)爲代表，是純就人類學角度去鑽研的；另外一派深受語言方法學的影響，以伯德惠斯特的「行爲解剖學」(Kinesics)和霍爾 (Edward T. Hall) 的「空間領域學」(Proxemics)爲代表性研究。

心理學方面也可以分爲兩個主要支派，一派是偏於精神治療方面，以魯希(Jurgen Rusch)爲代表；另外一派則比較重視實驗調查方法，以艾克曼 (Paul Ekman) 爲代表。

社會學家積極推展非口語傳播的研究熱忱也頗不甘示弱，像另一位戈夫曼(Erving Goffman與前述的戈夫曼)就曾從團體中非口語傳播行爲的角度，完成許多論著（其中最著名的有"Relations in Public",1971.）：薛福林 (Albert E. Scheflen) 也從社會秩序的角度去研究（其著作有「行爲語言與社會秩序」 "Body Language and Social Order"）。

非口語傳播行爲的運用， 也不斷引起社會心理學的興趣， 像梅拉比恩·韋納 (Morton Wiener) 等人。

往昔那派以人種學出發的學者，也重新加入當代這股學術潮流，把他們在動物行爲方面所作的研究運用到人類傳播行爲之上，像希白克(Thomas Sebeok)、亨德 (Robert Hinde) 等人都是從事這項工作的主要學者。

從達爾文以至於今日學者，他們這些從各種不同支系出發的研究，雖然爭執紛紜，難爲定論，不過這許多研究卻被應用到口頭傳播(演講學)、新聞學、視聽傳播、電影、電視、廣告、諮商、市場行銷、包裝設計、影劇、教育、建築設計等多方面之上。

·雄辯與『雌辯』?

要知道「非口語傳播」研究什麼，必須先知道什麼是「非口語傳播」。

「非口語傳播」的定義有很多種，但不外乎「口語之外」的傳播，不

過這種定義，稍嫌過簡。

　　比較具體的說法是密歇根州立大學傳播學系教授哈里遜(Randal Harrison) 所提出的定義，他認爲「非口語傳播」一詞的涵意甚廣，「從臉部表情、姿態儀容到服飾裝扮和身份標記；從舞蹈戲劇到音樂表演；從情緒宣洩到交通運輸；從動物的領域空間感到人類的外交禮節；從特殊感覺的理解到電腦邏輯的推論歸類；從激烈的雄辯到上空式的『雌辯』 (Rehetoric of topless dancer)；這裏的一切事物都包括在這個名詞裏頭。」

　　非口語傳播的名稱很多，行爲語言、身體語言、無聲語言、特殊語言、行爲剖析……都代表同一個意義。

　　至於非口語傳播的研究範圍也眾說不一，引起雄辯、「雌辯」。但可牽強分爲身體部分、人身之外和超語言等三大範疇：

　　一、身體動作──包括所有與人的身體活動有關的事件或動作，像搖頭、微笑、點頭、揚眉吐氣、喘息、眨眼、斜視、吹口哨、嘟嘴繃臉、吹鬍瞪眼、含情脈脈、搔首弄姿、勾肩搭臂、坐立不安、聳肩擺臀、揮手、接吻、比手劃腳、指指點點、光腳行路、輕拍掌心、握手擁抱、翹腳勾腿、低頭不語、拉長顏臉、豎提拇指、手臂交叉、淚眼汪汪、咬牙切齒、緊握拳頭……等等，在伯德惠斯特所著的「行爲解剖入門」(Introduction to Kinesics)一書中，就列舉出三百多種這樣的行爲符號。

　　二、人身之外──包括領域空間、時間等觀念、附著於人身上的種種符號──像一陣髮香萬縷情、一對金筆萬分高貴、「雷達錶在手，誰比我更棒」、一衣金縷萬元已去……等行爲標記。

　　三、超語言 (Paralanguage)──即語言表達中的非口語部份，如速度、語氣、語調、音調高低、抑揚頓挫等等。

　　下面幾節就是從這三個範疇裏，找出一些代表性的例子作爲本文的結束。

・老千的墨鏡──『其內細可思』 (Kinesics)

　　芝加哥大學心理學教授夏斯 (Hess) 博士，曾在全美醫學催眠學會上

提出有關行為解剖信號研究的成果：人們如果看到興奮的事物，瞳孔便會無意識地放大。打牌時，如果「細」心觀察、「思考」便可推斷出誰的手上拿著好牌了，老千為了防止此弊，故多佩戴墨鏡，以免無意識地放大瞳孔而告訴他人自己拿了好牌。其實老千的墨鏡之後在拿好牌時，都會傳播行為語言——「其內細可思」(Kinesics)。

有位精神醫生不斷望著腕錶，準備下班。五點正，下班時間到了。醫生看到候診室中坐了一個弱小的小孩，於是揮揮手告訴他：「小伙子！下班了，明天再來吧！」「明天！今晚起就不想看見你了，還等到明天」小孩答道。「得了！你已經是第三十次揚言要自殺了！」說完，小孩一溜煙就跑開了。醫生一面收拾東西準備回家，一面回想剛才情景，愈發覺得不太對勁，於是，立刻撥電話回家，說明今晚遲些回家，旋即準備急救用具直奔那個小孩的家，果然不出所料，終於救了小孩一命。醫生回家後，妻子問他何以知道小孩會自殺，醫生回了一句：「其內細可思！」

・部落可密可疏 (Proxemics)

「保持距離以策安全」、「閒人勿進」、「非請莫入」、「內有惡犬」等等這類專門嚇唬人的標示，都在說明一件事實：每個人都覺得自己需要一個不容他人侵犯的領域空間。

霍爾對於人類與四周空間的關係，例如人類如何支配空間、如何跟別人溝通消息事實、與人傳播時應保持何種距離等問題，有著濃厚的興趣。他相信人類利用、支配空間的能力是有一定限度，而以這種限度來與他人交往，使他人了解與自己的親疏關係如何。霍爾博士認為每個人都有自己需要的領域空間，他將這種領域空間分為四種：㈠親密距離，㈡私人距離，㈢社交距離，㈣公共距離。

茲將霍爾博士對於距離的見解——何者為近？何者為遠？——作了下列表格以供參考：

距離種類	遠?近?	距　離　長　度	採用此距離的作用、功能或時機示例
親密距離	近	六 ～ 十 八 吋	通常留給異姓朋友（如做愛）或父母與子女一起
	遠	十 八 吋 ～	握手（在此距離內，如與陌生人相處應將目光避開）
私人距離	近	一呎～二‧五呎	鷄尾酒會中常見的舒適距離，某種程度的親暱
	遠	二‧五～四呎	為「身體控制極限」，通常兩人在街上碰面，多半採用此距離來交談
社交距離	近	四 ～ 七 呎	用來處理和個人無關的事務，在社交集會中也採取此距離
	遠	七～十二呎	較正式的社交或生意上的距離，來訪者與接待員應保持如此距離
公共距離	近	十二～二十六呎	適用一般非式正的集會，如教室中上課
	遠	二十六呎以上	用於政治家發表演說的會場

　　雖然，上述這些都是一般情況之下的空間領域觀念，但是，由於各種文化的不同，對於空間需要會有顯著的差異。一個日本人或許歡迎客人與主人擠擠榻榻米；一個英國人卻寧可錯過一班地下火車，也不願像沙丁魚似地在車廂內讓人侵犯空間領域（或可說是不願侵犯他人領域）。

　　霍爾把這種種有關空間領域的研究，取了一個有趣的名字「部落可密可疏」（Proxemics）。

・『畢業了?』『畢業了。』『畢業了! 』

　　同樣的一句話，由於語氣、語調、抑揚頓挫的作用，所表達的意義可能完全走了樣，這就是行為語言的「音響效果」！記得有位平常混混不務正經的大學生，在他的畢業紀念册上留了三句「感言」：「畢業了?」「畢業了。」「畢業了! 」

　　如果我們換成口語，其表達的意義則大有區分：

　　「畢業了?」聲調微揚，表示疑問; 奇怪! 怎麼一混就四年了? 猶記得那天我還是新鮮人……。

　　「畢業了。」平而不折，肯定語氣: 這眞的是事實!

　　「畢業了!」語調輕脆，速度加快，偶而重複，表示惋惜: 大學四年如一夢! 往事只待成追憶! 完全決定於說話者說話時的速度、 音調、 語氣、 口吻、 抑揚頓挫等。 這些也算是非口語傳播的二種。 魯希 (Ruesch J.)、奇斯 (Kees, W.)、 艾森柏 (Eisenberg A. M.)及史密斯 (Smith R. R.)等，把這種特殊的效果稱爲「超語言」(Paralanguage)。

・打開心扉的鑰匙

　　以上已經大致將非口語傳播符號的範疇與種類， 大致 「漫談」 一番了，這些符號中， 每一種都代表著一種意義，用來加強我們的語言，甚至於取代語言。

　　無論精神治療醫生或一般人們，如果能瞭解行爲語言如同瞭解口語語言一樣，那麼醫生可從病人身上知道一些瘕狀，而一般人也無異掌握一把叩開他人心扉的鑰匙，如此便可無往不利，春風得意了!

・參考資料

一、Goffman, E., *Behavior in Publics*, Free Press, The MacMillan Co., New York, 1968.

二、Scheflen, A. E., *Body Language and Social Order-Communication as Behavioral Control*, a Spectrum Book. Prentice-Hall, Inc, Englewood Cliffs, N. J., 1972.

三、Winner, M.; Devol Shannon; Runbinow, S.; Geller, J., "Nonverbal Behavior and Nonverbal Communication", *Psychological Review*, 1972(79) (3) May.

四、*The Journal of Communication* Vol. 22(4), December, 1972-"A Special Issue on Nonverbal Communication".

五、Fast, J., *Body Language*, （中文本，楊軍譯）臺北， 三山出版

社，一九七一。

六、Hall, E., *The Hiddem Dimension* & The Silent Language,
（中文本，關紹基譯）臺北，三山出版社，一九七三。

七、林桂瑛，「特殊語言的傳播」，輔大「大眾傳播學季刊」，創刊號，
一九七三。

八、Kodak Educational Aid, "Making Sense Visually", reprinted
in "Media Asia" Vol 1(4), 1974 (nov), Singapore.

（一）姿態符碼的種類

姿態符碼是非口語符碼中最重要也最常見的一種，可以用來修飾、補充或強調口語符碼所傳達的內容。根據艾克曼、佛萊森（Ekman and Friesen, 1969）兩人的說法，姿態符碼可分爲下列的五種：

1. 象徵動作（**Emblems**）——象徵動作是指可以直接代替語文的動作或姿勢，例如，以食指和中指比成的「V」字，代表「勝利」；拇指與食指彎成的圓圈，代表「O. K.」；還有聾啞們所用的手語等，都是「象徵動作」。

2. 指示動作（**Illustrator**）——指示動作是指輔助並與語文符碼同時呈現的指示性動作。例如，父親告訴朋友，他的兒子有「這麼高」，同時將手心朝下，在離地面若干高度的地方停止，說明他兒子的大約身高；又如，有個小孩張開雙手比劃著相當的寬度，向他的同伴誇說昨晚他媽媽送給他的生日蛋糕有「這麼大」；其它像強調某一個字，而用手指出他所說的物體，或做出某些動作等，都稱爲「指示動作」。

3. 情緒表達（**Affect Displays**）——這是指表示我們的情緒狀態的身體動作，如皺眉、微笑、裂嘴、手勢等，都可以用來表達我們的情感。它們可以單獨出現，有時也可以隨著語文符碼同時出現。

4. 調節性動作 (Regulators)——調整性動作是指用來幫助傳播者控制其傳播流程的姿態和臉部動作、表情。這些動作告知受播者傳播過程是否要停止或進一步細談，或強調某一重點。同樣地，這些動作也可能由受播者發出，用來告知傳播者他是否對傳播內容感到興趣、感到疑惑不解或需要更進一步說明等。這些動作包括點頭、搖頭、眼神、表情、手勢等。例如，當受播者皺起眉頭或面露困惑的眼神及表情時，傳播者就知道需要改變話題、方向或強調、補充說明傳播內容。

5. 調適性動作 (Adapter)——調適性動作是指特定個體的個別動作。有些人會有若干小動作，而這些動作只是其個人的特定行為與傳播模式的一部份，並不為他人所共通理解。例如，有人在說話或聽話時，偶而會拉拉耳垂、以食指摸摸鼻尖、揪揪領帶、搓搓下巴、搓手握拳……等，都是用來表示對他們所說的或所聽到的某些事物的感受。調適性動作並無共通理解的解釋或意義，因此我們必須先認識使用這種動作的個體及其習性，才能了解其所運用之調適性動作的特殊意義。

這些姿態符碼究竟如何運用在行銷傳播？很顯然的，上述這些姿態符碼的概念有助於業務代表了解並調節他與客戶間所運用的姿態符碼。例如，在進行銷售說服時，或談及公司之產品線時，業務代表往往忽略或較少注意到客戶的姿態符碼。一旦客戶對產品特性的說明感到厭倦時，業務代表就應該檢討一下自己的姿態符碼是否風趣生動，並且要注意客戶的姿態符碼，徹底加以了解，進而提出對策。

（二）非口語符碼的效果

非口語符碼在行銷上效果如何？這方面的研究並不多，其中有一項研究結果顯示，廣告中運用一些非口語符碼將提高廣告的注意率。在另一項研究中，學者就圖片廣告中人物之瞳孔大小與眼睛視向進行研究，

研究者發現，廣告模特兒的瞳孔與視向都會影響受播者對傳播者及其訊息的態度 (King, 1972)。瞳孔較大者會提高受播者對廣告的興趣，進而影響受播者對廣告模特兒及廣告訊息，採取較好的態度。該研究結果與前述研究所指出之「當人們看到愉悅或興趣的事物時，其瞳孔將放大」的結論是一致的。當人們看到不愉悅的景象時，其瞳孔也會自然縮小。因此，當人們看到一個瞳孔較大的人之照片時，會讓受播者在潛意識中，產生愉悅的心境。

至於模特兒的視線對受播者的影響方面，學者發現，習慣於「向左方凝視」的人，較喜歡視線「向左看」的模特兒；反之，習慣於「向右方凝視」的人，較喜歡視線「向右看」的模特兒。然而，如果吾人不瞭解視線特性所代表之意義時，這項研究發現等於毫無用處。心理學家發現，習慣「向左方凝視」者與習慣「向右凝視」者之間，在人格特質上有很大的差異。大致說來，「左視者」 (left-lookers) 比 「右視者」 (right-lookers) 「更輕鬆、更善於社交、更積極參與社會、更富想像力、更主觀、更容易接納他人建議、較不定量的感情更豐富。」 (Day, 1964) 此外，「左視者」由於「較情緒化、較主觀，因此對他人的建議也較敏感，而容易受其動搖。」反之， 「右視者」的人格特質則「較理性化、較客觀、較受到精確及邏輯的影響。」(King, 1972; Baken, 1969)因此，該研究結果指出，各方面表現得較客觀、冷靜的人，較喜歡模特兒「右視」的廣告；而各方面表現得較情緒化的人，則較喜歡模特兒「左視」的廣告。

或許還有一點比上述研究結果更重要的是，我們必須要有共同的理解：非口語傳播確是廣告訊息中的重要因素，而許多有關非口語傳播的研究，卻不在廣告的範疇之內。

三、超語言符碼(Paralinguistic Code)

超語言符碼是一種介乎於口語符碼與非口語符碼之間的符碼。崔格（G. L. Trager）認爲超語言符碼的範圍至少牽涉了兩個主要要素——即音質（voice qualities）與發音法（vocalizations)(Trager, 1958)：

(一) 音質

音質包括了說話的速度、節奏、音調、音頻、音量、口齒清晰度以及舌、唇、頜等發聲器官的使用及控制能力。音質會傳達說話者之急迫、煩悶、沮喪、友誼、熱情、幽默、諷刺……等各種不同情緒狀態的意義。例如某推銷人員像機關槍般的解說商品時，會讓人覺得他的話是很重要的或是很緊急的。因此，速度本身就成爲一種訊息。

(二) 發聲法

發聲法是指一些無特定意義，但能表示某種情緒反應的聲音。像打呵欠、嘆氣，以及「嗯」、「哦!」、「啊哈!」、「哇」、「哇塞」……等發音以及各種不同的音量變化、抑揚頓挫等，會隨著不同的口語訊息之呈現，而產生不同的意義或反應，例如說話者用以強調重要性，或表示其興趣度低、緊張、情緒激動、訝異、疑惑、感嘆、停頓、遲疑等。

廣告人員應確實認清非口語符碼與超語言符碼在製作訊息過程中的重要性。例如，在選擇廣告模特兒時，就應該考慮到其音質、音調是否適合該產品訊息。以保養柔潤肌膚的面霜來說，廣告中所採用的男演員或女演員，必須配合該產品的特性，選擇語氣輕柔、語調緩和而且能適時運用姿態、手勢的人。而以強調強力潔白之有效成分的洗衣粉而言，其廣告中所選用的模特兒，在語調上就必須篤定有力，音量上就必須鏗鏘宏亮。

肆、結語——有效的訊息原則

綜合上述各節，可以將關於有效地運用傳播訊息的原則加以歸納如下：

一、片面訊息與兩面訊息——

(一) 片面訊息在下列情況下較爲有效：（１）受播者先前立場與傳播者一致；（２）受播者教育程度較低；以及（３）受播者不願聽反面論點時。

(二) 兩面訊息在下列情況下較爲有效：（１）受播者的先前立場與傳播者不一致；（２）受播者的教育程度較高；以及（３）受播者樂於聽到對立或反面論點時。

二、漸層法與漸降法——

(一) 漸層法與漸降法孰優孰劣，目前尙無定論，悉視不同狀況而定。

(二) 當受播者對所提之訊息內容的興趣度「低」時，運用「漸降法」將優於「漸層法」。

(三) 當受播者對所提出之訊息內容的興趣度「高」時，則運用「漸層法」將優於「漸降法」。

(四) 就訊息的呈現順序而言，「金字塔型」的順序方式，效果最差。

三、後置與前置——

(一) 前置與後置，孰優孰劣，目前尙無定論，應視不同狀況而定。

（二）就爭議性論點、興趣度較高的話題，以及非常熟悉的事物而言，較適合「前置」式的呈現順序，亦卽將正面訊息置於前端，效果較好。

（三）就顯著一面倒的論點、興趣度較低的話題，以及不熟悉的事物而言，則較適合「後置式」的呈現，亦卽將正面訊息，置於後端。

四、需求與訊息順序——

（一）訊息的排列方式，若是先喚起需求，再提出滿足需求的方法之情報時，則其效果將優於相反方式的訊息排列。

（二）訊息中若是先提出高度需求的事物，然後再銜接需求性較低的事物時，其改變受播者態度之效果，要比相反順序的呈現方式的效果爲高。

五、來源可信度與正負論點順序——

（一）就高可信度的傳播來源而言，若將「支持性」之正向論點置於前端，然後再銜接「對立性」之負向論點時，其說服效果要比相反順序的排列來得更好。

六、訊息結論之提出——

（一）大致說來，傳播者若在訊息中提出結論，則在改變受播者態度至預期方向的效果較好。

（二）對智商較低的受播者而言，傳播者若在訊息中提示結論，則較能改變其意見；反之，對智商較高的受播者而言，則提示結論或讓受播者自行下結論，在意見改變效果上，幾乎一樣。

（三）如果受播者事先察覺傳播者所述說的結論，具有某種意圖時；或認爲傳播者爲他們提示結論，將對其人格構成

侮辱時，傳播者應讓受播者自行下結論，才能獲致較佳效果。

（四）在處理非常個人化或自我相關之事物的傳播訊息時，傳播者若能讓受播者自行去下結論的話，可能較爲有效；而對於非個人化的主題，或非切身關心之事物而言，傳播者若能提出結論，則通常會較爲有效。

（五）對於較複雜的事物，傳播者若能替其受播者作結論，則較能有效達到傳播效果；對於較簡單事物而言，則提不提出結論，並沒有太大差異。

七、恐懼訴求原則——

（一）輕微的恐懼訴求有時會比強烈的恐懼訴求更具說服效果；而另一些時候，則強烈恐懼訴求比輕微恐懼訴求好。

（二）在下列情況下，強烈恐懼訴求通常要比輕微恐懼訴求更爲有效：（1）該訴求威脅到受播者所喜愛的事物時；（2）該訴求是由可信度較高的來源提出；（3）該訴求主題正是受播者所不太熟悉的事物時；以及（4）該訴求的重點，是針對受播者的高度自尊與（或）低度知覺風險（Karlins and Abelson op. cit.）。

（三）在下列情況之下，運用恐懼訴求最爲有效：（1）在訴求中所提出的建議，可立即採取行動時；（2）該訴求所提出的建議，有具體可行的處置方式。

八、娛樂訴求——

（一）愉悅的娛樂訴求方式，通常可以提高訊息的說服效果。

九、參與訴求——

（一）讓受播者積極參與，可提高訊息訴求的說服效果。

十、感性訴求可經由下列幾種方式進行——

　　（一）以強烈的情緒語句來描述特定情境。

　　（二）將所要說服的主題與一般人所知曉的流行觀念加以聯結。

　　（三）將所要說服的主題與可以引起情緒反應的視覺化或非口語刺激加以聯結。

　　（四）由傳播者親自示範非口語的情緒動作。

十一、挑釁訴求——

　　（一）傳播者若在訊息中先挑起受播者的攻擊性或侵略性，然後再於訊息中建議受播者如何減除因攻擊性所引發的緊張情緒的話，在某些情況下可能較爲有效。

十二、幽默訴求——

　　（一）大致說來，幽默是吸引注意的有效方式，並可幫助記憶與理解；然而，幽默在說服上的效果仍令人置疑。

十三、字眼的運用——

　　（一）對業已同意傳播者意見之受播者而言，運用情緒化語言的說服傳播較爲有效。反之，對事先不同意傳播者的人而言，可能會產生相反效果。

　　（二）大致說來，運用受播者所喜歡的字眼來表達一個概念，較能讓受播者接受該概念。

十四、非口語符碼——

　　（一）在傳播概念與想法時，非口語訊息比口語訊息還重要。

　　（二）非口語符碼在引起感覺和情緒反應上的效果，非常重要。

當然，要將上述原則運用在每一種情況，是相當危險的，因爲上述

原則適用於行銷傳播上的具體研究並不多。何況消費者行爲甚爲複雜，在運用上尤需謹愼。

《本章重要概念與名詞》

1. 片面論點 (one-sided argument)

2. 兩面論點 (two-sided argument)

3. 漸層順序 (climax order)

4. 漸降順序 (anticlimax order)

5. 金字塔順序 (pyramidal order)

6. 後置效果 (recency effect)

7. 前置效果 (primacy effect)

8. 前置定律 ("law of primacy")

9. 恐懼訴求 (fear appeal)

10. 幽默訴求 (humor appeal)

11. 愉悅式娛樂 (pleasant form of distraction)

12. 姿態符碼 (gestural code)

13. 象徵動作 (emblems)

14. 指示動作 (illustrators)

15. 情緒表達 (affect displays)

16. 調節性動作 (regulators)

17. 調適性動作 (adapters)

18. 超語言符碼 (paralinguistic code)

19. 發音法 (vocalizations)

20. 音質 (voice qualities)

《問題與討論》

1. 一家知名的化工廠，向以生產優良家庭美化產品享譽於業界，深受消費者好評。最近該公司考慮推出一種可以防止或治療蛀牙、牙周病等口腔牙齒病變的成長期兒童青少年專用牙膏。該公司經過研判後決定在廣告上採用恐懼訴求，來推廣其新產品。依你之見，這種決定是否適宜？如果你是這家廠商的行銷傳播企劃人員，您將建議採用何種恐懼訴求？如果你認為不宜採用恐懼訴求，你將建議採用何種訴求？

2. 依你之見，有那些產品適合運用恐懼訴求，來說服消費者接受該產品？有那些產品則不宜運用恐懼訴求？請分別列舉產品並加以解釋。

3. 在美國，有一家聞名國際的高級音響製造廠商，曾經把一種立體音響列為主力商品。在挑剔的音響玩家及業界口碑中，這套音響有一個很多人都已知道的缺點 —— 卽擴音器較競爭品牌同級機型的擴音器更容易發熱；但是，在整體諧音、音路解析、聯線輸出入、音質還原、傳眞效率……等方面，均優於競爭品牌甚多。這家廠商在正式刊播這套音響的廣告之前，曾經就幾種不同的表現方式，實施「事前測定」（pretest），發現：在廣告訊息中承認該音響所具有之缺點者，所獲得的評價最高。依你之見，這家廠商是否要在廣告中運用「兩面」訊息？其理由何在？

4. 依你之見，在上題的例案中，該音響的優點應該置於其缺點之前或之後呈現？

5. 某家信託公司在爲其存放款業務的推廣，擬定廣告訊息。依你之見，應採用「漸層順序」或「漸降順序」來呈現廣告訊息？爲什麼？

6. 業務代表熟知潛在客戶之「姿態」符碼及「超語言」符碼，何以有利於其銷售的推動？試申論之。

7. 試擷選你最近所看過的一些廣告表現中，採用理性訴求的實例及感性訴求的實例，並討論這些廣告訴求是否適合用於該產品及其消費者。

《本章重要參考文獻》

1. Paul Baken, "Hypnotizability, Laterality of Eye-Movements,

and Functional Brain Asymmetry", *Perceptual and Motor Skills*, Vol. 28, pp. 927-932, March, 1969.

2. L. Berkowitz and D. R. Cottingham, "The Interest Value and Relevance of Fear-Arousing Communication", *Journal of Abnormal and Social Psychology*, Vol. 60, pp. 37-43, 1960.

3. E. P. Bettinghaus, *Persuasive Communication* (New York: Holt, Rinehart and Winston, Inc., 1973).

4. A. R. Cohen, "Need for Cognition and Order of Communication as Determinants of Opinion Change", in C. I. Hovland et al. (eds.), *The Order of Presentation in Persuasion* (New Haven: Yale University Press).

5. H. Cromwell, "The Relative Effect on Attitude of the First Versus Second Argumentative Speech of a Series", *Speech Monographs*, Vol. 17, pp. 105-122, 1950.

6. Merle E. Day, "Eye Movement Phenomenon Relating to Attention, Though and Anxiety", *Perceptual and Motor Skills*, Vol. 19, No. 2, p. 443, 1964.

7. A. S. De Wolf and C. N. Governale, "Fear and Attitude Change", *Journal of Abnormal and Social Psychology*, Vol. 69, pp. 119-123, 1964.

8. P. Ekman and W. Friesen, "The Repertoire of Nonverbal Behavior: Categories, Origins, Usage and Coding", *Semiotica*, Vol. 1, pp. 49-98, 1969.

9. E. W. J. Faison, "Effectiveness of One-sided and Two-sided Mass Communications in Advertising", *The Public Opinion Quarterly*, Vol. 25, pp. 468-469, 1961.

10. J. C. Freedman, J. M. Carlsmith, and D. O. Sears, *Social*

Psychology (Englewood Cliffs, N. J.: Prentice Hall, Inc., 1970).

11. G. Hartmann, "A Field Experiment on the Comparative Effectiveness of 'Emotional' and 'Rational' Political Leaflets in Determining Election Results", *Journal of Abnormal and Social Psychology*, Vol. 31, pp. 99-114, 1936.

12. C. I. Hovland et al. (eds.), *The Order of Presentation in Persuasion* (New Haven: Yale University Press, 1957).

13. C. I. Hovland, I. L. Janis, and H. H. Kelley, *Communication and Persuasion* (New Haven: Yale University Press, 1953).

14. C. I. Hovland, A. A. Lumsdaine, and F. D. Sheffield, "Studie. in Social Psychology in World War II", *Experiments on Mass Communication* (Princeton, N. J.: Princeton University Press, 1949).

15. C. I. Hovland and W. Mandel, "An Experimental Comparison of Conclusion-Drawing by the Communicator and by the Audience", *Journal of Abnomal and Social Psychology*, Vol. 47, pp. 581-588, 1952.

16. J. Howard and J. Sheth, *The Theory of Buyer Behavior* (New York: John Wiley & Sons, Inc., 1969).

17. C. A. Insko, A. Arkoff, and V. M. Insko, "Effects of High and Low Fear-Arousing Communications Upon Opinions Toward Smoking", *Journal of Experimental Social Psychology*, Vol. 1, pp. 254-266, August, 1965.

18. I. L. Janis and R. L. Feierabend, "Effects of Alternative Ways of Ordering Pro and Con Arguments in Persuasive Communications", in Hovland et al. (eds.), op. cit., pp. 115-128 (1957).

19. I. Janis and S. Feshbach, "Effects of Fear-Arousing Communications", *Journal of Abnormal and Social Psychology*, Vol. 48, pp. 78-92, 1953.

20. I. L. Janis, D. Kaye, and P. Kirschner, "Facilitating Effects of 'Eating-while-Reading' on Responsiveness to Persuasive Communications", *Journal of Personality and Social Psychology*, Vol. 1, pp. 181-186, 1965.

21. M. Karlins and H. I. Abelson, *Persuasion*, 2d ed. (New York: Springer Publishing, Co., Inc., 1970).

22. Albert S. King, "Pupil Size, Eye Direction, and Message Appeal: Some Preliminary Findings", *Journal of Marketing*, pp. 55-58, July 1972.

23. H. Leventhal, R. P. Singer, and S. Jones, "Effect of Fear and Specificity of Recommendation upon Attitudes and Behavior", *Journal of Personality and Social Psychology*, Vol. 2, pp. 20-29, 1965.

24. F. H. Lund, "The Psychology of Belief: A Study of Its Emotional and Volitional Determinants", *Journal of Abnormal and Social Psychology*, Vol. 20, pp. 174-196, 1925.

25. A. Lumsdaine and I. Janis, "Resistance to 'Counter-Propaganda' Produced by One-sided Versus Two-sided 'Propagada' Presentation", *Public Opinion Quarterly*, Vol. 17, pp. 311-318, 1953.

26. E. McGinnies, "Studies in Persuasion: III. Reactions of Japanese Students to One-Sided and Two-Sided Communications", *The Journal of Social Psychology*, Vol. 70, pp. 87-93, 1966.

27. W. J. McGuire, "Order of Presentation as a Factor in 'Conditioning' Persuasiveness", in Hovland et al. (eds.), op.

cit., (1957) pp. 98-114.

28. M.L. Ray and W.L. Wilkie, "Fear: The Potential of an Appeal Neglected by Marketing", *Journal of Marketing*, Vol. 34, pp. 54-57, January 1970.

29. T.S. Robertson, *Innovative Behavior and Communication* (New York: Holt, Rinehart and Winston, Inc., 1971).

30. R.L. Rosnow and E.J. Robinson (eds.), *Experiments in Persuasion* (New York: Academic Press, Inc., 1967), p. 101, in Reference to H. Cromwell, "The Relative Effect on Attitude of the First Versus Second Argumentative Speech of a Series", *Speech Monography*, Vol. 17, pp. 105-122, 1950.

31. D.L. Thistlethwaite, H. De Haan, and J. Kamenetzky, "The Effects of 'Directive' and 'Nondirective' Communication Procedures on Attitudes", *Journal of Abnormal and Social Psychology*, Vol. 51, pp. 107-113, 1955.

32. G.L. Tragger, "Paralanguage: A First Approximation", *Studies in Linguisties*, Vol. 13, pp. 1-12, 1958.

33. W. Watts, "Relative Persistence of Opinion Change Induced by Active Compared to Passive Participation", *Journal of Personality and Social Psychology*, Vol. 5, pp. 4-15, 1967.

34. W. Weiss, "Emotional Arousal and Attitude Change", *Psychological Reports*, Vol. 6, pp. 267-280, 1960.

35. W.A. Weiss and B.J. Fine, "The Effect of Induced Aggressiveness on Opinion Change", *Journal of Abnormal and Social Psychology*, Vol. 52, pp. 109-114, 1956.

第七章　受播者

　　前面幾章中曾經就受播者在接受過程中的三個重要階段——注意、知覺與學習加以探討。研究發現，這些過程都會受到不同之人格特質的相當影響。本章將就影響受播者是否對傳播者的說服訊息產生感應而接受的諸項因素，進一步加以探討。傳播專家承認，發展傳播訊息及擬定傳播計畫對於受播者能否了解傳播內容，相當重要。同樣地，行銷人員也必須體認，為了要擬定有效的行銷計畫，就必須充分了解消費者，即受播者。

壹、影響說服的受播者因素

　　就每一個傳播情境而言，受播者均各具有不同的人格特質、態度、興趣、與信念；這些個人特性攸關受播者是否能接受傳播者的說服訊息。在本節中，將開始就一些與「被說服性」（Persuasibility，或稱「聽從性」）相關的重要人格特質，進行探討：

一、人格因素

一個人的人格與其對訊息的反應間，有密切的關聯。具有某些人格特質的人會比具有其他人格特質的人，更容易對訊息產生感應而接受說服。許多學者專家都就人格與說服之間的關係，進行大量研究。在諸多人格特質中，最常被人們所探討的人格特質為自尊（self-esteem）、權威（authoritarianism）、接納性（receptiveness）、社會退卻（social withdrawal）、攻擊性（aggressiveness）、焦慮（anxiety）、豐富想像（rich-imagery）以及智力（intelligence）。

（一）自尊（Self-Esteem）

許多學者都認為「自尊」與「被說服性」關係密切（Janis, 1954; Divesta & Merivan, 1960; Janis & Field, 1959）。「自尊」是指個體對他自己的看法：自尊心強的人表現得比較有信心、樂觀、進取；而自尊心弱的人則較悲觀、優柔寡斷。研究發現，自尊心較低的人比自尊心高的人更容易被說服。因為自尊心低的人，往往會表現得社會適應不良（social inadequacy）、社會焦慮（social anxiety）、抑制（inhibition）、沮喪（depression）（Janis, 1954）……；簡言之，就是缺乏自信心，容易以別人意見為意見。反之，自尊心高的人，信心十足、樂觀開朗、自我肯定，因此，較不易接受他人意見。

一般人相信，自尊心低的人對說服內容較能感受，因為他們對自己的判斷缺乏信心，容易仰賴別人的意見來決定自己的看法。反之，自尊心高的人對自己充滿信心，確信自己有能力對事物作判斷，因此，較不易受他人牽制左右，對說服內容的感受性也就較低了。

有關自尊心方面的研究也發現，受播者的自尊心與傳播來源和訊息間，有相互作用（interaction）的現象。其中有一項研究結果顯示，

自尊心低的人較易被其心目中威望程度較高之傳播者傳播的說服內容所說服(Cohen, 1959)。學者在另一項研究也發現，受播者自尊心與訊息差異之間，有明顯的交互作用現象。自尊心低的人對於沮喪與悲觀的訊息，特別容易感受而被說服；而自尊心高的人，則較容易被語氣樂觀的訊息所說服 (Leventhal and Perloe, 1962)。

　　有一項研究結果，正好可直接運用在行銷上。這項由柯克斯與鮑爾(Cox and Bauer, 1964) 兩人所作的研究顯示，自尊心低、中、高的受試者之間，呈現一種曲線關係。柯、鮑二人在其實驗研究中，要女性受試者在兩種不熟稔品牌的相同尼龍絲襪中，選擇其中一種。選擇完畢後，受試者被安排去聽一段由業務人員爲推薦其中一種品牌所作的錄音帶。在受試者選定品牌及聽過業務人員推薦後，分別都要受試者對各該品牌褲襪加以評價。研究者發現，具有中度自信心的女性所產生的意見改變最大，而具有極端高或低自尊心的女性，對於業務人員之說服內容的感受性均甚低。　對於上述研究的意外結果，研究人員所提出的解釋是：自尊心低的女性在心中會對外來訊息採取「自我防衛」(egodefensive) 措施，也就是說，她們會抗拒業務員的說服訊息，在內心中形成「保護自我」的防衛機構，而有「我不需要任何幫忙」的念頭與想法(Cox and Bauer, 1964)。柯、鮑二人這種發現，顯然與早期的研究發現不同。

　　此外，還有一些其它的研究也都顯示一些與早期研究結果不同的發現。鮑爾認爲早期研究結果與彼等所作的研究結果之所以不同，是由於實驗情境之不同所致。早期的實驗中，實驗情境是用「社會認同」(Social approval) 的方式作爲激勵受試者的「制約」(condition)；而在後來的實驗中，研究者將受試者引入「解決問題」的實驗情境。在該情境中，具有高自信心的受試者之所以會樂於接受傳播訊息，是因爲他們想

藉此以加強（支持）他們的決策（Bauer, 1967）。

（二）權威（Authoritarianism）

有許多研究受播者人格特質的學者，將研究主題集中於「權威」之上。基本說來，「權威」是指個體對他人之權力、地位與自己之權力、地位的關切與重視。進而言之，具有權威個性的人，較容易認同具有權力或擁有領導地位的人（Bettinghaus, 1973）。

我們所關心的是權威個性如何影響到受播者對說服性傳播內容的接受。關於這方面的問題，學者的研究獲致了下列的結論：

1. 具有權威個性的人，好勝心強，想要當團體中的領袖，對於不是自己所屬之其他團體懷有排擠和敵視心理，容易根據自己的價值體系去評斷外界事物，而外界消息也不容易改變他所信服的權威人士或事物（Adorno, Frenkel-Brunswik, Levinson and Sanford, 1950）。

2. 具有權威個性的人，對於權威人士的說服性訊息顯得較能感應與接受；然而，對於漠漠無聞之傳播者所說的話卻往往不屑一顧。

3. 權威個性較低的人，則較容易接受由漠漠無聞之傳播者提出之說服訊息，而較不易接受由權威人士提出的說服訊息。

所謂權威個性是指「權威特徵的無瑕表現」（the infallibility of the authority figure），對於訊息的接受與否完全取決於自我的意志；而「非權威個性」（nonauthoritarian personality）的人，對於訊息的接受與否則取決於訊息中所呈現之概念的強度（Rohner and Sherif, 1950; Harvey and Beverly, 1961; Paul, 1956; Weiss, 1960; Steiner and Johnson, 1963）。

總之，說服傳播訊息對於權威個性較低的人，較容易達到說服目的；而對於權威個性較高的接受者，就必須運用權威人士作為傳播來源，或設法引用權威人士所主張的意見，以提高傳播訊息的說服力。

（三）訊息感受性　(Receptiveness)

近年來，許多學者把研究的焦點集中在另一項受播者的人格特質之上，那就是受播者的「訊息感受性」(Receptiveness)，也就是受播者「心境的開放與閉塞」(the open and closed mind)。

心境開放（感受性較高）的受播者，通常較會從各種不同的觀點去觀察一種情境，在其信念結構中可以同時共存許多歧異而相對的信念，但並不因此而造成認知矛盾或失調。這種「博採眾議」的能力多少是由於他樂於接觸與其信念結構相牴觸的訊息。進而言之，這些人對於外界事物的看法通常較為樂觀。反之，心境閉塞（感受性較低）的受播者通常較為武斷、悲觀，較易劃地自限地只容納某些特定信念而排斥其他信念。對於任何與自己參考架構不符的訊息，一概拒絕接觸。對權威絕對信服，而對問題的看法則頗為狹隘，不能廣納多方面不同意見。

有關這方面的研究顯示，武斷的人對於他們所信賴之權威人士所提的說服傳播訊息較能接受；而對於他們所不信任之權威人士所提的意見，則往往會加以拒絕。反之，心境開放的人在評估訊息之論點是否可接受時，並不會將信任度列為考慮標準；同時，心境開放的人更能開敞心胸，將各種新的思想、概念等融入其信念結構，儘管這些新思想、概念中，有些是與其所持的其他信念相牴觸。心境閉塞的人則拒絕任何與其信念牴觸的訊息，因此也未能吸收與其信念牴觸的思想與概念。

必須注意的是並沒有絕對的標準來劃分誰是武斷閉塞、誰是心境開放；我們大多介於這兩種之間，無法以二分法截然分出兩種極端類型，只能按照程度上的差異，把握開放與閉塞原則，針對我們要訴求的對象，巧妙地予以運用 (Bettinghaus, 1973)。

（四）社會退卻 (Social Withdrawal)

另一項被稱為「社會退卻」的人格特質，也經證實與傳播的「被說

服性」相關。「社會退卻」的人格特質經常出現在對他人「漠不關心」之人的身上。「具有社會退卻之傾向的人，比其他的人較不易受說服性傳播來源的影響」（Hovland, Janis and Kelley, 1953）。「具有這種人格特質的人通常較冷漠、較孤僻、在情感上顯得較不牢靠、較喜離羣獨居、在正式或非正式社交場合中也顯得較不積極活躍。」（Janis, 1963）。因此，在傳播活動上也就顯得較不積極，而較不易受到說服。

（五）攻擊性（Aggressiveness）

攻擊性是指在某些人對他人所表現之公開責難、憤怒、敵意等行為。「凡是敵意較高、較易動怒、較具攻擊傾向的人，通常較不易接受強調其為眾人意見之傳播所說服。」（Myers and Reynold, 1967）反之，那些攻擊性較低的人，經證實較易被說服。

（六）焦慮（Anxiety）

另一項頗為重要之人格特質是個體的焦慮程度，通常是指不安定或疑慮的感覺，焦慮程度較高的人通常對其週遭環境較採防衛姿態。有些研究顯示，焦慮程度較高的人，比較不易被說服❶。這些人會運用其防衛機構來篩濾企圖改變其意見的說服性訊息。由於缺少興趣，而且深怕受到傳播訊息的侵擾，因此較不易受到說服訊息的影響而改變態度或行為。

（七）想像力（Rich-Imagery）

想像力豐富的人對他人有較高的移情能力，這些人也比想像較低的人更容易被說服。有些廣告中的意境甚高（像飲料、洗髮精……等產品的廣告）、或意義抽象深奧，須發揮相當想像力去理解，這些廣告顯然是試圖向想像力豐富的人訴求的。

---

❶ 這些研究包括 Haefner, 1956; Janis and Feshbach, 1954; Nunnally and Bobren, 1959. 等。

(八) 智力 (Intelligence)

關於智力與被說服性間關聯性的研究，業已顯示，有些時候智力低的人比智力高的人更容易被說服；而有些時候智力高的人反而比智力低的人更容易被說服。因此，表面上看來，智力與說服性之間並沒有一種固定不變的關係存在。然而，在不同的訊息訴求方式中，智力經證實與被說服性間具有密切關聯性，尤其在下列兩種情況之下：

1. 當說服傳播內容偏重在強調邏輯性論點時，智力高的人往往比智力低的人更容易被影響——主要是由於智力較高的人具有較高的能力去作有效論斷。

2. 當說服傳播內容的主要根據只是一些缺少支持的概論或謬誤、非邏輯性、不對題的論點時，則智力高的人比智力低的人更不容易被影響——主要是由於智力較高的人具有較高的批判能力 (Hovland, Janis and Kelley, 1959)。

一個人的智力或智慧能力 (intellectual ability) 可以視為下列三個交互影響之基本要素的組合：

(1) 學習能力——一種獲取情報並儲存、記憶情報的心智能力；

(2) 批判能力 (critical ability)——一種使人能接近訊息的理性面並接受之；以及拒絕邏輯偏差之訊息的能力；

(3) 推論能力 (ability to draw inference) ——一種解釋訊息，並且根據訊息中的事實提出推斷的能力 (Hovland, Janis and Kelley, 1959)。

研究者根據上述的「智力」定義層面導出上述兩種智力與被說服性之間的關聯性。在某些情況下，個體的推論能力是與被說服性關係最密切的主要成分；而在另一些情況下，則以批判能力為主要成分。

二、性別差異

在有關說服研究之範疇中，有一項最一致的研究發現，那就是「女人通常比男人更容易被說服」❷。一般說來，女性比男性更容易順應他人的意見。關於女性與被說服性的研究發現並未證實，被說服性之性別差異是由於心理上的差異；研究者大多將這種性別差異解釋爲男性與女性在性別角色扮演上的差異。大致說來，在社會化(Socialization)過程中，女性總是傾向於謙恭柔順且較不獨立；而男性在此過程中，由學習得知其男性角色的特徵是優越感重、獨立性強。因此，許多研究結果均顯示，女人比男人更容易被說服。必須一提的是，較容易說服女性的訊息，在本質上，通常是較不重要的；對於女性所強烈秉持其信念的論點，女性也並不是很容易就被說服的(Carment, 1968)。

三、人格因素的重要性

前面所提的只是部分與被說服性相關的一些人格特質，從上面所做的概要探討我們所獲致的重點是：人格變數是傳播者在試圖說服其受播者接受其觀點時，所必須關切的重要變數。當然，有關人格特質與被說服性間關聯性的研究，仍然需要更進一步探討。

對於行銷傳播工作者而言，運用消費者的人格特質來作爲擬定傳播策略，雖然剛在起步階段，然而自從柯特勒提出可以運用人格特質來作爲市場區隔的主要變數（例如權威性或領導性）(Kotler, 1982)以來，引起許多行銷人員開始重視人格因素的重要性。許多有關人格變數的行銷研究都將重點集中在不同品牌產品之購買者的人格差異，而不是在探

---

❷ 這方面的研究很多，如 Scheidel, 1963; Reitan and Shaw, 1964; Whitaker, 1965; Carrigan and Julian, 1963. 等均有相近的研究發現。

討不同消費者人格在「被說服性」上所表現的差異。當然，如能瞭解在購買行為上之性格差異，我們就可以針對各種不同的市場區隔對象，製作不同的傳播訊息。在人格特質與被說服性的領域中，尤其迫切需要行銷研究，當研究作得愈多時，人格特質與受播者之被說服性間的關聯性，對行銷傳播而言就會愈形重要。

貳、興趣與被說服性

受播者的興趣會使其對該興趣訴求的訊息產生興趣。

當受播者認為某一傳播訊息是針對受播者的特殊興趣或人格特質進行訴求時，則該訊息對受播者的意見較具影響力。因此，針對特定受播者所作的傳播，比針對一般「廣泛大眾」所作的傳播，更具有說服效果 (Berelson and Steiner, 1964)。

上述的說法正好吻合了行銷學上所稱的「市場區隔」 (Market Segmentation)的概念。掌握各種不同之市場區隔的興趣與需求，將有助於提高行銷效率。

上述概念可延伸而涵蓋到受播者或消費者的最終目標。如果要想誘導消費者產生行動，訊息中所建議的行為必須要被認為是達成消費者目標或解決消費者某種困難（問題）的方法。更重要的是，在諸多訊息並存而互爭的情形之下（目前，市場上的情形正是如此），受播者（消費者）所認為最有助其達成目標的訊息，最有可能被選中 (Cartwright, 1949)。因此，如果針對受播者或消費者的興趣、目標，和困難、問題等，徹底加以分析，將能找出訊息訴求的最佳方式。有時甚至可以導引

出許多新產品概念和創意。

叁、態度與說服

成功的說服必須考慮到「受播者的態度和形成態度的原因」(Karlins and Abelson, 1970)。基本上，形成態度的原因有三種：事實因素、社會因素與個人因素。

一、事實因素

如果消費者的態度是建立在事實情報不足的情況時，廣告者不妨可以嘗試製作一系列廣告活動，使消費者了解在其購買決策時所必須的事實。當年，太太之所以不願替她先生購買合成纖維襯衫，很可能是因為她並不完全了解其「免燙」的特性。如果能在廣告訊息中，強調該襯衫的「免燙」特性時，其效果可能非常顯著。

二、社會因素

以社會或團體為基礎的態度，最好是提出與其社會團體相關的行為規範所能接受的訊息，才能有效改變態度並進而使其產生所建議的行為。例如消費者在購買諸如手錶、香煙、啤酒、化粧品、汽車……等產品時，往往會將某一品牌與某種社會團體特徵加以聯結。在這種情況之下，不妨可以將廣告訊息與該相關團體聯結，使消費者獲得替代式參與和滿足。

三、個人因素

由個人因素或個體特質所形成的態度，可能是最不易去改變的態度。

這些態度與個人的自我印象(Self-Image)及角色扮演，關係甚爲密切。如果要以廣告改變這種態度，必須設計一種能幫助消費者認淸自我、瞭解本身角色的訊息訴求。

肆、抗拒傳播

前面曾提到，受播者在注意及知覺上的選擇過程，對他們形成「保護」使他們免於接受其所不願意、或與其態度相違忤的訊息。人們可以在瞬息間迅速佈下心理藩籬障礙，而順利避開了不想接受的訊息。大部份的傳播或說服技巧都在設法解除受播者的心理藩籬以順利通過受播者的「篩濾過程」(filtering process)。一旦能通過這篩濾網，則會大大提高改變其態度的成功率。我們可以用軍隊作戰來做個比喩：如果攻擊的軍隊想正面去攻擊敵軍之防衞時，必然會遭受很大的抵抗。反之，如果進攻軍隊能够佔領敵軍防線上弱點、或是能够繞到防衞軍隊的側面、或是以欺敵方式分散或擾亂敵軍的正面防衞力量時，進攻軍隊就能較容易地溜進敵軍防線之內而達到攻擊目的。大致說來，說服過程與上述攻擊行動確有許多相似之處。「態度改變者」或「說服者」（可視同上述的攻擊者）必須想出突破防線穿越障礙的方法，而將其訊息順利地送進受播者的知覺領域。業務代表幾乎每一分鐘都在面對這種「挑戰」，假如他能「踏進門檻」，他就能大大提高作成交易的機會。

在傳播過程中，爲了要有效滲透受播者，必須事先瞭解並掌握受播者的防衞系統。前面章節中，我們已經討論過一些受播者的防衞機轉——選擇性注意、選擇性知覺，以及選擇性記憶。現在我們將進一步探討致使受播者抗拒意見改變的一些受播者因素。

一、中心信念(Central Beliefs)

人們心中持有許多不同的信念，其中有些信念對他個人的生活而言比較重要，可以算是他的基本主要信念；而其它的信念則較不重要，屬於次要信念。屬於前者那些置於個體認知結構核心部份的基本信念，我們就稱之為「中心信念」(Central beliefs) (Bettinghaus, 1973)。例如「上帝是造物者」、「太陽是太陽系的中心」、「我相信紫微斗數」……等等，都是中心信念。中心信念通常是難以改變——愈接近中心的信念，愈為穩固堅定，因此也就愈不容易改變。許多人的宗教信仰就是典型的中心信念，深植於他們的認知結構之中，這些信念或信仰也往往會左右其外顯的行為。要想改變人們根深蒂固的信念或信仰，那真是比登天還難。更重要的，中心信念往往會牽繫並影響其他外圍的許多信念，因此要改變中心信念勢必要對這些信念加以全面調整與重組，所謂「牽一髮而動全身」。這種大規模的改變，似乎是不太會成功的。

在行銷策略上的重要運用是避免對消費者的中心信念，進行直接攻擊。明智一點的作法是盡量去尋找消費者之中心信念與其產品之間的關聯性，有效地運用這些信念來加強產品在消費者心目中的地位。例如：「我們都知道，良好的教育對孩子來講是重要的。」這個信念可以用來作為兒童書籍或教育器材之業務代表或廣告文案的開場白。在這個實例之中，銷售人員或撰文人員是希望將其產品與消費者對子女及教育所持的中心信念加以聯結。

二、周邊信念 (Peripheral Beliefs)

「周邊信念」是指環繞在「中心信念」之外圍的信念。這些信念並不是人們認知結構中的主要部份，但是仍然相當接近信念的核心（

Bettinghaus, 1973)。像「老王的牛肉麵堪稱全臺第一美味。」、「我逐漸懷疑聯合國在促進國際和平方面所作的努力。」這些周邊信念，通常要比中心信念容易去改變，因此經常是行銷傳播所矚目的。

「周邊信念」中有一種比較特殊層次的信念，稱之爲「衍生信念」（derived beliefs），這些衍生信念是緊鄰著中心信念而向外發展的信念，比其他周邊信念更難改變。像「我認爲私自販賣酒精飲料應該是犯法的行爲。」、「所有商店在禮拜天應該關門休息。」等，都算是「衍生信念」。這些衍生信念源自根深蒂固的中心信念或信仰（如宗教信仰），與中心信念關係密切。這些衍生信念也可能與各地風土習俗息息相關，因此不同地區會有各種不同的特殊衍生信念，行銷人員必須特別注意這個問題，才能設計各種因地制宜的行銷訊息。

三、人　　　格(Personality)

威望和聲望高的人通常比威望和聲較低的人，更容易抗拒他人對其所作的態度和意見改變。人們的聲望主要是由於他對團體規範的接納，如果他一旦接受與其團體規範的訊息而改變他個人的態度時，勢必會損及他的聲望與地位。因此，他必須盡力設法去維持他目前的信念結構，以維繫並鞏固其聲望，而抗拒任何改變該信念的傳播訊息（Hovland'Janis and Kelley, 1953）。

在行銷的運用是，行銷傳播不宜以聲望人士作爲主要訴求對象，尤其當行銷傳播訊息的訴求重點與其團體規範相牴觸，而試圖改變受播者的態度或意見時。

綜合上述，人們對於試圖改變其態度而又與其中心信念、衍生信念或團體規範相違背的說服傳播訊息，通常會加以抗拒。行銷傳播者必須了解消費者的防衞系統，並且要避免正面攻擊這道防線；反之，應該承

認受播者的心理抗拒，正是呈現與消費者信念結構一致之傳播訊息的大好機會。可能的話，行銷傳播者在傳播其產品概念時，應該設法向消費者指出，該產品將能維繫並加強其固有信念，也能提高彼在團體中的地位與形象。

伍、說服傳播之受播者原則

在這一節裏，將把在說服過程中扮演非常重要角色的各項受播者特性的探討，加以綜合歸納。這些原則（或推論）將提供給行銷傳播作為參考，以設法影響消費者：

一、大致說來，「自尊心」低的人通常比「自尊心」較高的人，更容易被說服；尤其，當所採用的訊息是屬於「社會認同」(social approval)式時。

二、具有「權威個性」的人對於權威性的訊息較容易感應；對於漠漠無聞之傳播訊息卻往往不去理會。

三、「非權威個性」者則較容易對漠漠無聞人士之傳播訊息產生感應；而對權威性之訊息則較不易產生感應。

四、具有「武斷性」人格特質的人，較能接受他們所信賴之權威人士所作的說服傳播訊息；而較不會受到彼所不信賴之權威人士之說服傳播的影響。

五、具「開放心境」的人，對於是否接受一項傳播訊息所持的評估標準，是基於訊息立論點是否有利益，而不在乎由何人來傳播該訊息。

六、具有「社會退卻」傾向的人，比無此傾向的人，較不易受說服

傳播的影響。

七、能抑制「攻擊」行為傾向的人，較容易被說服。反之具有「攻擊性」傾向的人，較不容易被「眾人意見」(majority opinion) 所說服。

八、具有高度「焦慮」傾向的人，較不容易被說服。

九、「想像力」較高的人比「想像力」較低的人，更容易被說服。

十、一般而言，整體「智力」與「被說服性」之間，目前並沒有一種固定不變的關係存在。

十一、由於「智力」高的人具有較高之「論斷能力」，因此較容易被邏輯性論點影響。

十二、由於「智力」較高的人具有較高的「批判能力」，因此比智力較低的人，更不容易受到一些缺乏支持之謬誤、非邏輯性、文不對題……等類論點的影響。

十三、基本上說來，女性比男性容易被說服 (Karlins and Abelson, 1970)。

十四、針對特定受播者之興趣、目標，以及問題所製作的訊息，比針對「廣泛大眾」所製作的訊息，更能影響受播者的意見。

十五、成功的說服必須考慮到受播者態度以及形成態度的原因。

十六、根深蒂固的「中心信念」或「中心意見」，極困難去加以改變。

十七、「衍生信念」（緊挨著「中心信念」外圍的信念）比遠離「中心信念」的「周邊信念」更難去改變。

十八、威望與聲望高的人較不容易被說服而去改變意見或態度;尤其，當該傳播訊息曾影響到這些人的團體規範時。

　　以上所列的原則並未包括在本書各章裏所談的所有受播者的推論。與其它任何行為科學的研究一樣，在現階段的傳播研究發展過程中，我們必須承認上述各項原則的說法有點微不足道。尤其我們更應隨時提醒，上述的原則中有許多是從實驗室研究中所得的結果加以推論的，當環境產生變化時，許多推論就不見得有用了。例如，「女性比男性容易被說服」的說法，雖然是一項具有強力支持的假說，但是未來一旦社會產生遽變而性別差異崩潰時，這項說法可能就變成無效了。

　　上述這些原則只是提供行銷傳播人員，作為參考用的指南而已，對於可能發生的各種特殊的行銷環境，都可能提供參考的價值。必須對於現有研究及一般原則，深入加以探討，我們才有可能在市場上奪人先機，成為成功的行銷人員。

　　任何行銷傳播人員在着手規劃行銷傳播活動時，必須先對「受播者」加以分析。因為從受播者的分析，我們可以決定應該於「何時」、「如何」、「向何人」傳遞「何種」訊息？「認清受播者」（Know the audience）一向是成功傳播的基本要件。

　　我們曾經談過，「人格特質」這項變數，可以用作區隔市場的方法。由於「人格特質」與「被說服性」間之關聯性日漸被發現，更使人格特質成為除人口統計變數之外一項重要的市場區隔指標。姑不論其可用作市場區隔方法，行銷傳播人員若能確實掌握消費對象的人格特質，中心、衍生或週邊信念，智力，形成態度原因，以及其它行為構成因素時，他將能立刻制定一項有效又具說服力的傳播訊息（Body and Levy, 1967）。

《本章重要概念與名詞》

　　1. 被說服性（persuasibility）

2. 自尊 (self-esteem)

3. 權威 (authoritarianism)

4. 訊息感受性 (receptiveness)

5. 社會退卻 (social withdrawal)

6. 攻擊性 (aggressiveness)

7. 學習能力 (learning ability)

8. 批判能力 (critical ability)

9. 推論能力 (inference-drawing ability)

10. 焦慮 (anxiety)

11. 想像力 (rich-imagery)

12. 智力 (intelligence)

13. 性別差異 (sex-differences)

14. 興趣、目標，與困難 (interest, goals, and problems)

15. 中心信念 (central beliefs)

16. 衍生信念 (derived beliefs)

17. 周邊信念 (peripheral beliefs)

《問題與討論》

1. 行銷人員應如何運用消費者的人格特質，來提高對品牌的接受性? 試申己見。

2. 何以行銷人員必須充分了解消費者對其品牌所持之負面態度的眞正原因?

3. 行銷人員如何運用中心信念及衍生信念，來獲使消費者接受其產品?

4. 在何種情況之下，業務代表可以運用到「女人比男人易被說服」的原則?

5. 有關消費者目標、問題與需求的研究，如何幫助行銷人員去發掘新產品

的機會點? 試舉實例加以解釋。

6. 依你之見，業務代表如何迅速掌握某些消費者的人格特質，藉以有效說服顧客購買該產品?

7. 從前面幾章有關「說服」效果的探討中，請綜合加以研判後，說明如欲改變消費者態度，究竟應該採用「直接訴求方式」或「間接訴求方式」? 試闡述其理由。

≪本章重要參考資料≫

1. Raymond A. Bauer, "Games People and Audience Play," *paper Presented at Seimner on Communications in Contemporary Society*, University of Texas, Mar. 17, 1967.

2. B. Berelson and G. A. Steiner, *Human Behavior*: *An Inventory of Scientific Findings* (New York: Harcourt, Brace & World, Inc., 1964).

3. E. P. Bettinghaus, *Persuasive Communication*, 2nd ed. (New York: Holt, Rinehart and Winston, Inc., 1973).

4. H. W. Boyd, Jr., and S. J. Levy, *Promotion*: *A Behavioral View* (Englewood Cliffs, N. J.: Prentice-Hall, Inc., 1967).

5. D. Carment, "Participation and Opinion-Change as a Function of the Sex of the Members of Two-Persons Groups," *Acta Psychological*, Vol. 28, pp. 84-91, 1968.

6. W. Carrigan and J. Julian, "Sex and Birth-Order Differences in Conformity as a Function of Need Affiliation Arousal," *Journal of Personality and Social Psychology*, Vol. 3, pp. 479-483, 1963.

7. D. Cartwright, "Some Principles of Mass Persuasion," *Human Relations* (London: Plenum Publishing Co., Ltd., 1949).

8. A. R. Cohen, "Some Implications of Self-Esteem for Social Influence," in I. L. Janis and C. I. Hovland (eds.), *Personality and Persuasibility*, (New Haven, Conn.: Yale University Press, 1959), pp. 55-68.

9. D. F. Cox and R. A. Bauer, "Self-Confidence and Persuasibility in Women," *Public Opinion Quarterly*, Vol. 28, pp. 453-466, Fall 1964.

10. F. J. Divesta and J. C. Merivan, "The Effects of Need-Oriented Communications on Attitude Change," *Journal of Abnormal and Social Psychology*, Vol. 60, pp. 80-85, 1960.

11. D. P. Haefner, "Some Effects of Guilt-Arousing and Fear-Arousing Persuasive Communications on Opinion Change," *Unpublished Doctoral Dissertation*, University of Rochester, Rochester, New York, 1956.

12. O. J. Harvey and G. D. Beverly, "Some Personality Correlates of Concept Change Through Role Playing," *Journal of Abnormal and Social Psychology*, Vol. 63, pp. 125-130.

13. C. I. Hovland, I. L. Janis, and H. H. Kelley, *Communication and Persuasion* (New Haven, Conn.: Yale University Press, 1953).

14. I. L. Janis, "Personality Correlates of Susceptibility to Persuasion," *Journal of Pessonality*, Vol. 22, pp. 504-518, 1954.

15. I. L. Janis, "Personality as a Factor in Susceptibility to Persuasion," in Wilbur Schramm (ed.), *The Science of Human Communication* (New York: Basic Books, Inc., Publishers, 1963).

16. I. L. Janis and S. Feshbach, "Effects of Fear-Arousing

Communicatios," *Journal of Abnormal and Social Psychology*, Vol. 49, pp. 211-218, 1954.

17. I. L. Janis and P. B. Field, "Sex Differences and Personality Factors Related to Persuasibility," in I. L. Janis and C. I. Hovland (eds.), op. cit., pp. 102-121.

18. I. L. Janis, and C. I. Hovland (eds.), *Personality and Persuasibility* (New Haven, Conn.: Yale University Press, 1959).

19. M. Karlins and H. I. Abelson, *Persuasion*, 2d. ed. (New York: Springer Publishing Co., Inc., 1970).

20. P. Kotler, *Marketing Management: Analysis, Planning, and Control*, 4th ed. (Englewood Cliffs, N. J.: Prentice-Hall, Inc., 1982).

21. H. Leventhal and S. I. Perloe, "A Relationship between Self-Esteem and Persuasibility," *Journal of Abnormal and Social Psychology*, Vol. 62, pp. 385-388, 1962.

22. J. H. Myers and W. H. Reynold, *Consumer Behavior and Marketing Management* (Boston: Houghton Mifflin Company, 1967).

23. J. C. Munnally and H. M. Bobren, "Variables Governing the Willingness to Receptive Communications on Mental Health," *Journal of Personality*, Vol. 27, 1959.

24. I. H. Paul, "Impressions of Personality, Authoritarianism, and the Fait Accompli Effect," *Journal of Abnormal and Social Psychology*, Vol. 53, pp. 338-344, 1956.

25. H. Reitan and M. Shaw, "Group Membership, Sex-Composition of the Group, and Confirmity Behavior," *Journal of Social*

Psychology, Vol. 64, pp. 45-51.

26. J. H. Rohner and M. Sherif, *Social Psychology at the Crossroads* (New York: Harper & Row, Publishers, Incorporated, 1950).

27. T. Scheidel, Sex and Persuasibility," *Speech Monographs*, Vol. 30, pp. 353-358, 1963.

28. Wibur Schramm (ed.), *The Science of Human Communication* (New York: Basic Books, Inc., Publishers, 1963).

29. I. Steiner and H. Johnson, "Authoritarianism and Conformity," *Sociometry*, Vol. 26, pp. 21-34, 1963.

30. W. Weiss, "Emotional Arousal and Attitude Change," *Psychological Review*, Vol. 6, pp. 267-280, 1960.

31. J. Whitaker, "Sex Differences and Susceptibiliy to Interpersonal Persuasion," *Journal of Social Psychology*, Vol. 66, pp. 91-94, 1965.

第八章　團　體

　　以上各章已就個體的傳播行為加以探討，並且討論過在不同的傳播
情境之下，各種不同的傳播者、受播者以及訊息等諸多因素，如何影響
個體所採取的反應。因此，到目前為止，我們所探討的受播者，都是被
「孤立」在傳播者外的影響之外。這種探討方式是便於我們就傳播過程
中之重要傳播變數的效果，分別加以探討。然而，在實際狀況之下，個
體並非在「真空」狀態之下，發射或接收訊息。每一個體的一舉一動，
往往會影響他人也會受他人影響。人們對於傳播的注意與知覺，絕大部
分會受到其所屬團體的影響和改變。本章將針對團體對受播者的影響加
以探討。

壹、團體的種類

　　我們每一個人都屬於許多團體，而每一種團體都對我們的生活發揮
巨大影響。團體不但影響了我們的生活方式，也影響了我們的傳播方式。

在傳播過程中，團體使我們對所用的文字產生了意義，也使我們了解使用這些文字的方式。事實上，我們今天對於某些文字所賦與的意義，可能與我們父親輩們對於同一文字所賦與的意義完全相反。同樣的，一些符號、手勢、行為語言等，也往往會因不同的團體而有不同的意義。例如：邱吉爾的Ｖ型手勢，在二次大戰期間被認為是「勝利」的象徵；而今日卻被用來作為「和平」的標誌。不過，儘管某些文字符號會因時因地而異，但是大致說來還是會保持相當穩定性，而代代相傳。

團體可能大至包括數百萬人的整個文化，也可能小至兩人一組的研究小組。大致說來，「團體」是指「彼此互相聯繫、互相依存、互相為對方設想，並意識到某一顯著之共通性的複數個體。」（Alstead, 1959）。

在本章裏所要探討的團體有「文化團體」（Cultural groups）、「次文化團體」（Sub-Cultural groups）、「社會團體」（Social groups）、「家庭團體」（Family groups），以及「參考團體」（reference groups）（如下圖 8-1）。這些團體會影響一個人選擇那些事物去加以注意（選擇性注意），也會影響他如何去知覺他所注意的事物（選擇性知覺）。一個人所注意的訊息以及他對該訊息的理解與詮釋方式，主要是受到重要社會團體壓力的影響（Friedson, 1953）。團體對於「新事物擴散」的影響尤大。例如，在接受新事物方面，屬於「現代」常模團體的成員，通常會比屬於較傳統常模之團體的成員，更容易接受新觀念（Rogers, 1962）。

我們都知道，團體在整個傳播過程中，扮演著非常重要的角色。以下就針對這些團體，加以深入探討。

一、文化團體

影響一個人的傳播行為最大的團體，就是其所屬的「文化團體」。

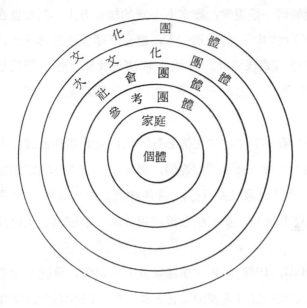

圖 8-1 影響個體行爲的團體

「文化」一字，諸多定義均不甚相同，在此我們將「文化」定義爲「價值、觀念、態度，以及其他由人創作用來顯示人類行爲、意義符號，與人們用以代代相傳之行爲及生活典範的綜合體。」（Engel, Kollat and Blackwell, 1978）。這種定義可以說是「傳播導向」的定義，因爲它認爲人們創作「有意義的符號」（meaningful symbols）用以顯示人類行爲。透過語言文字，我們可以永久保存祖先的價值與觀念。這些價值、觀念、構想、態度等，經由「社會化過程」（socialization process）代代相傳。所謂「社會化」是指人們學習其自己文化遺產的過程，在社會化過程中，父母是負責將價值觀念代代相傳的主要團體。

在傳播過程中，了解受播者的文化背景是相當重要的。因爲，人們對於發生在其周遭環境的種種現象，如何去加以解釋，大多取決於其文化背景。「由於人們的知覺大部分是取決於文化，因此來自不同文化背

景的人，對於同一種現象，經常有不同的知覺方式。例如住在墨西哥德
魁拉村落 （Tequila） 的印地安人，總是不願去延請傳教士，來爲其病
重的親友主持 『最後禮拜』 儀式， 卽使是教徒亦然。 因爲他們曾注意
到，在多數情形下，當教士走後不久，這些病患就去世了。」（Foster,
1962）。

從行銷的觀點看來，文化情報對國際性業務運作而言，尤屬重要。
多國性公司大多有一種共同的經驗，那就是，在某一國家相當成功的行
銷計畫， 拿到其他國家去執行， 卻往往遭到失敗命運。 適用於國內市
場的行銷戰略和技巧，並不能直接適用於其他國家與文化背景的消費市
場。

霍爾(Hall, 1959)，在「無聲語言」一書中，曾就文化差異加以探
討。他在書中指出五種重要的文化差異，卽: 時間觀念、空間觀念、事
物觀念、朋友觀念以及合約觀念。

（一）時間觀念:

雖然，人們對時間的測度單位各地皆同，但是對時間觀念卻由於文
化差異而有所不同。衣索匹亞人認爲愈花時間的決策愈重要，約會遲到
愈久的人愈尊貴。美國人及英國人則非常重視「守時」與「效率」觀念
，遲到的人常會令人厭惡。中東地區的人，不喜歡「期限」；而大多西
方人則重視約定。在希臘，較年長人的心目中，太準時赴宴，有時反而
會對主人不敬。墨西哥及拉丁美洲人對時間觀念相當模糊，遲到是極普
遍的現象，而英美人士則視遲到是一種侮辱。

（二）空間觀念:

美國人在舉行會談或業務洽商時，所保持的空間距離大約是 5～8
呎。而拉丁美洲人所保持的空間距離，則比美國人要近得多，甚至使人
產生壓迫感而不自在。

（三）事物觀念:

　　美國人講究辦公室及事物用品的氣派，並藉以獲取顧客及其他生意人的印象，這一點與我國「上海幫」生意人講求「排場」的一貫作風，頗有異曲同工之妙。然而，中東地區的商人卻不以爲然，當然他們也不認爲這樣的排場和氣派，可寄望銀行增加多少貸款額度。

（四）友誼觀念:

　　在我國社會裏，友誼往往是自然的流露，朋友間所依存的是義氣，友誼深厚者更有捨己爲友的情形發生。在美國社會裏，朋友間的情誼，則往往建立在互惠關係的基礎之上，一旦產生利害衝突時，往往會翻臉無情，並且不願虧欠別人情誼。而在印度社會裏，友誼的表現則被認爲是有利於自己的靈魂，因此並不一定要求獲得對方的立卽回報。

（五）合約觀念:

　　我國一向講求信用，對他人的承諾，卽使當時沒有繁文縟節的合約，仍然信守不移。口頭的約定，有時甚至比合約來得有效。而美國人則非常重視契約，任何談判結果，必須再以條理分明的書面契約，不厭其煩地詳細記載。希臘人更是將簽訂契約，當作重要談判的開端。

　　除了上述的文化差異之外，當然還有許多奇特風俗民情方面的文化差異。像中國人不太愛喝牛奶；日本男人不願下班後太早回家，以免被太太譏諷爲在公司中重要性低；西伯利亞的女人相信美國女人太自私，而不願其丈夫有外遇……等（Kluckholm, 1963）。

　　對行銷人員而言，「文化」是消費者行爲中一項重要的層面。如上所述，文化的概念包括人們的習慣、信念、傳統習俗、風土民情、法令規章以及行爲規範；也包括一個社會中成員所共同約定遵守的價值與態度。因此，對行銷人員在制定行銷計畫而言，是一項重要的因素，經常被運用在行銷傳播策略之上。其中最顯著的運用，是在國際行銷的領

域。例如，法國的家庭主婦認爲購物是一種社交活動。因此，寧可在與自己熟稔深識的商店去購物，而不願去對自己雖然較便利但卻不熟的商店去購物（Hall, 1960）。中國人雖然也是重視「見面三分情」，但是更相信「貨比三家不吃虧」！又如，對世界上大多數國家的人們而言，「綠色」代表的意義是「安全、寧靜、年青、春天、自然、純眞」等；然而，對大多數馬來西亞人而言，「綠色」卻代表「恐怖的叢林」以及「疾病」。因此，有一國際公司的產品曾受到馬來西亞經銷商的退貨，原因是因爲該產品是綠色的（Robertson, 1970）。

在價格方面，有些文化背景的民族喜歡討價還價，甚至認爲這是一種必需的「購物程序」或一種「快感」；而有些文化背景卻認爲商品的定價是由政府官方擬訂，應該固定不變，因此堅信「不二價」原則。

至於通路方面，美國的消費者習慣於「自助式」的服務；然而，在其他國家中，這種方式並不太合適，也不是很普及。例如，在西班牙採取自助式的超級市場，算是失敗的方式，因爲西班牙人認爲在這種店裡購物，覺得不夠親切、友善（Guerin, 1964）。

二、次文化團體

對於行銷人員而言，次文化團體由於比較容易經由行銷研究加以分析，因此較常被運用。在複雜而異質的文化裏，次文化團體對個體行爲的影響力尤大，通常大過於文化的影響力。

次文化是指文化中可以界定的部分，並且成爲「明顯的行爲模式」（Zaltman, 1965）。至於次文化的形成乃是以宗敎、種族、語言、社會階層、收入、職業，甚至年齡、敎育程度等作爲基礎的，這些因素都是用來作爲描述次文化的典型因素。個體對次文化的認同，往往意味著該個體已經接受了該團體特有的態度、生活型態（life style）以及習慣

等。因此，對這些團體進行傳播時，必須事先掌握其行為、習慣等方能奏效。

次文化在行銷上較常被運用的有三種：種族次文化、年齡次文化以及地理生態次文化——

(一) 種族次文化：

這種次文化在國內並不是很明顯，也不受重視（因為國內並無太大種族紛歧的問題）。然而，在國外（尤其是美國）的行銷上，已經普遍受到重視。因為每一種族團體之衍生與同化的力量不同，種族團體間的消費行為也就各有不同了。例如，美國市場上黑人和白人的消費型態，就有很顯著的差異。大致說來，黑人花費在房屋、保險，以及食品方面的支出比白人少；但是花費在衣服、家俱裝璜方面的支出，卻比同等收入的白人多（Alexis, 1962）。顯然，在黑人的次文化中，對於不同的產品各有其獨特的價值結構：黑人為了期待他人認同其社會化，因此在衣物服飾及家俱裝璜方面，購買力驚人。又如，國內客家人向以勤儉為習，其消費型態及對物品所持的價值結構，也與閩南人或外省籍人士有顯著不同。

(二) 年齡次文化：

在年齡次文化方面，我們就可以區分為幾個明顯的次文化。例如，民國四十六年以後出生的一代，由於出生後的成長過程正好是我國經濟情勢逐日改善而邁向高度發展的階段，因此這些新生的一代，從小就在富裕的環境中長大，從未遭逢任何動盪匱乏的困境，當然他們的價值觀、消費習慣與購物型態，必定與歷經戰亂紛仍、終日處於困境中長大的一代，有很大的差異。尤其是十四、五歲的青少年，更形成另一明顯的次文化；這些人往往想獨立於父母，而其行為則往往受到「朋儕團體」的影響。在青少年的次文化裏，為了流行時髦的追求，往往會不計

後果。因此，以青少年為主要市場對象的商品，如流行衣飾、唱片、清涼飲料、口香糖、音響、精巧贈品配飾……等，必須徹底去探測消費的次文化及生活型態。

此外，在年齡次文化中尚有許多可供行銷人員參考，如新婚夫婦次文化、大學生次文化、30–40歲之「雅輩」次文化、老年次文化……等。

(三) 地理生態次文化:

由於地理環境的不同，我們也可以把整個文化分成許多次文化。以吃的口味來說，川味、湘菜、粵菜、浙寧、北平、臺灣、客家等，各有其獨特風味，然而整體說來卻形成中國「吃的文化」。不同地區的人，在食品及其他物品方面的消費型態，均不太一樣。就以臺灣地區的居民來說，北部地區的消費型態可能與中部、南部、東部地區的消費型態不同；都會地區的消費型態也可能與郊區或鄉村地區的消費型態有所不同。

總之，次文化在人類生活中扮演極重要的角色，不同的次文化團體，對於不同的產品各有其不同的價值結構。行銷人員在傳播其產品或勞務之利益給不同的次文化團體時，必須事先掌握這些團體之價值結構的差異性。

三、社會團體

社會團體能在各種不同的情境下，提供個體作為行為和態度的指引。個體的行為深受家庭、宗教、社團、專業團體，甚至彼所嚮往而未能參加之團體的影響與激勵。「社會團體」可以解釋為「一羣在於規律基礎之下相互作用之人的集合，這些人在心理上互相影響，並且有一種顯著的共同人格特質。」例如，所有的大學生雖然可以稱為「團體」，但是

卻不能算是「社會團體」，因爲其成員畢竟不能互相影響。反之，一個家庭的成員彼此相互影響，因此可視爲一「社會團體」。大致說來，社會團體是一羣相互影響，共享價值、需求與態度，而且彼此爲共同目標之達成與共同需求之滿足而相互依存的人的組合。以下將針對行銷計畫中最重要的兩個團體——家庭與參考團體加以探討。

(一) 家庭:

　　家庭對其成員影響的重要性，無需再過分強調。「家庭」單位在過去幾十年來，一直是許多學者的研究主題，整體行銷組合深受家庭購買單位之特性的影響。以下的探討將分析家庭成員在購買決策上的重要性。

　　(1) 階層差異: 對一項已知事件（不論是國家大事或購買決策）而言，家庭成員間的相互作用情形，會因社會及經濟階層的不同而有所差異。柯瑪洛夫絲姬 (Komarovsky, 1970)所進行的實證研究，支持了下列的假說:

①社會經濟階層較高及較低的家庭購買行爲，要比中產階級家庭的購買行爲，具有更大的自主權。

②低收入家庭的家庭主婦對於大部分的購物決策，要比收入較高家庭的家庭主婦，具有更大的自主權。

③在採取購物決策時，年輕人顯得比老年人，更重視他人意見，並參與他人共同決定，同時也較願參與他人的購物決策。

　　第一項假設的解釋頗爲簡單，因爲低所得的家庭中，幾乎所有的收入都必須分配在「經常性」必需品的採購上，因此家人間較少爭執的情形（卽家人有較高自主權）。而高所得家庭中，由於「經濟較寬裕」，因此在購物上有較高自主權。至於中產階層的家庭，由於擁有若干「辛苦賺得」的收入，雖然生活上不愁匱乏，畢竟不是豐餘，因此必須在購

物決策上斤斤計較，精打細算以愼重其事，而購物時夫妻間也需要較多的協議。

在說明第二項假說時，柯瑪洛夫絲姬指出研究結果證明，低所得的家庭通常是由女主人掌管家計，加上低所得家庭的主要購買物品以「經常性」必需品爲最大宗。因此，柯女士乃結論，低所得家庭中，家庭主婦是主要的購物決策者。

至於最後一項假說所指出的「年輕夫婦在購買過程中比其它年齡層的夫婦更傾向於共同參與購物決策」，那是因爲年輕夫婦甫組家庭，尙未有足够能力及經驗獨挑大樑，自行決定重要購物決策。婚前，夫婦倆在其家中，各自有其父母進行重要家庭購物決策；如今年輕夫婦首次面臨自己家庭中之重要經濟決策，彼此之間難免有些不够自信或肯定，因此乃共同研議協商才作最後決策，彼此參與對方意見，以降低購物風險。

(2) 家中角色差異：在同一家庭中的各種購物決策，有些是由先生作主決定，有些是由太太作主決定，而有些則由夫妻兩人彼此商議後共同決定（兩人的決定權大致相等）。家中成員的不同角色，在不同的購物決策上也扮演著不同的角色。

「父親在機械器具方面產品的購物決策，似乎掌握了較大的主宰權；母親則在價值高而重要的物品採購上，控制較大的決策。」（Myers and Reynolds, 1967）。在家庭自用車的購買過程中，丈夫通常對於汽車的馬力扭力、刹車系統，以及其他機械或功能方面較感興趣與重視；而太太們則對外型、內裝配飾及其他配件之美觀與否較感興趣。經驗豐富的業務人員通常都知道如何按照他們或她們所關心的項目，制定不同的銷售話術及訊息，以迎合其興趣。

一項研究結果發現，絕大部分的共同購物決策是剛結婚不久的夫妻

所採取的過程。 約半數左右的年輕夫婦， 在新婚後的頭幾個月， 都共同商議後再採取購物決策； 約一年後， 共同決策的比率就已降至 37%（Ferber and Lee, 1974）。同一研究的另一結果顯示，家庭主婦如果是屬於較講究品質及經濟，並且善於討價還價的話，通常較會對家庭財務肩負較主要的責任。如果家庭收入必須節儲絕大部分，而且家庭中較少購置汽車時， 則先生通常是家庭財務的主要決策者 （Feber and Lee, 1974, p. 50）。

戴維斯與李高仕 (Davis, H. L. & Rigaux, B. P., 1974) 在一項精密設計的研究中， 曾經將一般家庭中常用的二十五項產品的購買決策分成四大類， 卽: 丈夫支配類、妻子支配類、共同商議類、獨立自主類。丈夫支配類及妻子支配類是指配偶的一方（夫或妻）對於某一產品的最後購買決策有高度的影響力與充分的支配權。在夫妻支配決策權分類評分量表上， 戴、 李二氏採用主觀的分界點， 在 1 分至 3 分的量表中， 1.0 至 1.5 屬於「丈夫支配類」； 同樣地， 從 2.5 至 3.0 之間則屬於「妻子支配類」。「丈夫支配類」或「妻子支配」類中，夫妻彼此商議研商而作決策的百分比，必須低於 50%，如果超過 50%，則屬於「共同商議類」。如果家庭購物決策，並非由夫或妻一方，十足支配作「一面倒」式的完全決策，但是雙方共同商議的成分也低於 50%，只是由配偶的一方略偏重決策權者，稱之爲「獨立自主型」。卽如圖 8-2:

戴、李二氏在研究結果中指出:

「……針對不同的需要，必須有不同的傳播戰略。如果某一產品的購買決策，是由丈夫支配或是由妻子支配的話，傳播訊息就必須根據配偶的一方加以設計。如果產品的購買決策，是屬於夫妻共同商議類時，則傳播訊息必須根據夫妻雙方的共同需要加以設計，例如，在訊息中最好能展示共同決策的過程及行動，或是購買某產品或某勞務而能解決家

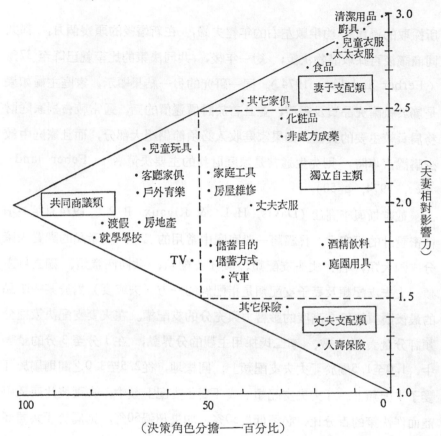

圖 8-2　25項產品購買決策中之夫妻角色

中購物矛盾的情形。最常被忽略的事是，針對屬於或近似於「獨立自主類」的購物決策，必須要有不傳播戰略。在「獨立自主類」區內的決策最常發生在以丈夫為主支配或以妻子為主支配的家庭中。因此，對傳播者而言雖然只是一個傳播對象，而從夫妻相互影響力而言，事實上，卻有兩個傳播對象。以酒精類飲料的購買為例來說，廣告必須分別發展兩套想法為宜——一套針對丈夫需要訴求，另一套則針對妻子需要訴求。只運用一套，或企圖「融合」兩套訴求，都是比較不合適的……。」(Davis and Rigaux, 1974)。

(3) 家庭生命週期: 「家庭生命週期」是指發生在家庭成員角色，如同人的生命週期般所產生的變化。

威爾斯與古霸 (wells and Gubar, 1966) 發現，對大部分產品而言，家庭生命週期要比家庭成員年齡更能作為家庭經濟狀況之指標。威、古二氏的研究顯示，大約有一半左右的產品及勞務之購買型態，隨著家人年齡及家庭生命週期而有所差異。而家庭生命週期要比家人年齡，更易於作為區辨的因素，在威、古二氏的研究中，有 177 項產品或勞務，比較適合用家庭生命週期來作為區辨指標，只有54項產品或勞務，比較適合用家人年齡來作為區辨指標。

大致說來，威、古二氏所發現，較適合以年齡作為區辨購買型態之指標的產品或勞務有: ①醫療用品及醫療服務（包括療養院、門診服務、切除手術等）; ②奢侈品（包括皮毛衣物、珠寶、贈品、手錶、某些名貴烈酒、名牌服飾配件等）; ③雜項物品（包括立體音響組合、房屋保險、除濕機等），主要購買者為 25~34 及 35~40 歲年齡組的人; ④「青春伴侶」(teenager carryovers)（包括汽車電影院及手提電視等）及「初步家事」(early housekeeping activities)（包括臥室寢具、廚房用具、銀器等），主要購置者集中在25歲以下之年齡層。

比較適合以「家庭生命週期」作為區辨指標的產品及勞務有: ①大型用品（包括洗衣機、冰箱、烘乾機、吸塵器等）、醫院服務、托兒所——這類產品購買者通常是有六歲以下子女之家庭; ②食物及相關用品（包括家庭冷凍器及花生、奶油、果醬、糖果、糖……等食品）——這類物品的主要購買者集中在家中小孩部分在六歲以下而其餘在六歲以上的家庭; ③玩具及遊樂用品（自行車、漫畫書、鋼琴、拼圖遊戲、遊樂器、積木、玩具……等）——這類產品的主要購買者，集中在「所有子女皆在六至十一歲之間」的家庭，至於一些與此家庭生命週期並無關聯

的產品項目，包括手動式庭園工具、地板臘、冷氣空調機及其它等。④
其它雜項物（諸如汽車保養維修費、汽車保險、遊艇、牙科醫療保健、
雜誌、理髮等）──這類產品的典型購買者是家中孩子在十二歲以上並
在家中居住的家庭。

這項深入的研究顯示，對於家庭生命週期的分析，將非常有助於擬
訂有效的傳播計畫，即根據特定對象所屬的家庭生命週期，向其進行適
切的訴求。

（二）參考團體:

在幾種最具有說服力的團體中，「參考團體」（Reference group)
是個體所歸屬或希望歸屬的團體。參考團體的規模大小不一，可大至全
體公民，亦可小至象棋會。參考團體不僅左右個體的態度，更影響個體
的行為。

簡單地說，「參考團體」可以解釋為「個體引以為行為及態度之標
準或規範的團體」。從字面意義而言，所謂「參考」團體，乃人們用來
作為「參考」（或「看齊」、「期望」），並藉以指引或評估其本身思想
或行動的團體。「參考團體」能非常有效地改變個體的態度及行為，因為
人們非常重視此團體，並且會比照此團體，對自我加以評估(Freedman,
Carlsmith and Sears, 1970）。

在市場上，有某些產品及品牌的購買會受到「參考團體」的強烈影
響，而另一些產品及品牌則較不受到「參考團體」的影響。下圖 8-3 顯
示，參考團體對於不同產品及品牌之購買的相對影響力。從圖中可以看
出：（1）參考團體對汽車、香煙、啤酒、藥品等產品及品牌的購買，具
有強烈的影響力；（2）參考團體對於衣服、家俱、雜誌、香皂等物品的
品牌以及冰箱的型式等，有強大影響力，但是對於是否購買這些物品的
決策，並無影響力；（3）參考團體對於收音機、冰箱（品牌）、洗衣肥

參考團體的相關影響力

弱 － 　　強 ＋

	參考團體的相關影響力 弱 － 　強 ＋		品牌或型式
參考團體的相關影響力 強 ＋ 弱 －	衣服 家俱 雜誌 冰箱（型式） 香皂	汽車* 香煙* 啤酒(贈獎與否)* 藥品*	＋
	肥皂 水蜜桃罐頭 洗衣粉 冰箱（品牌） 收音機	冷氣機* 即溶咖啡* 黑白電視	－
	－	＋	

產品（是否購買）

（圖8-3）參考團體對某些消費產品及品牌的相關影響（附"*"之星記的產品是根據實證研究的實際發現而歸類，其它產品則是根據有關這方面研究的研判而加以歸類）

資料來源: Bureau of Applied Social Research, Columbia University (Charles Y. Glock, Director). After Francis Bourne (ed.), *Group Influence in Marketing and Public Relations*, (Ann Arbor, Mich.: Foundation for Research on Human Behavior, 1956).

皂等物品之產品及品牌決策的影響並不明顯；（4）參考團體對於冷氣機、即溶咖啡及黑白電視等物品的購買決策（決定是否購買），有強大影響力，而對品牌決策（決定購買何種品牌）之影響力則較薄弱。

　　上述發現將有助於發展、設計及執行行銷傳播計畫。例如，當消費者在決定是否購買某一產品之決策及選擇何種品牌之決策，均不受到參考團體之影響時，廣告就必須針對產品屬性、實質利益、價格以及優於他牌的品質特點等加以強調。如果參考團體對消費者的產品或品牌的購買決策，具有影響力時，廣告就必須強調是那些人在購買該產品或品牌，並且儘可能誇大或加強使用者既有的「刻板印象」（Stereotype）。

如此，能使潛在消費者更清楚地認同並加深其「刻板印象」，並且明確地投射其參考團體，所以以參考團體爲中心的訴求，乃一直被行銷傳播者所採用。

由於，每人都有幾個不同的參考團體，行銷傳播者必須先確定何者爲其主要消費對象的主要參考團體，而被該對象作爲評估該產品的主要參酌依據。

貳、團體的壓力——從衆（Conformity）

社會團體往往會對個體構成相當大的影響與「控制」，這種左右個體行爲、價值、態度、信念……等諸多生活層面的力量，是來自於團體對個體產生的壓力——「從衆」（Conformity）。因此，了解這種「從衆」的力量，也就是在探討社會行爲的重要層面。「從衆」是指個體受到團體的規範、約束、限制、鼓舞等影響方式所產生的行爲，這種規範的結果，會使歸屬於該團體的所有成員個體的行爲產生同質化現象，而「控制」或「迫使」個體行爲與團體行爲產生一致現象。新的成員在加入某一團體時，也必須受到團體壓力而被迫屈服並認同「團體常模」，期使其行爲與團體中衆人一致。「團體常模」是指團體成員間所共持並認爲必須共同遵守的種種行爲準則。例如，某些企業主管在穿著方面就可能有某些非正式的「規定」，使這些主管奉爲圭臬而有從衆的現象，只敢選擇大多數企業主管人員所較常選的穿著，而不敢恣意標新立異。團體規範有時也會隨著時間而改變，例如，從前，穿著牛仔褲、休閒服上班，可能被認爲是不可接受的事，而如今已成爲司空見慣的事。

團體的影響力有時也會表現在角色和地位之上。「角色」是指個體在團體中「擔任」某種職能任務時，所應履行或恪守的行爲。「地位」

則指個體在團體中所居之階層，這種「階層」迫使個體必須履行或恪守某些行爲。例如，教授就被認爲應該在其所感興趣或專長的領域中，不斷進行研究並發表其結果報告，他如果要提升在團體中之「地位」時，就必須致力於相關領域的深入研究。而另一方面，往往由於他過份重視學術研究，就會忽略其教學職責。因此，他就會自覺陷入「角色衝突」的困境 (role conflict)。

當一個人的「角色期待」(role expectation)與其「角色實際扮演」(role performance) 間，互相矛盾（或衝突）時，就會造成「角色衝突」的現象。上述的教授也可能在學術研究者與好丈夫、好父親角色間，產生「角色衝突」的現象。

「角色衝突」的現象，可能會產生在「角色重叠」(role over lapping)的情況，也可能會產生在「角色未重叠」(role nonover lapping)的情況。就前面教授的例子來說，研究工作者與教學工作者的角色衝突，是產生在「角色重叠」的情況之下；而學術研究者與好父親、好丈夫之間的角色衝突，則產生在「角色未重叠」的情況之下。個體對於角色、團體常模、階級地位等產生從眾的主要壓力，是由於個體希冀能迎合其所屬團體之其他成員對他所寄的期望。

至於是那些因素產生壓力而使個體產生「社會從眾」現象呢？大致說來，有五大因素: (1) 情報與信任; (2) 分歧現象; (3) 團體特質; (4)情境特質; 以及(5)個體特質等 (Freedman, Carlsmith and Sears, 1970)。

一、情報與信任

我們經常會覺得，別人擁有我們所沒有的情報，也就是別人總是比較消息靈通。觀察他人或傾聽他人談話，經常可以改善我們的處境。甫

新婚的家庭主婦，第一次踏入超級市場購買蔬菜時，可能會仔細觀察身傍的其他主婦如何挑選蔬菜。她看到身傍的主婦從貨架上拾起蕃茄，放在手上捏弄一番，再放回原位，如果選出不錯的，才放入菜籃。這位新婚不久的主婦在身傍太太離開後，仔細觀察被那位太太淘汰之蕃茄的外表與質地，因此獲得如何「挑選」好蕃茄的重要情報。另一方面，如果這位新婚主婦身傍的太太也不懂如何挑選時，這種「從眾」的情形，也就不會發生。因此，基本而言，人們通常觀察那些具有（或「顯然」具有）其本身所沒有之情報的他人，進而獲取有關情報。具有適當情報者之情報，給人的信賴度愈高的話，就愈能造成「從眾」的現象。反之，某人給他人的情報之信賴度愈低時，形成「從眾」的可能性就愈低。就團體而言，也是有同樣的趨勢，某人對某一團體深具信心與信賴時，對該團體所提出有關某一事物之常識（而且為該個人所未知者），通常較能接受並產生「從眾」現象。

二、分歧現象

當某人發現他對某一事物的看法及立場與其所屬團體對同一事物的看法及立場不同時，他會很不自在地感到自己與團體產生了「分歧」現象。這種「分歧」現象，或許可以解釋為「被團體放逐」。大致說來，當個體與團體標準一致（從眾）時，他會獲得「酬償」（rewarded）；當他與團體標準產生「分歧」現象時，他會覺得受「懲罰」（punished）（Karlins and Abelson, 1970）。這些酬償或懲罰，可能以心靈方式或社會方式施予個體。因此，個體往往在這種情況之下，不願與團體「分歧」，而屈服於團體規範，並與團體產生「從眾」現象（Whyte, 1954; Whyte, 1953）。

三、團體特質

　　某些團體特質往往會左右該團體對其成員的影響程度大小。例如，團體規模大小就會影響到團體中之成員的從眾程度——團體規模增大，則其成員的從眾就會隨之提昇至某一程度。艾希（Asch, 1960）曾以實驗研究說明了個體不僅在對於事象未能確定時，在行為上會有從眾傾向，有時即使個人憑自己知覺認為是肯定的，也可能會在團體壓力下，誤導而產生放棄自己意見而迎合多數人意見的從眾傾向（如專題8——①）。艾希的另一研究發現，以「一面倒錯誤回答」去干擾受試者之「多數人」（團體）的人數增加到三至四人時，受試者的「從眾」傾向會顯著提高；超過四人時，受試者的「從眾」傾向，並未隨之呈等比例提高（亦即不見有增加的「干擾」或「誤導」之效果）。因此，團體（多數人）的人數為三人時，最能讓個體產生「從眾」的傾向。

　　專題8～①「從眾」的實驗研究

　　　有關個體受到團體規範等壓力的影響，而產生「從眾」行為傾向，可以從兩個著名的實驗研究中看出。

　　　第一個研究是由社會心理學家薛瑞福（Sherif, M., 1958）於多年前所進行的實驗。實驗進行時，三名受試者被安排並坐於暗室裏，由實驗者告以正前方將出現一小光點，且光點將在空間內來回移動，然後消失。受試者要做的是各自估計光點在空間中往返移動的距離（以英吋計）並做成記錄。如此每隔若干分鐘重複實驗，並隨時記錄每位受試者所估計的移動距離。事實上，暗室內的光點本身並未移動，而是靜止的，受試者看起來似乎是移動的。（這種由於缺少視覺刺激等參照資料，而在暗室中注視單一孤立而靜止之光點，數秒鐘後會知覺該光點來回移動的現象，稱為「自『動』效應」（Autokinetic effect)的知覺現象）。實驗結果發現，三個受試者開始時的估計有相當大的個別差異，但繼續重複實驗後，彼此受到影響，彼此的判斷及估計值逐漸接近，最後終於趨於一致。實驗者的解釋

是，在各自缺乏獨立參照資料的情形下，各個人的判斷會成為影響團體中其他人之判斷的因素，而團體中其他人的判斷也會影響個體的判斷。像此種經由團體成員彼此影響最後形成具有共同性的行為結果，就會產生「社會規範」的作用。

第二個研究，是由心理學家艾希（Asch, S.E., 1956)所做的實驗。該實驗係以大學生為受試者，每組成員為 8～9 人。事實上，其中只有一人為真正受試者，其他均為事先安排好的合作者或研究助理。實驗進行時，先把這些人集合成一團體，然後讓全組成員圍坐一會議桌，由實驗者每次出示兩張卡片。其中一張為標準卡，卡片上畫有一條直線(如圖A)。

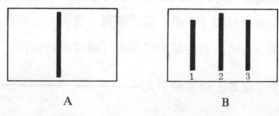

A   B

社會從眾行為實驗用卡片（Asch, 1956）

另外一張為比較卡，上面畫有三條直線，分別編列號碼，以便指認。B卡三條直線中，只有一條與標準卡上的直線長度相等（如圖B中之2）。實驗者指名要求受試者回答，指出比較卡上那條線與標準卡上之直線的長度相等。實驗者指名順序故意將真正受試者排為最後或接近最後，而且預先安排好，要求埋伏的合作者（即研究助理）故意一致不選擇等長的直線回答（即選擇圖B中之1與3，而不選擇2）。這種安排可形成一種與事實不符的團體壓力，用來觀察真正受試者的反應。實驗結果發現，經過許多小組分別觀察，並以同樣情境連續重複多次實驗，真正受試者在眾口爍金、異口同聲地「指鹿為馬」的錯誤判斷之下，有37％的受試者放棄自己意見去接受團體中大多數者的錯誤判斷，產生「從眾」行為而隨波逐流選擇錯誤答案。

團體的專業性（是否具專門技術知識）也是影響團體對個體成員壓力之重要特質。大致說來，團體中之個體如果認爲該團體對本身而言愈是專業性的話，則該個體受該團體所持意見規範而產生「從眾」傾向的可能性愈高（Freedman, Carlsmith and Sears, 1970）。

團體中成員的身份地位也會影響團體中其他成員的「從眾」傾向程度。大多數團體間的成員，都會根據成員的身份地位來劃分階級，這些身份地位的特徵包括像權力、名氣、領導統御力等之類的事物。領導者或深受景仰的人士通常比一般低微人士更具從眾傾向（卽較其它成員更不願違忤團體規範）（Allen, 1965）。更明顯的是，威望或名氣高的人要比威望名氣低的人，更不易改變意見（卽意見較不易被左右）（Hovland, Janis and Kelley, 1953）。這種現象可以解釋爲：這些知名或領導人士的一舉一動，往往是團體中其他成員矚目的焦點與模仿的榜樣，其之所以受尊重及景仰是由於他的意見與看法受到他人的重視與認同。因此，他會設法維持他的意見或看法而避免去改變，以防止其領導地位可能遭受的威脅。

團體的「一致性」（unanimity）程度，也是團體成員從眾傾向的重要決定性因素。艾希發現，雖然大多數「研究合作者」都充分合作，故意「答錯」他們所看到，只要當中有一名回答「正確」答案，其結果就足以降低「多數人」的力量，有時甚至會摧毀該團體力量。因此，在一個團體之中只要有「分歧」（deviant）成員存在，都足以影響團體中其他成員的「從眾傾向」（令他們猶豫不前）（Asch, 1960）。

另一項影響「從眾」行爲的因素，是成員彼此間及對整個團體所持的「親密」（Closeness）程度，這項因素又稱爲「團體凝聚力」（group cohesiveness）。「團體凝聚力」與成員從眾傾向間，有明顯直接的關聯性存在。團體凝聚力愈高，則其成員對團體規範的從眾傾向就愈高。

因為，團體凝聚力高時，團體成員間會彼此尊重，也會尊重團體，並珍惜他們在團體中的存在地位（以身為該團體中之一員為榮）。如果與團體「分歧」的話，那就意味著遭團體淘汰。因此，個體害怕遭淘汰而與團體維持一致的行動及態度（Cartwright and Zander, 1960）。

其他還有一些值得一提的因素包括：團體對成員的吸引力以及團體的「包容力」（Composition）。團體對其成員的吸引力愈大，則其成員的從眾傾向就愈高。團體的包容力可解釋為個體與團體間的相似程度。團體包容力愈大（即個人與團體間愈相似）時，該團體愈有可能成為其成員的參考團體，而其成員愈可能對該團體規範產生「從眾」傾向。

四、情境特質

個體所察覺存在之情境特質，會影響其從眾傾向。個人對研判已知情境的自信心，將影響其從眾傾向（Allen, 1965）。個人對其判斷有高度信心時，通常較不會對與其判斷不一致的團體判斷，產生從眾現象。反之，如果個體覺得自己對情境的判斷，缺乏充足的信心或確定時，他將會較容易受到團體的影響，而附和（從眾）於團體的判斷。如果某人自忖其能力超越他人時，則將較會信任他自己判斷，而不願盲目附和團體（從眾）。此外，研究還發現，對某人而言，某一任務或狀況愈重要的話，他愈不會受到團體的影響（Asch, 1960）。

杜伊奇和吉拉德（Deutsch, M. & Gerard, H. B.）發現，個人的「初始囿限」（initial commitment）會影響其從眾程度。個人對情境的初始囿限愈深，則愈不易受其後來團體產生從眾傾向（Deutsh & Gerard, 1955）。

從眾傾向也與個體所知覺的情境（即刺激的辨明度）有關，如果個體知覺的情境曖昧不明（即刺激模糊性高）時，從眾傾向較高；反之，

如果知覺情境明確可辨(卽刺激之差異淸晰易辨)時，則從眾傾向較低。

五、個體特質

團體中成員之性別、智力、自信、自尊、興趣……等個體特質，都會影響該成員的從眾程度。大致說來，女性要比男性更常受團體壓力影響，而產生從眾行為。這與前幾章中談到，女性比男性更易被說服的說法相類似。

智力與從眾行為間，呈負相關——「智力較高者比智力低的人，更少產生從眾傾向」(Freedman, J. L., Carlsmith, J. M., Sears, D. O., 1970)。智力高低與個體對自己判斷之信心間，有密切關係，智力較高的人對於自己的判斷與抉擇較具信心，因此較不易產生「人云亦云」的從眾行為。

許多研究發現，自尊 (Self-esteem) 與從眾程度之間，也呈負相關——自尊較高的人比自尊低的人，較不易產生從眾行為。自尊更與自信 (Self-Confidence)、自足感 (feeling of adequacy) 等人格特質，共同對「從眾行為」產生影響，具有這些人格特質的人，較信任自己的判斷，因此較不會受團體壓力影響產生從眾行為。

此外，個體興趣範圍較狹窄者、服從性較高者、果斷力較低者，通常會有較高的從眾傾向。

總之，個體的特質與其從眾傾向之間，的確有密切的關係存在。

《本章重要概念與名詞》

1. 文化 (culture)
2. 社會化過程 (socialization process)
3. 次文化團體 (subculture groups)

4. 社會團體 (social groups)

5. 購買決策 (purchase decision)

6. 角色差異 (role differentiation)

7. 共同商議型 (syncratic family)

8. 獨立自主型 (autonomic family)

9. 家庭生命週期 (family life cycle)

10. 參考團體 (reference groups)

11. 從眾 (conformity)

12. 常模 (norms)

13. 角色 (role)

14. 地位 (status)

15. 角色衝突 (role conflict)

16. 分歧 (deviancy)

17. 團體凝聚力 (group cohesiveness)

18. 初始圍限 (initial commitment)

《問題與討論》

1. 文化與次文化如何影響消費者對廠商廣告訊息之知覺？而廣告人員如何去運用這些影響力？試舉實例加以說明。

2. 何以諸如「團體常模」、「地位」和「角色」等概念，對行銷傳播人員如此重要？

3. 一些米菓廠商試圖將米菓打入「下酒市場」，卻一直未被廣泛接受，請從「文化」及「次文化」角度說明其原因，並請試擬一簡要的行銷傳播戰略，設法將米菓打入「下酒市場」。

4. 試舉一些實例說明有那些你最近所看過的廣告，是運用「參考團體」去發展廣告戰術，並說明他們所運用的「參考團體」分別為何？你為何認為他們在運用「參考團體」？

5. 試論「戴、李二氏模式」（如圖 8-2），如何運用於行銷傳播？

6. 你是否認為在預測大多數產品，或勞務之購買行為時，「家庭生命週期」比「家庭成員年齡」更好，更有效？為什麼？這一點如何運用於行銷傳播？

《本章重要參考文獻》

1. Marcus Alexis, "Some Negro-White Differences in Consumption," *American Journal of Economics and Sociology*, Vol. 21, pp. 11-28, January 1962.

2. V. L. Allen, "Situational Factors in Conformity," in L. Berkowitz (ed.), *Advances in Experimental Social Psychology* (New York: Academic Press, Inc., 1965), Vol. 2.

3. Micheal S. Alstead, *The Small Group* (New York: Random House, Inc., 1959).

4. S. E. Asch, "Effects of Group Pressure Upon the Modification and Distortion of Judgments," in D. Cartwright and A. Zander (eds.), *Group Dynamics: Research and Theory*, 2nd ed. (Evanston, Ill.: Row, Peterson & Company, 1960), pp. 189-200.

5. L. Berkowitz (ed.), *Advances in Experimental Social Psychology* (New York: Academic Press, Inc., 1965).

6. Francis S. Bourne, "Group Influence in Marketing and Public Relations," report of a *Seminar Conducted by the Foundation for Research on Human Behavior*, March 26-27, 1956, in Ann Arbor, Mich., and April 19-20, 1956, at Gould House, Ardsley-on-Hudson, N. Y. (Ann Arbor, Mich.: The Foundation for Research on Human Behavior, 1956).

7. Harry L. Davis and Benny P. Rigaux, "Perception of Marital Roles in Decision Processes," *Journal of Consumer Research*, Vol. 1, No. 1, p. 53, June 1974.

8. M. Deutsch and H. B. Gerard, "A Study of Normative and Informational Social Influence Upon Individual Judgment," *Journal of Abnormal and Social Psychology*, Vol. 51, pp. 629-636.

9. James Engel, David T. Kollat, and Roger D. Blackwell, *Consumer Behavior*, 2d ed., (New York: Holt, Rinehart and Winston, Inc., 1978).

10. Robert Ferber and Lucy Chao Lee, "Husband-Wife Influence in Family Purchasing Behavior," *Consumer Research*, Vol. 1, No. 1, pp. 49-50, June, 1974.

11. George M. Foster, *Traditional Culture and the Impact of Techological Change*, (New York: Harper & Row, Publishers, Incorporated, 1962).

12. Eliot Friedson, "Communications Research and Concept of Mass," *American Sociological Review*, Vol. 18, No. 3, pp. 315-317, June 1953.

13. J. L. Freedman, J. M. Carlsmith, and D. O. Sears, *Social Psychology* (Englewood Cliffs, N. J.: Prentice-Hall, Inc., 1970).

14. Joseph R. Guerin, "Limitations of Supermarkets in Spain," *Journal of Marketing*, Vol. 28, pp. 22-26, October 1964.

15. E. T. Hall, *The Silent Language* (Garden City, N. Y.: Doubleday & Company, Inc., 1959).

16. E. T. Hall, "The Silent Language in Overseas Business," *Harvard Business Review*, Vol. 38, pp. 87-96, May-June, 1960.

17. Carl I. Hovland, Irving L. Janis, and Harold H. Kelley, *Communications and Persuasion* (New Haven: Yale University Press, 1953).

18. Marvin Karline and Herbert I. Abelson, *Persuasion, 2d ed.* (New York: Springer Publishing Co., Inc., 1970).

19. Clyde Kluckholm, *Mirror for Man* (Greenwich, Conn.: Faweett Publications, Inc., 1963).

20. David T. Kollat, Roger D. Blackwell, and James F. Engel (eds.), *Research in Consumer Behavior* (New York: Holt, Rinehart and Winston, Inc., 1970).

21. Mina Komarovsky, "Class Differences in Family Decision-Making on Expenditure," in Nelson Foote (ed.) *Household Decision Making*, reprinted in Kollat, Blackwell and Engel, op cit., 1970, pp. 507-508.

22. Alfred L. Krober and Talcott Parsons, "The Concepts of Culture and of Social System," *American Socialological Review*, Vol. 23, p. 583, October 1958.

23. Rom J. Markin, *The Psychology of Consumer Behavior* (Englewood Cliffs, N.J.: Prentice-Hall, Inc., 1969).

24. Howe Martyn, *International Business* (New York: The Free Press, 1964).

25. James H. Myers and William H. Reynold, *Consumer Behavior and Marketing Management* (Boston: Houghton Mifflin, 1967).

26. T.S. Robertson, *Consumer Behavior* (Glenview, Ill.: Scott, Foresman and Company, 1970).

27. Everett M. Rogers, *The Diffusion of Innovation* (New York: The Free Press, 1962).

28. William D. Wells and George Gubar, "Life Cycle Concept in Marketing Research," *Journal of Marketing Research*, Vol. 3, pp. 355-363, November 1966.

29. W. H. Whyte, "The Web of Word of Mouth", *Fortune*, November 1954.

30. W. H. Whyte, "The Outgoing Life," *Fortune*, July, 1953.

31. Gerald Zaltman, *Marketing*: *Contributions from the Behavioral Sciences* (New York: Harcourt, Brace & World, Inc., 1965).

第九章　擴散—採納過程

近年來，有關一項新事物、新觀念、新風氣、新習慣、新產品在社會「中」或社會「間」擴散過程的研究，已引起許多學者的注意與投入，也完成了許多有關這方面的研究。許多研究者紛紛從不同學科的角度，參與這項方興未艾的研究領域。人類學家著重社會與社會之間新觀念與習慣的擴散情形；傳播學者則關切「擴散」在說服過程中所扮演的角色；鄉村社會學者則專注於新農業技術及新品種、新習慣在農村社區間散播的情形；教育方面的研究工作者則致力於新教學方法及教學設備之採納過程的研究。其他從事擴散方面研究工作的學者，還包括醫療社會學者、經濟學家、心理學家及行銷學者。

從六十年代起，行銷學者就針對擴散進行一連串研究，並有豐碩的研究成果。他們的研究重點主要是放在新產品採納的領域之中。這方面的研究重點與傳統的採納研究不同，是側重於「來源」（即廠商）方面的運用，而不只是側重在使用者而已。這種研究方向是必然的，因為企業間的競爭日趨劇烈，而新產品上市的失敗率日漸提高，迫使廠商不得

不從事這方面的研究。

本章將針對擴散與採納過程加以說明，並將探討有關這些過程以及該過程所牽涉之團體的一些研究結果。

壹、創新事物擴散概述 (The Diffusion of Innovation)

在尚未進入討論之前，爲了能對創新事物擴散有初步了解，首先就「擴散」 (diffusion) 與「創新事物」 (Innovation) 兩詞的個別意義加以認識。簡言之，「擴散」是指「撒播出去」(Spreading out) 的過程。就好比某個人朝一斗室釋放瓦斯，頃刻間瓦斯就會迅速散播整個房間內的每一角落。同樣地，在「理想情況下」（因爲創新事物在社會中傳播往往受到阻撓）創新事物也會在社會間的每一角落擴散著。

「創新事物」 (Innovation) 的定義紛歧不一，通常根據不同的研究目的而有不同的定義方向。在此將採用最普遍被接受的定義：「創新事物」乃指任何被「認爲」是「新穎」的創意、習尚、產品等。由上面的定義，我們得知，一個事物是否稱得上是「創新事物」，完全取決於人們對該事物的主觀看法（評估或知覺標準）。

例如，某一電子公司推出立體音響接收器，客觀地說，只是減低了調頻立體收音部分的外在干擾而已。然而，消費者如果認爲該立體接收器是另一種接收器時，則該接收器在其心目中，就是另一種新的接收器，而被認爲是「創新事物」。人們對事物的看法，決定其知覺該事物是否爲「創新事物」的論點，日益受認同。因此，只要我們能確知人們如何對某一創意、習尚、產品等採取反應，我們便能夠掌握其擴散過程。一個人認爲某事物爲「創新事物」時，其對該物體所表現的反應與行爲，必定會與其他並不認爲該事物是新穎的人所表現的反應與行爲，

有所不同。

然而，人們對事物的看法並不全然是「非新卽舊」的二分看法。對於同一創意、習尚、產品，人們往往會有不同「新穎」程度的反應。因此，對於研究創新事物擴散的學者而言，在研究問題中如何界定「創新事物」的新穎程度便成爲一項重要的層面。由於「創新事物」一詞的語意紛歧以及對創新事物「新穎程度」之共同認識，某些研究者曾根據創新事物的「新穎程度」發展出歸類創新事物的標準。羅勃遜認爲「創新事物」可以根據其對旣有消費型態所產生的效果是否有連續性，來加以分類（Robertson, T.S., 1971）。羅氏的分類爲:

1.連續型創新事物（Continuous Innovation）──是指與現有產品間，只是極小的改變的創新事物。例如，汽車內裝或款式的小修改、薄荷香煙……等，均屬這一類。

2.動態連續型創新事物（Dynamically Continuous Innovation）──是指對現有行爲型態足以造成某些動盪或騷動的創新事物。例如:電動牙刷、按鍵式電話等，均屬這一類。

3.非連續型創新事物（Discontinuous Innovation）──是指對現有消費型態造成巨大變革，而且完全改觀的創新事物。例如: 電視、電腦等，均屬之。

這種分類方法，多少帶有若干客觀意味，而事實上「個體知覺」（"Individual perception"，亦卽主觀評估）仍然可以用來作爲「創新事物」的分類標準。在此分類標準中認爲，不同類型創新事物間，會有不同的採納過程及型態。

唐納利與依哲爾也試圖從不同的方向去歸類「新穎」程度，他們所提出的三種「創新事物」類型，分別是: 表面型創新事物（artificially new）、 邊際型創新事物 （marginally new） 以及眞正創新事物

(genuinely new)。這種分類標準可以從四種評估層面（卽包裝、物理外觀、使用方法或行爲、技術處理等四層面）將超級市場中的產品加以分類 (Donnelly, J. H. & Etzel, M. J., 1973)：

1. 眞正創新事物——指在「四種層面」上，全部與「最接近的旣有替代品」完全不同的產品。

2. 邊際型創新事物——指有兩種或三種層面上，與旣有產品不同的產品。

3. 表面型創新事物——指在四種層面中，只有一種層面與旣有產品不同的產品。

唐、依二氏還發現，不同人們對於不同產品會有不同「創新程度」的知覺，這種差異完全要看產品屬性而定，尤其是其與舊產品間之相同點與相異點。

這種分類標準也是試圖以「主觀歸類」方式來界定創新事物的新穎程度。然而，就如羅勃生的分類標準一樣，消費者對產品的「客觀評估」，也可以用來歸類創新事物的新穎程度。

一、擴散研究目的

擴散研究的主要目的，是要縮短擴散過程的時間。我們如果能澈底瞭解擴散過程的進行以及擴散過程中所牽連的各項影響因素，我們就能加快新事物完全被採納或幾乎完全被採納的速度。

近年來，有關單位積極針對家庭計畫在國內的擴散過程進行研究，使家庭計畫工作能够迅速而順遂地在國內實施。

在美國，前後共花了五十年的時間，才使公立學校採納幼稚園的新觀念；而只花了五到六年的時間，就使他們採用新數學（Rogers & Shoemaker, 1971）。在商業上，縮短擴散時間，就是意味著新產品的快

速回收。

二、採納與擴散過程的不同點

「採納過程」與「擴散過程」這兩個名詞的概念，經常令人感到困惑與混淆，在此有必要就這兩個名詞之間的差異加以探討。

「採納」（adoption）是指導致個體持續採用某種新觀念、新風尚及新產品等的心智與行為過程。而這種過程經常是包括個體從「對創新事物完全不知曉」到「最後接受並使用創新事物」的內隱和外顯階段。

「擴散」（Diffusion）過程，則指「這些創新事物傳播到社會系統中之成員的過程」。

這兩種概念間的差異，在於對創新事物傳播過程的著眼點不同。「採納過程」的著眼點是探「個體觀點」（micro view point），著重於探討個體在採用一件創新事物所經歷心智階段；而「擴散過程」的著眼點則是「總體觀點」（macro view point），著重於探討社會系統之團體間的較廣層面的採納。

貳、採納過程

這一節裏將針對兩種採納過程的模式加以探討，這兩種模式都是從數百個有關人們如何採納創新事物的研究中發展出來的。第一種模式可稱之為「傳統採納模式」，另外一種模式稱為「創新事物──決策過程之變衍模式」（paradigm of the innovation-decision process），這種模式較新，是從採納過程方面的較新研究中發展而來的。以下就針對這兩種模式分別加以析述。

一、傳統採納過程

一羣鄉村社會學家於1955年首次提出創新事物採納過程的模式，這個模式初期只是概念的提出，並沒有實證研究作爲立論基礎。然而，模式推出後不久，即有一些實證調查結果支持該模式。這個模式包括下列五個階段：

1. **知曉（Awareness）階段**——個體得知創新事物的存在，但是仍缺乏有關情報。

2. **興趣（Interest）階段**——個體對創新事物產生興趣，並開始蒐索有關情報。

3. **評估（Evaluation）階段**——個體對創新事物加以深入考慮，並研判其與目前或未來可能之處境間的關係。此刻，他就決定是否試用創新事物。

4. **嘗試（Trail）階段**——個體酌情小規模嘗試採用創新事物，以決定是否能適合其目前處境。

5. **採納（Adoption）階段**——個體大規模全面採用創新事物，並決意持續使用。

這個模式自從被提出之後，就一直爲從事採納過程研究的學者所廣泛使用。然而，近年來卻有許多人批評該模式至少有三處缺憾及不完備之處：

1. 該模式意味著所有的過程總是終止於「採納決策」，事實上「拒絕採納」也是可能的結果。因此必須有比「採納」更概括性的名詞，能同時包容兩種（採納或拒絕）可能的結果。

2. 這五個階段的出現，並不一定按照明確的順序，其中有些階段可能會被跳過，特別是「嘗試」階段。「評估」並不侷限於某一「

階段」，事實上階段中每一階段均出現了「評估」的情形。

3. 整個過程很少終止於「採納」階段，個體往往會進一步蒐索情報，來肯定或加強其決策，有時候甚至會於稍後，由「採納」轉爲「拒絕」（中止採納）。

二、創新事物──決策過程的變衍模式

由於傳統模式有著上述爲人批評的缺失，羅吉斯與修邁克兩人乃發展出變衍模式，稱之爲「創新事物──決策過程變衍模式」（Rogers, E. & Shoemaker, F., 1971）。羅、修二氏所提的模式包括下列四個階段：

1. 認知（Knowledge）階段──個體知曉創新事物，並已獲取若干有關創新事物的情報。

2. 說服（Persuation）階段──個體對該創新事物形成「贊成」或「反對」（pro or con）的態度。

3. 決策（Decision）階段──個體表現某些行動，決定採納或拒絕該創新事物。

4. 堅定（Confirmation）階段──個體蒐尋能夠支持或堅定其決策「增強」（reinforcement）；也很可能會由於接觸到「逆增強」（Counterreinforcement）訊息，而改變其先前的決策。

以上這四個主要階段，分別都受到許多變數的影響；每一階段也都會增進或延擱「創新事物──決策」過程。在許多變數之中，最主要的有受播者變數、社會系統變數、新事物知覺特質等（如圖 9-1）。茲就此四階段分別析述如下：

（一）認知階段：

在認知階段中，個體開始對創新事物有所知曉，並且對創新事物的

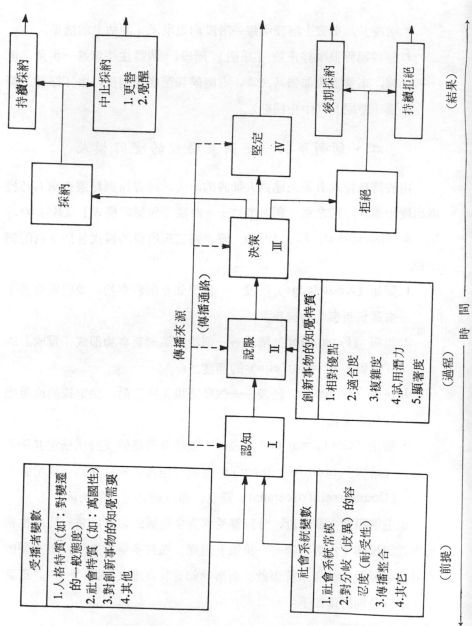

圖 9-1 羅吉斯與修邁克 (Rogers, E. & Shoemaker, F., 1971)
之「創新事物──決策過程」變衍模式

功能有所瞭解。進而對該創新事物如何使用、使用創新事物的注意事項……等問題，表示關切。

有關研究結果顯示，較早認知新事物者與較晚認知創新事物者之間，有明顯的差異性存在。具體而言，「較早認知創新事物者」比「較晚認知者」具有較高的教育水準、較高的社會地位、較頻繁的大眾傳播媒介接觸與人際傳播活動參與、較密切地與「變革推廣人員」（"change agent"，即團體間一些喜歡影響他人對創新事物之決策的專家）聯繫、較積極的社會參與，以及較高的萬國性（cosmopolites）等。

（二）說服階段:

雖然個體可能早已知曉某一創新事物，而且可能已瞭解如何使用該創新事物，但是他可能未曾對該創新事物發展出某種態度。

在說服階段中，個體開始對該創新事物發展（形成）某種態度，以決定採納或拒絕該創新事物。

在形成態度時，個體至少會根據下列五種特質去評估該創新事物：相對優點、適合度、複雜度、試用潛力、顯著度等。茲分別列述如下──

1. 相對優點（Relative advantage）:「相對利益」是指個體所知覺創新事物之優於既有事物（觀念）的程度。「相對優點」是指人們「知覺」中之創新事物，是否有比現有事物「較」好，而並非「客觀」或「絕對」的好。例如，幾年前在美國有一家隔音板公司開發出一種新的隔音板，比市面上既有的最好隔音板，還能減低室內噪音達40％左右。該公司充滿信心， 並且允許獨立工程師進行隔音板隔音效益實驗。 然而，這種新隔音板的上市並未造成轟動，甚至在市場上遲滯不動，非常失敗。理由何在？原來該隔音板上面沒有洞洞，而消費者「知覺」中相信，隔音板上的洞洞可以捕捉或吸收聲音。消費者對隔音板的過去經驗使他們產生對新隔音板的判斷偏差。由於新隔音板沒有洞洞，因此被認

爲（「知覺」爲）比現在隔音板較無隔音效果，事實上，該隔音板就客觀角度而言，確是較好的隔音板。

相對優點與創新事物的採納率間呈現正相關，某一創新事物被知覺的「相對優點」愈高，則被採納的可能性就愈高。

「相對優點」有若干次層面，例如：經濟利潤程度、初始成本的降低程度、知覺風險的降低程度、不適情形的降低程度、時間／精力的節省程度以及酬償立卽獲取的快速程度等。

以酬償的立卽獲取而言，愈快能讓消費者立卽獲取酬償的創新事物，愈容易被彼採納。因此，像人壽保險、汽車安全帶、……等產品，由於不易讓消費者立卽察覺效益並獲取酬償，所以被採納的可能性就較慢也較低了。

2. 適合度（Compatiability）：「適合度」是指某一創新事物，被認爲適合（合乎）某人之處事方式的程度。創新事物愈合乎個體之需要結構、價值信念以及過去經驗時，則該事物被採納的速率及可能性就愈高。創新事物如能合乎個體現有情境，則將降低風險、提高意義，而且毫不費力地就能與個體的行爲模式相結合。美國、歐洲等地的醫師之所以遲遲未能普遍採納針灸術，是由於針灸術與彼等所習慣的手術前麻醉方法完全不符。

3. 複雜度（Complexity）：「複雜度」是指個體對創新事物所知覺的困難及繁雜程度。創新事物愈不易理解或使用時，其被採納的速度就愈慢。例如，十六位元個人電腦的擴散率（diffusion rate）可能就不及手提迷你音響。個人電腦之操作在人們知覺中的複雜度（卽使有「套裝程式」亦然）遠超過於手提迷你音響，許多消費者在不易瞭解或使用個人電腦的情況下，往往視之爲畏途。因此，要能順利擴散個人電腦，就必須袪除消費者對電腦的「恐懼感」，而極力強調其簡易操作的道理。

4. 試用潛力(Trial use potential)：「試用潛力」是指某一創新事物可能被有限度試用的程度。消費者的試用將有助於創新事物之被採納過程。一種產品如果能很容易被區分為許多小單位時，通常較具有試用潛力。例如，某種新美髮用品初上市時，消費者可能較不願意一口氣就買特大瓶裝來使用。但是，廠商如能事先大量散發小瓶裝或鋁箔包裝的試用樣品時，消費者可能就會加以試用並於事後加以採納。如圖 9-2 之「蜜妮」洗面乳之成功上市，其小包裝樣品分送的戰術，厥功甚偉。

圖 9-2 花王蜜妮洗面乳之成功上市，樣品分送功不可沒！

「試用」與「知覺風險」(perceived risk)概念之間，有密切的關聯性。新車試乘、超級市場中新食品試吃及樣品分送、小包新酵素洗衣粉散發……等等措施，都可以讓消費者有機會接觸並試用這些產品，因此可以降低消費者為大量採納創新事物所知覺的風險。然而，有許多產品是無法試用的，例如消費者就很難小規模「試用」民航班機客艙，以決定下次旅遊時是否「採用」該班機。

「試用」似乎對「早期採納者」(early adopter) 比對「晚期採納者」(later adopter) 來得重要，因為早期採納者在決策時所遭遇的「知覺風險」較大。

5. 顯著度 (Observability)：　「顯著度」是指創新事物與其他事物相較之下的顯著程度，又稱為「傳播力」(communicability)。

創新事物的顯著度愈高，就愈容易被採納。因此，創新事物之顯著度與採納可能性間有正相關存在。羅吉斯指出，「以『生長前除草劑』（一種在雜草長出地面之前就噴灑在田裏的除草劑）為例，儘管這種除草劑優點很多，但是美國中西部農民的採納情形卻相當緩慢，因為使用這種除草劑看不到萎死的雜草，農民無從向鄰居展現該除草劑的效果。」

高顯著度產品很多，像服飾、珠寶……等流行事物等，都是常見的例子。有些產品則可由理性的比較，顯現其差異性，例如：四聲道音響系統，可以與單聲道或雙聲道音響同時比較，就能很快展現其顯著的效果。

關於創新事物的特質，羅吉斯曾提出重要的一點：「人們如何知覺上述這些層面，決定他們如何對這些創新事物採取反應。」行銷人員在行銷新產品時，必須瞭解消費者知覺的重要性，並透過愼密的產品設計與推廣策略來提高產品被採納的可能率。

說服階段對於行銷傳播人員而言，是重要而值得關注的一個階段。

因為在此一階段中，潛在採納者即將對創新事物採取決策，此時他們也會假想「試用」創新事物以體會這些新事物在其目前生活情境中的運用情形。

　　大眾傳播媒體廣告在認知階段中固然重要，但是在說服階段中卻未能充分強化個體對創新事物的態度，此時，人們反而會較重視他人對創新事物的看法和感覺，藉以確定他個人的最初意見。他的最好來源包括親友、同輩團體和社團。他的態度一旦形成，就會進入下一步的決策階段。

（三）決策階段:

　　「決策階段」是指某人在選擇「採納」或「拒絕」某一創新事物的期間。在此階段裡，個體會考慮試用創新事物。如果他本身未能實際試用創新事物時，他也會透過親友的使用心得，去體會「替代的經驗」。如果，個體的試用或體會經驗使個體覺得該創新事物具有足夠的「相對優點」等，通常會讓個體採取「採納」決策（再度說明「試用」及「樣品分送」的重要性！）

　　如前所述，決策階段中個體必須選擇採納或拒絕創新事物。儘管如此，即使個體於事後在諸多選擇中選定了某一事物，也難免有魚與熊掌難以取捨之虞！如果他初始拒絕了某一創新事物，他可能會於事後採納該事物，也可能會繼續拒絕該事物。如果他初始接受某一創新事物，他也可能會於事後中止採納而拒絕該事物。「中止採納」可能是由於另一創新事物引進市場而使個體覺得比原先之創新事物，具有更多的好處（取代）；也可能是由於個體對於所採納的創新事物感到厭倦（興致沖淡）。大致說來，晚期採納者要比早期採納者更容易對創新事物「中止採納」。因為，「變革推廣人員」在促使晚期採納者接受創新事物時，往往會對他們施予壓力，等採納後，這種壓力就解除了。一旦壓力消失

了，晚期採納者就可能會「中止採納」。

（四）堅定階段:

傳統的採納模式認為「創新事物——決策」過程的最後階段是「採納」，似乎是忽略個體在決策（採納）後的一些行動。例如，採納者在採納某一創新事物之後，可能會蒐索其他有關情報來確定他們的決策是正確的。這種蒐索情報的索求，我們可以用「認知不和諧」理論 (Festinger, L. A., 1957)來加以解釋。

首先，讓我們簡單地就「認知不和諧」加以探討，並說明何以「認知不和諧」在「創新事物——決策」過程上之「堅定階段」中是一項重要的概念。

「認知不和諧」(Cognitive Dissonance)是指: 當個體知覺中的兩項「認知」（情報）產生不一致的情形時，個體所產生的緊張或不適的心理情境。這些「認知」或情報項目是指個體對於環境中之事物所持的信念、感覺、意見或態度等。當兩種情報在內心中未能配合一致時，就稱為「不和諧關係」的存在。「不和諧」會造成緊張現象，而促使個體設法消除對情報間的不和諧情形。「不和諧」代表個體心理上的不均衡現象，當這種不均衡現象所造成的緊張態勢消除後，個體心理就會趨於均衡。人類總是會致力於尋求其生活上的秩序與和諧的常態 (Festinger, L. A., 1957)。

不和諧的產生，通常來自下列三方面:

1. 邏輯上的矛盾經常會造成不和諧——例如「所有的球都是圓的，而我的球卻是橢圓的」、「某人站在雨中未撐傘也未穿雨衣，而全身居然未淋濕半滴雨。」都會造成不和諧。

2. 態度與行為間或兩種行為間的矛盾可能會造成不和諧——例如「老劉知道抽煙有害健康，卻每天抽兩包煙」（態度與行為間的矛

盾）、「老莫刻苦節儉視錢如命，卻對他女友揮金如土」（態度
與行為間的矛盾）、「喬治捐款給共和黨，卻投票給民主黨候選
人」（行為與行為間的矛盾）……等等情況，都會造成不和諧。
必須一提的是，個體必須「知覺」其兩種行動或行動與態度間，
互相矛盾或不合理，才有「不和諧」的現象發生。

3. 如果個體所堅持的期待未克實現時，往往會產生不和諧──例如
「老王很想當社團主席，卻一直未被提名」、「苦讀三年，竟然
差了一分，在大學聯考中名落孫山」……等，都會發生不和諧的
現象。

基本上，人們會採取三種方法去減除不和諧現象:

1. 針對情境加以合理化的解釋──自圓其說或貶低認知失調的重要
性。

2. 尋找新的其它情報（認知）來平衡或支持其行為，以合理化解釋
原先態度與行為的不一致。

3. 消除或改變某些不和諧的要素──例如: 改變行為使對行為的認
知符合態度的認知；或改變態度使其符合行為；甚或乾脆遺忘或
抑制不和諧的要素。

例如，一個每天抽掉三包半香煙的癮君子，每當看到有關「抽煙與
感染呼吸道及肺部腫瘤之間有高度關聯性」的報導時，會與「每天抽煙
三包半」的認知相對立，而產生令他不舒服的「認知不和諧」，為了消
除認知不和諧，他可能會想到要設法戒煙；或不相信新聞報導，認為這
些報導未免過份誇大渲染，「瞧我抽了近三十年的香煙，也未見得有何
大礙！真是危言聳聽。」；也可能增加新的認知來緩和不和諧程度，或
是找些抽煙而長壽的人的資料來支持自己的認知──「抽煙無大礙」，
或是自我安慰式地相信:「生死有命，富貴在天，是福是禍天註定，是

福不是禍，是禍躲不過。人生苦短，何必跟自己過意不去」接著就立刻又點起一支香煙！

又如某人認為「免失禮——面子」（Mercedes Benz）汽車品質卓越、機件精良，但是他那部全新的「免失禮——面子」居然怪聲不絕、又常熄火。這個人同時持有兩種對立的認知，因此讓他產生不愉悅的「認知不和諧」。為了消除認知不和諧，他可能會自我安慰地說：「卽使最好的車子都難免有雜音，新車油路、電路多少會有點不順，過些時候就會恢復正常的。」這種想法就是在尋求「合理化」。他也可能會去蒐集有關情報來支持他的看法：「『免失禮——面子』是全世界最好的車種之一。」此時，他可能會強調汽車之操舵性、走行性、居住性（車內舒適性）以及耐久性、安全性……等等的重要性，以及他所新購的「免失禮——面子」汽車在上述這些特性上的性能量多麼卓越，藉以增強和諧要素並且相對減輕不和諧要素的重要性。這種尋找藉口以支持自己的舉止，可以降低其內心的不和諧程度。還有一種他可能採取的方式是去消除或改變不和諧因素，他或許會改變其對「免失禮——面子」的看法（因為無法忍受他車子的問題），或是會將該車脫售另外再買一部新的「免失禮——面子」，而深信他原來所購買的車子，不巧正好是「不良品」（Lemon）！

除上述例子外，在行銷及創新事物——決策過程中，還常見一種認知不和諧的特殊個案。這種特殊的認知不和諧又稱為「決策後不和諧」（post decisional dissonance），顧名思義，這是指個體在決策之「後」所產生的不和諧。消費者每天必須面臨許許多多的購物決策，而對於創新事物的採納，更是面臨拒絕或接受新觀念或事物的抉擇。「決策後不和諧」的產生，通常是由於個體必須在諸多抉擇中決定「一種」（正如魚與熊掌之間選擇其一，卽必須捨棄另一種），而這些抉擇中各有長短優劣，頗難加以決定取捨。在決定之後，如果個體於事後發現他所選擇

的事物中，有某些缺點或不當之處；而當初未被他選中的事物中，卻有某些優點或長處時，個體就會產生「決策後不和諧」。選擇的事物間愈相似，則愈難取捨，也就愈容易產生「決策後不和諧」。

個體在決策之後，往往會針對他的選擇加以重新評估，以確定其抉擇是否明智。個體在剛作完決策之後，就會進入所謂的「反悔階段」(regret phase)，在此階段中，個體在內心中會刻意針對選定事物的缺點加以挑剔（俗話說「嫌貨才是買貨人」），而對於未選定事物的優點特別加以注意，甚至懷有好感。事實上，如果待選的事物差異不大時，個體可能會對於未被選中的事物給予較高的評價，甚至在此刻臨時改變主意，重新抉擇。然而，「反悔階段」通常很短暫，很快就會進入「消除不和諧階段」(dissonance reduction period)。在此階段中，個體對於選定事物的評估與看法，通常要比當初作決定時對該事物的評估與看法來得好，也就是對其抉擇有較高的評價與較堅定的信念。

人們消除「決策後不和諧」的方法與消除「認知不和諧」的方法，大同小異。最常見的方式是改變其對選定事物及未選定事物（即淘汰事物）的評估——提高對選定事物的贊同與認可，並降低對淘汰事物的贊同與認可。

「創新事物——決策」過程中的「堅定階段」包括「決策後不和諧」、「反悔」及「消除不和諧」等三個步驟。人們經常會去找朋友向他們吹噓他所採納之事物的優點長處，或蒐集有關書面資料來支持他的抉擇並肯定其價值，如果，人們在向朋友炫耀時，遭人潑了一盆冷水；或者未能找到充分的資料，來確定其抉擇是正確時，人們可能會停止採納。

三、「創新事物——決策」期間

「創新事物——決策」期間是指從個體最初「知曉」創新事物到他決定採納或拒絕創新事物之間所歷經的時間。「創新事物——決策」歷經期間長短不一，有時短至一兩天，有時則長至好幾年。羅吉斯與修邁克曾提出兩項研究結果說明：在美國高中學校採用新的語言實驗教學的決策，平均需要兩年；在愛荷華州，雜種玉米的採納決策過程平均需要九年。這兩個例子均足以說明，「創新事物——決策」期間的長短有很大的差異與彈性；決策過程期間的長短差異，可以解釋為個性對創新事物所知覺的特性及重要性的不同。

對於同一種創新事物，也會由於採納者不同，而有不同的採納期間：「早期採納者」在「創新事物——決策」期間，花較少時間，而「晚期採納者」則花較長的時間去考慮、抉擇。因此，「早期採納者」之所以比「晚期採納者」更早採納創新事物，不僅是因為「早期採納者」比「晚期採納者」較早知曉創新事物，更由於「早期採納者」在採納創新事物的決策過程中所花費的時間較短之故。

叁、擴散過程 (The Diffusion Process)

前面所探討的是關於「創新事物——決策」過程，是指個體採納或拒絕某一創新事物的心理決策過程。在這一節裡，我們將針對不同團體在擴散過程中的集體行為加以探討；我們也將研究團體間的「傳播網」(Communication network) 以及每一種採納者類型的典型特質。

一、採納者類型

由於社會間的所有個體成員並非在同一時間內，採納一項創新事物，因此我們可以簡單地根據個體採納創新事物的快慢，將採納者加以

歸類，以便說明每一類型採納者所具有的不同特質。

　　早期的學者以圖面表示採納者採納的時間，其圖型看起來類似常態分佈曲線（卽鐘型曲線），學者們也就根據平均數和標準差來區分採納者類型（如圖 9-3）。

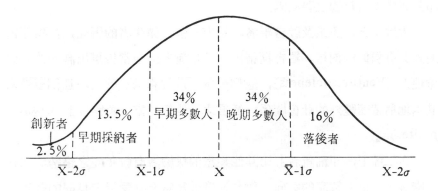

圖 9-3　根據「創新性」標準分類的採納者類型（Rogers, E. M., Shoemaker, F., 1971）

　　第一類採納者稱為「創新者」（innovators），是在於平均採納時間向左的兩個標準差位置（卽 $\bar{X}-2\sigma$）；其他各組類型的採納者，也同樣地可以在常態分配曲線上加以分類並劃出不同的區域。雖然，這種分類方式不免太過於武斷和主觀，但是在研究擴散過程時，卻又非常具有參考價值。

二、各類型採納者之特質

　　有許多的研究都是把主題放在有關於每一種不同類型採納者特質之上。大致說來，創新事物的早期採納者可能比晚期採納者，具有較積極的特質。這項基本原則，將有助於我們更清楚地針對五種不同類型的採納者加以探討。

（一）創新者（The Innovator）:

「創新者」是指第一批採納創新事物的集羣，約指所有潛在採納者中的前 2.5%的人。近年來，也有些學者認爲「創新者」的比率應該高於此比率；根據他們的定義，「創新者」應該是指率先採納某一新產品的前三分之一的人 ❶。這些定義上的不一致，是導致有關「創新者」的印象與描繪紛歧的主要原因。

大致說來，農業及社會學者，還有一些行銷學者的研究，都對「創新者」有類似的剖析。羅吉斯指出，「創新者」通常表現出高度的「冒險性」（Venturesomeness），他們大膽，敢於嘗試風險，並且積極尋求其本地朋輩團體外的社會關係；換言之，他們較富「萬國性」（Cosmopolites）。

在年齡上，「創新者」比其他類型的採納者有較年輕之趨勢；在社會階層上，也有較高的傾向。他們通常較爲富有且受過較良好的教育。

他們的傳播行爲有一項特徵，就是經常與科學性情報來源保持密切聯繫。他們大都會與其他「創新者」間互相往來，並且會偏重於從「非個人式」的來源中去蒐集情報，以滿足他們的需求。

研究發現，「創新者」具有高度的社會流動力。換言之，他們在社會地位階級中有向上提昇的傾向 （Robertson, T. S. & Kennedy, J. N., 1968）。「創新者」通常也比「非創新者」，流露出更廣泛的興趣範圍，不僅對創新事物感興趣，對其他各種不同事物也均不排斥。

（二）早期採納者（The Early Adopter）:

「早期採納者」是採納創新事物的第二集羣，依統計上的定義，此一集羣約佔潛在採納者中的13.5%。「早期採納者」比前述具有萬國性的「創新者」，較「本土化」。「早期採納者」在其所在的小羣體間，彼

---

❶ 有一部份行銷研究者，在行銷研究中採用10%的普及率作爲分界點，而金恩（King, C. W.）則以三分之一作爲分界點。（Smith, 2. G., 1964）

此相處甚爲融洽，並獲得其友輩們的尊敬；正由於這種尊敬，人們經常找他們針對新事物分別提供意見與情報。「早期採納者」在同儕中受尊重的現象，使他成爲決定創新事物成敗的重要因素，也因此最常被「變革推廣人員」所召集並加以利用。

「意見領袖」主要是來自「早期採納者」中，他們的特質與在擴散過程中的角色等，將於稍後再加以探討。

（三）早期多數者（The Early Majority）：

「早期多數者」約佔潛在之創新事物採納中的34%，如圖9-3所示，他們比「平均的」採納者，略早採納創新事物。在整個體系中，創新事物如果被「早期多數者」所採納，則表示在所有潛在採納者中已有一半已經採納該創新事物。在此集羣中的成員，通常從容不迫、小心謹愼地採納創新事物，有時甚至表現出精打細算狀。在「創新事物──採納」過程中，他們比前兩個階段集羣中的成員花費比較多時間。他們與當地採納者、變革推廣人員、以及朋儕團體間的接觸，頗爲頻仍。儘管「早期多數者」難免會表現出「意見領袖」的模樣，但是比起「創新者」或「早期採納者」而言，還差一大截。「早期多數者」成員的教育程度與社會階層比一般人略高，但是卻比「早期採納者」低。

（四）晚期多數者（The Late Majority）：

「晚期多數者」在潛在採納者中，約佔34%的比率，其採納的時間就在平均值之後。用「懷疑論」（Skepticism）一字來描述「晚期多數者」是最貼切不過了。他們在最後採納創新事物之前，還需要其朋儕團體施予強大壓力，才肯眞正「屈服」。在他們採納創新事物時，社會中之大多數人都已經採納該事物。換言之，他們不願冒任何風險，必須等到確定大多數人都採納新事物了，他們才肯加以嘗試。至於「晚期多數者」對新觀念、新產品……等的消息或情報來源主要是親友或朋儕團

體，他們較少接觸大眾傳播媒體。就人口統計上而言，他們的教育程度、收入、社會地位等，均在平均水準之下。試圖在此集羣中擴散或推動一件事物，進而使其採納，將是一件相當困難的事。

（五）落後者（The Laggard）：

「落後者」是採納創新事物的最後一個集羣，他們是潛在採納中的最後16％的人。這些人受到「傳統約束」（bound in tradition），不願創新也不願接受新的事物，他們經常會陶醉在過去的回憶中，也經常將過去的一切拿來作爲他們的參考架構。他們的態度和想法，經常是像這樣：「這件事物如果適合（或足以助益）我的父親和我的祖父，那麼就適合（或足以助益）我了。」「落後者」與其鄰居或其他「落後者」之間的交往非常密切，並且幾乎不接觸大眾傳播媒介。在所有的採納者類型中，這一集羣的社會地位及收入所得均最低。「落後者」只有在一種情形之下才有可能採納創新事物，那就是某一個或某些個其他更新的創新事物已經完全取代了原來的「創新事物」時。

三、有關採納者的研究發現摘要

這一節的主要目的是要根據數以千計的有關研究結果，綜合提出研究發現，並針對早期採納者與晚期採納者間的特性差異加以比較。這些比較特性將分爲三類：（1）、社會經濟地位；（2）、人格變數；（3）、傳播行爲。如下表（表9-1）：

大體說來，表9-1中所描繪的「早期採納者」，具有我們社會間所認爲的積極、開朗、進取等特性。例如，早期採納者多受幾年的正規教育，具有較高的移情能力，較不會獨斷獨行，智慧較高，有較高的成就動機，且具有比晚期採納者較好的其他特性。

上述剖析可提供給「變革推廣人員」（Change agent）一些重要的

表 **9-1** 創新事物之早期採納者與晚期採納者之剖析比較:

特 性 比 較 項 目	採 納 者 剖 析	
	早 期 採 納 者	晚 期 採 納 者
社會經濟地位:		
年齡	無顯著差異	無顯著差異
教育程度	較 高	較 低
識字率	較 高	較 低
社會地位	較 高	較 低
社會昇遷力	較 高	較 低
對聲譽的態度	較積極	較消極
人 格 變 數:		
移情能力	較 高	較 低
武斷性	較 低	較 高
抽象處理能力	較 高	較 低
合理性	較 高	較 低
智力	較 高	較 低
對於變遷的態度	較贊成	較不贊成
對於風險的態度	較接受	較不接受
對於教育的態度	較支持	較不支持
對於科學的態度	較支持	較不支持
宿命觀（論）	較 低	較 高
成就動機	較 高	較 低
抱負志向程度	較 高	較 低
傳 播 行 為:		
社會參與	較積極	較不積極
社會系統間的統整能力	較 強	較 弱
萬國性	較 高	較 低
與變革推廣人員的連繫情形	較頻繁	較不頻繁
大眾傳播媒介的接觸頻率	較頻繁	較不頻繁
人際傳播通路的接觸頻率	較頻繁	較頻繁
情報蒐集情形	較常、較多	較不常、較少
創新事物之認知情形（知識）	較高、較深入	較低、較膚淺
意見領袖傾向	較 高	較 低
社會系統常模	較現代化	較傳統

情報，使他們能够成功而有效地引進並推廣創新事物。這些剖析也有助於行銷傳播人員區隔市場，並且針對不同的採納者類型，發展出不同的傳播訴求戰略。

肆、意見領袖與影響流程

如前所述，擴散研究的目的是要縮短擴散過程。本節將針對影響流程及流程中扮演重要角色的「意見領袖」，加以探討。

一、影響流程(The flow of influence)

情報和影響力究竟如何從原始起源流向社會間成員？大眾傳播媒介（非人員來源）與個體——如意見領袖（人員來源）在此流程中究竟扮演何種角色？這些問題在探討擴散時，經常受到普遍的重視與探討意願。

早期的學者對於情報與影響力流程的看法，通常認爲大眾傳播媒體對於閱聽人有非常大的「直接」影響力。而影響力或情報的傳播流程，常被認爲是一種直接的「單級」（One-Step）過程，這種過程模式曾經被戲稱爲「皮下注射針模式」（hypodermic needle model）。因爲這個模式認爲傳播來源對受播者有「直接」而「立卽」的影響。

爲了支持這個模式的假說，有一組研究小組曾於一九四〇年美國總統大選期間，就大眾傳播媒介對選民之選舉行爲的影響，進行一項研究。然而，這組研究人員意外地發現，傳播過程中所出現的，並非他們所假說的「單級流程」，而是一種「兩級流程」（two-step flow）——第一級是由大眾傳播媒介將情報流傳給「意見領袖」；而第二級是由「意見領袖」將情報或影響力流傳給其「跟隨者」（follower）。由於

這項研究的發現，他們發展出另一種新的模式，稱爲「兩級流程模式」（Lazarsfeld, P.F. etal., 1944），如圖 9-4。「兩級流程傳播」（又簡稱爲「兩級傳播」）模式說明了大眾傳播媒介的影響力，並不如前述「單級傳播」假說中那麼地強大。

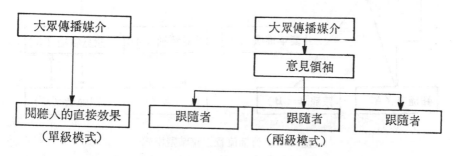

圖 9-4 單級傳播流程與兩級傳播流程模式比較

對於事實情況的描述，無論是「單級流程」或是「兩級流程」，都顯得過於簡化。例如，我們都知道「意見領袖」會被「跟隨者」蒐索情報，但也會向「跟隨者」蒐索情報；又如，意見領袖會影響其他意見領袖，但也會受其他意見領袖的影響。還有，情報流程的「級」數也不一而足，有些情況下，情報流程只經過一個「關口」（「級」，step）；而另一些情況下則需經過好幾個「級」（或稱「轉播站」）。意見領袖也不完全倚賴從大眾傳播媒介獲取所需情報，有時「變革策動單位」也成爲意見領袖的情報來源。

如圖 9-5 所示，可能是一個較能反映事實情況的模式──

這個模式列舉了幾種可能的傳播流程。例如，情報可能從大眾傳播媒體直接流向個體──如圖中之跟隨者（Ａ）與跟隨者（Ｂ），以跟隨者（Ａ）而言，他還向意見領袖（1）蒐索其它情報和意見，事實上他們會找他們所尊敬的人蒐集其他情報。另外一種情形就像圖中的意見領袖(1)，

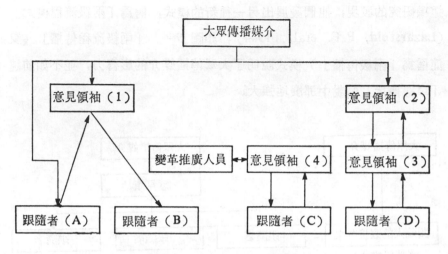

圖 9-5 傳播流程之複雜型模式

從大眾傳播媒介獲取新觀念或創新事物，然後主動、積極地去找尋其追隨者（B），再將所獲得的觀念、消息、事物等轉告該追隨者。以意見領袖（3）而言，他從意見領袖（2）處獲取情報新知，並且進而去找尋跟隨者（D）（或被跟隨者（D）找到），將所獲取的情報轉告該跟隨者。有時候，意見領袖並不完全是直接或間接（如上面意見領袖（3）即間接獲取）從大眾傳播媒介中獲取情報新知，而是從「變革推廣人員」處獲取情報新知，像圖中的意見領袖（4），就是與「變革推廣人員」接觸交往後，再進一步對跟隨者（C）產生影響。在實際狀況中，還有許多其它可能的情報流程並未完全包括在此模式中，可見此模式的確相當複雜。

在此我們可以大略地區分大眾傳播媒介與個體來源的不同功能：大眾傳播媒介的主要功能，是讓受播者將它們作為「情報」來源；而個體來源的功能則在於其「影響」作用。因此，意見領袖在說服階段中可能比大眾傳播媒介更為重要，因為意見領袖被認為較可靠，也較有機會進行「雙向傳播」（two-way communication）。

二、意見領袖之特質

這一節裏，將探討下列三個問題：(1)誰是意見領袖？(2)意見領袖的功能何在？(3)他們具有那些明顯特徵？

意見領袖是指「能够經常按自己意願去影響其它個體之態度與外在行為」的人。在某一方面擔任意見領袖的人，在另一方面並未見能扮演同一角色。就某一領域或某一特定商品而言，意見領袖具有豐富知識及可靠的情報來源。

意見領袖見諸於每一個社會階層。情報在社會階層間的流傳，並不是垂直地由某一階層傳給較低的階層，而是呈現水平式的移動，在社會階層間流傳著。因此，在「流行」的採納過程中，有種「潛移默化」(Tricble across)的假說，是值得參考的。

意見領袖對於社會成員均有助益。有些時候他們會將有助於改善生活型態、提昇生活品質的新觀念和新事物告知社會大眾；有時候則是一些「跟隨者」去找他，向他徵詢意見與指導，此時「意見領袖」會幫助「跟隨者」，減除他們在採納（或購買）某一創新事物時的「知覺風險」。因此，意見領袖可以說是「告知者」、「說服者」及「認同者」(Confirmer)。

意見領袖與跟隨者之間，有明顯的差異，表 9-2 中列舉一些有關意見領袖之基本特質的剖析──

大抵說來，意見領袖要比跟隨者更頻繁地接觸大眾傳播媒介與變革推廣人員。意見領袖也比一般人較重視羣體及社交，因此比跟隨者更有機會討論及傳遞情報。例如，男人通常比女人更可能成為公共事務方面的意見領袖，因為他們比較有機會外出並與他人談論政治。這點正說明了表 9-2 中所提的意見領袖具較高的社會接觸，他們必須要有機會和能

力去影響他人。

表 9-2 意見領袖剖析

外在傳播行為	較常接觸大眾傳播媒介、萬國性較高、比跟隨者更常與變革推廣人員聯繫
社 會 接 觸	較高的社會參與
社 會 地 位	較高的社會地位
創 新 能 力	對於變革的創新事物較積極，對傳統事物較不積極；大體說來比跟隨者更具創新能力。

意見領袖大都比跟隨者具有較高的社會地位，然而其間的差距並不懸殊，只略高於跟隨者而已，因為社會地位太高時，往往會降低親切度而減少了社會接觸頻率。跟隨者往往會向社會地位、創新能力以及接觸大眾傳播媒介略高於自己的人，去蒐集情報。跟隨者認為意見領袖具有跟隨者所沒有的知識或能力，因此相信意見領袖所提的意見是有價值的。

至於，意見領袖之所以會提供情報，並樂於與人討論有關產品或勞務之事，是由於他們可以從告訴別人他們的意見與對創新事物之所知中，獲得相當的滿足感。意見領袖樂於與他人分享他們對創新事物所知之一切，並且從中獲得滿足，因此會不斷努力充實自己，使自己保持消息靈通，有時甚至會把充實自我之事，視為自己義務!

既然，意見領袖如此具有影響力，究竟應如何去找到他們並利用他們作為「變革推廣人員」，來加速創新事物的擴散？這是一個值得關切的問題，但是目前尚無定論，必須因時、因地、因人而異。我們都知道，非正式的傳播通路並非隨時能配合所有的產品或觀念。例如，有些產品就很少用得到口傳廣告。對於那些必須以「口傳」配合的產品而

言，該生產廠商就必須先設法找到對產品感到滿意的「愛用者」，讓這些「愛用者」發揮「口傳」功能（所謂「口碑」），並且設法讓潛在使用者能有機會與這些「愛用者」取得聯繫，甚至讓他們能目睹「愛用者」家中所使用的產品。

如果，行銷人員知道其消費者受到團體傳播的影響時，就必須針對該團體特別製作銷售訊息。此外，在推出新產品時，採納過程的早期與晚期均呈現採納的低成長率，而採納中期則呈現較高的成長率。這種情形在時間序列圖上呈現「Ｓ型」曲線，稱為「擴散曲線」(Diffusion Curve)（專題⑨～１）。

在「擴散曲線」中所呈現「陡增」現象，可能是由於人際傳播網所產生的「滾雪球」(Snowballing)效果。這種現象說明了，在新產品上市初期必須要有強勁有力的廣告和銷售人員的配合。這種行銷策略將直接影響新上市初期的銷售，並可望由於早期採納者的「口傳」，帶動後期的銷售利益。

對意見領袖的辨認，顯然有助於催迫及加速創新事物的採納，在辨認上也有許多種技巧和方法。基本上，最常被用來測定意見領袖的方法有三種：

1. **情報來源評定法** (informant's rating method)──訪問受訪者要求他們指認他們心目中的意見領袖；

2. **自我任命法** (self-designation method)──要求受訪者自我評定是否影響他人去試用某一特定商品，也就是針對自我的「意見領導」(opinion leadership)程度加以評定。

3. **社會尺度法** (sociometric method)──要求受訪者指出，他們曾經去蒐集有關創新事物之情報與意見的人，獲得最多人「提名」者就被認定是調查中所詢問之產品或創意的意見領袖。政大新研所由徐佳士

先生等人於民國六十四年共同主持的一項「臺灣地區大眾傳播過程與民眾反應之研究」（徐佳士、楊孝濚、潘家慶，民國六十五年）中，就採用這種方法來評選「意見領袖」。

一旦找到了意見領袖，就應該特別針對他們直接進行傳播。某些廣告訴求、免費樣品推廣及專為意見領袖特別設計的產品說明等，可能都非常有利。不過，「變革推廣人員」卻認為，特別針對意見領袖發展一套傳播所多出的額外費用，必須能夠與意見領袖在傳遞產品訊息給潛在顧客上所發揮的作用，達到平衡，才能符合他們的希望。

要克服這個問題，並不如想像中那麼容易。許多產品的意見領袖並不難被指認。然而，由於意見領袖們的媒體接觸習慣相當紛歧不一，要將某一特定產品有效「到達」（reach）意見領袖，或許有點困難也必然相當耗費成本。

另外有一種方式是針對「非意見領袖」發展一套推廣訴求，而這套訴求必須可望能足以刺激他們去向意見領袖「蒐求」有關他們所看過之產品的進一步情報。這種策略類似推廣策略中的「拉式」推廣（pull）。

三、人際傳播通路與大眾傳播媒介通路

在擴散過程中，有兩種主要的通路──人際傳播通路與大眾傳播媒介通路，這兩種通路各有不同的特性，也分別在擴散過程中發揮不同的功能。人際傳播通路是雙向傳播通路，而大眾傳播媒介則是單向傳播通路，屬於非人際的傳播通路。

人際傳播屬於面對面的傳播，因此可以有「立即回饋」，這對大眾傳播媒介而言，則是不可能的。人際傳播之迅速回饋之本質，是人際傳播（面對面傳播）之優於大眾傳播媒介的主要利益之一。就傳播的功能而言，人際傳播與大眾傳播各司其職。人際傳播在塑造或改變他人態度

上尤其有效，因此在「說服」階段中特別重要。然而，大眾傳播媒介在迅速使眾多受播者「知曉」創新事物及提供相關情報給潛在採納者方面，也相當重要。因此，大眾傳播媒介在「認知」階段，最爲有用。如果能配合不同時機需要，適當地運用大眾傳播媒介及人際傳播媒介，都有助於有效地促進創新事物的採納。

四、變革推廣人員

綜合上述，「擴散過程」是指不同集羣在採納一項創新事物所歷經的時間過程；大眾傳播媒介與意見領袖在此過程中，也發揮了影響力。除此之外，還有一個重要「成員」在「創新事物──決策」過程中，也具有相當大的影響力，那就是「變革推廣人員」（change agent），也就是「依照變革策動單位（change agency）所預期之方向，去影響他人之『創新事物──決策』過程之專業人士」。以企業而言，「變革推廣人員」就是指公司的業務代表；在政治上，則是指某項政治運動的策劃及執行人員。如果能深入瞭解「變革推廣人員」與採納者之間的關係時，我們就能設法提高「變革推廣人員」的效率，而縮短採納過程。例如在推廣創新事物時，「變革推廣人員」採用「採納者導向」將比採用「變革者導向」更爲有效。這也就是在行銷概念中所一再強調的最高原則──「顧客導向」（customer-orientation）。

根據學者們針對「變革推廣人員」所作的研究，可以獲得一項結論──成功的「變革推廣人員」必須具備下列條件：

1. 有效掌握採納者需求，並據以擬訂推廣計畫；

2. 對採納者具有移情能力；

3. 與採納者保持類似與親近；

4. 透過意見領袖進行推廣；

5. 被採納者知覺爲「可信賴」與「權威」的；

6. 協助採納者評估創新事物。

《本章重要概念與名詞》

1. 擴散 (diffusion)

2. 創新事物 (innovation)

3. 連續型創新事物 (continuous innovation)

4. 動態連續型創新事物 (dynainically continuous innovation)

5. 非連續型創新事物 (discontinuous innovation)

6. 採納 (adoption)

7. 創新事物──決策過程之變衍模式 (paradigm of the innovation-decision process)

8. 認知階段 (knowledge stage)

9. 說服階段 (persuation stage)

10. 決策階段 (decision stage)

11. 堅定階段 (confirmation stage)

12. 相對優點 (relative advantage)

13. 適合度 (compatibility)

14. 複雜度 (complexity)

15. 試用潛力 (trial use potential)

16. 顯著度 (observability)

17. 認知不和諧 (cognitive dissonance)

18. 決策後不和諧 (postdecisional dissonance)

19. 反悔階段 (regret phase)

20. 創新者 (innovators)

21. 早期採納者 (early adopters)

22. 早期多數者 (early majority)

23. 晚期多數者 (late majority)

24. 落後者 (laggards)

25. 「皮下注射針模式」 ("hypodermic needle model")

26. 兩級傳播 (two-step flow of communications)

27. 意見領袖 (opinion leader)

28. 變革推廣人員 (change agent)

29. 變革策動單位 (change agency)

30. 情報來源評定法 (informants' rating method)

31. 自我任命法 (self-designation method)

32. 社會尺度法 (sociometric method)

《問題與討論》

1. 羅勃遜 (Robertson, T.S. 1971)對創新事物之「新穎程度」的分類方式，如何運用於行銷傳播？消費者如何在其回答中區分「連續型創新事物」與「非連續型創新事物」？

2. 本章曾提到傳統的採納模式有三個缺憾之處， 依您之見羅吉斯等人 (Rogers, E., & Shoemaker, F.) 所發展以取代傳統模式的採納模式，是否具有那些缺憾之處？「創新事物——決策過程變衍模式」如何用來加強行銷傳播者行銷新產品之決策？

3. 行銷傳播人員應如何運用對五種「創新事物之知覺特質」的常識，來提高新產品的接受性？試以家庭用碟影機為例，分別說明這些特質。

4. 行銷者所能用以減除消費者在購買新產品後所產生之「認知不和諧」的傳播活動有那些？這種不和諧的程度是否會由於產品的新穎程度而有所不同？試加以詳述。這種不和諧是否也會因消費者的「投資」金額大小而有所差異？試加以討論。

5. 既然在不同階段有不同的採納者，請根據對五種不同採納者集羣的瞭解說明，企業的行銷傳播策略是否應該配合不同集羣進入市場的時機而有

所變更? 爲什麼? 爲什麼不?

6. 試論行銷傳播策略如何運用圖 9-5 中所示之「多重流程模式」來加以擬訂。何以此模式較前面兩種簡易模式，更眞實地描繪傳播流程的實際狀況?

7. 意見領袖爲何經常去主動找尋其跟隨者，來傳遞他們對採納新產品所有的情報與意見? 行銷傳播者應如何運用意見領袖? 如何去發掘意見領袖? 行銷人員在影響意見領袖時，可能會遭遇那些困難?

8. 說明「成功之變革推廣人員」所具備之條件，如何運用在甄選及訓練業務代表之上。

《本章主要參考文獻》

一、英文部份

1. James H. Donnelly, Jr., and Michael J. Etzel, "Degrees of Product Newness and Early Trial," *Journal of Marketing Research*, Vol. X, pp. 295-300, August 1973.

2. Leon A. Festinger, *A Theory of Cognitive Dissonance* (New York: Row, Peterson & Company, 1957).

3. Paul F. Lazarsfeld et al., *The People's Choice* (New York: Duell, Sloan & Pearce, Inc., 1944).

4. Thomas S. Robertson, *Innovative Behavior and Communication* (New York: Holt, Rinehart and Winston, Inc., 1971).

5. Everett M. Rogers and F. Floyd Shoemaker, *Communication of Innovation*, 2d ed. (New York: The Free Press, 1971).

6. L. George Smith (ed.), *Reflections on Progress in Marketing* (Chicago: Proceedings of the 1964 Winter Conference of the American Marketing Association).

二、中文部份

徐佳士、楊孝濚、潘家慶「臺灣地區大眾傳播過程與民眾反應之研究」，國科會研究報告，民國六十五年。

第十章　消費者行爲

在前面幾章裏，我們曾就人類傳播行爲的各項層面加以探討。在這一章裏，我們擬就與行銷傳播有密切關聯之另一層面的人類行爲——消費者行爲（或購買使用行爲）加以探討。

雖然，用來刺激消費者產生行爲反應的廣告訊息訴求方式，五花八門，爭奇鬪艷。然而，任何行銷傳播策略都必須以「消費者行爲」作爲基礎去考慮。

由於消費者所追求的產品種類龐雜，變化萬千，消費者類型也各式各樣，不一而足。因此，很難以一簡單的理論架構或模式來解釋消費行爲，也無法以一簡單的動機來說明消費者所欲滿足的慾望。

從前的行銷人員或許可以根據他們每天的銷售經驗,去了解消費者。然而，隨著企業規模與市場規模的擴張，行銷決策者已經愈來愈不可能與消費者直接接觸，而對消費者研究的需求也就日形殷切了。行銷人員逐漸重視消費者研究，也造成愈來愈多的廠商比以往花更多的金錢來研究消費者，他們試圖了解下列問題：誰在購買？他們如何購買？他們何

時購買？他們在何處購買？他們爲何購買？最重要的，廠商們還想了解消費者對於廠商所擬訂的各種不同的行銷刺激（marketing stimuli）究竟如何採取反應？眞正了解消費者如何對不同的產品特徵、價格、廣告訴求……等行銷刺激採取反應的廠商，將比其它競爭廠商更容易掌握市場，穩操勝算，獲益良多。因此，許多廠商和硏究機構乃投入很大心力，去探討行銷刺激與消費者反應之間的關係。

行銷學者曾從行爲科學中借用了「黑盒子」（"Black Box"，或譯爲「謎匣」）的概念，如圖 10-1:

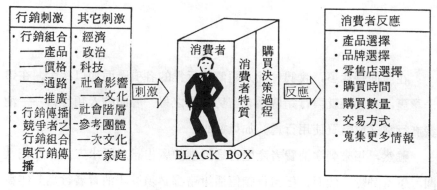

圖10-1 消費者像是一只黑盒子

行銷學者認爲消費者接受許多外來刺激（情報），而使他們採取某些反應；在刺激與反應之間來左右反應的，便是消費者的「黑盒子」。

在黑盒子左方的刺激有兩種——行銷刺激與其它刺激。行銷刺激包括產品（product）、價格（price）、通路（place）與推廣（promotion）等4p。其他刺激包括消費者周圍的環境因素：經濟、科技、政治、社會、文化等。這些刺激通過了消費者的「黑盒子」後，產生了列於右方的一系列可觀察的反應：產品選擇、品牌選擇、零售店選擇、購買時間、購買數量、交易方式、蒐集更多情報……等。

行銷人員的主要任務，就是要設法解開刺激與反應之間的消費者黑盒子，也就是要設法去了解消費者、掌握消費者。

消費者的黑盒子包括兩部分——消費者特質與購買決策和使用行為過程。消費者特質對於消費者如何知覺外來刺激以及如何對外來刺激採取反應，有很大的影響。消費者購買使用行為過程，則會影響其最終決策。有若干消費者特質我們在探討受播者特質時曾經就傳播行為的角度加以討論過，在此擬就消費行為的角度加以探究。消費者購買使用過程，除了提出消費者購買使用過程模式外，並將探討購買過程中的各種購買參與角色。

壹、消費者特質

消費者絕非憑空進行購物決策，其購買受到文化、社會、個人及心理特質的深遠影響，如圖10-2:

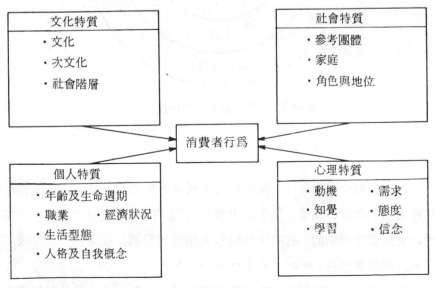

圖10-2　影響消費者購買行為的諸特質

這些特質對行銷人員而言，大多是「不可控制」的因素，但是行銷人員卻又不得不加以考慮的。以下將分別就每一特質對消費者行為所產生的影響一一加以探討。

站在消費者的角度看來，上述這些特質有層次之分，不同層次有不同程度的影響（如圖10-3）：心理特質對消費者購買行為的影響最深，屬於內圈；往外依次是個人特質；最外圈是文化特質與社會特質。

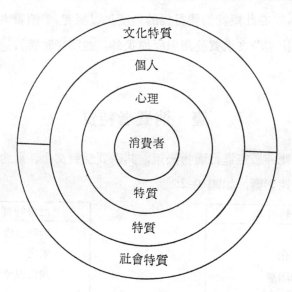

圖10-3　影響消費者行為特質之層次

一、心理特質

消費者的心理特質可以說是影響消費者行為的基本要素；心理特質包括需求、動機、知覺、態度、學習、信念等。這些因素彼此交互作用，並與環境周圍的影響因素共同形成消費者行為。茲分別列述於後：

（一）需求與動機（needs and motives）

許多學者專家都同意，任何購買決策過程的第一步，就是對個體內

在需求的確知。簡而言之，「需求」（needs）是指個體對某些有用事物的短缺。消費者經常遭遇各種需求未能滿足的情況。重要的是，需求必須完全被激起之後，才可能形成「動機」（motives）。

動機是指趣策個體去達成滿足需求之目標的內在情境。有了「動機」（motive），個體被「趣動」（move，即 motive的字根）去採取行動，以消除因為需求而造成的緊張情境並恢復內在的均衡狀態。

雖然，到目前為止並沒有一種特定的動機分類為心理學家們所共認，但是馬斯羅（A. H. Maslow）所提出的「需求層次理論」（Hierachy of needs）仍然被視為有助於了解人類的動機。

馬斯羅將人類的需求分成若干層次，必須俟基本層次需求至少部分獲得滿足之後，人類的需求才進入另一層次。圖10-4中可以看出人類的需求，由最基本的生理需求（physiological needs）往上依次為安全（safety）、歸屬與情愛（belonging and love）、威望（esteem），以及自我實現（self actualization）等需求；其中生理與安全需求，又可稱為生物性需求（biological needs）；歸屬、情愛與威望需求，又可稱為社會性需求（social needs）；而自我成就則又稱為自我需求。

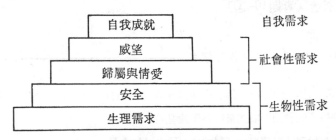

圖10-4 馬斯羅的需求層次（A. H. Maslow, 1954）

有關需求層次以及如何運用馬斯羅需求層次的觀念來制定廣告訴求，將在第十五章中進一步加以闡述。

前面提到,個體的行爲大都由於內在需求引起,上述的各層次需求,激起某種獲得需求滿足的衝動, 並造成個體之緊張態勢, 這就是 「動機」。 個體在動機支配下, 朝向某一固定目標進行, 直至需求獲得滿足,而緊張消失爲止。

動機與行爲之間, 有一種直接的因果關係,行銷傳播人員必須設法去尋找其間的複雜關係。「動機」有時是由於直接的需求滿足 (因爲我餓,所以我吃); 有時則是由於潛意識的自我滿足(ego gratification) (因爲我孤獨無聊,所以我吃多了)。基本上, 「動機」包括了生理性動機及心理性動機。生理性動機有如對飲水、氧氣、食物、睡眠等需求的基本生物驅策力。心理動機則是指源於社會環境——愛、安全、認同等需求——的驅策力。

很顯然地,行銷環境中包含了各種需求與動機的作用面,行銷人員必須掌握消費者的動機何在,以及如何影響消費行爲等問題。然而, 動機研究必須經由心理專家來分析解釋才有意義;對於同樣的現象,不同的心理學家甚至有不同的解釋。因此動機研究固然重要,審愼執行與正確分析,才能眞正有助於產品的開發、商品概念及定位的擬訂,以及廣告表現的創造(專題10-①)。

專題 10-① 購買行爲與行爲模式

柯勒 (P. Kotler) 爲了解釋構成與引導消費者之購買行爲的過程,曾經列舉了四種動機模式來作爲理論基礎。

①馬歇爾的經濟模式 (Marshallian Model)

消費者的購買決策 (purchasing decision) 大部分是基於「理性」(rational) 而且是意識性的經濟計算來決定意向;換言之,每個人皆依喜好及相對價格,尋求能得到最大限度之效用的商品而購買之。

②巴夫洛夫的學習模式 (Pavlovian Model)

消費者的購買行為也是受到動機(或趨策力 "drive")、誘因 (cue)、反應和增強 (reinforcement) 等四個主要因素所制約。 以新商品之導入市場為例，必須藉新商品品質上之優點，「消除」消費者對其他品牌使用習慣之「趨策力」，並且反復給以「增強」，以形成對新品牌之習慣。

③佛洛依德的精神分析模式 (Freudian Model)

消費者之購買行為，大多數是受無意識性衝動的影響，因此在行銷上很重要的一點是要藉著商品的符號、形象等特性，來引起消費者的購買動機。

④維布蘭的社會心理模式 (Veblenian Model)

大多數的消費者購買行為，並非由於基本需求而引起動機的，而是由於文化、社會階層、關係團體、夥伴團體等而來的社會性影響（例如: 追求威望）而引起動機。

以上這四個理論，並不是其中之任何一種便能充分說明所有之購買行為的，必須按照特定商品之特定購買行為之剖析，而各有其適合解釋的模式。

參考資料

P. Kotler "Behavioral Models for Analyzing Buyers" JM. 1965 Oct.

P. Kotler "Marketing Management" 1972, p. 101-112.

（二）知覺 (perception)

「知覺」一詞的意義與概念曾在本書第三章中業已深入探研，在此擬從另一角度探討知覺在消費者行為中所扮演的角色。

站在行銷的角度看來，知覺是指在消費知曉領域中對刺激形成某種心智印象 (mental impression) 的過程。消費者對於刺激所作的知覺

將影響到個體之由動機引發的行為。知覺也可以說是經由五官對外來刺激所歸結的「意義」。

$$\text{「知覺」是去} \begin{cases} 看\ (\text{to see}) \\ 聽\ (\text{to hear}) \\ 觸摸\ (\text{to touch}) \\ 嚐\ (\text{to taste}) \\ 嗅聞\ (\text{to smell}) \end{cases} \text{某些} \begin{cases} 事物 \\ 事件 \\ 構想\ (\text{young, 1961}) \end{cases}$$

從前的心理學家認為知覺是一種客觀的刺激接受現象，也就是說個體對事物的知覺也正是一般人對該事物的知覺。後來，許多學者專家的研究才發現， 人們對事物的知覺， 多半是由於他自己所想要的知覺方式，而未完全是該事物的真正面貌（當然，這並不表示人們會將狗看成鴿子）。我們可以分辨出觀光旅館與教堂；但是同樣是旅館，在人們心目中就有不同的知覺。同樣是中型汽車，吉利車系給人一種成熟穩重的知覺，而天王星則顯得華麗浪漫。

知覺的原則及影響知覺的因素在第三章中已詳述，在此稍加歸納如下：

1. 知覺是具有選擇性的。
2. 知覺是經過組織化之後才賦與意義。
3. 知覺往往會決定於刺激本身因素（大小、強弱、對比、頻率、移動、色彩……等）。
4. 知覺往往會決定於個體的個人因素（需求、氣氛、記憶、經驗、態度、價值結構……等）。

站在行銷觀點看來，知覺的選擇性可以說是最顯著的現象。粗略估算，平均每一消費者每天要接觸上千則廣告訊息；而只對其中大約七十五則左右的訊息，產生知覺；其中只有十二則廣告，可能會對消費行為

產生效果。消費者往往會根據他們對產品的使用經驗，與產品之推廣與廣告訊息所形成的「品牌印象」，來知覺某一產品。此外，像產品名稱、包裝設計、價格、販賣地點等，都會影響消費者對產品的知覺，這些我們都將在下面幾章裏詳加討論。

在知覺這個單元裏，還有兩個相關的概念：一為「知覺風險」(perceived risk)；一為「閾下知覺」(subliminal perception)。

「知覺風險」是指消費者無法精確地預見其購買行為所可能產生的後果，在購物之前必須冒著產生不良結果的風險。消費者為了規避或降低其風險，往往會依據其對情況的知覺與分析，進行購物決策 (Bauer, 1960)。例如，消費者走近西門町巷子裏，準備找家麵館用餐，東側這家大排長龍，熱氣瀰漫；西側那家雖然冷氣開放，卻門可羅雀。相信許多消費者仍然願意冒著排隊等待進入東側這家麵館，而不願「甘冒風險」地去西側那家麵館。

考克思(Cox, 1967)將知覺風險分為功能性風險（"functional"，指與產品性能有關者）與社會心理性風險 （"psychosocial"，指與形象和自我概念有關者）。例如，浴廁清潔劑就是具有高度功能性風險（是否真正有效？），而社會心理性風險較低（別人不會拿家中所使用的浴廁清潔劑，來判斷您！）香水則是低功能性風險，而具有高度社會心理性風險。消費者會盡一切方法來降低風險，例如蒐集產品情報、購買少量作為試用、不必對產品寄望過高……等。

所謂「閾下知覺」是指消費者（個體）在未知曉的情況下對事物所產生的知覺，也就是在個體的「認知閾」(cognitive threshold)之下，對外來的刺激加以知覺。

究竟是否能在個體不知曉的情況下，與該個體進行傳播？這個問題引起許多學者專家的關注與興趣，並且有一系列的研究發現，利用「閾

下知覺」所作的廣告，會左右消費者的購買（如專題 10-②）。這些研究結果發表之後，立刻引起廣告代理商及消費者保護團體對「閾下知覺」的密切關切（Brooks, 1958; Hawkins, 1970）。

專題 10-② 閾下刺激廣告

在電影放映中，以 1/300 秒（遠在認知閾之下）的短時間，每隔 5 秒在銀幕上投射 "Drink Coke" 和 "Eat Popcorn" 的廣告標題，經過 6 週的實驗結果發現coke的銷售量增加57.7%，popcon增加18%（J. Vicary, 1957）。此一實驗結果發表以後，此種意識下的運用技巧引起極大的議論風潮。

1959年拜恩（Byrne）重覆此項實驗，同樣在電影放映時，以每隔 7 秒，1/200秒的提示時間投射 "beef" 一字到銀幕上，結果發現對刺激語的指示和嗜好的選擇率並無影響，唯一的差異是實驗組比控制組感到餓的人數較多而已。

此外，在許多其他研究中，也都無法證明它的一般性的存在。此外，又因爲基於倫理的觀點不容許使用此種廣告方式，所以此後也就僅成爲歷史上的陳跡而已。

參考資料

1. D. Byrne, "The Effect of a Subliminal Food Stimulus on Verbal Responses" *Journal of Applied Psychology* 1959.

2. L. Sharpe, "Subliminal Communication: Insidious Advertising" *Encore*, December 1974, pp. 39-40.

「閾下廣告」（subliminal advertising）是針對個體認知領域中的潛意識層次所作的廣告，其目的在於避免消費者對該廣告採取「過濾」行動，希冀在未能知曉動機來源的情況下，使消費者產生行爲。

目前，許多國家均已明令禁止採用閾下廣告，因爲在受播者不知情的狀態下接受訊息或類似「催眠」式的刺激被認爲是不道德的。在實際情況下，也必須是接受閾下廣告的個體，事先已有購買傾向，否則該廣告也很難立卽促使消費者購買。況且在極短暫（1/300 秒）的時間內，所傳送出去的訊息，可能只有部分人能在認知閾下加以知覺，有些人可能無法看清訊息。例如：「Drink Coca-Cola」（請喝可口可樂）可能會被某些人看成「Drink Pepsi Cola」（請喝百事可樂）、「Drink Cocoa」（請喝可口亞），甚至看成「Drive Slowly」（慢速行駛）等（Barthol & Goldstein, 1959）。

（三）態度（Attitude）

對於外來刺激的知覺，會受到個體對該刺激之態度的影響。事實上，消費者目前對產品、商店、業務人員所持的態度，會左右他們的購物決策。

我們可以將「態度」定義爲：「人們對於某一事物或概念所持有之喜好或不喜好的評價、情緒感受，或是贊成或反對之行動傾向。」(Krech & Crutchfield, 1962)。它是一種個體對外界事物之動機、情緒、知覺及認知過程中的持續機轉。

由於消費者對某一品牌的有利態度（或良好態度）可能會造成彼等對該品牌的偏好，因此幾乎所有的行銷人員都有興趣去了解消費者對產品的態度究竟爲何。雖然，許多學者專家已經發展出各式各樣的態度測量尺度設計，但是語意差別量表可能是最普遍被採用的技術 (Osgood, Suci & Tannenbaum, 1957)。

所謂語意差別量表是指一種七等量表，其兩端分別列出對立的形容詞，例如：新的——舊的、可信的——不可信的、強——弱、濃——淡……等。受訪者在這兩極化的七等量表間，抅出一點來表示他對某一

產品的意見與評估；所有受訪者的平均值就可描繪出消費者對某一品牌的整體評估與態度（Weinstock & Bird, Jr., 1971）。

語意差別量表比一般典型的傳統問卷方式，更能詳實地提供消費者對產品之意見與態度的方向與強度，供經營者參考；同時，也能提供對產品印象或企業印象之深入而明確的描述，而且這些描述都是多元性的，能周延而廣泛地界定產品或企業的形象。

大抵說來，建立消費者對產品或企業之良好態度，可以說是行銷成功的第一步。至於廠商如何促使潛在消費者對產品或企業採取良好態度，行銷人員可以有兩種選擇：一是改變消費者態度，使其與產品一致；一是事先測定消費者態度，再設法修改產品以符合消費者態度（Day, 1970）。

如果消費者一旦對產品持有不利的看法與態度時，廠商通常會決定重新設計並改良產品，使其符合消費者的需求。為了迎合消費者，廠商可能會改變樣式、組合、成份、外形、包裝容量、規格或改變販賣該產品的通路……等。

另外一種廠商可能採取的行動是不改變產品而改變消費者對產品所持的態度，這種方式要比前面所說的方式困難得多了。

對行銷人員而言，改變消費者態度最重要的工具就是廣告。廣告之外，還有其它來源也會改變消費者的態度，其中之一重要的影響是消費者所歸屬或嚮往之社會環境的變化。此外像大眾傳播媒介，提供新的流行、創意、構想觀念和價值觀等給消費者，也對消費者的態度產生影響。

(四) 學習（Learning）

有關學習的原理及在行銷傳播上的運用，在本書第四章中已有詳盡深入的介紹。在此僅再度重申，學習在消費者行為構成的過程中，扮演

極重要角色。廣告正是提供有關產品及產品績效性能之信號，讓消費者學習的重要途徑。要成功地達到產品的行銷成功，必須先掌握消費者的學習過程及原理。

(五) 信念 (Belief)

信念與態度可以說是經由行動及學習而獲得的。當態度或信念建立之後，再度對消費者行爲產生影響。

態度在前面業已提及。信念是指人們對某一事物所持的「敍述性」想法，這點與「態度」甚爲相近。

例如A君可能深信統一滿漢大餐的牛肉多粉是理想的宵夜點心，使用快迅方便，份量適宜，價格合理。這些信念或許是基於消費者眞正的認知、意見或信心，也有可能含有情緒的成份。例如A君認爲牛肉多粉的口味太辣，可能不影響其購買決策。

誠然，廠商對人們所持的信念非常感興趣。這些信念會構成人們對產品及品牌的形象，也會影響人們的行動。如果人們對產品、勞務或廠商的某些信念產生偏差，而抑止了消費者的購買行爲時，廠商必然想採取某些措施來糾正這些偏差的信念。

二、個人特質

消費者的購買決策有時也受到個人的外在特質的影響。這些個人特質包括購買者的年齡、家庭生命週期、職業、經濟狀況、生活型態、人格與自我概念等。茲分別敍述於後:

(一) 年齡與家庭生命週期

人們通常隨著歲月的增長而改變其購買的產品及勞務。襁褓時代他們吃嬰兒食品，成長及壯年期則吃一般食品，過了中年他們開始吃減肥食品或特殊調配的食品。人們在衣著、家具或休閒活動等方面的品味，

也與年齡有關。

消費也與家庭生命週期攸關，家庭生命週期可分爲七個階段，如表10-1：

表10-1　家庭生命週期

1.單 身 階 段：年輕、未婚。

2.新 婚 階 段：年輕的新婚夫婦，尚未有小孩。

3.滿巢階段Ⅰ：年輕的已婚夫婦，最小的小孩未滿6歲。

4.滿巢階段Ⅱ：年輕的已婚夫婦，最小的小孩已滿6歲或6歲以上。

5.滿巢階段Ⅲ：年老的已婚夫婦，孩子們都已長大成人。

6.空 巢 階 段：年老的已婚夫婦，孩子們都各自獨立生活，不在身邊。

7.鰥 寡 階 段：年老的鰥夫或寡婦。

在家庭生命週期中，不同生命週期階段的家庭所消費的產品項目各不相同，消費的產品數量也各異其趣。擁有六歲以下兒童的家庭，是穀類食品、玩具、甜點、零食等產品的最好市場。小孩都不在的「空巢」家庭，所購買的產品數量很少。行銷人員必須根據家庭生命週期來界定目標對象，擬訂適當的產品及行銷策略。

表 10-2 列舉了不同年齡層之生活意識與行動，行銷人員可用來作爲擬訂行銷及傳播策略的參考。

表10-2 以年齡階層分類之生活意識與行動

階　　　層	經濟條件特色	日常生活之行動	生 活 意 識
青少年階層 （單 身 期） 24 歲 以 下	○可自由支配之收入多： 父母支應，兼差等之收入多 ○儲蓄金額多 ○自由時間多 ○情報量多	○對休閒活動很積極 ○讀書、音樂、運動、駕車 ○藝術欣賞、教養課目學習（揷花、茶道、烹飪等） ○對所有事情之需求多，活動範圍大 ○喜追求美夢浪漫、感性敏感的人（注重情緒）	○對新事物感覺好奇，態度積極 ○對文化、運動關心 ○想充實教養、健康之事宜 ○擬不花錢而享樂人生
新成家庭階層 （家庭形成期） 25歲～34歲	○面對嚴厲的現實經濟生活：結婚、住宅、購買消費財、生產、育嬰 ○儲蓄減少（花費在住宅） ○沒有自由時間（家事、育嬰） ○情報量多	○願望大，活動受拘束 ○不滿增大、經濟狀況、居住問題、職業休假 ○家事、育嬰增加、休閒減少 ○生活活動範圍縮小 ○變成孩子為中心之生活	○冀求更富裕之願望殷切 ○有追求合理的生活計劃的志向 ○要趕上一般人之流行時髦 ○認眞考慮時間之運用
中年家庭階層 （家庭生長期） 35歲～49歲	○在經濟上較富裕：昇遷、昇薪水、夫婦皆上班賺錢等收入增加 但敎育費、住宅貸款等支出增加 ○儲蓄增加 ○女士們空閒時間增加：喜進入社會、喜社交、文化活動 ○男士們注重事業，閒暇時間減少	○精神上較寬裕，增加自信心 ○思考、踏實的經濟生活及資金之運用，對休閒活動活躍起來、外食、交際、趕流行、購物、運動、學習技藝 ○生活活動較保守 ○較尊重社會的風俗習慣	○對流行趕時髦採觀望態度 ○對住宅與敎育較關注 ○對幸福與富裕之期望殷切 ○女士們對文化性活動較積極 ○男性以職業場所為重 ○漸漸變成好挑剔的人
中老年階層 （家庭成熟期） 50 歲 以 上	○經濟上變成節約平衡型： 收入形成貧富之兩極端 領有退休金收入 休閒、嗜好、旅行等之開支大 ○儲蓄以晚年隱居生活做為目標 ○較有閒暇時間	○對於花費生活之執著減少 ○有安定的日常生活 ○利用閒暇活動增多 ○社交活動增多 ○社會、地域性活動、關照別人的事情增多 ○當宗敎、村里會、工商公會之管事人 ○參加各種後援會，自願參與的活動等	○對流行趕時髦不太有興趣 ○對健康及晚年生活之關心大 ○有強烈的參加社會活動之願望 ○目標完全放於畢生之事業 ○尊重傳統權威

（二）職業

人們的職業對於其所購買的產品或服務會產生影響。藍領階級的作業員可能較常購買工作服、工作鞋、速簡便當、維士比口服液……等產品。中型企業公司的總經理，則可能較常購買藍呢絨西裝、飛機票、鄉村俱樂部會員、高級手錶、名牌服飾、名貴轎車……等產品。行銷人員必須設法分析每一種職業階層所共有的一般興趣，並找出該公司之產品與服務的主要消費對象。而廠商也可以針對某一特定職業階層之消費者的需要，推出適合他們的產品。

（三）經濟狀況

消費者的經濟狀況會對其產品選擇構成很大的影響。所謂經濟狀況包括可支配的收入、儲蓄與置產、借貸能力，以及對支出及儲蓄之態度等。如果行銷人員所行銷的產品是屬於「收入敏感型」的話，就必須隨時密切注意個人所得、儲蓄及利率等趨勢。如果整個經濟指標顯現蕭條趨勢時，則必須考慮重新設計產品、重新再定位、重新訂價、重新尋求市場空間、設法降低成本……等，以維繫市場吸力並保護財務結構。

（四）生活型態（life-style）

來自同一次文化、同一社會階層，甚至同一職業階層的消費者，可能都會具有不同的生活型態。

生活型態是指人們表現在其日常之活動、興趣與意見等方面的生活類型。生活型態反應出個人與其環境之互動（interaction）間的「完整個體」（whole individual/person），其所代表的涵意遠超過人們的社會階層或性格、人格等單純要素。如果我們只知道某人所歸屬的社會階層時，我們或許可以推論其行為傾向的某些跡象，但是卻難以真正探知其個體行為。如果我們只知道某人的人格特質，我們也許只能推論該個體某些顯著的心理特徵，卻無法充分掌握其活動、興趣與意見。只有生

活型態才能眞正剖析出人們整體在生活環境中的行動、興趣與意見，卽 A-activity、I-interest、O-opinion…AIO ，如圖10-5及表10-3。

　　行銷人員在擬訂行銷策略時，必須設法研究其產品或品牌與某一生活型態之間的關係。尤其是廣告文案人員，必須針對生活型態來撰寫廣告文案。專題10-③，說明了美國消費者中的各種生活型態。

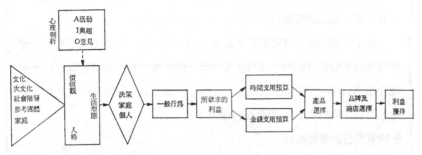

圖 10-5 生活型態 AIO 與消費行爲

表10-3　AIO 涵蓋層面表

活　　　　動	興　　　　趣	意　　　　見
工　　作	家　　庭	自　　我
嗜　　好	家　　事	社會事件
社　　交	職　　業	政　　治
渡　　假	社　　區	商　　業
娛　　樂	消　　遣	經　　濟
所屬團體	流　　行	教　　育
社　　區	食　　物	產　　品
購　　物	媒　　體	未　　來
運　　動	成　　就	文　　化

來源：Plummer, J. T., "The Concept and Application of Life Style Segmentation", *Journal of Marketing*, Vol. 38 (January, 1974), pp. 33-37.

專題10-⑧VALS（Values and Life Styles）——市場的新兵器?——

　　以往，我們大概從年齡、性別、所得、職業等表象部份來尋求廣告的訴求對象。依循此種概念，高級品的訴求對象祇能籠統地說是高所得階層罷了。

　　然而，雖說是同一所得、同一職業，箇箇人的生活型態和價值觀當然各異其趣，商品購買傾向與媒體接觸狀況也有差別。

　　高價商品的購買階層不限於高所得者，購買某一商品的階層有著什麼樣的生活型態和價值觀？他們接觸什麼樣的媒體？為回答這些問題，謹在此介紹 VALS 的觀念。我以為，在準確過濾出訴求對象和加強廣告效果這些方面，VALS 的利用價值可謂極大。

⊙尋覓新價值觀的美國

　　紐約的市街是混沌雜沓的。在這兒，住著形形色色的人種，展現出建基於多樣價值觀的各種生活型態。常有人說，紐約並不能概括美國！可是，筆者以為正好相反，我們可以在混沌雜沓的氛圍中感覺出摸索新價值觀和生活型態的先兆。

　　六〇年代末期到七〇年代，美國社會的變動非常驚人。越戰、水門案、週期性的經濟不景氣，使美國人民喪失自信，傳統的價值觀大受搖撼。

　　迷幻藥在街角被公然的吸食，在派對上大吃古柯鹼。差不多二十年前，五個美國人中有四個認為不結婚的人在肉體和精神上是怪異的，現在持同樣看法的美國人，五個裏面只有一個。

　　像這樣，因為傳統價值觀的急劇變化，摸索新價值觀的美國國內行銷人員，要求更精確的市場分析工具是不難想像的。

　　尤有甚者，和市場規模成長遲緩相反地，競爭激烈化，而產品的差別化很難加以突出，從心理學和生活型態的層面分析市場的必要性大為增強。同時，市場調查技術隨著運用電腦處理大量資料的趨勢，也帶來了一

些新的市場分析方法。在此介紹的 VALS 即為最近最受注目的一種新的市場分析方法。

⊙市場區隔的種類

現存的市場區隔，有從地域和人口學方面來建構的，A.C. Nielson 的地域十分法，Simmons Market Research Bureau (SMRB) 的地域別資料、人口統計學資料、製品品牌別的資料都可以據以為設定目標市場和決定媒體計劃。

不過，此種分析法確實有其窮時。比方說，兩個職業、所得、學歷相同的人，對同一產品有全然相異的購買模式，這種場合，根據統計學作的分析便全無意義。又，為了確立新產品的市場，要針對人的心理學特性分析其購買動機和明示其購買模式，心理學統計區隔法便應運而生。還有一種智商指數區隔法也研究出來，不過，還沒有足夠多的試驗機會。

上述 SMRB 前身的 Target Group Index (TGI) 和 Simmons 也把類似的問卷包含在它們的調查裏。比方說，TGI 試用自我概念 (self-concept) 作分類，受訪者從二十項中挑出最適合自己的一項（如親切的、積極的……）為自個兒定義。然後結合消費模式、媒體接觸模式作整合分析。

VALS 是由心理學統計區隔法帶出來的。它把價值觀和生活型態合為一個系統，期望能擴大它的適用範圍。

⊙依據 VALS 所作之生活型態分析

VALS 為美國 SRI (Stanford Research Institute)在1978年開發的系統，它的顧客包括 IBM、General Foods 在內，有八十家以上。SRI 是成立於1946年的非營利調查機構，1970年脫離史坦福大學而獨立，除了社會變化趨向的分析、預測之外，也承攬諮詢業務。

自從前年 SMRB 採用 VALS 的問卷，來調查十八歲以上的美國成人對七百種產品的購買、使用模式、媒體接觸模式，以探索其生活型態開

始， VALS 受到廣告業界的重視。現在謹從 SMRB 的問卷中抽出幾則
VALS 為分別生活型態設計的問題：

1) 「經濟的安定非常重要」

2) 「一般來說，人們是正直，且可信任的」

3) 「時時刻刻努力人生」

4) 「迷幻藥的購買、使用應該合法化」

針對以上這類項目，回答者以自己的想法選擇從「絕對反對」到「非
常同意」六個項次。這些答案被集羣分析（cluster analysis）後，把回
答者歸納入特定的生活型態。

VALS 的基礎建基於類似馬斯羅的「需要的金字塔」這種研究人類心
理發展理論。馬斯羅的理論，如眾所週知地，認為人類的需求由生理的、
本能的，一直進化到保全的欲望、社會需求、個人尊嚴的追求和自我實現
五個階段。

馬斯羅的理論貫通於 VALS 的四大類型（參照圖 1），由除了提供
生理需求外餘裕全無的逼迫型，到實現自我的完成型，步步發展。這四大
類型又可分為九種次集團。以下說明它們的特徵。

‧‧‧逼迫型（The Need-Drivens）

為生活所迫的低所得層人口，占成年人口的15％。他們的價值觀以生
存、安全、保守為核心，不信任別人，沒有設想生活的餘裕。

i ）生存型（Survivors）

這是外於社會主流的團體，高齡層尤其多，有無力感。推斷大約半數
為少數民族。

ii ）持續型（Sustainers）

和生存型相比，較為年輕，是想從貧困逃出的一羣。對社會懷抱不滿
和憤怒，尋找提昇自己地位的機會。沈醉於狄斯可及春宮電影，喜好大型
車，喝烈酒。

・・・外部志向型（The Outer-Directeds）

以旁人對自己的看法來決定生活行動的模式。大異於逼迫型之不關心外人。是美國社會、文化的主流，占成人人口的將近70％。

ⅰ）追隨型（Belongers）

是美國中產階級的核心。他們是保守的、感傷的、非實驗主義的。重視家庭和敎會，和朋友相處融洽。把生活計劃得精打細算。常利用郵購或折扣贈券買東西。是（清潔劑等）清潔用品的主要市場。

ⅱ）模倣型（Emulators）

以下述的成功型爲目標，野心勃勃、競爭性高。對別人及社會懷抱不信任感及不滿意感。往往無法達到成功型的目標。是除了生存型以外，包含最多少數民族的集團。大量參與保齡球、夜總會、狄斯可、撲克等活動，酒的消費量亦大。

ⅲ）成功型（Achievers）

是商業、專門職業、政府機構的領導者。現實的、行事得心應手的、價值觀很開放，卻不喜歡過激的變化。常常打高爾夫球及旅行。

・・・內部志向型（The Inner Directeds）

重視自我的內在成長，看重自我啓發，尊重隱私。當和外部志向型齊進時，較能獲得高度水準的發展。成人人口中的17％屬於此團體。

ⅰ）自我中心型（I-AM-ME）

是由外部志向過渡到內部志向的團體。多得是年輕、自我陶醉的徹底個人主義者。價值觀混同、不甚瞭解自己的感情。是露營用具和運動用品的好市場。

ⅱ）體驗型（Experiential）

重視直接體驗，關心參與各種事物。創造的，在人際關係上大多傾注全副情感，魅惑於自然和超自然的事物，是健康食品和天然食物市場的核心。休閒活動爲溜冰、游泳和沈思。

iii) 社會意識型 (Societally Conscious)

過一種意識到社會，甚至世界的生活，積極地支持消費者運動和環境保護運動。不少人傾向於過簡單的自然生活。

‧‧‧完成型 (Integrated)

這是內、外都成熟的人。僅占全美成人人口之 2％，數字雖少，卻是政治、經濟的領導中樞。他們的消費模式等等，以現行 VALS 的質問項目，無法測定。

⊙ **VALS 的生活型態和廣告**

人，生活在各種生活型態中，有各種和媒體接觸的模式。反過來說，和媒體的關係，也可以說是構成生活型態的要因。

廣告主以 VALS 的生活型態和人口統計學作一統合分析，來決定產品和服務的目標市場，然後以適當的行銷傳播，進行整體性的行銷活動。配合目標市場的設定，同時須考量產品的生命週期與消費者的生活型態。

行銷傳播應該被視為尋求解決市場問題的諸種方法、程序，為求充分作用，不能光專注於傳達之訊息的內容，尚須於事前預測接受訊息者的種種反應。比方說，以外部志向型集團為目標時，根據成功型接受此訊息後的反應，在成功型下位的模倣型和追隨型會產生連鎖反應。

廣告製作方面應用 VALS 的實例有一箇有名的「Merrill Lynch」的「牛」的廣告。十年前首先為「Merrill Lynch」作廣告的「O&M」公司製作一句「Bullish on America」的文案，配合一羣浩浩蕩蕩前進牛羣的畫面。幾年前，廣告公司改為「Y&R」公司，它們作的廣告走"追隨型"的表現路線，因為「Y&R」認為「Merrill Lynch」的大部份顧客並非成功型的成員。所以它們用「A Breed Apart」的文案以及一頭牛的概念來表現。

在金融界應用 VALS 作廣告的例子有加州環太平洋銀行。隨著電氣化的發展，銀行業務急速地朝機械化前進。而根據該銀行的調查，其大多

數顧客係屬於VALS的追隨型集團。所以，他們知道，如果一味推展機械化而棄人情味不顧是很危險的。因著這個看法，製作的廣告以「Looking Forward」的標題展開，高倡技術的發展與面臨高度技術的銀行之積極態度；同時，強調它們的服務不背離人與人的親和關係。

至於 VALS 在媒體計劃中所佔的地位如何？在這方面，和 SMRB 的合作是最近的事，在 SMRB 的所有樣本中，VALS 的問卷大概適用一半，這方面，現在仍在檢討階段。而因為去年秋天的一次調查，其問卷能適用所有的樣本，以之，現在他們正以最快的速度進行磋商。

VALS生活型態分類的適用範圍日漸擴大，從對電視雜誌等媒體型式的選擇開始，我們可以期待它幫助對箇箇特定的電視節目、雜誌、報紙所作的媒體選擇。

在表1中可看出，模倣型以下的生活型態集羣是雜誌的主要讀者；相對的，電視收視者在模倣型以上的三個集羣裏有很高的集中度。試再以雜誌媒體為例，新聞雜誌、商業雜誌較為成功型和社會意識型接受；文學雜誌有集中在體驗型和社會意識型的傾向。

——結　語——

像上面所述的， VALS 為今後的市場——特別是特定的市場分析、行銷傳播策略的擬訂，提供比較簡便的指導方針。

我要強調「指導方針」這句話，為什麼呢？因為即使上述的生活型態是動態的東西，它不斷變化，人們朝更高的生活型態追求，可是，過去的價值觀和生活型態卻無法完全棄絕。現在的模式並不能很明顯的反映出各個集羣的相互作用，這一點要注意。

VALS 的理論、思維體系決非全新的東西， 但作為分析摸索新價值觀的美國指針而廣大受注目。

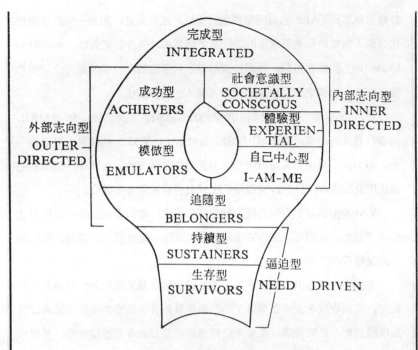

圖 1 VALS 的類型

表 1 VALS 的類型別接觸媒體頻度（以一百點爲準）

類　　　媒　　體　　型	雜　誌	電　視	報　　紙	收音機
生　　存　　型	51	137·	66	93
持　　續　　型	82	129·	66	107·
追　　隨　　型	82	113·	100·	93
模　　倣　　型	109·	99	94	113
成　　功　　型	109·	79	116·	100
自　我　中　心　型	116·	82	91	127·
體　　驗　　型	139·	80	106·	112
社　會　意　識　型	132·	81	113·	97

（取材自日文「廣告」雜誌，1983，7～8 月）

（五）人格及自我概念

每一個人都具有本能的人格，這些人格特質也會影響到其購買行為。

人格（personality）是指促使人們對其環境產生相當一致而持續之反應的明顯心理特質。

人們的人格通常可以用下列的名詞來描述其特徵:

- 自信（Self-confidence）　・服從（Deference）
- 支配（Dominane）　・社交性（Sociability）
- 自治（Autonomy）　・防衛（Defensiveness）
- 變革（Change）　・親密性（Affiliation）
- 攻擊性（Aggressiveness）　・成就（Achievement）
- 情緒穩定性（Emotional　・條理（Order）
  　　　　stability）　・調適（Adaplability）

行銷人員如果能找出某些人格特質與商品或品牌選擇之間的關聯性時， 將有助於分析消費者行為。 例如鋁罐裝咖啡或可樂的廠商可能會發現這些飲料的主要飲用對象為攻擊性較高、社交性強而善變革的年輕人，如果研究的結果確實如此的話，就可以在廣告中出現上述這些年輕人的特質，進而塑造品牌印象。

許多行銷人員也運用另一個與人格相近的概念來分析消費者，那便是「自我概念」（Self-concept，又稱為自我印象 Self-image）。每個人對於自己都持有某種複雜的心智圖像，會根據這種自我的心智圖像來知覺自己， 並進行購買決策， 選擇一些吻合其自我印象的產品 （專題10-④）。行銷人員必須設法塑造符合市場對象之自我印象的品牌形象，以使該品牌能引起消費者共鳴並在消費者心目中深植形象，才能確保行銷的成功機會。

專題 10-④ 自我概念與購買行為

這裏介紹一篇由Edwardt. Crubb 和 Gregg Hupp所作的研究，原來的標題是「對自我的認知，刻板化印象和品牌選擇的關係」(Perception of Self Generalized Steratypes, and Brand Selection) 原載 Journal of Marketing Research, Vol. 5, (February, 1968), pp. 58-63.

本研究是要建立一個衡量自我概念和消費行為的比較指標，以證明自我理論與消費行為的關係。研究的結果肯定了我們的假設，一個擁有特定轎車的人的自我概念和對那些擁有同樣車子的人的概念相似，和那些擁有不同廠牌車子的人就有顯著的不同。

許多研究消費行為的學者，以自我理論 (self theory) 來解釋人們的消費行為。如 Steuart H. Britt 就說過：

> 消費者購買一種商品的理由，可能是因為這個商品提昇他的自我印象。同樣地，假如他覺得這樣與他的自我印象不調和的話，他也許決定不買某種商品或不去某商品店買東西。

卽使這些論點聽似合理，甚至它已被作為行為中購買決定的參考，但仍存在著一些具體的限制。 這些論點到目前為止， 還沒有得到充分的考驗和證實， 因此， 支持它的只是一小部份的證據而已。 廣告研究基金會 (Advertising Research Foundation) 的一篇專題："消費者有類型之分嗎？" 摘引了許多研究的結論，這些研究都是在探討消費者 (的自我) 和購買行為的關係，從這些摘要中，我們得知一部份研究支持這些論點，也有一部份顯示出其疑點和困難點。

由於實證數據受了質與量的限制，至今仍未有充足的理論基礎，來解釋自我概念與消費行為的關係。

消費行為自我概念理論的發展，能帶給研究者更充分的理論架構，來說明某些消費現象。更且，此種理論亦可引導一些有必要、也有意義的假

說，以利於研究。

同時，目前被接受的理論與實證結果，並未指出一個人的自我概念的那些部份影響他的購買行爲。目前可用的技巧雖可衡量自我概念不關市場行爲的部份，然而卻忽略了某些相關的部份。自我概念的衡量與相關的消費行爲的衡量之間不能互相比較，這是最主要的問題。我們很難找到一個量表能同時適用於自我概念和品牌（或廠牌）印象。比方說，我們用語意差別法 (Semantic Differential Method)，如樂觀的——悲觀的、內向的——外向的、善交際的——害羞的，這樣的兩極形容詞來衡量自我概念是相當有意義的，但它卻不適合衡量品牌愛好的程度。這個難題勢必得解決，如果消費者選購自認爲可以提昇自我的品牌或廠牌，研究者應該有能力衡量出來，以比較消費者的自我認知與他們對品牌的消費認知。

<本研究之目的>

本研究是爲配合行銷之理論與實務，發展出一種能更恰當地考驗消費者的自我概念與其消費行爲的相關部份的關係。希望藉此項方法論之考驗，提供更具體的自我概念與消費行爲之關係。

<理論基礎>

本研究基於前述關於消費者自我概念與消費行爲已發展之理論。一個人自嬰兒期卽發展出認知、態度、情緒等，並且把自己當作一個實體來評量而成爲自我，當自我成型後，它累積了價值概念，並且很快地形成一套原則性的價值標準，來考量生活週遭的事物——那些是可靠的？那些是珍貴的？——因爲自我概念的成長來自對父母、同輩、老師和其他有意義的人的反應，自我的把持（self-maintenance）和自我的提昇 (self-enhancement) 就依據這些人的反應，個體將冀求這些人的認可。其實人與人之間的交互作用並非在單純的環境下進行，而是受整個生活環境和有關的人的影響。正如 Goffman 強調的，在人與人交互作用的過程中，這些事項變成了一個人達到目標的象徵性工具，因此而得到自我提昇。也就

是說，一個人使用某種具象徵意義的產品，是藉此來表達他個人的某些架構。如果他這種溝通過程成功的話，那麼，這些對他而言有意義的參考團體對他的反應，將是他所期待的，然後，他因達到預期而自我提昇了。

　　就一個消費者和他的參考架構而言，了解商品的象徵性意義，包括知覺到相信那些人會去使用那些產品。當一個人在大眾面前顯示他對某商品有好感時，他是在告訴我們：他跟那些使用這商品的人是一樣的。

<假設>

　　根據上述之理論，我們假設：某商品之特殊品牌的消費者，其自我概念將與那些他認為購買同一品牌者的自我概念相似。並且，將和那些他認為購買競爭品牌的人的自我概念不同。假若一個人的參考架構接受這種關係，個體的自我概念就因而被肯定和提昇了。

<研究方法>

　　許多研究都是用轎車來代表美國消費者的象徵意義，所以本研究也以轎車作為產品對象。在1966年春季的一項 "Nebraska 大學學生轎車登記調查" 顯示，除了雪芙萊和福特，在1964年與1965年，美國最普遍的車型是金龜車 1200-1300 系列和龐帝亞克 GTO 系列。那時候登記龐帝亞克的有75名學生，登記金龜車的有83名。由於這兩種車型很普遍，而且這兩種品牌的車子不可能有同樣的象徵性意義，我們決定以它們為產品對象，並以登記的學生為樣本。

　　另一個準備工作是發展出一種評量工具來考驗假說。 經過詳細考慮後，我們還是選擇語意差別法，當然是經過修訂的：我們不用相對的形容詞（如強——弱），只用一個詞來描述人格特質是在那個程度，這些程度分五等：如不同意、稍同意、有點同意、很同意、極端同意。為了容易分析起見，我們分別給每個階段一個分數，從不同意 "0" 分，到極端同意 "5" 分。

　　問卷中用來描述人格特質的形容詞是經過挑選的，首先，從各品牌的

廣告，已出版的研究刊物和 Gough 與 Cartell 的人格特質形容詞表組找出98個形容詞。將這些形容詞給172位 Nebraska 大學學生，要他們指出那些適合用來描述龐帝亞克的車主，那些適合用來描述金龜車的車主，那些則兩者都適合。一個形容詞不能使用二次。然後，找出最能區分兩組人自我概念的形容詞，就是要有70％以上的人同意的形容詞。

底下16個特質是經最後選定的，每種車型 8 個。

金 龜 車 1200-1300 車主	龐帝亞克 GTO 車 主
節儉的	重地位的
敏感的	浮華的
創新的	追求時髦的
個人主義的	冒險的
實際的	對異性感興趣的
保守的	好運動的
經濟的	重樣式的
重品質的	尋樂的

爲了分析起見，我們以這兩組 8 個特質形容詞組成兩個多元量表（multidimensional scales），左邊一欄構成金龜車特質多元量表，右邊一欄構成龐帝亞克特質多元量表。

整個問卷是將這兩組量表給受測者評量出：他的自我概念，他對金龜車車主的概念，他對龐帝亞克車主的概念。沒有任何一位受測者知道這些特質形容詞與汽車的關連。每個人都以爲是代表接受調查，並且不知道他是因爲登記擁有這些車子才被訪問的。

有效樣本計 GTO 車主36名，金龜車主45名。因爲本研究結果不是要代表所有 GTO 或金龜車的車主，所以這樣大的樣本數已經足夠。另外，我們用皮爾遜峯度考驗（The Pearsonian Measure of Skewness）來考驗是否因樣本太小而有偏度的存在，考驗結果顯示，只有在龐帝亞克多元

量表上， 有金龜車的人對擁有金龜車者的概念會有明顯的偏度存在， 因此，我們確認本研究並不受偏度影響。

數據之分析分成四個部份，共有七個假設提出，統計考驗是以變異數分析法 (analysis of variance)。

<結　果>

概括地說，研究的結果支持假說。

競爭品牌購買者之自我概念的不同

每一受測者都要評估16個特質形容詞適合描述他的程度，這個程序可以衡量出金龜車與龐帝亞克車主的自我概念，以考驗第一個假設:

假說一、金龜車 1200-1300 與龐帝亞克 GTO 車主的自我概念有顯著的不同。

變異數分析的結果（表一）顯示，龐帝亞克量表的 F 值是67.93，金龜車量表的 F 值則是15.75，都超過 0.01 的顯著水準，可見這兩組人不但買不同廠牌的車子，對自己的看法也不同。

每個特質的平均值可以比較出兩組人概念之不同。金龜車組在重地位的、時髦的、冒險的、對異性感興趣的、好運動的、重樣式的、尋樂的──都是龐帝亞克量表的項目──都把自己的分數評得比龐帝亞克組低。相反地， 龐帝亞克組雖然在金龜車量表上分數很高， 但卻不比金龜車組高。GTO 車組自認為敏感、有創造力、個人主義的、實際的、保守的、重品質的。金龜車組把自己認為更節儉、更經濟化。

隨後，受測者又評估這兩個量表適用在 GTO 與金龜車車主的程度，以考量受測者對擁有這種車子的人的刻板化自我概念。統計分析的結果（表二）可以證明假設二和假設三。

假設二、金龜車車主對擁有 GTO 和金龜車的人的刻板化概念有顯著的不同。

假設三、龐帝亞克車主對擁有 GTO 和金龜車的人的刻板化概念有顯

著的不同。

表一 兩組受測者在龐帝亞克量表與金龜車量表之平均值

項　　　目	自我概念	龐 帝 亞 克 組		自我概念	金 龜 車 組	
		龐帝亞克刻板概念	金 龜 車刻板概念		龐帝亞克刻板概念	金 龜 車刻板概念
龐帝亞克量表						
冒險的	2.83	3.03	1.61	2.35	2.23	2.16
時髦的	2.31	3.11	1.08	1.63	2.63	1.58
浮華的	1.31	2.75	0.47	1.14	2.74	0.86
對異性感興趣的	3.14	3.03	1.39	2.60	2.93	2.09
尋樂的	2.61	3.00	1.28	2.02	3.14	1.74
好運動的	2.42	3.39	0.89	1.63	2.63	1.56
重地位的	2.42	2.97	0.89	1.40	2.70	0.98
重樣式的	2.61	3.36	0.72	1.74	3.07	1.02
整個量表	2.46	3.08	1.04	1.81	2.76	1.50
金龜車量表						
保守的	2.42	1.00	2.33	2.19	0.74	2.23
有創造力的	2.25	2.19	1.28	2.19	1.47	2.14
經濟的	1.83	1.31	3.33	2.77	0.86	3.42
個人主義的	2.39	2.31	1.83	2.60	1.26	2.44
實際的	2.39	1.64	2.64	2.74	0.91	3.33
重品質的	3.03	2.94	1.83	3.02	1.81	2.88
敏感的	2.75	2.31	2.17	2.79	1.35	3.97
節儉的	1.86	1.28	3.36	2.56	1.58	3.28
整個量表	2.37	1.87	2.35	2.61	1.12	2.85

* 為更進一步比較平均值，和考驗組內變異數或實驗誤差，每一個平均值間都以Z考驗來比較。在所有預期應有不同的88組比較中，66組達0.01的顯著差異水準。在所有預期應無差異的32組比較中，只有12組的差異達到0.01的顯著水準。

表二　競爭品牌使用者刻板化概念之比較

	龐帝亞克量表		金龜車量表	
	平　均	F	平　均	F
金龜車組				
對龐帝亞克之刻板概念	2.76	11.75*	1.12	54.25*
對金龜車之刻板概念	1.50		2.85	
龐帝亞克組				
對龐帝亞克之刻板概念	3.08	174.70	1.87	1.83
對金龜車之刻板概念	1.04		2.35	

* 表示達 0.01 顯著水準

　　四種考驗中，有三種支持我們的假說。金車龜組對使用該兩種競爭品牌的人的刻板印象有絕然的不同，其價值各達11.75及54.25。龐帝亞克組在龐帝亞克量表上也是如此，F值為174.70。

　　查驗每一特質形容詞的平均值，更加深這些發現的意義。金龜車組認為龐帝亞克量表很適合用來描述龐帝亞克的車主(平均數從2.23刻3.14)，但不適於描述金龜車車主。在金龜車量表上則相反，金龜車組認為該量表很適合用來描述買金龜車的人（平均數在2.14到3.28之間），但只稍微適合用來描述買龐帝亞克的人（平均數從0.58到1.81）。

　　龐帝亞克組認為買 GTO 的人較注重地位、浮華、時髦、冒險、對異性感興趣、好運動、重樣式也較追尋快樂。然而，在金龜車量表上，買GTO的人被認為較不節儉、較不實際、較不保守、較不經濟，但卻比買金龜車的人較富創造力，較個人主義、較重品質。

同一品牌使用者自我概念之相似性

　　如果競爭品牌使用者的自我概念有所不同，如果人們對使用不同品牌

車子的人的看法不同，那麼就必須求證出一個人對使用和他一樣品牌車子的人的看法是否和他的自我概念相同。爲了探究這種關係是否存在，就產生了下面兩個假說。

假說四、金龜車組的自我概念和他們對其他同樣使用金龜車的人的刻板化概念無顯著不同。

假說五、龐帝亞克組的自我概念和他們對其他同樣使用龐帝亞克的人的刻板化概念無顯著不同。

比較金龜車組在兩個量表上的分數（表三），F值來達差異顯著，因此我們接受零假說（Null hypothesis）。根據此一樣本，吾人可以推斷，金龜車主是以其自我概念來推評其他使用者的特質。

龐帝亞克組的結果並不支持假說，在金龜車量表上其F值是2.59，並不達顯著水準，所以接受零假說，表示自我概念與刻板化概念間無顯著差異；然而，在龐帝亞克量表上，F值卻高達9.09，差異達顯著水準，表示自我概念和刻板化印象之間有差異存在。當我們進一步探討其矛盾時，發現"浮華的"這一項目有明顯的不同反應，自我概念的平均值1.31，刻板概念平均值達2.75。如果剔除"浮華的"這一項目的話，F值卽降至0.66，其差異就不達顯著水準了！

表三　自我概念與對同一品牌使用者刻板印象之比較

	龐帝亞克量表		金 龜 車 量 表	
	平均值	F　值	平均值	F　値
金龜車組				
自我概念	1.81	1.61	2.61	1.33
刻板印象	1.50		2.85	
龐帝亞克組				
自我概念	2.46	9.09*	2.37	2.59
刻板印象	3.08		1.87	

* 表示達 0.01 顯著水準。

自我概念與對使用競爭品牌者刻板化概念之不同

　　自我理論的效度，不但要知道某特定品牌消費者是否把自我概念歸到購買同一品牌者的刻板概念一類，並且要證明他們的自我概念和他們對購買競爭品牌者的刻度概念不同。假說六和假說七就是要提供這方面的資料：

　　假說六、 金龜車組的自我概念和他們對龐帝亞克車主的刻板概念不同。

　　假說七、龐帝亞克組的自我概念和他們對金龜車主的刻板概念不同。

　　兩項假說再度被證實。每一單項特質的平均值分析顯示，金龜車組認為金龜車量表較不適用用來描述買龐帝亞克的人。相反的，龐帝亞克組則認為買金龜車的人比他們不適用龐帝亞克量表。

　　比較龐帝亞克組的反應，在龐帝亞克量表上下值37.5達0.01的顯著水準，支持了我們的假說。進一步探討每一單項特質的平均值，明顯的顯示他們自認為比金龜車的使用者更適用這些特質。

　　金龜車量表的單項特質分析顯示，買龐帝亞克的人認為買金龜車的人較他們來得節儉、實際和經濟，但卻較不敏感、富創造力、個人主義、注重品質。這些結果和假設三的考驗都很符合。由於整個量表是由 8 個特質組成，因此整個量表的平均值已抵消掉單項特質的差異性，因而抹煞了實際上重要的概念差異。量表內明顯的相似性，充其量也只不過是人為的統計手段。

表四　自我概念與競爭商品使用者刻板印象之比較

	龐帝亞克量表		金龜車量表	
	平均值	F　值	平均值	F　值
金龜車組	1.81			
自我概念	2.76	6.72*	2.61	69.79*
對龐帝亞克車主之刻板概念	2.76		1.12	
龐帝亞克組				
自我概念	2.46	37.51*	2.37	0.01
對金龜車主之刻板概念	1.04		2.35	

＊ 表示達 0.01 顯著水準。

<結　　論>

　　由於本研究之變項受到嚴格之控制，因此其結果提供了進一步實證的數據，來支持消費行為自我概念的關係。並且由於應用消費者研究的方法論，使得自我概念與消費行為得以用同樣的題目來衡量。最後，如果再有更進步的研究，並且得到同樣支持的數據，那麼，此後的行銷管理在決策 (Decision Making) 方面將有一項舉足輕重的行為工具。

<本研究之限制>

　　調查樣本選用 Nebraska 大學的某部份學生，以學生為對象可能造成同質性的偏差，不能代表整個羣體。並且選用兩種牌子汽車限制了結論的可用性。由於兩種汽車價格與使用之不同，它們之間代替之有效性的程度相當低，這個因素增加了兩種品牌之間實質差異的機會，所以增加了支持我們假設的結果的可能性。並且，研究結果也可能指出，商品的相似性愈大，使用該消費者之自我概念的差異就愈小。

　　另一個限制是用來衡量受測者自我概念的兩個量表。雖然量表顯示已具分辨性，但再度修訂是必需的，以便決定每一特質之間的關係，也更能分辨彼此之意義。　如果這兩個量表再次被使用的話，　應該設法建立其效度，尤其是牽涉到品牌使用者這方面。

自我概念理論之應用

　　上述實證之數據顯著支持不同品牌等級商品之消費者會有不同自我概念的知覺這個學說。研究結果並顯示，特殊品牌消費者對那些購買同樣品牌的消費者的概念相當明確，對那些購買競爭商品的消費者也有不一樣但相當明確的看法。有一層待研究的是：消費者的自我概念與其對父母、友輩、參考團體的行動和知覺的消費反應行為。

　　如果要具體地運用本研究之結論，　那麼我們強調適當的促銷的重要性。要促銷某種品牌的產品，需要發展很強的消費知覺，也就是說，讓人家知覺到那一類人在購買、使用這一個品牌的東西。如果既有消費者或潛

在消費者會向那些特定自我概念的特殊團體表同 (identify)的話，那麼，所有促銷的努力必須指向消費者期望之自我概念和商品的聯結。研究結果同時意味著產品分配的意義性，在管理上，應該妥善控制產品的分配，使那些首先使用本產品的人具有適合商品印象的特質。讓 "適當" 的初期消費者購買我們的產品，無疑的是在告訴大家，我們的商品代表某些象徵性的意義。

這個構想雖非創新，但仍支持商品象徵性意義之重要性。更重要的一點是，在管理上，必須對潛在及既有消費者和其參考團體明確指出商品之象徵性意義，創造消費者對商品的一般化及正確之理解。

參考資料

1. "Are There Consumer Types?" New York: Advertising Research Foundation, 1964.

2. Steuart Henderson Britt, *Consumer Behavior and the Behavial Sciences: Theories and Applications*, New York: John Wiley & Sons, Inc., 1966.

3. Raymond B. Cattell, *Description and Measurement of Personality*, New York: World Book Co., 1946.

4. Robert Ferber, *Statistical Techniques in Market Research*, New York: McGrars-Hill Book Co., Inc., 1949.

5. Robert Ferber and Hugh G. Wales, *Motivation and Market Behavior*, Homewood, III.: Richard D. Irwin, Inc. 1958.

6. Erring Goffman, *The Presentation of Self in Everyday Life*, N.Y.: Doubleday and Co., Inc., 1959.

7. Harrison G. Gough, *Reference Handbook for the Gough Adjective Checklist*, Berkeley: University of

California Press, 1955.

8. Edward L. Grubb and Harrison L. Grothwohl, "Consumer Self-Concept, Symbolism, and Market Behavior: A Theoretical Approach", *Journal of Marketing*, 31 (October 1967), pp. 22-7.

9. Theodore M. New Comb, *Social Psychology*, New York: The Dryden Press, 1950.

10. Claire Selltiz, et al., *Research Methods in Social Relations*. New York: Halt, Rinehart, and Winston, 1964.

11. Thomas A. Staudt and Donald A: Taylor, *A Managerial Introduction to Marketing*, Engle wood Cliffs, N. J.: Prentice-Hall, Inc., 1965.

12. Ralph Westfull, "Psychological Factors in Predicting Product Choice", *Journal of Marketing* 26 (April 1962), 34.

三、文化特質

　　文化因素會對消費者產生廣泛而深遠的影響，以下將針對消費者之文化、次文化及社會階層等在消費行為中所扮演的角色加以探討：

（一）文化

　　文化是形成個人需要及行為之最基本成因。人類的行為大部份是由學習而來。在社會中成長的兒童，經由家庭與其他主要機構間的社會化過程，學習了基本的價值、知覺、偏好與行為體系。這些體系對其日後

的各種行為構成深遠的影響，當然消費行為也不例外。

（二）次文化

每一個文化都包括一些小集羣（團體）、或次文化，更明確地指出該文化成員的社會化現象。籍貫、同鄉、宗教……等變數，都會導致不同次文化團體間不同的興趣、偏好、品味、態度、消費型態、生活型態……等。消費型態頗受次文化影響，行銷人員必須充分掌握其消費對象的次文化，才能有效地擬訂有效的行銷傳播訊息。

（三）社會階層

幾乎在每一個社會裏，都有各種不同的社會階層。社會階層是社會間相當持續的團體，他們具有某種共同的特點及共同的表現與秩序，亦卽社會間的一羣人有彼此一致的相互認同，而自然形成彼此間相近的價值、興趣、生活與行為。行銷人員如能充分掌握市場對象的社會階層，將有助於選擇適當的販賣商店、廣告訊息及廣告媒體。

四、社會特質

消費者的行為也受到一些社會因素的影響，例如：消費者的參考團體、家庭，以及社會角色與地位等。有關參考團體與家庭對消費者的影響，我們在第八章裏業已深入探討，在此不再贅述。茲僅就消費者的角色與地位加以析述。

一個人在社會間通常同時參與許多團體──家庭、俱樂部、社團、機構、組織……等。個人在每一種團體中的地位可以用角色與地位來解釋。例如：Ａ君在父母親之前的角色是兒子；在他家庭中的角色是丈夫；在公司裏扮演的角色是部門經理，……等。角色包括某人被預期去表現的各項活動。Ａ君的每一個角色都會影響其某些購買行為，消費者會傾向於購買能夠反映出其角色或地位的產品。

人們也經常選擇某些產品,來傳播彼等在社會間的角色及身份地位。因此,公司的老板往往駕駛朋馳汽車或凱迪拉克汽車,穿著高貴名牌服飾……等。行銷人員雖知道產品具有成爲身份地位表徵之潛力,但是身份地位表徵會隨著不同的社會階層及人口而有所差異,必須確實掌握消費者的身份地位表徵,才能擬訂有效的行銷策略。

貳、消費者購買使用過程

有關消費者的購買使用過程,曾有許多學者提出不同的看法。其中如郝華德與薛思 (Howard and Sheth, 1969)、尼柯西亞 (Nicosia, 1966),以及恩格爾等人 (Engel, et al., 1978) 均曾提出「消費者行爲模式」以及「消費者決策模式」(見專題10-⑤: 消費者行爲模式)。

茲根據恩格爾等人 (Engel, et al., 1978) 的模式,加以修正及簡化,成圖 10-6 之模式:

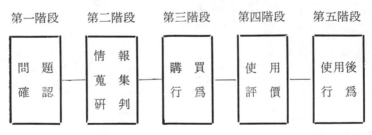

圖10-6 購買使用行爲過程

專題 10-⑤ *消費者行爲之模式*

下圖爲恩格爾 (J. F. Engel) 提出的決策過程模式:

專題 10-⑤ 消費者行為之模式

下圖為恩格爾 (J. F. Engel) 提出的決策過程模式:

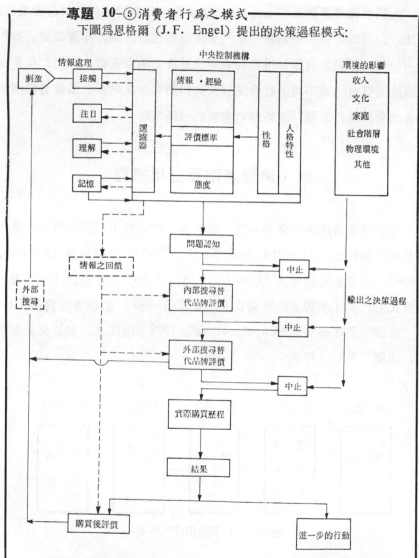

消費者行動，基本上就是一個問題解決的行動 (problem solving)，其中分為基本決策過程（從問題確認到購買）、情報處理過程（從接觸到記憶）以及 CPU （中央控制機構）。此外，尚有限制的行動（即不產生外部探索）或習慣性行動（即不產生外部探索就決定行動）的情況，則可

以改寫更簡捷的過程。

　其他還有一些代表性的消費者行為模式，茲介紹一種由尼柯西亞所提出的消費者行為模式，作為比較：

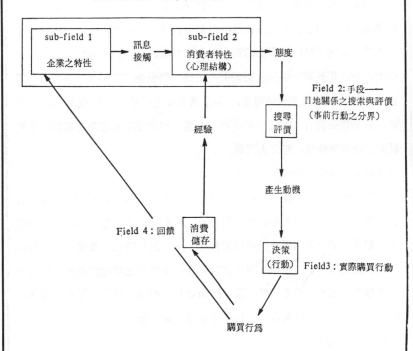

Field 1: 從訊息來源到消費者態度

參考資料

J. F. Engel et al. 「Consumer Behavior」1973

F. M. Nicosia 「Consumer Decision Process: Marketing and Advertising Implications」1966

吉田正昭他「消費者行動の分析モデル」丸善 1969

以下將舉幾個實例來說明消費者的購買及使用行為與反應之過程中每一階段的情形:

〔問題確認階段〕

對商品所具有的效用產生問題(欲求)的階段。如「感冒了,必須服用藥品」、「擔心被人指謫自己的口臭」。又如「一對夫妻在朋友家看了「大螢幕」及「彩色世界」的電視彩色節目後,深深體會到色彩的艷麗與偉大,並且想到家中那部當初老丈人送給他們小倆口的黑白電視機,年歲已逾十年,縱然畫面清晰穩定,但是畢竟缺乏色彩,一點也不生動。因此,迫切需要擁有一部彩色電視機,但是,他們並不太瞭解各廠牌彩色電視機的廠牌與性能,無從去選擇。」

〔情報蒐集及研判階段〕

為了解決前述階段中所產生的問題(欲求),對於與該商品或品牌有關之情報特別敏感,並加以注意及比較,考慮那一個較適合自己情況的階段。如「向那人詢問那一種感冒藥較好」、「對於防止口臭用之牙粉的廣告特別關心注意」。又如「剛才這對夫妻,由於缺乏足够情報來作購買決策之參考,因而必須去詢問親友、閱讀或收看廣告、拜訪電器商、或者尋找其他外界消息,以獲取廣泛資料作最後決策之參考。」

〔購買行為階段〕

實際進行購買階段。如「前往藥房指名購買××品牌的感冒藥」、「向店員詢問『有沒有防止口臭用的牙粉』,並加以訂購」。又如「夫妻兩人綜合來自各方面的資料,並到各電器商品比較之後,終於決定○○牌16吋電腦選臺並附遙控的彩色電視機。主意拿定之後,便打電話到價格最合理的那家「公道電器行」指名購買○○牌彩色電視機,並請他們立刻送貨來。」

〔使用評價階段〕

由使用經驗中對該品牌感到滿足而加以評價的階段。如「服用了××

牌感冒藥後的第二天，身體完全恢復了，佩服感激之餘，再度仔細認清這個牌子的包裝」、「使用了一兩次的口臭防止牙粉後，效果不彰，就忘了再使用」。　又如「夫妻兩人有了○○牌彩色電視機之後，興緻很高，平常不看的節目也看了起來，從黃昏六時的卡通看到深夜的節目，足不出戶，不打麻將，也不吵嘴了。經過一段時間之後，倆口子深覺得××牌彩視，畫面清晰穩定，色彩柔美自然，又有電腦選台不必擔心有130個接點，加上遙控裝置省去來回奔走轉台之苦。因此對該品牌有良好的印象與評價。」

〔使用後的行為階段〕

　　主要為影響他人的階段。如「一聽到熟人感冒，就勸他服用這種感冒藥品」、「看到防止口臭噴霧劑的電視廣告時，也已不太關心了，並且會拿『男人卽使有點口臭也不必掛在心上』這句話，來自我強辯」。又如「這對夫妻對××牌彩視有良好的印象和評價，於是逢人談起××牌就豎起大拇指，逢人要買彩色電視機，就想遊說他人去買××牌，看到××牌的廣告，更是特別去注意。」

　　在消費者「購買使用行為過程」的每一階段中，都有來自各方面的影響力量，對消費者產生影響。這些影響來源包括大眾傳播媒介、人際傳播來源、消費者本身心理及社經特性以及社會文化因素等；這些影響因素幾乎在「購買使用行為過程」中的每一階段，發揮影響作用。大眾傳播媒介包括人際傳播（個人的傳播——如面對面交談、電話交談……等）之外的所有「經設計而以非特定之大眾為主要訴求對象之傳播媒介」（像電視、報紙、廣播、雜誌……等），也就是廣告人員所經常運用的廣告媒體。消費者本身之心理及社經特性包括年齡、職業、教育程度、社經地位、家庭特性以及動機、知覺、學習、態度／信念、人格特質、自我印象、生活型態、價值體系等。社會文化決定因素包括大眾文化、

次文化、參考團體、社會階層以及家庭等。下圖10-7，說明了這些因素的影響情形：

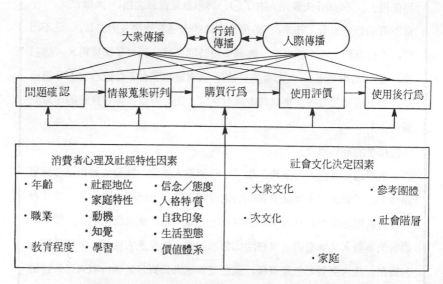

圖10-7 購買使用行爲過程中的各項影響來源圖

對於行銷人員而言，如何適切地在消費者購買使用行爲過程中的某一階段，有效地將行銷傳播訊息傳達給潛在消費者，乃成爲一項重要的課題。

叁、購買參與角色

在購買決策及使用過程中，通常有不同的購買參與角色，分別在不同的時間場合，參與購買之決策及使用。這些參與角色是根據人們在購買決策及使用過程中的任務，來加以區分的，這些角色可分爲提倡（議）者(initialor)、影響者 (influencer)、決策者(decision maker)、購買者（puchaser) 以及使用者 (user)：

一、提倡（議）者

「提倡者」又稱爲「提議者」，是指在家中成員之中，最早提議要購買或使用某一產品的人，也就是提出要購買某一產品的「發起人」。例如，子女隨母親上街，在商店中吵著媽媽購買某一種零食，此時這名子女就是「提倡者」。

二、影響者

「影響者」是指在購買某產品時，對購買決策者產生影響的人。「影響者」有時是家中成員（如家中長者往往會建議或影響家中產品的選購），有時是權威人士（如小兒科醫師往往會影響婦女對嬰兒奶粉的選購）、有時是銷售人員、有時則是意見領袖或朋儕團體。

三、決策者

「決策者」是指在購買某一產品或勞務之過程中，最後決定是否購買？購買何種類型？何種品牌？何種樣式？何種顏色？多少數量？何時購買？何處購買？……等抉擇的人。「決策者」有時是一個人，有時則是由一些人共同決定。例如，前一章裏我們曾經談到，某些產品是由丈夫決定；有些產品則由太太主宰購買決策；有些產品則由丈夫與太太共同協商後決定。「決策者」或許是購買決策過程中的關鍵人物，也經常與「購買者」或「付款者」角色重疊。

四、購買者

「購買者」是指在購買過程中，執行購買行動的人。雖然，對大多數商品而言，購買者實際上也就是決策者。但是不可否認的，仍有許多

產品的購買者，對於商品的選擇、品牌的決定，沒有決策權，例如，有些媽媽可能拗不過孩子們的要求，而購買並非出自其「意願」或「決策」的商品或品牌（像玩具、零食……等最常見）；有時候，子女也會受父母的囑咐而購買某些產品；有些時候，負責採購的人員（如傭人）也沒有決策權。因此，購買者的重要性，要視產品的性質以及購買者對該商品的參與度而定。

五、使用者

「使用者」是產品購買過程中，產品最終採用者。由於他們使用產品、消費產品，因此被視為估算市場規模（market size）的根據，也就是市場對象（market target）。然而，使用者並不一定是購買者或決策者，甚至絲毫不參與購買決策。例如嬰兒奶粉的使用者是嬰兒，但是購買者、決策者、影響者……等，均非嬰兒本人。因此，使用者不一定適合被行銷人員列為廣告訴求對象。美國騎師牌內衣，向來均以男性為廣告訴求對象，市場成長有限；直至一九八〇年間，由於該品牌行銷人員發現男性內衣通常由其配偶購買，因此改以婦女為訴求對象，採用頗討女性喜好的巴爾的摩金鷹棒球隊主投手帕爾麥擔任廣告模特兒，除三角內褲外全身裸露，頗具男性的魅力與性感，市場銷售急遽成長。

總之，在擬訂行銷計畫之前必須先了解市場，也就是消費者。消費者的行為受四種主要因素的影響：文化（文化、次文化及社會階層）、社會（參考團體、家庭、角色與地位）、個人特質（年齡與生命週期階段、職業、經濟狀況、生活型態、人格與自我概念），以及心理特質（動機與需求、知覺、學習、信念與態度）。這些因素可提供線索給行銷人員參考，以尋求更有效的方法去接近消費者並影響消費者。

此外，行銷人員也必須認清消費者之購買決策過程及參與的角色，

才能有效擬訂行銷傳播策略，以促成或增強消費者的購買行為，或消除其「知覺風險」或「認知不和諧」。

《本章重要概念與名詞》

1. 態度 (attitude)
2. 信念 (belief)
3. 學習 (learning)
4. 生活型態 (life-style)
5. 動機 (motive)
6. 知覺 (perception)
7. 人格 (personality)
8. 參考團體 (reference group)
9. 社會階層 (social class)
10. 文化 (culture)
11. 次文化 (Sub-culture)
12. 知覺風險 (perceived risk)
13. AIO (Activity, Interest, Opinion)
14. VALS (value and life style)
15. 自我概念 (self concept)
16. 購買者 (puchaser)
17. 決策者 (decision maker)
18. 影響者 (influencer)
19. 提倡者 (initialor)
20. 使用者 (user)

《問題與討論》

1. 如果您是華航的行銷主管，公司有一筆八白萬的預算讓您支用。您有兩

種選擇: 一是加強員工訓練 （尤其是空服員）；另一選擇是全面更換
由名家設計的制服。請問您將如何運用消費者行爲的知識來幫助您作決
策?

2. 試以汽車廣告爲例，說明汽車廣告如何運用影響消費者的諸因素 （文
化、社會、個人、心理）來作爲訴求重點而於廣告中強調?

3. 試論文化特質因素 （文化、次文化及社會階層） 對消費者在選擇麥當
勞、肯德基炸鷄……等速食餐廳上的影響力。

4. 試討論馬斯羅的需求層次，並說明下列產品或勞務是用以滿足消費者之
何種層次的需求: (a) 長壽香煙; (b) 防癌保險; (c) 金庸武俠小說全
輯; (d) Remy Martin VSOP 白蘭地; (e)佳姿美容韻律班; (f)東北
亞七日遊; (g)清朝乾隆時期之交趾燒眞品; (h)肯德基炸鷄餐廳; (i)
統一土司; (j) Christin Dior 香水; (k)金車麥根沙士。

5. 試以 VALS的分類方式，簡單描述臺灣地區消費者的生活型態，並指出
每一型態中之典型購買物品及品牌。

6. 試以您最近半年來最大一筆購物行爲（或印象最深刻一次購物行爲）作
爲例子，說明一下您當初的「購買使用行爲過程」，及參與購買過程的
各種角色。

7. 何以要將「購買後行爲」列入購買行爲過程模式，試申己見。

《本章重要參考資料》

1. 羅文坤、藍三印著，廣告心理學（臺北: 天馬出版社　民六八年）

2. 吉田正昭他著，消費者行動の分析モデル（日本: 丸善，1969）

3. 「廣告」雜誌，（日本、東京，1983年，7～8月）

4. Raymond A. Baver, "Consumer Behavior as Risk Taking,"
Proceedings of the American Marketing Association (Chicago:
American Marketing Association, 1960), pp. 389-398.

5. Bernard Berelson and Gary A. Steiner, *Human Behavior* (New

York: Harcourt, Brace and World, 1964).

6. John Brooks, "The Little Ad That Isn't There", *Consumer Reports*, January, 1958, pp. 7-10.

7. D. Byrne, "The Effect of a Subliminal Food Stimulus on Verbal Responses," *Journal of Applied Psychology*, 1959.

8. Donald F. Cox, ed., *Risk Taking and Information Handling in Consumer Behavior* (Combridge, Mass.: Division of Research, Graduate School of Business Administration, Harvard University, 1967).

9. George S. Day, "Using Attitude Change Measures to Evaluate New Product Introduction", *Journal of Marketing Research*, Vol, VII (November, 1970), pp. 474-482.

10. James F. Engel, David T. Kollat, and Roger D. Blackwell *Consumer Behavior*, 4th ed. (New York: Holt, Rinehart and Winston, 1985).

11. Del Hawkins, "The Effect of Subliminal Stimulation on Drive Level and Brand Preference", *Journal of Marketing Research*, Vol. VII (August, 1970), pp. 322-326.

12. Philip Kotler, *Marketing Management*, 4th ed. (Englewood Cliff: Prentice-Hall, Inc., 1983).

13. Philip Kotler, *Marketing Essentials* (Englewood Cliff: Prentice-Hall, Inc., 1984).

14. David Krech and Richard S. Crutchfield, *Theory and Problems of Social Psychology* (New York: McGraw-Hill, 1948), p. 152.

15. Kurt Lewin, *Field Theory in Social Science* (New York: Harper & Row Publishers, 1951), p. 62.

16. Abraham H. Maslow, "A Theory of Human Motivation",

Psychological Review 50 (1943), pp. 370-396.

17. Abraham H. Maslow, *Motivation and Personality* (New York: Harper & Row, Publishers, 1954).

18. C. E. Osgood, G. J. Suci, and P. H. Tannenbaum, *The Measurement of Meaning* (Urbana, University of Illinois Press, 1957).

19. J. T. Plummer, "The Concept and Application of Life Style Segmentation", *Journal of Marketing*, Vol. 38 (January, 1974), pp. 33-37.

20. Thomas S. Robertson, *Consumer Behavior* (Glenview, Ill.: Scott, Foresman, 1970).

21. Irwin Weinstock and Monroe M. Bird, Jr., "Scoring the Sematic Differential: Attacking the Response-Set Problem", "*Business Ideas and Facts*, Vol. 4 (Winter, 1971), pp. 3-13.

22. Paul T. Young, *Motivation and Emotion*. (New York: John Wiley & Sons, 1961), pp. 280-299.

第十一章　行銷傳播過程

　　過去，「推廣」(Promotion) 一直被認為是企業用來銜接與潛在顧客的傳播。

　　如今，「推廣」已愈來愈不被認為是與消費者銜連的唯一傳播，而只是在企業整體傳播中的一部份。

　　產品、價格、場所業已被視為企業傳播的變數，並且開始受到較大的重視。

　　將「推廣」視為與消費者銜接的唯一傳播，很可能會大大地減低了企業整體傳播計劃的效果。有時，「推廣」所作的努力，甚至與消費者從產品、場所，與價格等方面所得到的啟示，互相背道而馳。

　　因此，本書所述的傳播是從所有行銷組合的各項變數去加以探討的，事實上這已包含了公司裏的一切經營活動，所有這些變數都將被視為與顧客共享該公司的「貢獻」(offering)，就整體傳播而言，公司裏的每一項經營活動，都應視為傳播要素，在擬訂行銷傳播戰略時，也必須將每一變數與其他變數，同時列入考慮，並探討彼此間的相互關聯及整體

效果。

壹、行銷傳播的角色

如果我們將「公司」與「消費者」視為一個「系統」時，我們將發現兩者之間，具有某些共同的特性。首先，公司系統會找出該公司所要改進（至少是「維持」）的某種位置──公司可能想要提高利潤與市場佔有率；提昇該公司在其競爭者、流通業者及消費者心目中的聲譽；或建立在業界間之領導者與創新者的形象……等，這裏只是列舉一些而言，而且彼此間並不互相衝突。這些「需求」，經常出現在「企業目標」裏，也就是在某些方面公司現狀與理想間，尚有一些鴻溝或距離，仍亟待添彌或滿足。同樣地，就消費者而言，每一消費者心目中的現狀與其理想中所要達成的個人目標之間，也會有一些「距離」待接近。我們就將這些「距離」定義為「需求」（needs）。例如，某消費者希望他自己看起來「豪邁奔放」，則購買一部嶄新的跑車將有助於讓他縮短其「現狀」與「期望」之間的距離（DeLozier and Tilman, 1972; Crubb and Grathwohl, 1967）。如下圖 11-1。

在「公司」與「消費者」這兩種系統中，能使兩者從「現狀」邁向其「理想目標」的共同方式是「整體產品貢獻」（total product offering）；「整體產品貢獻」是指公司所能提供給其潛在顧客的「一連串滿足」。消費者之所以購買某一產品，並非單純只為了產品本身，而是為了產品在機能上及心理上對他們所具有的意義及所發揮的作用。

因此，行銷傳播所扮演的角色是促使消費者「共享」公司之「整體產品貢獻」所具的意義，俾助消費者達成其預期目標，同時也使公司更邁近目標一步。

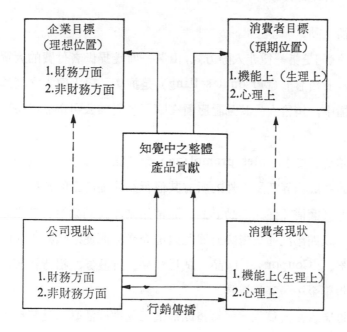

圖11-1 行銷傳播在市場上扮演角色

〔取材自 John B. Stewart, "Product Development,"
in George Schwartz (ed.), Science in Marketing
(New York: John Wiley & Sons, Inc., 1965), p.
164.〕

貳、行銷傳播的組合

一個公司用來爲其產品擬具整體行銷計劃的作業有那些呢？首先，
或許也是最顯著的作業，是構成公司推廣作業的所有要素。廣義而言，
「推廣」（promotion）是指「向前推進」（"promotion"一字源自拉丁
文 "promovere", pro- 意指 "forward" 即"向前", 而 movere 意指
"to move" 即「移動，推進」）。在企業經營裏，「推廣」的意義通
常是指包括廣告、人員銷售、銷售促進、公共關係以及消息發佈等的一

系列傳播活動。

「廣告」是指一種非人際方式，由某一特定提供者付費的大眾傳播。

「人員銷售」（personal selling）是推廣一種人與人之間的傳播，在此傳播中，銷售人員試圖說服潛在購買者對其公司產品或勞務採取購買行動。

「銷售促進」（sales promotion）是指除了廣告、人員銷售、消息發佈、公共關係等活動之外的所有其他行銷傳播活動的總稱。「銷售促進活動」（簡稱「促銷活動」），通常用來作爲刺激消費者迅速採取購買行動，或鼓勵流通業者樂於催促與推介產品而使之順暢流通的誘因。如，彩券、 Coupons 、贈品、試用樣品、折價券、招待旅遊、進貨折扣、銷售獎金……等等皆是。

上述廣告、人員銷售與銷售促進這三種推廣活動，是屬於企業可控制變數。至於消費發佈與公共關係則是可遇不可求的非控制變數了。尤其以「消息發佈」（publicity）而言，企業通常很難掌握消息是否能出現在大眾傳播媒體之上。

「消息發佈」是一種非人際方式而向一大羣羣眾所作的傳播，這一點與「廣告」很類似；然而，與「廣告」有所不同的是，「消息發佈」不必由廠商付費。「消息發佈」通常以「新聞稿」或「評論」方式處理，有時也可經過一番設計而成爲一些趣味性、懸疑性、可讀性、煽動性、社會性頗高的社會生活新聞，甚或一件引人注意、關切、參與的「社會事件」（events）。不過，這些都是可遇而不可求的。廠商必須事先斟酌其在整體推廣活動的作用，並且要考慮其所能及其所不能，更要挖空心思去精密設計。

上述這些推廣活動的整體混和運用，稱之爲「推廣組合」（promotion mix）。「推廣組合」中賦予每一元素的比重與責任強調，會隨著

產品類型、消費者特質、競爭態勢與市場環境以及其他行銷變數之不同而有所差異。甚至同屬一個行業的同類商品，也會由於企業規模、企業理念、企業背景、競爭態勢、管理型態、管理哲學……等的不同，而有不同的推廣組合。

如上所述，長久以來人們一直將「推廣組合」視為企業與消費者聯結的單一傳播。然而，這種狹隘的界定往往會導致企業整體傳播力量感到未臻完備，若有所不足。蓋因推廣不可能單獨存在，它必須與其他行銷要素配合，共同發揮行銷傳播組合的功能。

與推廣配合同時發揮功能的其它傳播要素包括：價格、產品、販賣通路（零售點）以及所有其他被消費者認為用來傳播某些與「整體產品貢獻」有關之事物的企業經營行動。

首先，產品本身就是一種傳播訊息，可傳播產品本身特質、魅力與公司的形象。構成「產品傳播」的要素，包括品牌名稱、包裝設計、包裝色彩、大小規格、形狀型式、商標設計、包裝材料以及產品本身的物理特性等。這些產品傳播訊息要素大多能讓消費者對「整體產品貢獻」有更深入、更深刻、更細膩的了解（例如，中國人認為紅色象徵吉利，因此一般喜慶節令禮盒包裝色彩，通常會以紅色調為主）。人們有時也常會忽略產品實體（即物理特性）本身也能向消費者傳播許多的情報。例如「康得 600」膠囊的包裝盒右下端挖了一個圓形的小洞（如圖11-2），消費者可以從這個小洞看到一顆康得 600 膠囊，並且聯想到廣告中所強調「膠囊中『神奇顆粒』，如何針對各種感冒傷風症狀發揮一粒維持十二小時藥效」的訊息。而「產品本身」（即膠囊內之三種不同顏色微小顆粒）尤其具有傳播特性的功能，因為人們對於「黃色顆粒及白色顆粒首先發揮療效後，紅色才開始發揮療效」的神奇作用，甚感好奇與興趣。這種產品本身的特殊處，就是一種傳播，更可提高廣告訊息

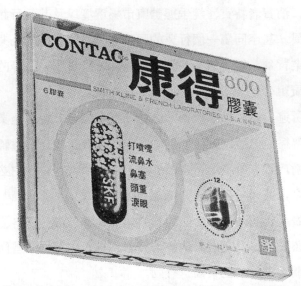

圖11-2 康得 600 膠囊包裝可令人聯想到廣告訊息中所強調的商品效益

中有關「長效」之訴求點的說服力。

其他產品也有類似以產品之實體特質，向消費者傳播的例子。像洗衣粉中含有「神奇藍珠」、「紅色酵素顆粒」、「綠色含氧漂白劑」……等等，使消費者對產品感到興趣。這些「產品傳播」將在下一章中，進一步深入討論。

「價格」在行銷傳播過程中，也扮演重要角色，它除了告知消費者產品交易之價錢條件外，「價格」還具有更深入的傳播價值。例如，「價格」常被販賣人員用來作為品質的暗示指標。所謂「一分錢，一分貨」的道理正是如此！「價格」有時更是經由廣告中「身份地位表徵」式的訴求，而滿足購買者心理上的「虛榮」需求。在第十三章裏，我們將進一步對於「在不同狀況下，『價格』對消費者傳播不同意義」的細節加以探討。

接著，我們來談談零售／販賣點（場所）。消費者對於陳列在不同

販賣場所的相同產品，可能會產生不同的產品知覺形象。販賣產品的零售店，的確對消費者具有明顯的「傳播值」(communication value)。因爲，商店就與人具有「人格」一樣，每一種商店會有不同的「店格」，消費者很容易就會根據經驗來知覺「店格」（卽形象），並且很自然地就會將「店格」與所陳列的商品產生聯想而獲得「產品形象」。例如，同樣一只手錶，擺在路邊地攤販賣與陳列在色調高雅、燈光柔和的櫥窗中待價而沽，兩者給人的印象必定迥然不同，卽使地攤上所買的手錶是道地「貨眞價實」，也極可能被認爲是贋品。類似這種相同產品陳列於不同零售點而使消費者產生不同知覺形象的情形，以消費者所不熟悉的產品最爲顯著。又如，品質相仿的照相機，A牌僅陳列於照相器材店專售，B牌則經由折扣商店或文具店販賣，雖然兩者品質相近，但是在顧客心目中，A牌可能比B牌高級。廠商經常會面臨選擇通路的決策──臺灣旁氏公司當初在上市時，就曾爲究竟選擇化粧品專櫃？百貨公司？平價商店？或超級市場？作爲其通路而面臨抉擇，最後臺灣旁氏公司選擇了平價商店與超級市場。事實證明該公司的抉擇是正確的，因爲該公司產品，過去未在臺生產時，一直在委託行等特殊通路，以高價姿態販賣。該公司將通路轉向超級市場與平價商店後，在消費者心目中普遍形成「高級產品形象，合理販賣價格」 (high product image, low selling price) 的知覺，因此很快地在化粧品市場中竄升其地位。通路決策必須配合公司的傳播目標，通路也會對產品造成「月暈效果」(halo effect)，選擇通路不得不愼重。第十四章將針對零售點及通路對購買者所傳播的意義，全面加以討論。

其他行銷變數──如售前／售後服務、產品保證、退貨處理、行銷研究等，也在行銷傳播過程中扮演重要的角色。

必須強調的是，「推廣」只是企業在傳播「整體產品貢獻」之諸多

活動中之一環而已，而這許多變數的共同作用，就稱爲「行銷傳播組合」（marketing communication mix）（Borden and Marshall, 1959）。

叁、從行銷到行銷傳播

談論到此，我們不免要提出一個問題：究竟「行銷」與「行銷傳播」之間有何不同？就整體而言，兩者都牽涉到產品、價格、場所與推廣等四種主要決策變數。有些學者甚至於認爲「行銷組合事實上就是一種傳播組合，在該組合中所有的活動相互作用——有時是相輔相成，有時則難免會互相衝突牴觸——共同形成良好或不好的形象」（Boyd, r. and Levy, 1967）。另外有些學者則認爲「行銷」與「行銷傳播」之間有所差異，他們指出，就整體行銷過程而言，「行銷傳播」是「行銷」的下一階段：

> 「行銷效果顯然有賴於傳播效果。事實上，市場的活動（或活力）是透過情報的流通而更積極的。購買者對於廠商對社會之貢獻的知覺方式，主要是受到廠商所傳播有關該公司經營作爲之訊息的數量與種類，以及該購買者對訊息與情報之反應的影響。」（Staudt and Taylor, 1965）

根據上述觀點，「行銷」頗倚重於賣方與買方間的情報流通。因此，我們可以將「行銷」與「行銷傳播」之間的關係，說明如下圖11-3。

由圖 11-3 得知，「行銷」所涵蓋的是決策階段；而「行銷傳播」則是指行銷決策的實施，其結果是促使廠商與其顧客間的「雙向情報溝通」（two-way information flows）。廠商可經由市場及競爭者的資

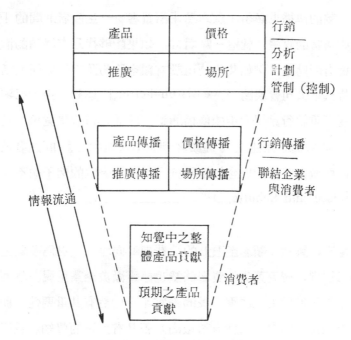

圖11-3 行銷與行銷傳播關係圖

料分析，決定出資源的最佳組織與結合，並且擬訂出一套精密的控制系統。然而，這套控制系統必須等到行銷決策在市場上實際付諸實施時，才能發揮作用。行銷決策的實施，需要由傳播過程來催促與帶動。廠商所散佈的傳播訊息，顯然是包括了該廠商傳遞給消費者之產品、價格、場所以及推廣等各種刺激的綜合。當消費者在接觸並解釋上述這些種刺激時，傳播活動就自然而然展開了。

必須強調的是，良好的行銷傳播系統不僅要重視廠商給消費者的情報流向，更要顧及到從消費者到廠商的情報流向。行銷傳播可以說是買方與賣方之間的「對白」（dialogue），而非只是單方面由從賣方傳佈給買方的「獨白」（monologue），史蒂辛及舒特支持了這項論點：

「有效的傳播也必須注意到爲「消費者——生產者」間的「對白」
選擇適當的媒體。就這一點而言，如果能够找到有組織的消費羣，
將會有所助益。例如某些公司設有顧客服務及抱怨處理電話專線、
福特汽車公司曾展開『we-listen-better』運動，至少已顯示，企
業逐漸重視行銷過程中的傳播通道。然而，這些畢竟仍舊是少數個
例， 能够眞正藉建立 『從顧客到企業決策中心』 間之有效傳播通
道，而澈底將行銷概念的精神發揮得淋漓盡致的例子並不多見！」
(Stidsen and Schutte, 1972)。

近年來，雖然「顧客至上」的消費者導向理念，仍爲多數企業所奉
行的不二法則，廣泛蒐集消費者回饋也已逐漸被企業重視。然而史、舒
二氏在十餘年前所提之語重心長的論點至今仍然有其重要性。顧客與廠
商間能否順暢「對白」，就有賴廠商是否具有深遠的眞知灼見了。

本書便是以上述論點作爲中心主題的，我們認爲「市場，應該是買
方與賣方針對『整體產品貢獻』事宜進行『暢談』及『交涉』後，獲致
結論並共享『意義』的場所。」行銷傳播，則是促使這種「共享」持續
不斷的過程。

肆、行銷傳播的定義

到目前爲止，本書尚未眞正爲「行銷傳播」下一明確的定義，只是
儘量用各種不同的描述來說明行銷傳播是什麼，但願讀者諸君均已能「
體會」到行銷傳播的涵蓋範疇。

廣義而言，行銷傳播是指在市場中之買方與賣方之間的「持續對白」
(Continuing dialogue)。然而，這樣的定義在管理上並無太大用意。

另一種定義是針對個別廠商的角度，含有管理的意味。定義如下：「行銷傳播是指：(1)、將一組經整合過的刺激呈現給市場對象，期在市場對象間引起一組預期反應的過程；以及(2)、建立接受訊息、解釋訊息、根據訊息行動的通路，藉以修飾公司訊息，並確認新傳播機會。」這項定義認爲廠商是與市場有關之訊息的傳送者，也是接受者。我們必須承認，站在訊息傳送者的角度而言，在我們競爭環境中，廠商必須設法去說服消費者購買該公司出品的商品，以期達成某種程度的盈餘。另一方面，如果廠商站在受播者（即接受者）的角度而言，則它必須與其市場對象獲致協調並獲取回饋以修整對彼所作的訊息，適應不同的市場狀況，進而找出新的傳播機會。這種觀念也正好符合行銷概念。例如，目前的能源危機問題，已被許多廠商或機構拿來作爲傳播機會，例如，電力公司、石油公司、汽車製造廠、甚至衞浴設備生產廠商等。身爲「接受者」的廠商應該負責在行銷傳播過程中，建立有效的「回饋圈」(feedback loop)。「回饋圈」必須是多層面的，讓消費者有機會以各種不同方式向公司表達他們的需求與意願，這些方式包括免費直撥電話專線、顧客投書及抱怨處理中心，以及透過行銷研究蒐集情報以便辨識市場、接近市場、瞭解市場上對公司產品或勞服之反應，並尋找新的行銷機會點等。感應靈敏的受播者必須與傳播者協調一致，並充分掌握傳播者所說的一切。廠商必須也是感應靈敏的受播者，隨時掌握市場動向與需求，才能在市場上生存與成長。

伍、行銷傳播模式

在討論過行銷傳播的定義之後，實有必要提出行銷傳播過程的模式。由於行銷是否成功，取決於傳播過程之處甚多，因此行銷傳播必須與前

面第二章中所發展的一般傳播模式契合。以下將就行銷傳播過程模式，其與一般傳播模式相似之處，以及其用途等加以探討。

一、建立模式的重要性

模式是用傳播主要要素的相互關係，來代表現實世界中的某些現象。因此，模式是某些現實眞象的簡化及縮影。

建立模式時，首先必須設定若干簡化過的步驟，用以說明現實眞象。這些設定步驟，說明了每一要素間的關係，與進行的過程。

模式的精確性與效率有賴於實證研究的檢定。如果某一模式經檢定證實是可信的，則可能有助於預測現實世界中的事件並發現其間的相互關係。

二、行銷傳播模式試擬

圖11-3所列的行銷傳播過程模式是一種「敍述性」的模式，這種模式的目的不在於說明任何預測值或效果評估指標，而只是單純提出傳播過程的說明。我們可以回顧一下在第二章裏所討論的一般傳播過程模式，而將兩種模式加以對照比較。

從第二章所描述的一般傳播過程模式（見圖2-1）中，我們可以看出，整個傳播過程是由外在及內在刺激肇始。在圖11-3之行銷傳播模式中，「外在刺激」包括了對市場機會以及現有產品之效益評估情報的掌握，這些外在刺激可以說是來自市場的某些回饋。就內部而言。公司主管或職員所提的建議，最後多少都會影響到整體的產品訊息。公司就是不斷受到外在及內在刺激的包圍，隨時掌握最新情報，俾使研判公司在市場上所處的目前地位，並改變公司對未來地位所持的構想。「目前地位」與「預期地位」間的差距，提醒公司決策者隨時注意目前現狀是否

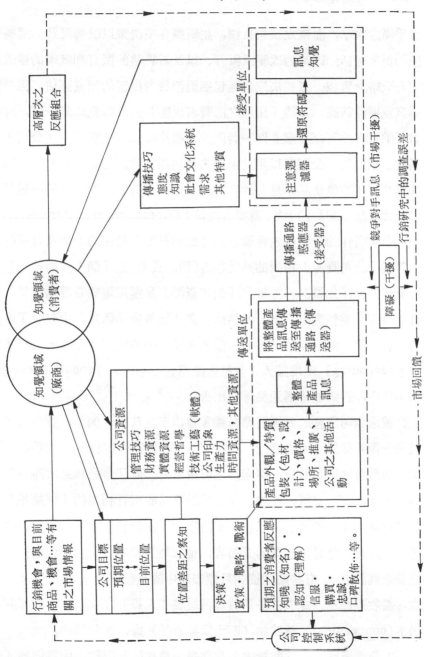

圖11-4　行銷傳播過程模式

合乎滿意水準，而確立公司目標，並研擬各項決策以改善現狀。這些可能的決策包括：政策的改變或擬訂、以及新戰略的擬訂和戰術的修改來配合戰略之實施。這些決策也應包括對消費者反應的預期評估，但是因爲其重要性甚高，乃將「預期之消費者反應」另外獨立成爲一框，俾便與「消費者的實際反應」作一對照。這種比較過程通常經由「公司控制系統」來進行，公司可以用此系統來評估其績效，必要時還可用此系統作爲修改「整體產品訊息」的參考。這些「決策」可以相當於一般型傳播模式（參照圖2-1)中的「傳播者決策」(Communicator parameters)。

公司所作的決策必定會牽涉到「公司資源」利用的評估及可能的修正。與「公司資源」相對的是受播者(卽消費者)之「個人傳播技巧」、「態度」、「知識」……等。「公司資源」及運用這些資源的決策，都會影響到「整體產品貢獻」的結構。在「整體產品訊息」中包含了產品特質、包裝、價格、流通印象、推廣主題……等要素，這些要素經「製碼」(encoding) 後均歸入「整體產品訊息」(total product message)的單元中，再透過傳播通路傳播出去。

載送公司訊息的傳播通路紛雜眾多，五花八門。例如，廣告代理商就是一種典型的「轉播站」(relay)，扮演收發的功能，他們接受訊息，通常會加以潤飾後，再度將之傳送出去。他們傳送訊息所運用到的通路包括電視、報紙、雜誌、收音機以及其他可資利用的「轉播站」。再經由這些「轉播站」將訊息以不同型態（如聲音、畫面、味覺、嗅覺等）的通路，傳送給預期的受播者，也就是消費者。某些目標消費者會直接收到訊息，有些則間接從目標市場中的其他成員（如意見領袖）處，接收到訊息。也有許多消費者同時從「人員」(personal)者「非人員」(nonpersonal) 轉播站（卽大眾媒體等）處，接收訊息。

在傳播通路上，「轉播者」往往是一種危險的聯結，因爲這些「轉

播者」有時會對最終訊息予以曲解或誤導。例如：報紙排版可能發生錯誤、收音機可能會播報錯字或刪去部分消息，意見領袖也可能會給訊息加油加醋滲入許多個人偏見等。每一種「聯結」對行銷傳播者而言都至爲重要，必須設法避免訊息被歪曲變形，以期達到預期傳播效果。

此外，在超級市場或自助商店中，包裝也是一種傳播者。如果店員不將商品加以拂拭沾浮於包裝外的污塵而任其日愈趣髒的話，可能就會產生訊息的曲解，被消費者認爲該產品不好，比未沾塵埃的品牌在品質上略遜一籌。消費者可能會想：「這項品牌在貨架上陳列已久才會沾染塵埃；如果存放這麼久必然是乏人問津；如果是乏人問津，這產品可能是有問題的，因此我最好也不要去購買。」

一個儀容不振，衣冠不整、精神萎靡、談吐狂妄或口出異味的業務代表，也會影響顧客對其推薦之產品的整體看法。

以上所說這些事物（沾塵的包裝、邋邊的業務代表等）都會向消費者傳播不當的訊息，每一種事都會在傳播通路上造成「訊息的扭曲」(message distortion)。

從這個觀點看來，行銷傳播模式與第二章所提的一般傳播模式，確有相似之處。訊息必須滲透消費者(受播者)的「注意選濾器」(attention filter)並且由消費者加以譯碼及知覺，而消費者（受播者）受到個人需求、態度、價值觀等的影響，在譯碼 (decoding) 及知覺 (perception) 時，往往會產生不同程度的 「知覺扭曲」 (perceptual distortion) 現象。最後，不同程度的消費者反應再經由公司的控制系統（如行銷情報系統）回饋給公司，這些回饋經常遭受各種不同的「干擾」 (noise，例如，行銷研究時的訪問調查誤差等)。消費者眞實反應的回饋，再與傳播者事先所預期的消費者反應加以比較。兩者之間的差距，經公司評估研判後，進一步「輸入」(input) 公司的知覺領域，作爲修正「產品整

體訊息」(total product message) 的參考。

必須說明的是, 這裏所提有關行銷傳播模式的解釋, 略嫌過分簡化。例如,消費者並非同時接受所有要素,其中總有先後順序。然而,這個模式對於了解行銷傳播過程概貌,畢竟多少有所助益。

在此必須強調,公司在進行行銷傳播之前,首先必須先就消費者特質加以探討,也就是必須先回答下列問題:消費者的需求、態度、傳播技巧、知識水準……等,分別為何?這些要素如何影響他們對訊息的知覺方式?那些種刺激最能引起消費者注意,並且減少其「知覺扭曲」,使訊息順利如預期地被接受?公司如何運用對消費者的了解,來整合公司資源,以使消費者對象對產品產生正確的概念?因此,整個過程必須從深入而細密的消費者分析開始,進而發展「產品整體訊息」。

下面幾章裏,將研討不同的產品特質、包裝或色彩等,如何對同一消費者引發不同的意義; 我們也將討論: 價格對消費者產生的傳播效果,通路(零售店印象)如何影響消費者對產品的知覺;更進一步對傳播工具——推廣 (promotion) 加以討論。最後,將就測定公司行銷傳播效果的各種方法,一一加以闡述。

《本章重要概念與名詞》

1. 推廣 (promotion)

2. 廣告 (advertising)

3. 人員銷售 (personal selling)

4. 促銷 (sales promotion)

5. 消息發布 (publicity)

6. 推廣組合 (promotional mix)

7. 行銷傳播組合 (marketing communications mix)

8. 行銷傳播 (marketing communications)

《問題與討論》

1. 為何將推廣視為公司與消費者之間的唯一傳播聯結是危險的?

2. 推廣與行銷傳播之間有何不同?

3. 試述圖 11-1 所述的模式與行銷概念一致之處。

4. 試論電話傳真機之推廣組合與洗髮精之推廣組合之間有何不同? 不同的原因安在?

5. 行銷傳播所扮演的角色為何? 為何必須將行銷傳播視為一種雙向傳播過程?

6. 從行銷傳播的角度看來, 「市場」 (market) 應如何定義? 「市場」 (market) 一詞, 有那些其它的定義? 這些定義間有何不同?

7. 為何必須將行銷傳播視為「買者」與「賣者」之間的「對話」(dialogue) ?

8. 試評圖 11-3 中之行銷傳播模式。該模式對行銷傳播者有何用處? 與其它模式相較, 它有何顯著的特性? 為何必須將消費者的實際反應與公司所預期的消費者反應加以比較?

9. 圖 10-3 之模式是否符合行銷概念? 是否與圖 11-1 所示的模式一致? 試述是與否的理由。

《本章重要參考資料》

1. Borden, N. H., and Marshall, M. V., *Advertising Management* (Homewood, Ill.: Richard D. Irwin, Inc., 1959), p. 23.

2. Boyd, Jr., H. W., and Levy, S. J., *Promotion: A Behavioral View* (Englewood Cliffs, N. J.: Prentice-Hall, Inc., 1967), p. 20.

3. DeLozier, W. and Tillman, R., "Self-Image Concepts-Can They Be Used to Design Marketing Programs?" *The Southern*

Journal of Business, Vol. 7, pp. 9-15, November 1972.

4. Grubb, E.L. and Grathwohl, H.L., "Consumer Self-Concept, Symbolism and Market Behavior: A Theoretical Approach", *Journal of Marketing*, Vol. 31, pp. 22-27, October 1967.

5. Staudt, T.A. and Taylor, D.A., *A Managerial Introduction to Marketing* (Englewood Cliffs, N.J.: Prentice-Hall, Inc. 1965), p. 353.

6. Stidsen, B. and Schutte, T.F., "Marketing as a Communication System: The Marketing Concept Revisited", *Journal of marketing*, Vol. 36, p. 25, October 1972.

第十二章　產品在行銷傳播中扮演的角色

在第一章裏，我們曾經提到，「傳播」是指傳送者（sender）與接收者（receiver）之間運用符碼共享「意義」。就行銷而言，生產的廠商在製造組合其商品時，已將訊息編成符碼傳送給潛在消費者。例如，色彩、造型、設計、包材、標籤……等商品包裝要素，均提供消費者有關產品的情報與暗示。此外，品牌名稱及商品本身的物理特質都會對公司的「整體產品提供」（total product offering）形成整體「圖像」（picture）或「形象」（image）。

從傳播的意味看來，產品可以被視為一種「由型態、尺寸、色彩以及功能等共同形成的符號（symbol）。這種符號會因其與個體之需求及社會互動（interaction）的不同關聯度，而有不同的重要性及影響力。因此，「產品」是指當人們在注視或使用它時，它在有意無意之間所傳播之各種「意義」的總和。」（Newman, J. W., 1957）。產品經由其符號，將「意義」傳播給消費者，幫助他們展現其生活型態（life style）。消費者不會只是購買「物理的」產品，他們也購買「心理上的」滿足。

以女性消費者為例，她們購買化粧品時，並非購買化粧品的「物理屬性」，而是購買「美的期望」（promise of beauty）。「當然，有些人會認為產品是公司傳播活動的根本，但是產品畢竟只是代表所有各種「內涵」的符號，這些「內涵」包括使用該產品者的尊貴地位、保守主義、年輕、團體歸屬、還有該產品是否昂貴……等等。」（Boyd, Jr. & Levy, 1967）。

在本書中，產品將被認為是一種包含色彩、設計、形狀、規格尺寸、物理材料、包裝材料、標籤包裝等訊息信號的有意義符號。所有這些信號，整合在一完整的型態結構之中，使顧客視其為一體的東西。這一章裏將探討人們如何對這些不同的產品信號產生反應。雖然這些討論著重於產品訊息中的個別要素，但是必須隨時提醒的是，產品傳播真正效果的測定，必須是針對消費者如何對「整體產品」所作的反應。

壹、包裝傳播的構成要素

就傳播的角度而言，包裝是產品之最重要構成要素。隨著超級市場及其它自助式零售店的誕生，包裝的功能日形重要，不僅是傳統的包裹或保護產品的功能而已。有人稱包裝為「無聲推銷員」（Silent salesman），在自助商店日漸普及的今天，包裝的好壞，往往會影響到產品在市場上的成敗榮枯！甚至，對那些需要藉由人員推銷的產品而言，包裝仍然非常重要，必須能對業務代表的推銷話術產生相輔相成的效果，並且能提醒消費者在家使用過後，考慮繼續購買。

說明包裝之重要性的實例，不勝枚舉。研究的結果顯示，在許多狀況之下，人們往往會單憑其對包裝的看法來決定他們對包裝的愛惡。曾經有人作一研究發現，消費者大都表示，他們在兩種香皂品牌中，較偏

好其中的一種，偏好度的差異在態度量表上差距達 1 — 2 分之多；事實上，這兩種香皂間唯一的不同只是包裝，其它均完全一樣 (Cheskin, L. and Ward, L. B., 1948)。大致說來，同質化及產品外觀不突出甚或不美的產品，包裝將非常重要，可有效地與其他產品創造差異。

　　包裝對於高度衝動性購買的產品而言，尤爲重要 (Groebe, 1972)。因此，是否能使產品在零售店陳列中，「抓住」消費者，「誘惑」他去購買，主要要看包裝的銷售能力了。

　　成功的包裝，要同時兼顧消費者知覺中之意識層次及非意識層次的訴求。「意識層次只能讓消費者辨認產品，而包裝的非意識層次訴求，才能激發顧客的潛在動機。」(Cheskin, 1963)。包裝必須向消費者傳播該產品正是他們所需要的，必須能有效地告訴消費者說:「購買我吧! 」

　　消費者對於新上市或未嘗試過的品牌，經常會意識或非意識地去蒐集有關該品牌的各種傳播訊息，以便對該產品有更進一步的瞭解。這種根據傳播情報訊號（例如包裝）來研判產品或品牌形象的情形，稱爲「感覺轉移」 (Sensation transference)。消費者經常將獲自包裝上的情報，作爲研判產品本身特性的基礎。 然而，消費者並不察覺其間的聯結，而相信其選擇完全是根據理性基礎。 實際上， 在某些情況下消費者的選擇或許是理性的，但是要說消費者的大部份選擇是完全理性的選擇，則是未必然的事。他只是面臨許多抉擇待深入探究分析，因此乃仰賴相關的情報訊息來作爲研判基礎。行銷者的任務，就是透過包裝的設計、型態、樣式、色彩，向顧客傳播他們所希望看到的訊息 (Cheskin, L., 1963)。包裝可以傳播商品的品質、經濟性、威望性及其他特性。當然，商品本身也應當能符合包裝上所作的「承諾」 (promise)，才能使消費者獲致良好的使用經驗，而採取「續購」 (repeat purchase) 行勤。

包裝必須運用到象徵表現 (symbolism)，人們對於形象及象徵符號比對包裝創意更易產生反應。所謂象徵符號是指能讓購買者自然產生意義的任何型式、形狀、或色彩等。爲了要使購買者對商品產生良好反應，行銷人員必須運用現有的象徵符號，避免讓顧客去學習新符號的涵意。

即使是成功的包裝，使用有利的象徵符號，都未能完全保證產品的成功。例如某一新產品，由於表裏不一致，而致使市場佔有率從上市時的25%，降至10%。「新產品包裝非常精緻，讓購買的家庭主婦覺得該產品的品質卓越非凡。等她們打開包裝後，才發現她們上了當，該產品可以說是『金玉其外，敗絮其中』。因此，上了當的主婦無一再度購買。從此以後，該包裝就淪爲拙劣品質的「象徵」(symbolism)，而不再讓主婦覺得它品質卓越了。」(Cheskin, L., 1963)。這個例子說明，生產者降低其產品品質，而使其與包裝所傳播的品質產生不一致的情形，終於導致失敗。

構成包裝傳播的要素包括色彩、設計、形狀、規格尺寸、品牌名稱、包裝材料、標籤、以及文字造型等。所有這些要素之間必須相當協調而共同作用，使包裝在購買者知覺中構成一組完整的「意義」，而這些「意義」也正是公司所要向購買者傳播的。良好包裝背後所蘊涵的意義，通常是「完形」(gestalt) 的。也就是說，消費者並不是針對包裝的個別要素賦與意義加以反應，而是就包裝整體加以反應的。當包裝要素間非常協調時，消費者會很容易從各要素的整合間，獲得一組完整的意義。反之，如果各包裝要素間不夠協調，甚至彼此間互相抵消，則會大幅降低產品包裝的傳播效果。這一節裏，爲了便於分析，將就包裝的各項構成要素分別加以探討。然而仍須再三強調的是，顧客是從所有包裝要素的整體意義，去知覺產品的。

一、色　　彩

以色彩成為包裝的要素並作為象徵符號，是人類史上很早以前就有的想法。「人類早在文明初始時期，就已經認定陽光是生活中所不能或缺的。由於色彩是光線的顯現，因此具有各種奇妙的意義與意境。根據歷史記載，色彩不在顏色的特質上，或其抽象美觀方面，固然有其意義，但是最重要的效益還是在於其象徵作用，這種象徵作用可以減除產品的陌生感，而賦與親切的人性意義。」(Birren, F., 1961)隨著時代的演進，人們逐漸將色彩與神、種族、星球……等，加以聯結；進而將人們身體周圍環境的各項事物，都納入色彩的聯結之中。例如，黃色象徵太陽、紅色代表火焰、藍色則令人聯想到天空或水……。這些聯結不斷地嬗傳，一代接一代，永不中止地被我們學習著。

包裝以及廣告，都得運用這些與色彩有關的學習反應，去向購買者傳播某種意義。隨著年齡、收入、教育程度、地理區域、種族、性別、生理及心理健康狀況等之不同，人們對色彩的偏好也就見仁見智，人人不同。

「種族」不同會影響人們對色彩的偏好。例如，拉丁人偏好紅色，而斯堪地納維亞人則較喜歡藍色和綠色。大致說來，在陽光充足地區，溫暖而鮮艷的色彩，通常較受歡迎。在陽光較弱的地區，則清涼而柔和的色調，較為人們喜愛 (Birren, F., 1961)。

教育程度也顯著影響人們對色彩的偏好：教育程度較高及經濟水準較高的人，較偏好柔和精緻的色彩；文盲及貧窮的人，則較喜歡鮮明艷亮的色彩 (Cheskin, L., 1957)。

個人的人格特質往往也會影響對色彩的偏好。研究顯示：「喜好運動的人偏好紅色；聰明的人偏好藍色；自我中心的人偏好黃色；而陶然

自得的人則較偏好橙色」（Birren, F., 1961）此外，外向的人傾向於偏好紅色，而內向的人則較傾向於接受藍色。

關於年齡方面，我們可以看出嬰兒偏好明亮的色彩(紅色和黃色)；較大的兒童，喜歡紅色和藍色；而大人則較偏愛藍色及綠色（Birren, F., 1961）。

色彩對人們的影響主要是在於感性方面，在於理性方面要較少。例如，紅色是最能引起食慾的色彩，其次是橙色與黃色。綠色還差強人意，而藍色、深紅色、紫色等，則無法用來訴求食慾。如果就「多汁」的角度來看，則橙色的效果要高於紅色，較能被聯想到食品（Birren, F., 1961）。當冷凍食品剛上市之初，廠商運用綠色與藍色來傳達產品的冷凍特性。不久之後，廠商將包裝改為橙色，結果發現冷凍食品的銷售有顯著上昇之趨勢。因為人們對於調製的食品要比對於冷凍食品，更感到興趣。

大致說來，色彩會帶給人們許多「情緒上享受」（emotional enjoyment）。紅色是炙熱、激情的色彩，具有最高度的行動與動機效果，特別適用於衝動性購買的產品。黃色是溫暖的色彩，對消費者具有愉悅的效果，具有良好的注目作用，在色頻上是屬於高顯度色彩。綠色意味著茂盛、健康、和清涼，經常被運用於含有薄荷成份之產品的包裝，例如薄荷涼煙、口香糖等。藍色是所有色彩中最冷的色彩，也具有最廣泛的訴求。儘管藍色不被認為是與食品有關的色彩，它卻可以被有效地運用於食品陳列，來表示冷藏或冷凍。淺藍色與粉紅色一樣，都屬於「甜」色。在所有色彩中，橙色是最常被用來與食品產生聯結的。白色代表純淨，也經常被運用於不同的產品。

在食品銷售方面，包裝上的主色通常要讓顧客能辨認出包裝內之食品的口味和型式。

包裝上之色彩運用的一般原則，可以歸納出下列十三項——

（一）運用色彩時，要注意到能否引起注意。

（二）透過包裝來強調產品的品質。

（三）透過色彩來強調產品的特質。

（四）食品的包裝必須看起來乾淨而能引起食慾。

（五）在包裝上必須特別強調重要部份，而將次要部份置於附屬地位。

（六）在產品線上的相關產品，包裝設計上儘可能使其類似而有整體系列感。

（七）產品說明、標示、使用方法等的色彩，應與包裝上其他部份的顏色有顯著不同。

（八）包裝上的文案愈少愈好。

（九）冷凍食品的包裝只能用明亮、溫暖的色彩。

（十）儘可能讓標價看得清楚。

（十一）如果未能讓顧客看到產品本身時，最好運用圖片或照片來表示。

（十二）設計包裝時，必須事先考慮到一般商店中的照明燈光。

（十三）包裝必須經過事前測定(pretest)。(Ketcham, H., 1968)

如何運用色彩來引發情緒反應和蘊涵聯結，是深值得吾人探討的問題。在此提出只是提醒注意色彩的傳播本質，供在包裝設計時有所參考。

此外，在色彩聯想方面，許多專家提供了他們的經驗，茲歸納有關色彩的聯結涵意如下：

紅色——熱情、行動、火焰、熱度、激情、喜氣、憤怒、危險、吉祥、婚姻、愛情

藍色——寒冷、清涼、眞實、純淨、正式、淒涼、悲傷

黃色——愉悅、明亮、樂觀、春天、溫暖、不誠實

橙色——火熠、熱度、行動、豐收、秋天、食品

綠色——寧靜、豐盛、清涼、健康、安全、春天、潮溼、青春年
　　　　輕、自然、天眞、無邪、不成熟、滋潤

黑色——神秘、清晨、黎明、凝重、古典、死亡

白色——清潔、純潔、純淨、純眞、營養

在設計包裝設計時，可參考上述聯想意義，針對不同產品特性、市
場態勢及使用對象等，運用適當色彩。

二、包裝設計—形狀—規格要素

不同的包裝設計、形狀和規格大小等，會對消費者傳播不同的產品
訊息。包裝設計是指在包裝上將各種元素加以組織，好的包裝必須具備
好的視覺動向，使消費者的注意力能集中於產品訊息重點。

包裝的長短、高矮、胖瘦以及線條的斜度等等，也會引起不同的涵
意及反應。如圖 12-1 所示，水平的線條顯得平靜、安穩，而且有一種

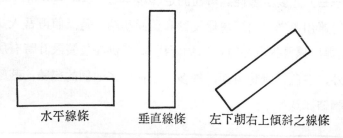

　　水平線條　　　　　垂直線條　　左下朝右上傾斜之線條

圖12-1　線條位置及其聯想

安祥感。這種反應似乎可以從一種心理因素來解釋——人們的視線移動，

左右水平移動比上下垂直移動要容易得多。垂直移動較不自然，而且比水平移動會對眼睛肌肉產生較大的緊張現象。然而，垂直線條也有其長處，因為垂直線條給人一種強壯、自信、甚至高傲的感覺，代表屹立不搖的精神。傾斜線條則可以產生一種向上移動的感覺，對大多數人而言，代表一種向上邁進的意義。

　　線條的粗細厚薄可以代表男性或女性。粗獷的線條代表男性的氣慨，而細膩線條的構圖則蘊涵著女性的氣質。包裝的顏色如果是白色、粉紅色或大青色，而再配以細緻的線條時，對潛在購買者而言，這種包裝訊息是屬於女性的。如果將粗線條併入粉紅、大青等色彩時，則顯得有些不協調，因此會讓潛在購買者感到困惑，而不知所措。所以，色彩與設計必須搭配得十分協調，才能發揮預期效果。不協調的包裝要素，會導致彼此間的效果抵銷。

　　形狀也會引起某種情緒反應而具有特定意義。大致說來，圓形的曲

圖12-2

線意味著女性，而尖銳多角的物體則象徵著男性。像「蕾哥絲」(Léggs)
的橢圓蛋形包裝，針對女性消費者訴求（圖12-2），便是一個成功的例
子。但是，關於女性使用的清潔劑包裝，究竟應採用橢圓形或是方形，
則有待斟酌。例如，洗衣粉的主要購買者及使用者均為女性，但是經發
現，如果洗衣粉的包裝能顯示男性意味時，該洗衣粉的銷路會更好。因
為，主婦們顯然是在尋找一種強力而有效的洗衣粉，來清除髒垢、洗濯
頑污。因此，象徵男性意味的包裝色彩、設計、以及強而有力的品名，
將有助於洗衣粉的產品行銷，也常被廣泛運用。

我們也知道，人們會將色彩與形狀之間，加以某種聯結，圖12-3說
明了這些聯結：

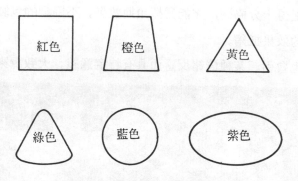

圖12-3 　形狀與色彩之聯結

圖 12-3 中的圖案與色彩，說明了兩者之間的結合及兩者之相輔相
成情形。正方形或長方形最適合搭配紅色，正方體也屬於這一類。黃色
與三角形最搭配，象徵著「思考」。橙色居於兩色之間，因此也與上述
兩種形狀之間的梯形產生聯結。圓形象徵著「精神」，因此與意味著精
神的藍色產生聯結。代表清新、涼爽、柔和的綠色與圓邊錐形聯結，而
紫色則與橢圓形最搭配。

包裝的形狀也會影響包裝的涵意及所傳達的概念，最常見的是包裝

的形狀會使人對包裝容量產生錯覺。大致說來，兩個相同容量而不同形狀的包裝相較之下，較高或較長的形狀，會讓人覺得其容量較多，因為人們經常將「高度」與容量加以聯結。如圖 12-4 中之 A、B 兩個容量

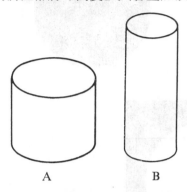

A　　　　　B

圖12-4　高度與容量的聯結

完全相同的圓柱體，由於 B 比 A 在形狀上得得較高，較瘦長，因此大部份人會覺得 B 的容量比 A 多。可見人們的眼睛是容易被欺瞞的。另外再以圓形平面圖為例，圖 11-5 中 (a) 圓是白底的單純圓圈，圈內亦為白色。如果將 (a) 圓之圈內塗黑成為如 (b) 圓之黑色圓餅，則可以看出 (b) 圓顯得比 (a) 圓略小一些；如果將 (a) 圓置於一黑暗背景之上 (如 (c))，則可看出 (c) 又顯得比 (a)、(b) 均略大一些；如果將 (a) 圓之圓周邊線去掉一小段而成為 (d)，則邊線顯得比圈內部份重要；如果在 (a) 圓之圓內部份畫上幾條曲線，成為 (e)，則看起來像橢圓形。由這個例子可以看出，同樣面積的同樣基本圖形，卻會僅由於背景的變化、圖形的切割、或是加上一些曲線條，而會變大、變小、甚或形狀的改變。當然，還有許多足以令眼睛產生錯覺的情形，例如色彩變化或在圓圈中加上圖案……等等，不一而足。

三、品牌名稱

品牌名稱可能是包裝上所有要素中，最重要的單一要素。品牌名稱

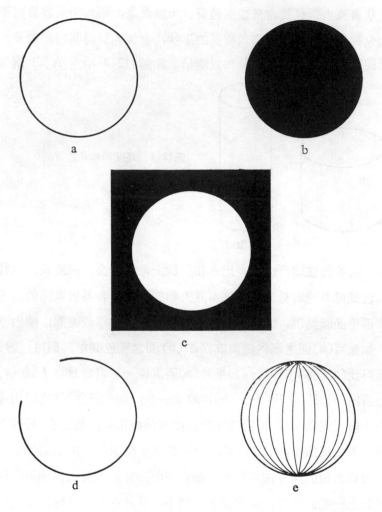

圖12-5 眼睛對圖形所產生的錯覺

可以明顯指出產品，使消費者辨別其與市場上其他競爭商品間的差異。
不過，品牌名稱固然重要，我們也不能忽略了其他用來強化品牌名稱，
並對潛在顧客傳播完整和諧之商品訊息的包裝要素的重要性。

　　選擇適當的品牌名稱，有一些基本要求，好的品牌名稱必須是──

（一）明顯地與競爭者有所區辨，使消費者認出該商品；

（二）儘可能地對商品加以描述或能指陳出其特性或利益；

（三）有助於激起消費者的潛在動機，並誘導或促使其採取購買行動；

（四）非常適合商品，而不致與商品產生矛盾；

（五）盡量配合產品的設計、形狀和色彩，而不致互相衝突；

（六）有助於塑造及支持品牌印象；

（七）簡短、易讀、易唸、易記；

（八）能够引起信賴感、安全感、效用感、耐久性、速度感、使用信心、使用之心理威望滿足感……等；

（九）字的造型要有美感；

（十）適合潛在客層的生活型態。

總之，品牌名稱必須要讓消費者能獲知他們將從產品中得到什麼，或期待從使用產品中獲得什麼。

有些廠商喜歡以動物名，作爲品牌名稱或暱稱，來推廣產品，這種情形以汽車、機車等之交通工具，尤爲明顯。以汽車爲例，美國汽車界就運用了下列動物名作爲品牌名稱——

Mustang ……產於墨西哥之野馬；

Bronco ……產於北美西部平原之野馬；

Pinto ……黑白斑駁（類似乳牛）的馬；

Cougar ……美洲豹；

Cobra ……印度眼鏡蛇；

Falcon ……鷹或隼；

Cricket ……蟋蟀；

Barracuda ……枚魚；

Panther ……豹；

Firebird ……火鳥；

Wildcat ……野貓；

Hornet ……大黃蜂；

Jaguar ……美洲豹；

…………………………。

在臺灣，也有許多機車製造廠商喜歡使用動物名來作為品牌名稱，例如；三陽野狼、功學社羚羊、川崎銀駝、鈴木銀豹……等。由於動物名稱是兒童早期學會的字詞之一，其意義及聯結早已深植吾人心目中，對於傳達類似速度、安全、強勁、威猛……等意境或概念，能夠很快讓受播者產生聯結並接受。動物名稱會讓消費者想像到栩栩如生的景象，進而使消費者感受到產品的特性。

品牌名稱必須能引發正面而有意義的聯結，如「噴效」、「速必落」使人想到殺蟲劑的功效神速；「穩潔」、「易潔」、「通樂」、「免你洗」……等，使人聯想到清潔用品的洗淨效用；「媽咪」烤麵包機、「美滿」電冰箱、「媽媽樂」洗衣機、「全家福」乾衣機……等，使人一看就知道是家庭主婦的產品：「乖乖」、「啾啾」、「ㄍㄍㄨㄉㄉㄚㄚ」、「小兵兵」……等，聽起來就像是兒童食品的名稱；「津津」、「味王」使人聯想到食品；「滿漢大餐」使人聯想到速食麵中的「真材實料」；「舒潔」使人體會到衛生紙的舒適潔白；「靠得住」使人聯想到衛生棉的安全可靠；……不勝枚舉。

某些字詞與字詞的組合會比其它字詞或字詞組合，更能使人與某種產品產生更強烈的聯想；而且有更深刻的印象。例如，兩個字或三個字的品牌名稱通常會比單一個字的品牌，更能令人產生強烈聯想及印象，但是四個字以上的品牌名稱也不太理想。又如，所有字皆為陽平或上聲

（第二聲或第三聲國音），通常較不易令人留下深刻印象，或是必須投入大量廣告才能讓人記住（如「食圓」仙貝）品牌名稱中如果能有第一聲或第四聲，通常較能讓人好唸好記。

　　許多研究也發現受播者之個人特性與字詞是否能留下深刻印象之間，有關聯性存在。年齡、性別及婚姻狀況等，與字詞之印象殘留有關，但是品牌知名度、媒介接觸、及收入等，則與字詞之印象殘留度無關(Peterson, & Ross, 1972)。因此，行銷人員在選擇其品牌名稱時，必須考慮到產品之目標市場的某些個人特性。

　　最後，讓我們從行為科學的角度來探討品牌名稱與包裝設計間的關係。

　　誠如前述，包裝各要素之間必須維持一定的協調。同樣地，品牌名稱與包裝設計協調，以維持消費者對包裝之整體反應的一致性。這種居於心理層面的概念，稱之為「感官形式間轉移」(cross-modal transfer)，是指 「向某種感官形式呈現之刺激， 對於向另一種感官形式呈現之刺激，所產生的影響……」(Kohler, 1929)，這種影響會造成知覺經驗的統整。「感官形式間轉移」使受播者（個體）將呈現給不同感官的刺激加以聯結。茲以圖 12-6 說明這種概念。

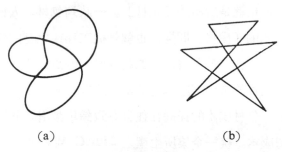

(a)　　　　　　　　　　(b)

圖12-6　感官形式間轉移之圖例

　　上圖中 a 與 b，何者較能令您與「MALOOMA」這樣的發音產生聯

結？何者又較能令您與 「TAKETE」 這樣的發音產生聯結呢？根據學者們的研究發現，像「MALOOMA」這種婉轉柔順的發音，大部分人們都會將之與圖 a 聯結；對於像 「TAKETE」 這種銳利鏗鏘的發音，則較常被人聯結到圖 b 。因為，圖 a 在視覺上較圓滑順暢，而圖 b 則較崢嶸銳利。這個例子說明了視覺感官的刺激與聽覺感官的刺激之間，產生了「形式間轉移」（crossmodal transfer）的現象。在選擇品牌名稱時，也應該考慮這種原則，注意到品牌之發音與產品包裝設計間，是否一致。

總之，在選擇品牌名稱時，必須考慮到該品牌名稱是否能引發意圖之含意，並支持預期的印象，必須具有積極、正面涵意，容易讀、容易記，而且與整體包裝一致。更重要的是，品牌名稱必須有助於激發消費者購買產品的動機，也必須是「可以廣告的」，也必須有助於整體企業形象。當然，也有人會認為在筆劃上是「吉利」的，而避免與方言、俚語中的某些諧音，產生不雅或忌諱的聯想。

四、包裝材料

有一種在包裝傳播上非常重要，而又經常被忽略的層面，那就是構成包裝的材料，也就是所謂的「包材」。一談到包材，人們最常考慮到的大都是最基本的「價格」問題，也就是從工程或生產的角度去制定選擇包材的標準。這種標準乍看之下似甚合理，但是只要我們細加思考，就不難理解，包材的選擇不應只是成本上的考慮而已，更應該是其銷售上的獲利情形。包材成本的提高往往會導致銷售激增，其所獲的利潤遠超過所增加的成本。統一企業所生產之 250CC 利樂包（Tetra Pack）清涼果汁飲料，於1985年間曾經進行大幅度的包裝修改（如圖12-7），包材成本比原來包裝提高約百分之三十，然而新包裝推出之後，銷售業績

（a）修改前的包裝

（b）修改後的包裝

圖12-7　統一清涼飲料之修改前後比較

激增達原來三倍以上。這種現象說明了基於市場需求的「利潤標準」。
誠然，有時不免產生包材成本的提高幅度遠超過於銷售額之增加的情形，
即所獲的利潤盈餘不足以彌補為改進包材所投入的成本。然而，成本畢
竟不應是唯一的標準，而應考慮包材與銷售間的關係為主，再運用利潤

分析方式加以研判決策。

從行為科學的角度看來,構成包裝的材料會引發消費者的情緒反應,這種反應通常是潛意識的。如金屬的包裝材料,會讓消費者覺得堅固、耐久、冰冷;而塑膠的包裝材料,則會使人產生新穎、明亮、潔淨的感覺 (Gardner, 1967)。又如獸皮和天鵝絨之類的柔軟包材,會使人聯想到女性;而木質包材則使人聯想到男性。

曾經有一項實驗研究說明了麵包包裝紙的重要性,這項實驗用來測定消費者對蠟紙(即半透明紙)及玻璃紙 (透明的 cellophane) 包裝之麵包所知覺之新鮮度的差異。研究結果發現,消費者對於相同新鮮度之麵包,包裝於不同包裝材料,會產生不同的知覺,消費者認為「包裝於玻璃紙中之麵包的新鮮度,超過於包裝於蠟紙中之麵包的新鮮度。」(Brown, 1958)。對於存放一天或兩天之久的麵包,也有類似的發現。這種情形說明了所謂的「觸覺傳播」(tactile communication) ,因為家庭主婦通常憑手感的柔軟來研判麵包的新鮮程度。

包裝材料也象徵商品的格調與價位,易開罐 (Easy open can) 使人聯想到歡樂、戶外、動感, 其對象較傾向於年輕人; 利樂包 (Tetra pack) 使人聯想到清涼飲料, 更由於習慣用於包裝蘆筍汁、楊桃汁、蜜豆奶等十元左右的產品,使得消費者認定以利樂包包裝產品的售價不高,導致某一運動飲料以利樂包包裝,訂價二十元,一直無法打開其銷路;紙盒包裝 (pure pack) 需要冷藏,使人聯想到新鮮(鮮乳)及清涼(果汁);利樂王 (tetra-king) 為新上市之包材,包裝牛奶及果汁,新穎方便,相當討好。

此外,包材也要考慮到產品在貨架上的陳列效果,例如易皺或有摺痕的包材,容易使人覺得陳舊而乏價值感,進而對產品品質及新鮮度感到懷疑 (Groebe, 1972)。

五、產品情報

產品情報可以來自一些不同的形式，從某種意味看來，上述各種包裝要素——色彩、設計、品牌名稱……等——都可視爲產品情報，都可告知消費者包裝內容物爲何。然而，狹義的「包裝情報」（product information）是指包裝上的關鍵文字（卽品牌名稱、商標、製造者、販賣者）、標籤背面的說明文字、特性、成分標示、重量、製造日期、以及插圖、照片等。

我們經常在包裝上看到「新上市」、「新產品」、「新配方」、「改良配方」，甚至「免費贈送」等字眼出現在品名附近，用來刺激消費者嘗試購買的衝動與欲望。這些字眼通常是用來附加於市場上搖墜不定的品牌之上，藉以恢復其市場地位或避免新品牌的襲奪。採用這些字眼可以提高消費者對該品牌的偏好，以及對該品牌的評估。此外，這些關鍵字眼或許可提供消費者所需求的——某些新的、改良的或免費的事物。

> 要儘量將「新聞」（News）嵌入包裝的標題之中，因爲消費者經常在蒐索新的產品，或老產品的新使用方式、或舊產品的新改良。標題上最有效的兩種字眼，就是「免費」及「新產品」。（Ogilvy, 1964）

當然，有人不免要質問，類似「新產品」、「新配方」等字眼，是否在市場上已被濫用？還有人也許會認爲，應該要再找一些新的字眼來刺激消費者的欲望與需求。例如某些廠商喜歡在其品牌外冠以「第二代〇〇」、「△△二世」、「ＸＸ——Ａ」、「□□——PLUS」……等字眼，來表示其產品是根據舊產品加以改良、加強、創新、添加新配

方、改變外觀、裝置新功能、或減去部分配件使其大眾化……等。而不必直接了當地,以傳統的「新」、「改良」、「新配方」等字眼向消費者說明該產品是新的。有一項研究結果顯示,「對於某些家庭用品或個人保養品而言,包裝上所強調的『新』和『改良配方』等字眼,對消費者的評估並沒有顯著的效果」(Dean, Engel & Talargyk, 1972)。不過,這點仍有待更多的研究來支持。

食品包裝上的營養標示,是經常被業者探討的問題。一項有關食品營養標示的研究顯示,消費者對某一品牌的知覺會隨標籤上標示的營養成分說明而改變。研究的結果可歸納出下列幾點結論:

(一)標籤如果以「高營養成分」、「低熱量」等不確定的詞句,模糊地標示營養成分時,對消費者的選購型態不會產生太大效果。

(二)將營養成分按業界規定之平均值明確地詳載於標示上,更能被某些消費者接受,並可能會影響他們對產品品質的知覺及偏好順位。

(三)被罐頭食品製造廠商運用的推廣用語,像「香甜可口」等,會讓消費者有一種品質保證的感覺。其效果可能會比將標籤上之更詳細的營養標示拿來作為推廣用語更好。

(四)儘管某些消費者會重視標籤上營養標示,罐頭食品的推廣中運用營養標示對於銷售量上並無顯著的效果(Asam & Bucklin, 1973)。

有一種用來提供消費者有關品牌之情報,並且塑造適當印象的方法,是在包裝上採用照片或插圖。今日的印刷技術日新月異,已經能夠清晰而逼真地將產品的生動照片和插圖,印在包裝之上。例如,統一番茄汁的包裝,將鮮嫩欲滴的包裝,生動地印在鐵罐上(圖12-8);而清涼飲料系列,將高雅品味的圖案,自然地表現在鋁箔(利樂包)之上(圖12-9)。這兩個例子都在說明包裝如何將產品之新鮮與典雅的特性與個性

印象傳達給消費者。

圖12-8 統一番茄汁包裝

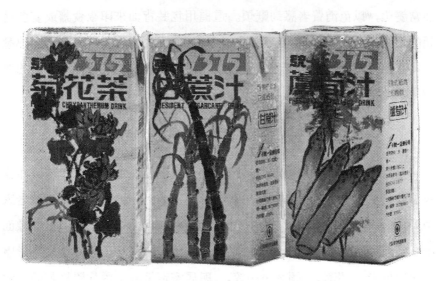

圖12-9 統一清涼飲料375系列的包裝

在包裝上放置一句簡短有力而易記的口號（Slogan），有時候是一種很好的戰術。尤其，當大量密集而有效的廣告，已經在該口號與產品品牌間，建立良好而密切的聯結時，這種戰術最為有效。包裝上的口號可以喚起消費者對廣告訊息的記憶，並且刺激消費者的購買意願。麥斯

威爾咖啡包裝的「滴滴香醇、意猶未盡」口號，頗能令人想起孫越在廣告影片中啜飲咖啡並陶醉其中的情景，便是一個成功的例子。

包裝的背面（back panel）是包裝上經常被忽略的部分，這部分至少有三種重要的功能：

（一）作為提供產品情報及銷售訊息的地方；

（二）作為推廣其他姐妹產品或同一企業出品產品的地方；

（三）作為提供服務的地方，例如提供食譜及如何準備宴會之構想等（Groebe, 1972）。

如果將包裝背面用來印刷食譜或佈置宴會之構想時，必須考慮到要經常變化，以免消費者感到厭煩。這種用包裝背面來印載食譜或宴會構想的方式，可促使消費者經常拿起包裝來看，對該品牌也就更加熟悉了，甚至可能會誘使消費者去購買該產品，以獲取包裝背面所建議的食譜與宴會構想。

六、包裝在消費者生活中的附加功能

針對「消費者在家中如何使用產品」這個問題加以研究，將可作為包裝改變或改良的參考。有時包裝設計要考慮到，將來產品到消費者家中要如何與室內裝璜擺設搭配，而不會顯得雜亂不協調。因此，像面紙、空氣芳香劑……等經常被放置於顯眼位置的產品，其包裝尤應考慮其包裝色彩、花紋、圖案……等，與居家環境或室內佈置格調的一致性。許多廠商會以不同的包裝樣式，來符合不同房間的需要。

又如，某些小家電產品，也往往會考慮到，該產品用畢收藏時，能夠成為廚房、餐廳等之擺設，如圖 12-10 。

有些果醬、花生醬、或日本芝蔴海苔拌粉的製造廠發現，消費者經常將用過的空瓶（罐）來當玻璃杯。因此，他們就將用來包裝的玻璃

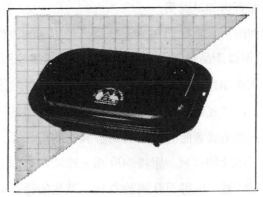

圖12-10　鐵板燒亦可用來作爲家庭擺飾品

罐，加以修飾使其更順滑，並且正式告知消費者可利用來作爲玻璃杯。
其他，如利用寶特瓶來裝冰水或做勞作，用裝奶油的盒子來裝食物、蛋
捲桶子用來裝玩具等等，均可作爲廠商開發產品包裝附加功能的參考。

　　上面這一節裏，我們討論了一些構成包裝傳播的要素，也指出這些
當作傳播信號的包裝要素，形成「整體包裝訊息」（total package
message）。行銷人員爲了確實掌握傳播效果，必須了解這些要素之如
何互相搭配，以吸引並維繫消費者的注意，使其知曉本品牌，進而刺激
消費者購買或形成所預期印象。最後，行銷人員必須考慮包裝與其他產
品包裝間的相互關係，以及該包裝在「整體行銷傳播戰略」（overall
marketing communications strategy）中所扮演的角色。

貳、產品的物理特性

　　產品實體本身具有某些物理特性向其購買者進行傳播。這些物理特
性包括色彩（澤）、型態、形狀、設計以及其它消費者認爲在其購買決
策中屬於重要的物理特性。其中有些特性，前面業已談過，在此不再贅

述，只列舉一些實例加以說明。

　　首先要提到的例子是我們在第十一章裏也提過的康得 600 感冒膠囊，它就是典型以產品物理特性與消費者進行傳播的例子。生產康得 600的 SKF 公司確知產品傳播的價值，因此在包裝外盒設計上特別留了一個小「圓窗」，使包裝露出一顆感冒膠囊，而露出的膠囊有一半是採用透明的膠膜，使消費者能清晰地看到膠囊內的黃、紅、白等顏色的「神奇小顆粒」（如圖10-2）。康得 600 甫上市時，市面上尚無能維持12小時藥效的感冒膠囊，康得 600 屬於首創，其他的感冒藥都是只能維持四小時藥效的藥片。因此，康得 600 的廣告訊息，乃以此為重點，告訴消費者康得 600 中具有「神奇小顆粒」，可以在藥效持續的十二小時之中，按不同階段分別釋放藥性，發揮藥效。消費者對於「膠囊中之紅色小顆粒，在服用後的前四小時中發揮立即功效；接著是黃色小顆粒；最後才是白色小顆粒」之藥理作用，都感到十分好奇。這種多種色彩的顆粒使消費者堅信，康得 600 膠囊的藥效的確可以維持十二小時之久。

　　洗衣粉廠商也採用與上述康得 600 相同的作法，在洗衣粉中加入神奇藍珠、紅色酵素、綠色檸檬素……等等，來讓消費者信服，加入這些有色顆粒的確會提高洗衣粉的洗淨效果、漂白功能、分解污垢作用等。當主婦們拎一杯洗衣粉入洗衣機時，她們會看到洗衣粉中的「神奇顆粒」，於是就會想起廣告訊息中所強調的功能。

　　對於香皂而言，顏色和形狀在傳播上扮演很重要的角色。因為香皂的生產過程非常簡單，而唯一的不同就是皂模的形狀、添加的色澤、香味以及一些殺菌劑。色澤除了讓消費者便於辨識某一品牌之外，更能讓消費者便以選擇適當的顏色來搭配浴室的色調。其它像茶、紅玫瑰酒、原子筆、鞋、音響、錄音機、家電……等，均有採用產品本身色彩來作為傳播訴求的情形。

　　某些家電產品和立體音響具有許多按鈕，可以讓消費者覺得該產品的精密及複雜。洗衣機、乾衣機也可以增加一些按鈕或控制儀表，供消費者操作，藉以提高其專業性、價值感及多功能的印象。

　　產品也經常以其形狀作為傳播信號，某些兒童咀嚼維他命藥片或餅乾，常以動物或卡通造形，就是典型的例子。

　　產品的香味及味道，也具有傳播作用，例如，李施得靈漱口藥水的廣告，強調該產品「味道不好」，能夠使消費者加強其心中信念，亦即，產品必須「味道不好」，才能有效發揮作用。因為，人們從小開始，就被灌輸「良藥苦口」的信念，而其過去經驗也讓他體認，好的藥品雖然味道不好，但是藥效卻非常良好。曾經有一家藥廠推出一種不含薄荷及樟腦油成份之無刺激性止癢軟膏，並強調其無涼性絕不刺激皮膚。按理說，應該具有相當吸引力，但是上市後，銷售情況並不好，因為消費者心目中認為，只有涼而刺鼻味道的藥品才能止癢。他們不相信，不含薄荷成份的軟膏會有止癢效果。

　　此外，有關產品特性能傳播不同訊息給消費者的例子，不勝枚舉。在開發及設計產品時，必須考慮到各種要素的重要性，適當地將產品特性與意圖告知消費者的傳播訊息，溶入產品設計之中，達到最佳的傳播效果。

叁、產品特性與消費者需求

一、產品特性

　　產品在行銷管理者、社會及消費者心目中，分別具有不同的概念，茲以下圖說明：

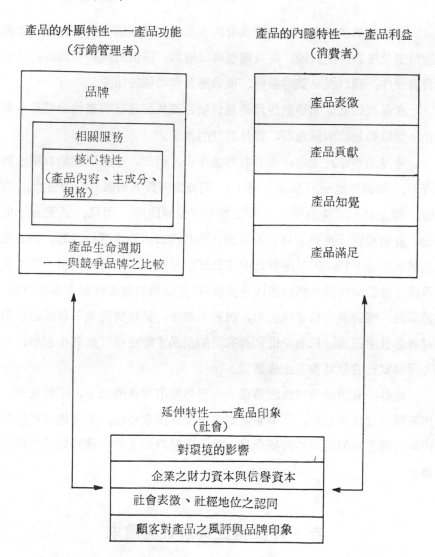

產品的外顯特性——產品功能
（行銷管理者）

品牌

相關服務

核心特性
（產品內容、主成分、
規格）

產品生命週期
——與競爭品牌之比較

產品的內隱特性——產品利益
（消費者）

產品表徵

產品貢獻

產品知覺

產品滿足

延伸特性——產品印象
（社會）

對環境的影響

企業之財力資本與信譽資本

社會表徵、社經地位之認同

顧客對產品之風評與品牌印象

圖12-11 產品特性三層面

　　從圖 12-11 看出，產品特性具有三種層面，在廠商或行銷管理者的角度看來，只能賦與產品功能，這些功能包括產品的核心特性（產品內容、主要成份、 規格等）、 相關服務（售後服務、 保證……等）、 品

牌、品牌形象、品牌地位，以及該產品與競爭品牌相較之下的市場態勢等。若站在消費者角度來看產品的話，則產品不僅是指產品的物理特性與功能，而是泛指產品所帶給消費者的滿足、知覺、貢獻、以及該產品所象徵的社會經濟地位（即產品表徵）。如果站在社會的角度來看，則產品不僅是提供個體消費者使用或滿足消費者生理及心理需求的實體而已，它更應視為一種存在於社會間的無形力量，在社會運作上扮演重要角色，這種力量來自於顧客對產品之認同與所持的風評與品牌印象，產品生產者的財力與信譽資本，以及該產品對生活環境的影響。換言之，站在社會的角度來看，產品較著重的是產品的延伸特性，也就是所謂的「產品印象」。可口可樂成為美國文化的一部份、勞力士金錶成為上流社會表徵、古龍水成為西方社會之社交禮貌……等，都屬於產品的延伸特性。

二、產品屬性與消費者需求

在擬定產品組合時，必須考慮產品的那些特性較為消費者接受或重視，然後在包裝、命名、色彩、形狀……等方面，儘可能朝此方向去考慮。

如果將產品的屬性按其滿足消費者需求的層面加以析述的話，產品可分為下列三種屬性：

（一）**基本功能屬性**（Basic Function Attribute）──又稱為「硬的屬性」（Hard Attribute）或「第一屬性」（Primary Attribute）；是指用來滿足消費者基本層次需求的屬性，亦即用以解決生理需要或生活問題的基本功能。例如，手錶的基本功能是正確告訴消費者時間；電視機的基本功能是提供聲音與畫面；食物的基本功能是充饑果腹；汽車的基本功能是代步……等。

（二）**便利功能屬性**（Convenience Function Attribute）——又稱爲「第二屬性」（Secondary Attribute）。是指用來使消費者在使用產品時感覺更方便，或能同時解決消費者兩種以上之生活問題的功能。例如，多重功能的手錶除了精確告訴你目前的時間之外，還能於生日等重要節日從錶中傳出悅耳音樂，也能當計算機使用；附 AV 端子的高解像電視，除了可以接收電視節目之外，還能當作家庭中之視聽資訊系統中心，遙控選臺器也提供了操作上的便利性；例如到麥當勞用餐除了果腹外，還是一種快速便捷的用餐方式，不必久候甚爲方便；駕駛自動排檔的轎車，除了代步之外，還免頻頻換檔，非常便利。

（三）**心理滿足屬性**（Psychological Satisfication Attribute）——又稱爲「附加價值屬性」（Extra Value Attribute）、「軟的屬性」（Soft Attribute）、「社經地位表徵屬性」（SES Symbol Attribute）或「炫耀屬性」（Show-off Attribute）等。指產品的某些特徵（尤指價格、外型），使消費者用來襯托、顯耀其所代表的某種身份地位。例如，高級的居家客廳中擺置一部豪華高級的電視機，除了可供電視節目觀賞外，更是尊貴的表徵；到麥當勞用餐，除用餐外更在享受一種來自美國的流行文化；駕駛 Mercede Benz 轎車，除了代步外更可炫耀某種身份地位；戴上勞力士手錶，使人不禁想捲袖讓人瞧瞧……等。

上述這三種產品屬性正好滿足了消費者不同層次的需求，圖 12-12 說明了其間的關係：

首先是產品的「第一屬性」（即 SOFT 屬性）滿足了消費者生理層次的需求，形成感官或官能上的滿足（Seusory satisfication），稱爲「HUMAN HAVING」，即擁有而使用該產品的基本功能。

產品的「第二屬性」（即便利屬性），滿足了消費者的知覺層次需求（Perceptual Satisfication），使消費者在使用該產品時，充分得到

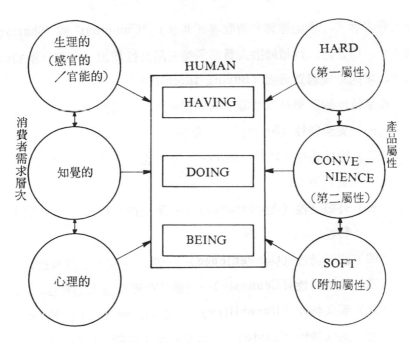

圖12-12　產品屬性與消費者需求間關係

操作上的方便利益（或樂趣），我們可以稱為「HUMAN DOING」。

　　產品的「附加屬性」（即SOFT 屬性），滿足了消費者心理層次的需求或情緒上的需求（Emotional Satisfication），稱為「HUMAN BEING」，即指消費者在使用該產品時，彷彿把自身投射在產品之上，產品儼然成為使用者的化身了。

　　行銷傳播者必須認清所欲行銷的產品究竟係由何種屬性滿足了消費者的何種層次需求，掌握消費者將產品置於其生活領域（life stage）中的何種地位，才能有效釐訂出能夠引起共鳴的傳播訊息。

三、產品特性與購買誘因

　　行銷傳播人員在制訂傳播訊息時，最重要是要能以「消費者語言」

向消費者訴求，才能達到與消費者「共享」（"Commoni" 或 "Sharing"）的效果。換言之，行銷傳播人員必須從產品特性找出一些符合消費者利益者，才能形成購買誘因（Buying Incentives）。

產品特性的歸屬可以按照下列幾個層面，加以歸納：

（一）**安全特性**（Safety）──產品在安全方面的特性；

（二）**性能特性**（Performance）── 產品在基本功能、作用上的實用特性；

（三）**外觀特性**（Appearance）──產品在外觀、形狀、色彩上的特性；

（四）**便利特性**（**Convenience**）──產品在便利上的特性；

（五）**經濟特性**（**Economy**）──產品在經濟性上的特性；

（六）**耐久特性**（**Durability**）──產品在耐久性上的特點；

（七）**品味特性**（**Taste**）──產品在品味格調上的特點；

（八）**情感特性**（**Emotion**）──產品在情緒處理上的特性；

（九）**舒適特性**（**Comfort**）──產品在整體上的舒適感。

上述九點，有人取其第一字母而成為「SPACED TEC」（太空科技）。

消費者的需求層次已如上述，圖 12-13，說明了如何從產品特性與消費者需求之間的關係，歸結出消費者的購買誘因。

肆、產品生命週期與行銷傳播

一種產品由導入市場開起，由於成長的歷程不同，可以將產品銷售歷經的顯著不同階段，分為若干時期，這種成長歷程，恰似人之生命過程，由誕生、發育成幼兒、青少年、壯年、老年、以及衰退死亡，這種

不同產品或不同的市場，產品生命週期也不一樣，某些產品類別（catagory）的壽命很長，從未抵達衰退期，例如汽車、電話、洗衣機、冰箱……等，一直長壽，歷久不衰。因此，在運用產品生命週期的概念時，應該特別注意到(1)由各個階段的次序是否確實；(2)生命週期之每一階段的時間長度，應由抽樣研究確定，隨時掌握產品在市場上的實際狀況。

二、產品生命週期與利潤的關係

在產品開發階段，由於投入大量的研究發展費用以及各項籌備生產的資金，而尚無任何銷售，因此，非但毫無利潤，且有「負利潤」的情形；在導入期時，由於必須動用龐大的推廣費用去教育並說服消費者，因此，雖然市場上已有若干銷售，卻無利潤可言。到了進展期，市場漸開，產品銷售量迅速增加。到了成長期，廠商已經開始有利可圖了。繼續發展至成熟期時，利潤漸漸增加至最高峯。此後，由於新廠商加入市場使競爭轉趨熱烈，廠商紛紛投入大量資金去提高品質、改善包裝、加強促銷，使銷售成本增加，而相對降低了產品的邊際毛利。到了成熟後期之後，產品銷售開始衰微，廠商所獲得之利潤已經很薄了，大部份廠商開始準備退出市場。如下圖 12–16：

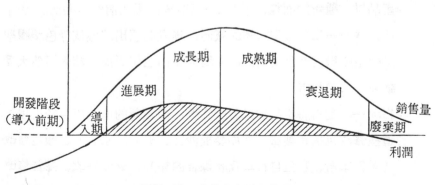

圖12-16　產品生命週期與利潤

五、產品生命週期的延伸

前面曾經提過，產品生命週期會有「再循環」 (Recycling) 的現象，卽產品屆入成熟後期或衰退期時，可以經由產品設計上的創新或行銷上的突破， 而使產品起死回生， 重現生機， 而有效延伸產品生命週期。

(一) 產品設計上的考慮:

當產品邁入成熟期時，普及率必定相當高，使用過該產品的人有日漸習以爲常而趨厭煩的可能，產品如果能在設計上考慮若干創新，或許可以增加新鮮感，使消費者持續對產品的興趣。下列幾種創新方向，似乎可以作爲在產品設計方面去延伸產品生命週期的參考:

1. 用途延伸──卽開發產品的新用途，或稍加改良後使產品產生新的用途。保衛爾牛肉精過去被消費者用來拌稀飯，後來開發新用途，教育消費者使用保衛爾牛肉精來烹飪；又如，海苔在日本原是被用來作爲包壽司的材料，後來有人將海苔加以調味，竟然成爲一種零嘴，而延伸了用途。

2. 適應──是指將產品加以翻版、平行發展、或多元化發展，而使產品以一種新的面貌、 姿態、 或形象出現在消費者面前。 多年前， 曾有一家生產聖誕樹的廠商，無意間想出將傳統綠色塑膠聖誕樹中的綠色著色劑去掉，而變成了白色聖誕樹，結果居然大受歡迎，大發利市。

3. 修改──是指將產品加以若干修改，而以新的面貌出現於市場，這些修改包括新製法（例如麥根沙士、礦泉汽水等）、顏色修改（彩色冰箱、彩色自行車及收錄音機等）、成分修改、聲音修改（會說話汽車、音樂涼風扇等）、動向修改、味道修改、形式修

改（如彎彎香皂）、外觀修改（如直立式電暖氣）等。

4. 放大——指產品經由配方、特性、外形、容量的加強或放大，而使產品以全新的姿態出現。例如，收音機加上錄音功能而成為收錄音機；合利他命 F 加強成分而成為合利他命 F 50；速食麵加多配料而成為滿漢大餐⋯⋯等皆是。其他的「放大」方式尚有加長、加高、加厚、加倍、加深、加重、加功能等。

5. 縮小——是指為了配合空間、時間效率化的要求，而將產品以更精巧、嬌小的姿態出現，也就是一般人常說的「輕、薄、短、小」的觀念。名片型計算機、掌上型電視、小套房、手提音響⋯⋯等皆是。「縮小」的方式大致有減輕、變薄、變短、變小、減少、濃縮、迷你型、精緻化、微量化、降低、減除、分裂等。

6. 替代——是指以新的內容、方式、用途等去替代傳統的產品所具有的內容、方式、用途等。這種替代或取代方式包括原料的替代、配方的替代、製法的替代、動力的替代、地點的替代以及方法的替代等。例如，電子計算機的電力來源，最早是用乾電池，後來就由水銀電池取代；現在更有以太陽能來替代水銀電池作為電源的袖珍型計算機。又如，電磁爐也以新的電磁電阻原理，替代了傳統式的電爐加熱方式。

7. 重組——將產品的各項特性或內容、零件、格局、花紋、順序、因果、步調、排程⋯⋯等，重新加以改變、組合、互換、修改，而以新的面貌重新上市。例如，幾年前曾有手錶製造商將手錶錶面的指針，以逆時針方向旋轉，而有新的形象。傳統的鞋子必定左右同色，曾經有廠商推出左右顏色不同而樣式相同的新潮鞋，居然獲得相當好的市場回響。

8. 相反——這點與上述的「重組」很類似，是指將產品的「呈現」

（presentation）以一種和過去恰好相反的方式，去接觸消費者，使其以新的風貌去知覺該產品。相反的方式有如正負對調、以負為正、正反對調、上下對調、裏外對調等。例如，傳統的冰箱設計，是將冷凍庫置於上方，而將冷藏室置於下方。如果將其上下對調而把冷藏室置於上方，則可視爲一種「相反」。

9. 合併——指將產品的單位合併或將幾種產品加以合併。例如，將收錄音機與電視機合併而成爲新產品；計算機與手錶合併或與小電子琴合併，均成爲新的產品。此外，像組合家俱、合金、混合乾果、綜合果萊汁……等，都算是「合併」的例子。

（二）推廣上的考慮：

除了在產品設計上的考慮，可以使產品延伸其生命週期之外，我們也可以從推廣方面考慮創新，而使產品以嶄新姿態呈現在消費者面前，在推廣方面的考慮，包括廣告上的創新以及銷售上的創新：

1. 廣告上的創新——指從廣告活動方面尋求突破，而使產品能以嶄新面貌重現市場，達到延伸商品壽命週期的目的。廣告上的創新可以從創意創新及媒體創新等兩方面著手。蘭麗綿羊霜以「只要青春不要痘」的口號，使消費者深留印象；裕隆的速利（SUNNY）轎車以「SUNDAY IS SUNNY DAY!」（如圖 12–17），有效扭轉其營業用車形象，而建立自用車市場地位；……等，屬於創意上的創新。小紅莓運用自助火鍋城的餐具，擴散其產品形象；生生皮鞋運用地下道或天橋階梯上作「足下」的廣告；錄影帶中的廣告，效果卓著……等，屬於媒體的創新。

2. 銷售上的創新——是指在銷售方式上去尋找新的突破，而給消費者一種新的面貌。銷售上的創新包括開發新的流通路徑和創造新的推銷方法。保力達早期在市場開拓階段時，係以西藥房爲其主

要通路，而將產品侷限於孕婦產前產後滋補身體之藥品；後來為延伸生命，擴充市場，乃將產品延伸為平常保健之大眾飲料，而將通路擴展至雜貨店；　甚至以廣告教育消費者，　以保力達調米酒，而將通路伸展到露店及路邊攤，而在市場上大獲全勝，更使保力達得以屹立於市場。又如美國蕾哥絲（Legg's）褲襪，除了包裝大幅創新（蛋狀包裝）外，在推銷方式上也力求突破，而將蛋形的包裝置於百貨公司等商店之櫃枱或收銀機附近，許多婦女在路過時，由於好奇心趨使而於結帳時，順手放一兩枚「鷄蛋」於購物籃中，獲得很好的評價。使產品得於在產品同質化的成熟期中，得以脫穎而出。

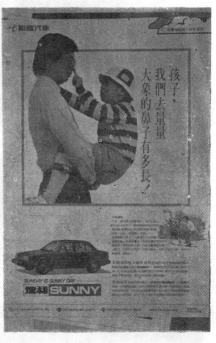

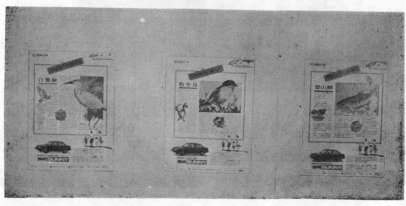

圖12-17　速利汽車提昇自用車形象的系列廣告

　　行銷人員必須隨時掌握彼所行銷之產品所處之市場態勢及產品生命週期，以期運用最有效的產品傳播戰略，在市場上獲取最大優勢。

《本章重要概念與名詞》

1. 無聲推銷員（silent salesman）

2. 感覺轉移（sensation transference）

3. 象徵（symbolism）

4. 品牌名稱（brand name）

5. 感官形式間轉移（cross-modal transfer）

6. 整體產品貢獻（total product offering）

7. 觸覺傳播（tactile communication）

8. 產品生命週期（product life cycle）

9. 基本功能屬性（basic function）

10. 便利功能屬性（convenience function）

11. 心理滿足屬性（psychological satisfication）

12. 購買誘因 (buying incentive)

13. SPACED TEC

14. 再循環 (recycling)

《問題與討論》

1. 從傳播意味的角度來看，產品是什麼？這種定義對行銷人員而言有何用途？就「象徵」的意義而言，下列產品會令您聯想到那些事物？(a)跑車，(b)香水，(c)計算機，(d)手提包，(e)珍珠項鍊，(f) 數字顯示手錶。

2. 請從色彩、設計、形狀、大小、品牌名稱、包裝材料、產品情報等角度，分析下列產品「包裝」的象徵本質：(a)夏娃牌 (Eve's)香煙，(b)蕾哥絲襪褲，(c)三菱進口鐵板燒，(d)統一滿漢大餐，(e)華航，(f)義美餅乾，(g)喜年來礦泉水，(h)肯德基炸鷄，(i)雪克──33奶昔。

3. 廠商如何運用產品的物理特質向消費者傳播？請就下列產品之物理屬性的傳播本質加以討論：(a)花王蜜妮洗面乳，(b) 易潔洗潔精，(c)百服寧鎮痛劑，(d)舒適牌刮鬍刀，(e)康得 600 感冒膠囊，(f)免你洗潔厠劑。

4. 試論 「感官形式間轉移」 (cross-modal transfer) 與 「感覺轉移」(sensation transference)之間的不同點。請分別舉一實例加以說明。

5. 試述下列產品如何才能更符合消費者的消費系統：(a)立體音響組合，(b)果菜機，(c)電話，(d)威士忌，(e)電扇。

6. 請按本章所提的產品命名原則，分析下列品牌名稱：(a)千輝打火機，(b)金喇叭，(c)拜貢殺蟲劑，(d)穩潔清潔劑，(e)長壽香煙，(f) 歐斯麥餅乾，(g)耐斯 566 洗髮精，(h)喜美汽車，(i)我們的雜誌，(j) 新格牌銀狐彩色電視機，(k)統一舒果飲料。

7. 試以實例說明，廠商可以運用那些方式來指出該品牌是「新」的或「改良」的，而不必使用這些字眼？

8. 試舉一市場上的任何一種品牌的任何產品，　析述其所處的產品生命週期，並請縷列出產品特性，進而歸納出該產品的購買誘因。

《本章重要參考文獻》

1. Edward H. Asam and Louis P. Bucklin, "Nutrition Labeling for Canned Goods: A Study of Consumer Response," *Journal of Marketing*, Vol. 37, pp. 36-37, April 1973.

2. Faber Birren, *Color Psychology and Color Therapy* (New Hyde Park, N.Y.: University Books, Inc., 1961), p. 3.

3. Harper W. Boyd, Jr., and Sidney J. Levy, *Promotion: A Behavioral View* (Englewood Cliffs, N. J.: Prentice-Hall, Inc., 1967), p. 17.

4. Robert L. Brown, "Wrapper Influence on the Perception of Freshness in Bread," *Journal of Applied Psychology*, Vol. 42, p. 260, August 1958.

5. Louis Cheskin and L.B. Ward, "Indirect Approach to Market Reactions," *Harvard Business Review*, September 1948, pp. 572-580.

6. Louis Cheskin, *How to Predict What People Will Buy* (New York: Liveright Publishing Corporation, 1957), p. 201.

7. Louis Cheskin, *Business without Gambling* (Chicago: Quadrangle Books, Inc., 1963), p. 23.

8. Michael L. Dean, James F. Engel, and W. Wayne Talarzyk, "The Influence of Package Copy Claims on Consumer Product Evaluations," *Journal of Marketing* Vol. 36, p. 38, April 1972.

9. Burleigh B. Gardner, "The Package as a Communication," in M. S. Moyer and R. E. Vosburgh (eds.), *Marketing for*

Tomorrow···Today (Chicago: American Marketing Association, 1967), pp. 117-118.

10. James N. Groebe, "Will She Buy Your Package on Impulse?" *Package Engineering*, February 1972, p. 16a.

11. Johannes Itter, *The Art of Color* (Ravensburg, Germany: OHO Maier Verlag 1961).

12. Howard Ketcham, *Color Planning for Business and Industry* (New York: Harper & Row, Publishers, Inc., 1968), pp. 80-81.

13. W. Kohler, *Gestalt Psychology* (New York: Liveright Publishing Corporation, 1929), p. 247.

14. Walter P. Margulies, "Animal Names on Products May Be Corny, but Boost Consumer Appeal", *Advertising Age*, Oct. 23, 1972, p. 78.

15. Joseph W. Newman, "New Insights, New Progress, for Marketing", *Harvard Business Review*, November-December 1957, p. 100.

16. Robert A. Peterson and Ivan Ross, "How to Name New Brands", *Journal of Advertising Research*, Vol. 12, No. 6, p. 32, December 1972.

17. David Ogilvy *Confessions of an Advertising Man* (New York: Dell Publishing Co., Inc., 1964), p. 131.

第十三章　價格在行銷傳播
中扮演的角色

　　本章的目的在於探討價格在行銷傳播中所扮演的角色，探討的重點在於了解價格因素「如何」及「何時」可以被用來作為向消費者傳播的訊號。在一般情況之下，價格必須傳播一種印象，使人覺得那是廠商對該產品所要求的「最低交易價錢」（minimum rate of exchange）。然而，在某些狀況下，部份廠商可能運用價格來傳播某種身份地位、價值感、虛榮心、炫耀感、品質力、低購買風險，及其他意念。

　　在經濟學的基本課程中，可能都已談論過，廠商必須將其價格制定在邊際盈餘與邊際成本相等的點上最為理想。然而，企業主管卻很少人知道其需求與成本之功能為何，而採取成本導向訂價、利潤基礎訂價、競爭導向訂價，以及需求導向訂價。（Enis, 1974）

　　儘管這些訂價手法是解決訂價問題之有用而必須的方法，但是它們卻不能被視為最後或唯一的解決方式。行銷人員必須考慮到其產品特質、消費者特質、行銷傳播戰略目標，以及他們用來消除消費者對價格因素之敏感度的處置方式。大致說來，行銷人員在最後制定產品之價格時，

必須同時考慮到「經濟因素」及「非經濟因素」。本章的目的除了簡單描述價格的經濟觀點之外，將針對一些影響訂價決策的非經濟因素加以敍述，並將討論一些使價格成為代表品質優劣之重要傳播信號的情況。

壹、價格的經濟觀

在傳統觀念中，「價格」一直被認為是一種交易的價碼，是指賣方對其產品所要求的金錢數額，同時也是買方為擁有產品所願意支付的金額。交易的發生，買賣雙方必須互相同意某一定額的價碼作為交易條件。這種買賣雙方間針對貨品，所維繫的相互關係，經濟學家稱之為「需求法則」(law of demand)，意指商品的價格提高時，消費者的需求就會減少，反之亦然。這種反比的關係可以用圖 13-1 的負斜率的需求曲線來表示。

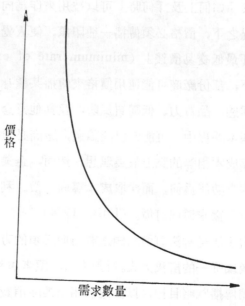

價
格

需求數量

圖13-1 傳統需求曲線

　　儘管這種經濟學觀點大致可適用於市場上的大多數產品（尤其像許多農產品之類的無差異性產品），但是這種傳統的經濟觀點，並未考慮到許多日新月異的現代行銷實務對消費者需求所產生的影響。在今天錯綜複雜的行銷系統中，廠商已經得知價格可以被用來作為傳播信號，以便讓「產品提供」（product offerings）有所區別，並且滿足消費者的情報與心理需要（informational and psychological needs）。從這種角度來看的需求曲線，應與經濟學家們所提出的需求曲線，不大相同。

　　消費者經常拿價格來作為一種衡量產品品質好壞的指標。（Leavitt, 1954; Tull, 1964）在這種情形之下的產品需求曲線，必定與圖 13-2 相類似。從圖中看來部份曲線呈正向上揚趨勢，顯示在該價位區間內，價格與購買量之間存在著正相關， 也就是說價格愈高， 產品需求量就相對地提高。這種現象通常出現在像珠寶、皮革、骨董……等奢侈品之上。圖中又顯示，當產品價格高得超出大多數人的經濟範圍時，需求量也會逐漸下降。

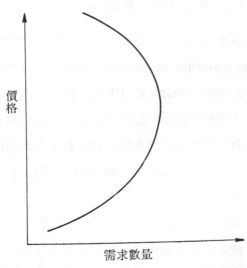

圖13-2 「向後彎曲型」的需求曲線，出現在價格成為「品質指標」的產品之上

　　究竟行銷人員在何種情況之下，得以價格作為品質指標？是一項值得吾人探討的問題。以下各節將就此問題提出答案，並將深入探討產品特質、消費者特質，以及其他有利於運用價格作為傳播信號的各種因素。此外，並將討論一些價格的心理效果及消除消費者對價格敏感的行銷因素。

貳、產品特質與價格

　　對於某些種產品而言，價格經常被視為是一種對消費者傳播的重要信號。關於「價格為產品指標」與「產品特質」之間的關係，可以找出一些可供參考的推論。這一節的目的，就是在於探討三種產品特質，並指出消費者評估品牌與進行品牌選擇決策時程中，價格於何時成為一項重要的情報信號。

一、產品品質的知覺差異

　　當消費者知覺在同一產品類疇中之「品牌與品牌間的品質差異」(brand-to brand variance in quality) 很高時，他們會傾向於運用價格來評估各品牌的信號 (Shapiro, 1968)。例如，消費者知覺食鹽（如果市面上有許多不同廠牌的話）的品牌之間，並沒有顯著的品質差異，也就是某一品牌食鹽與另一品牌食鹽，在品質上大致相同。因此，價格並不致成為衡量品質好壞的指標 (indicator)，而消費者很可能會選擇價格較便宜的食鹽。

　　像化粧品、藥品、營養食品、嬰兒食／用品……等，自我關心度 (self-concern) 較高，而且消費者知覺中品牌間之品質差異度也較大。因此，儘管品牌間的差異性不易察覺，大部份消費者仍然相信像化粧品

之類產品的品牌之間，存在著重大的品質差異。又如臉部保養乳液，一些品牌彼此間可能品質一致；但是一些關心自己肌膚的女士卻傾向於選購價格較高的品牌，因為他們相信價格較貴的品牌反映著較好的品質。

二、作為組合元素的產品

當某一產品成為另一產品的附屬、成分，或組合元素時，消費者可能會拿價格來作為衡量品質的指標。「假如某消費者在作一道烤肉的烹飪，她或許知道肉與香料都會影響烤肉之成品品質。然而，香料對烤肉品質之貢獻度遠超過其費用的貢獻度。因此，家庭主婦往往會選用品質較好的香料，以求在沒有明顯地增加成本情形下來降低知覺風險，免得整個烹飪成品出差錯。」(Shapiro, 1968) 當消費者認定某一產品為另一種較大產品的「重要成份」，或者其用途對最終成品的品質會有顯著貢獻時，由於消費者擔心該成分如選用不當可能會影響產品品質，因此往往會拿價格來作為衡量產品品質的指標。

三、作為禮物的產品

有些產品會比其他商品更常被用來當作禮物，對這些產品而言，高價格往往可以降低消費者的知覺風險 (perceived risk)，消費者認為價格較高的產品，可能較不會買到品質拙劣的產品去送禮，而貽笑他人。例如，某男士要送香水給他的未婚妻作為生日禮物時，他就可能會拿價格來作為衡量品質及進行品牌選擇決策之參考準則。當然，價格只是香水選擇過程中的幾個因素中之一， 其他因素還有香味、 瓶型、 品牌名稱、包裝……等等。但是在選購香水之類的產品作為禮品時，價格卻變成一種重要的情報信號，因為送禮者往往認為較高的價格會給他一種較大的保障，使他確信他所送的禮物會獲得受禮者的喜好。從另一個角度

來看，價格較高的禮物會令送禮者覺得自己較體面，給他一種保護，送禮者更盼望因此加強其自我形象 (self-image)。

另一些被當作「禮物」的產品，適合於某些特殊場合或特殊節令，像春節，中秋、聖誕、社交場合、喜慶宴會、忘年會、週年慶、同學會……等，人們總是配合不同場合的需要而選購不同的特定產品，作爲禮物（禮品），例如：洋酒、洋煙、南北貨、食品禮盒、茶葉、肉品、餐具、小家電、文具……等。當送禮者選擇價格較高昂的產品作爲禮物（尤其像洋酒之類產品，具有炫耀本質的禮品）時，他會覺得這些產品會提高他的「自我形象」，讓他覺得「送禮大方，很有面子」！

四、品牌名稱

另一種影響價格傳播信號之重要性的因素是品牌名稱的「熟悉度」 (familiarity) 及「強度」 (strength)。當幾個品牌產品在物理上同質化，而且品牌名稱均爲消費者所不熟悉時，價格往往會成爲消費者用來評估各品牌之品質的有力信號 (McConnell, 1968)。然而，品牌熟悉度或知名度在傳播產品品質上的重要性，經常等於甚或超過價格的重要性。這種情形最常見於大部份的雜貨產品及飲料 (Monroe, 1973)。因此，當品牌名稱等產品信號缺乏時，價格經常成爲一種有效的傳播信號。

叁、新產品的訂價策略

一、吸脂訂價策略

對市場上的新產品而言，行銷人員較有機會運用價格作爲其產品品

質的傳播信號。由於該產品在市場上屬於全新產品，消費者無法拿傳統產品來作爲參考架構 (framework of reference)，也因而無法拿其他類似商品的價格來比較，而該產品得以制定行銷人員認爲合理而又有利潤可圖的價位，讓同業者跟進。像電磁爐、高傳眞電視等新產品，在甫上市時，若干先發品牌，均將價格訂得相當昂貴，以掙取較高的利潤。

　　前章中曾提過，行銷人員經常在產品生命週期之「導入期」 (introductory stage) 時，常採取一種稱爲 「吸脂訂價」 (skimming pricing) 的價格策略。所謂「吸脂」是指在產品甫導入市場之初，將產品的價格制訂於較高的水平，藉以吸取羅吉斯之擴散曲線中的「早期採納者」(early adaptor)，抓住需求曲線之最上段部份。這種價格策略尤其適用於下列幾種狀況：

（一）在產品生命週期中的初期，卽導入期。

（二）需求曲線彈性不大。

（三）市場可以有效地區隔，卽不因高價政策而造成顧客的大量減少。

（四）產品生產成本受生產量大小的影響不大，卽產量少所造成的成本增加幅度有限。

（五）廠商本身具有特殊的防衞條件，如專利權、商標權、技術複雜性他人難仿造、原料控制……等，足以防止羣起跟進參加競爭。

「吸脂訂價」採取高價策略，使產品在銷售初期得以獲得超額利潤，因爲新產品的技術領先， 其技術力、 商品力在消費者心目中， 有良好的評價，尤其能獲「早期採納者」的肯定。因此，廠商若提高其售價，這些創新者 (innovator) 仍然願意購買，廠商也因而可獲取較大的利潤。俟該產品在市場上的被接受度逐漸擴散，而需求量逐漸增加時，廠

商則酌情將價格降低，以符合消費大眾需要，因此呈現下圖的曲線：

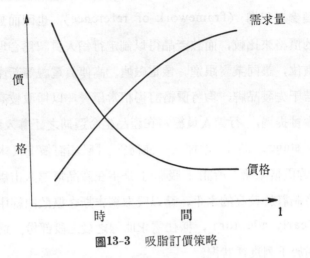

圖13-3　吸脂訂價策略

採用「吸脂訂價策略」如果能順利成功的話，至少具有下列幾個優點：

（一）可以很快獲取初期投資的回收率。

（一）可以利用高價位來調節生產能力。

（三）可以防止訂價錯誤的風險，價格調整彈性較大。

（四）可以增強消費者對品質的肯定與信賴。

（五）可以提高產品的「價值感」。

二、滲透訂價策略

另一種完全不同的新產品訂價策略，稱之為「滲透訂價策略」（penetration pricing）。所謂「滲透訂價」，是指廠商在上市新產品時，採取較低的價位，而在導入初期迅速滲透市場以求取普及層面的擴張，建立穩固的市場地位，並促使產品銷售急遽成長。

採取「滲透訂價策略」時，最好要考慮是否符合下列條件：

（一）在產品生命週期中之導入期以後的產品，因爲競爭已趨於白熱化。

（二）價格需求彈性較大，卽具有高度的價格敏感性，採取低價時，能立卽增加大量銷售。

（三）可以大量生產而降低單位成本的產品。

（四）主要使用對象的所得不高，無法採高價位的產品。

（五）採取低價可以打擊或防止現有與潛在的競爭者。

　　採取「滲透訂價」策略，除了能在短期間，迅速滲透市場擴充銷售之外，更可消極地防止或打擊競爭。但是，「滲透訂價」所傳播的「價值感」不太高，除非能運用廣告使消費者相信所廣告的產品確實具有「高貴不貴」、「價廉物美」的特性，價格大眾化，品質高級化。例如，統一推出訂婚用之「瑞士捲」時，曾用廣告塑造出高格調的訂婚禮盒，而售價僅爲一般訂婚喜餅之60％的價格，結果市場反應良好，在訂婚市場中急速竄升其地位。

肆、消費者特質

　　如同產品特質一樣，消費者特質也可歸納出一些推論，而有助於價格傳播。這一節裡將就這些與價格傳播息息相關消費者特質的推論，進行探討。

一、產品的使用經驗

　　消費者對各種產品均有不同程度的使用經驗。對於那些缺乏使用經驗及缺乏產品認知的消費者而言，價格便成爲他們用來評估產品的重要情報信號。

例如某一家庭主婦想幫她先生買一套釣魚用具作為生日禮物，或許她對釣具好壞絲毫不懂，如果她在購買時，店裡頭又沒有店員幫忙解說釣具的好壞，那麼價格可能變成她用來評估產品品質的重要參考準則了。卽使在店中有店員的幫忙解說，價格仍然可以用來強化店員的建議，並堅定她的信念。

隨著科技文明之日新月異而在型態及流行上產生急遽變化的產品，會讓消費者面臨一種新的學習情境。產品之特徵與型態的重大改變，會使消費者缺少使用經驗，而無充分情報作為評估產品品質之參考依據，此時該消費者會對價格等其他情報信號，特別敏感，藉以作為評估產品品質好壞的參考。這也就是「一分錢一分貨」的心理。

二、炫耀心理

某些消費者往往會拿產品的價格作為顯示其身份地位或聲名威望的方式。此時，價格可以利用這種炫耀心理，作為對這些消費者的訴求方式。有時候「人們明知道較貴的產品不見得比較便宜的產品來得好。但是，正由於其價格較高，而仍然對它產生偏好。或許，他是希望他的親友們知道，他付得起這些錢；也或許是由於他認為以他的身份地位及聲望，他所購買的任何東西理應是最昂貴的。」(Scitovsky, 1944–1945)人們對於具有顯赫耀眼之本質的產品，通常較會居於炫耀的心理而採取購買行為。例如一些名牌休閒服飾通常採用較昂貴的訂價，以滿足消費者的炫耀心理；裕隆公司推出勝利 3000CC 的轎車，也以高昂的售價，滿足高收入之消費者炫耀心理，而定位在「成功者的旗艦」之上。

三、決斷信心

對於產品品質好壞之鑑識及選購決策等缺少信心的消費者，通常比

較具信心的人，更需要倚賴價格及其它產品信號來作爲決策參考。例如在購買音響組合時，信心十足、經驗豐富的音響玩家，可能不太會拿價格來作爲評鑑音響品質好壞的指標；反之，對自己的研判缺少經驗及信心的消費者，則可能以價格高低來作爲評估音響品質的標準。

　　大致說來，貧窮及教育程度偏低的消費者，對於本身在評估及研判產品品質好壞之能力上的信心較爲不足。「不巧的是，貧窮及未受教育的消費者對於價格高低最爲敏感，他們對大多數產品也最缺乏分析研判的能力，而他們也對風險更具有強烈的排斥。」（Shapiro, 1968）換言之，貧窮及知識水準低的消費者對於自己的決斷力最缺乏信心，但是也最在乎產品的價格，又深怕自己上當，因此在購物時通常較爲拘謹、保守、遲滯。

伍、價格的心理反應

　　在價格與需求之間，仍存在一些明顯但卻找不出合理解釋的現象。這些現象與經濟學家對 「價格—需求」 關係所作的傳統解釋大相逕庭（Wasson, 1965）。這些現象也不屬於前面所說的「價格—品質」之知覺聯結的性質。茲分別討論如后：

一、量子效果(Quantum Effect)

　　所謂「量子效果」是指在消費者對價格昂貴與否的評估準則線上有一「量子點」（Quantum Point），在該量子點以上的範圍內消費者均可接受，一旦超過該量子點則被認爲太貴。研究人員從許多觀察中發現，當價格調高到某一點之前均不會減少產品的銷售量，但是價格一旦超過該價位時，產品的銷售量立刻產生一種急遽下降的現象，這一點也就是

前述的「量子點」。在量子點之前，消費者對於價格的調整並不敏感，但是在量子點以上時， 消費者會驟然察覺價格的昂貴， 並產生高度敏感。例如，某一產品的價格爲950元，當價格調整爲955元、965元、975元， 甚至高到 995 元時， 均不會造成銷售量的下降趨勢。 但是當價格調整爲 1,005 元時，銷售量卻產生急遽下降的現象；在這種情況之下， 1,000 元就是所謂的 「量子點」。 這種現象也可以用 「韋伯法則」 (Weber's Law) 來解釋 （如專題13-①），而量子效果之銷售量驟減的情形可用圖 13-4 來表示：

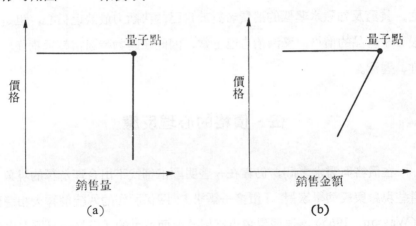

圖13-4 「量子效果」示意圖： (a) 價格與銷售量間的關係；
(b) 價格與銷售金額間的關係

專題 13-①韋伯法則與價格差

　　韋伯法則係指人可以認知的刺激的增加量的大小（ΔI），與原刺激的大小 (I) 成比例（比例爲常數K）。

$$\frac{\Delta I}{I} = K$$

比例常數（韋伯比）則因感覺的對象而異，如對「聲音的高低」的敏

感度爲1/331，但是對「鹽分的味覺」則低至1/5。

由於價格差或價格變化，儘管是數量極小的變化也可以認知，因此其變化是否與影響選擇行爲的大小一致，乃是主要研究的問題。此外，價格具有影響品質印象的效果，卽使是同一品質的商品（當無任何判斷品質的線索時），則會選擇價格高的品牌。

在此種複雜的條件下，實在無法算出特定商品的韋伯比，但是在日常生活中，此一法則具有說服力，一般也用它來分析股票，或刑罰的輕重等。此外，除用它來瞭解個人對價格判斷的問題之外，甚至於應用於價格變化與羣體購買率變化的關係。

參考資料

K.B. Monroe "Psychsphysics of Price" JMR 1971 May

A. Gabor ctal "Comments on "Psychophysics of Price"

JMR 1971 May

二、相反方向的價格知覺

「相反方向的價格知覺」(Reverse direction price perception)的情況，最常見於服裝界，由字面意義來看，是指消費者對於價格的數值量表產生相反的錯覺，而認爲標示較低的價格比標示較高的價格來得昂貴。例如，標價爲 1,950 元的衣服，有時顯得比 1,450 元來得便宜。這種現象可以用「整數金額」(rounded dollar) 的參考點來解釋，也就是說在消費者知覺中，如 5 元、10元、50元、100元、200元……500元、1,000元……均爲整數金額，消費者可能會以這些「整數」作爲評估產品價挌是否昂貴的參考準則。因此，消費者覺得 1,950 元的標價，比整數金額——2,000元還少50元；反之，1,450元比整數金額— 1,000

元多出 450 元，由於人們的貨幣使用習慣產生的固定形象，使消費者傾向於錯認1,950元比1,450元便宜。也就是說，消費者會以知覺中的「整數金額」作爲參考準則，而根據產品之訂價與該準則間的關係來評定產品是否昂貴。

三、合理訂價標準的知覺

消費者心目中對於某些種產品均可能會形成一種「合理價格指標」(fair price standard)，作爲衡量產品訂價是否合理的標準。有時候，甚至是新產品，在毫無購買經驗的情況下，消費者會拿類似產品的價格來作爲判斷該新產品「合理價位區間」(fair price range) 的標準。如果產品的訂價超過一般消費者所認定的「合理價位標準」時，消費者會認爲太貴而導致銷售量的減低；如果產品訂價低於該「合理價位標準」時，消費者會認爲該產品品質可能有問題，也同樣會減少銷售量。最能被接受的價格是訂於消費者之「合理價位區間」之內而最接近「合理價位標準」的價格。

四、成本價格標準 (cost price standard)

當消費者相信他們可以判斷某一產品的生產成本時，他們會根據他們所判斷的生產成本，加上「合理的利潤」(reasonable profit) 作爲他們對合理訂價的推測。尤其像許多工業產品的採購者，對於生產該產品的大約成本都已有相當的認識，如果產品價格超過彼等所推測的生產成本加上合理利潤的總和時，他們通常是不會接受的。對於某些像汽車之類的消費產品而言，也會有類似的情形。由於汽車的訂價相當公開，到處可以探訪，更有許多「購車指南」之類的報導，消費者對新車或中古車的行情可能瞭若指掌，因此對汽車經銷商（尤其中古車商）而言，

不可能制定太離譜的價格；而消費者也會替汽車商保留合理利潤後，在心中盤算出合理的價格。

陸、消除消費者對價格之敏感

如上所述，許多關於價格的傳統經濟觀點，並不適合於吾人今日之複雜行銷體制中，去全盤了解消費者對價格的反應。在許多情況之下，消費者對於同一產品類疇下之不同品牌的價格差異，似乎並不敏感。我們曾談過，消費者在許多情況下會以價格作爲衡量產品品質的指標，尤其在缺乏其它有意義的信號可資參考的情況之下，價格與品質的「辨識」關係（identification）更形重要。然而，這並不是唯一影響消費者對價格之反應的情況，還有許多情況也會影響消費者對價格的反應，這些情況都是經由行銷活動來使消費者對價格敏感。在這些情況下，消費者往往會忽視價格至某一程度，而完成購買決策。這種忽略的現象也可以用來說明何以產品的需求彈性不足以研判消費者的購買行爲。以下就是一些可以用來消除消費者對價格之敏感的行銷活動:

一、銷售時點效果（point-of-sale effectiveness）

所謂「銷售時點效果」是指銷售人員在購買者進行購買決策之時點，利用其銷售話術（sales talk）、示範操作（demonstration）……等專業銷售技巧，達到消費者對價格之敏感的效果。一個成功的業務代表經常可以順利地將產品銷售出去，不論其訂價是 2,495 元或 2,995 元。因爲業務代表的有效說服力，消除了價格差距所造成的障礙（Sampson, 1964）。

二、當地的推廣與服務 (local promotion and service)

　　儘管大多數產品都由統一的廣告及促銷活動集中處理來協助推廣，但是銷售據點當地的輔助性推廣活動及銷售服務的配合，通常更能加強推廣效果，有時甚至在價格比競爭品牌更高的情況下，還能達到促成購買行動的效果。尤其在服務方面，更是消費者決定購買的關鍵因素。許多消費者會由於某一品牌的產品提供良好的「當地服務」(local service)，而願意付較高的價錢。例如，某一消費者在品質相近的兩種品牌的音響中去作比較選擇。如果A牌雖然比B牌的價錢貴 1,000 元，但是提供當地的售後服務；而B牌雖然較便宜，但是售後服務必須運至原廠維修。此時，他極可能選擇 A 牌，因為它提供了「當地服務」(Sampson, 1964)。同樣地，當地公司的服務品質與服務信譽等，也可以消除消費者對價格的敏感。如果某廠牌之地方經銷商具有比他牌更完善、口碑更好的維修服務時，價格的高低，可能就不是顧客購買決策的重要因素。

三、產品包裝

　　產品的包裝、樣式、包材、色彩等整體印象，也會影響消費者對產品價格的敏感。同樣的品質，如果 A 牌的包裝比 B 牌更精緻、更美觀時，雖然A牌的價格比B牌略高，卻又不會覺得太過離譜時，消費者可能傾向於接受A牌。

四、廣告與知覺效益

　　廣告往往可以提昇產品形象並強化消費者對產品之知覺效益，也就是能提高產品的價值感及廠商信譽。因此，成功的廣告訴求，將可有效地消除消費者對價格的敏感。例如，臺糖沙拉油及統一沙拉油之價格，

雖然比競爭品牌的價格略高一些，　但是由於臺糖係國營事業，　信譽良好、知覺風險小而知覺效益高；統一公司廣告訴求成功，建立良好品牌形象及價值感；因此，消費者可以接受比競爭品牌較高的價格。

上述這些因素會在消費者心目中形成「品牌忠誠度」（consumer brand loyalty），這些均可消除消費者對價格的敏感，也因此而有許多消費者明知某些品牌的產品價格確實比其他同類型的品牌價格略高，而寧可選購其習慣使用的品牌。

總之，價格決策不應只是取決於需求彈性而已，必須建立在更精密的基礎之上。在許多情況下，可以考慮用各種不同的因素來消除消費者對價格的敏感（Sampson, 1964），然後才能制定適當的價格決策。

柒、訂價決策的考慮

本章的目的在於強調影響訂價決策的非經濟因素，尤其是那些與傳播本質有關的因素。這一節裏將把這些重點加以歸納，並提出一些供行銷人員深慮的情報，以便制訂最適當的訂價。

大多數企業主管在為其產品決定正確的價格時，往往較喜歡採用機械式的訂價方式及公式來決定。因為這些方法可以使他們在進行這項複雜困難的決策任務時，能有某種安全感、心理舒適感及自信心。但是，這些方法有時顯得太過天真，並且經常毫無考慮到價格的行為層面，尤其是傳播方面。

誠然，產品的生產、包裝、廣告、人員推銷等成本，以及其他與產品有關的各種費用和成本，對於產品的訂價決策相當重要。因此，損益平衡分析、獲利分析及其他財務或經濟分析工具，均有助於完成訂價決策。甚至連這些技術也都是要建立在行為設定的基礎之上。良好的價格

決策，必須同時從經濟及非經濟的角度，廣泛去蒐集有關的定質（qua-litive）及主觀和客觀情報，作爲訂價的參考基礎。這裏要談到的較偏重於非經濟性的各種情報與信號，也就是在擬訂價格前必須針對市場對象詳加研討評估，並回答下列問題：

1. 在同一商品類疇之中，消費者對品牌與品牌間之品質差異性，能察覺到何種程度？

2. 該產品是否爲另一種產品的重要成分或組件？

3. 消費者是否購買該產品作爲送禮用禮物？如果是，則頻率如何？何時送禮？

4. 消費者是否認爲該產品是新產品？如果是，則其所認爲的新穎程度如何？

5. 消費者是否在特殊場合下購買該產品？如果是，則其場合是那些？何時購買？

6. 該產品在市場間的品牌印象有多強？

7. 消費者對該產品的知識及使用經驗爲何？

8. 該產品是否可能向消費者探取炫耀心理或社經地位之訴求？

9. 消費者對該產品所知覺的複雜性爲何？

10. 消費者對該產品所預期支付的價格爲何？

這些問題都是廠商在決定其產品價格時，必須考慮到並且設法去尋找答案的部分問題。

行銷人員也必須考慮到價格在整體行銷傳播中所扮演的角色，以及其他傳播變數可能對價格產生的影響。例如何種價格可以配合其他因素來提昇預期的品牌印象？另一方面，那些行銷活動可以用來消除消費者對價格差距的敏感？行銷人員也必須隨時掌握價格所可能產生的潛在心理效果，例如量子效果、相反方向價格知覺……等。

由上看來，價格並非單純在處理成本和利潤等數值而已，而是一種相當複雜的決策過程。行銷人員必須隨時注意其消費市場對其價格信號可能產生的反應。上述這些問題可作為核定表（checklist），用來擬訂適當的價格策略。然而，每種訂價決策都必須考慮不同的情境而有不同的決策方向。換言之，必須因時、因地、因物、因境而有不同的訂價策略。

《本章重要概念與名詞》

1. 需求法則（law of demand）
2. 品牌間品質差異（brand-to-brand variance in quality）
3. 吸脂訂價（skimming pricing）
4. 滲透訂價（penetration pricing）
5. 韋伯法則（Weber's Law）
6. 量子效果（Quantum effect）
7. 相反方向價格知覺（reverse direction price perception）
8. 合理價格標準（fair price standard）
9. 成本價格標準（cost price standard）
10. 消除價格敏感因素（desensitizing factor in pricing）

《問題與討論》

1. 在今天複雜的行銷體系中，「需求法則」的適用性如何？
2. 您是否覺得消費者購買襯托身份地位之名牌產品，而付更高的價格，有一種「受騙」的感覺？為什麼是？為什麼不是？
3. 您認為消費者可不可能由於產品的價格太低，而不願購買該產品？為什麼？
4. 下列產品之中，何者會被消費者拿價格來衡量品質？如係品質訂價，則

有那些非經濟因素致使該產品採用品質訂價（quality pricing）？……
(a)汽車，(b)鉛筆及鋼筆組合，(c)書架，(d)計算機，(e)客廳家俱組
合，(f)男仕西裝，(g)電子削鉛筆機，(h)鑽戒，(i)一組輪胎，(j)乳
酪。

5. 「品質訂價」是指制訂比一般「平均」定價較高的價格，究竟要高出多
   少才足以反應品質？

6. 消費者爲何會以價格作爲衡量產品品質的指標？

7. 對下列各項產品而言，人員銷售分別可以消除消費者對價格之敏感到何
   種程度？……(a)照相機，(b)汽車，(c)吸塵器，(d)家俱，(e)皮鞋，
   (f)教科書。

8. 廣告如何消除消費者對高價位的敏感？試舉數例說明之。

《本章重要參考文獻》

1. Ben Enis, *Marketing Principles* (Pacific Palisades, Calif.:
   Goodyear Publishing Company, Inc., 1974), pp. 367-379.

2. Harold J. Leavitt, "A Note on Some Experimental Findings
   About the Meaning of Price," *The Journal of Business*, Vol.
   22, pp. 205-210, July 1954.

3. J. Douglas McConnell, "An Experimental Examination of the
   Price-Quality Relationship," *The Journal of Business*, Vol. 41,
   No. 4, p. 442, October 1968.

4. Kent B. Monroe, "Buyers' Subjective Perceptions of Price,"
   Journal of Marketing Research, Vol. 10, p. 73, February
   1973.

5. Richard T. Sampson, "Sense and Sensitivity in Pricing,"
   Harvard Business Review, November-December 1964, pp.
   101-103.

6. Tibor Scitovsky, "Some Consequences of the Habit of Judging Quality by Price," *The Review of Economic Studies*, Vol. XII (2), No. 32, p. 103, 1944-1945.

7. Benson Shapiro, "The Psychology of Pricing," *Harvard Business Review*, July-August 1968.

8. D.S. Tull, R.A. Boring, and M.H. Consior, "A Note on the Relationship of Price and Imputed Quality," *The Journal of Business*, Vol. 37, pp. 186-191, April 1964.

9. Chester R. Wasson, "The Psychological Aspects of Price," in *The Economics of Managerial Decision*: *Profit Opportunity Analysis* (New York: Appleton-Century-Crofts, Inc., 1965), pp. 130-133.

10. 羅文坤、藍三印,「廣告心理學」(臺北: 天馬出版社,民68)。

第十四章 場所在行銷傳播
中扮演的角色

　　前面幾章裏分別談到產品及價格在塑造消費者對某一品牌的形象時，扮演著重要的傳播角色。本章將探討行銷傳播的第三項變數，那就是「場所」（place）。消費者對於某一零售店的知覺，不僅會影響其商店選擇，更會影響其對商店內所經售之商品的知覺。後者可以稱爲是另一種「月暈效果」（halo effect），因爲消費者會認爲某些種商店應該有某些種產品。

　　比較適切的說法或許應該是說，所有的商店對消費者而言，都反映出某種個性或形象。有時候，甚至於不同的消費者，對於同樣的商店也會產生不同的形象。例如，高度流行時髦的商店對於中低收入的消費羣而言，可能意味著奢靡浪費、揮霍無度，甚至附會風雅。對他們而言，在這種商店購物，會感受一種不自在的感覺。反之，高收入的消費羣卻覺得該店非常高雅、精緻、高品味、高格調。

　　商店形象包括許多層面，每種層面間相互關聯，影響不同消費羣對商店所持的形象種類。在這些要素之中，較重要的包括：商店建築、外

部裝潢及設計、室內裝潢設計、店內人員、商品陳列方式、店招、廣告、促銷、立店地點，及其售後傳播及服務。商店的陳列、店格、信譽、來店顧客、店名及店內人員服務品質……等，也會影響商店形象。這些因素彼此間互相影響情形，以及消費者對這些因素的看法，形成了商店形象。不同的消費羣可能對相同的商店持有不同的形象，這些商店形象的差異是由於各市場區隔之人格特質間有所差異。

決定商店形象的因素很多，茲詳述於後。必須強調的是，這些因素所代表的涵意會由於不同消費羣的人格特質而有所差別。

壹、商店形象的層面

一、建築與外觀設計

商店的建築與外觀設計有幾種情形下，是可以告訴消費者他們可望在該商店所獲得的事物。從某些意味看來，建築與外觀之對於商店，就好比包裝之對於產品，如同包裝內的產品一樣，商店內部也必須帶給顧客如同商店外部所承諾將帶給顧客的東西。

商店建築與外觀設計的構成要素包括規模大小、坪數、形狀、建材、門面、店招、色澤、燈光……等。茲就其中較重要的幾種列述於後：

（一）建築外形大小（Physical size）──

建築外形大小，是指商店外部之物理大小，例如高低、大小、寬窄、粗細……等。建築物外形大小可以傳播商店的強度、力量、與安全感、信賴度。一項在美國中西部某大城市所作的研究顯示，消費者將該城市中之第三大銀行，知覺爲該城市較大的銀行中，財務最堅強的銀

行，因爲該銀行在顧客接受訪問之前不久，剛好建造落成一座全市最高的建築物，幾里外就可以看到。

（二）形狀（Shape）

　　商店外觀形狀可以向消費者傳播商店的複雜意義。例如圖 14-1 的

圖14-1　金字塔的外形，予人一種尖端卓越的形象

大樓，高 853 呎，外觀呈金字塔型，給人一種穩定成長，積極向上，超

越時代的形象。又如 7-Eleven 超級商店的外型，給人親切溫馨的形象
（圖14-2）。

圖14-2　平易近人的商店外形，充分表露出 7-Eleven 在社區中的親和力

（三）門面（Store's front）

　　商店的門面可能是顧客接觸商店的第一部分，也是塑造商店形象的
重要因素。例如：麥當勞與肯德基炸鷄分別採用麥當勞叔叔及山度士上
校的造型塑像豎立於店門口，來加強其親和力（圖14-3）；三商百貨的
門面，一直給人一種商品種類豐富的感覺。又如：許多百貨公司經常配
合時機、流行、消費習性、生活型態、節令話題……等設計其門面櫥窗
（window show），用以傳達各種訊息並塑造適合當時需要的商店氣氛。

此外，商店經由門面形象的累積，往往可以建立某種商店格調，像小雅 (CHRISTIN DIOR) 的門面一直給人高級的格調；永琦百貨的門面則給人清新的感受……等。

圖14-3　肯德基炸鷄的店面，採用山度士上校的塑像來提高其親和力

（四）外部燈光（Outside lighting）

外部燈光不僅可以增加店面美觀，更能塑造商店形象。站在觀瞻、安全及防衞等角度來看，商店的外部燈光均有其充分的必要性，尤其是在美觀方面。燈光必須輔助商店的建築，並配合建築結構以強化商店的形式與特性。外部燈光更可以塑造特定的購買氣氛，告知消費者及潛在顧客，他們正光臨一個高雅、歡樂、溫馨、賓至如歸、刺激、安全……或其他各種行銷人員或零售店老闆所要傳達其銷售物品的情境。例如統一麵包店裏所供應的麵包是由機器化大量生產的，無法像一般家庭式麵

包店提供剛出爐的熱麵包,只有以燈光配合櫥窗擺設,使顧客未上門前,就能夠從櫥窗上感受到溫馨,而聯想到剛出爐麵包的氣氛(圖14-4)。

圖14-4　溫馨的外部燈光使人聯想到剛出爐的熱麵包

(五) 建材

商店的外觀有很多時候是取決於建材,常見的幾種建材有木材、石材、磚頭、玻璃……等。例如,美國的超級市場為了傳達「價格低廉」的意念給消費者,一般都會依傳統方式採用紅磚建材並配合大櫥窗作為門面。然而,在阿拉巴馬州卻有一家Delchamps的聯鎖性質超級市場,曾突破傳統方式,改以百貨公司的氣氛來規劃高格調的店面,在外觀建材上不用紅磚,也少去了大型櫥窗,而以高級的建材配合店外燈光,來傳播流行高雅的格調,而向較富裕的白種人訴求,使得商店有極顯著的盈餘成長(Chain Store Age, 1973)。又如座落於臺北市新生南路與羅

斯福路口的「肯德基」炸鷄餐廳，在外觀上巧妙地運用木材作爲建材，以白色調的明亮，配合外部燈光塑造出肯德基之家鄉式建築風味，不但能傳播商品形象，更使該店成爲該商圈中的獨特景觀（如圖14-5）。

圖14-5　外觀建材使「肯德基」更具有家鄉風味

（六）顧客入口

　　還有一項值得提及的商店外部特徵，就是「顧客入口」。大致說來，顧客入口必須有助於顧客動線及顧客通行。「入口必須寬敞而有邀請力。」（Duncan, Phillips & Hollander, 1972），必須告訴顧客：歡迎顧客光臨該商店。

二、店內設計

　　當準顧客一旦走進了商店的大門後，商店就必須繼續傳播與商店外

觀一致的商店氣氛與形象。店內設計主要包括下列因素:

(一) 色彩規劃 (Color Scheme)

商店的色彩規劃是創造商店購買氣氛的主要因素。每種色彩均具有其不同的「情緒特質」，這些「情緒特質」必須適合並搭配來店客層與銷售商品性質。如果顧客的層次較高或較富生活品味時，店內裝潢通常得採用比一般中級商店更爲高雅的色調；然而，太精緻的色調有時也可能會因爲被認爲過分高級， 價格必然不低， 而把顧客嚇跑 (Danger, 1969)。

色彩可以創造或修正商店內的物理特性。 例如， 淡的涼色系 (藍色系) 會使窄小的店面顯得空間較大。狹長的店面可以使用深的暖色系 (棕色) 施工於狹窄遠方的牆面 (即離入口較遠而面對入口的牆面)，而採用淡的涼色系施工於兩邊的牆面， 使整個店面看起來較短也較寬敞 (Cheskin, 1951)。

色彩也可以用來強調商店的某一特定區域及增進商品的陳列效果；更可塑造愉快的工作及購物氣氛；甚至反應出商店對店職員及其顧客的友誼與關切。

(二) 店內燈飾 (Lighting fixtures)

店內燈飾可以傳播高雅、時髦、傳統、保守、現代、新潮……等商店氣氛。燈飾的材料包括木材、金屬、玻璃等，燈飾的選擇必須根據商店所要吸引的顧客層而定。茲舉實例，說明燈飾對商店店格塑造之重要性如下:

美國南方有一家執牛耳的百貨公司，在創立之初，因爲強調傳統的價值觀，而在該城市中具有一種特殊形象。當時，店內所採用的燈飾都是古老傳統形式，古意盎然，整個商店氣氛與全市的古風、古

屋、古物、古老飯店、歷史古蹟……等古色古香的格調相當一致。後來，女士服飾商品使得該百貨公司變得更現代化。爲配合商品陳列，店方將女士服飾部的燈飾與燈光換新，採用更高度流行款式，推廣方式也比照坊間前衞之同類商店的作風。然而，該百貨公司的營運狀況卻隨之而顯著下降——先是女裝部，接著是童裝部，再接著是男裝部，最後終於使整個百貨公司淪入末落式微的氣氛籠罩之下。

管理顧問經過研判後認定，構成該百貨公司之特殊形象及格調的最主要要素已不復存在，其中最主要的問題癥結就是出在女裝部。由於該部之燈飾的換新，使整個店變得毫無特色、格調，而與坊間商店無分軒輊。管理顧問提出建議，該百貨公司重新裝潢，恢復其傳統面貌，及其悠久的特殊個性。於是該店決定恢復昔日採用的古老傳統式的燈飾以及極保守的裝璜格調。由於經營者的當機立斷，處置明快，使該店的象徵意味得以重建，並使該店再度具有特色與風格，更使該店的營運狀況急遽轉好，以當初營運趨降之輻度轉虧爲盈——由女裝部開始，而終至整個公司的各個部門（Martineau, 1958）。

（三）內部燈光

和外部燈光一樣，內部燈光也有一些顯著的功能性特徵：顧客需要有充足的照明才能看清楚店內所供應的商品；燈光可以減少店中行竊事件；燈光也能強調商店中某一特定區域；燈光更能提高商店的陳列效果。

站在傳播的角度來看，燈光必須與商店的色調及商店設計搭配協調，以創造預期的商店氣氛。燈光太強與不足均屬不當。不足的燈光難以傳

播商品的魅力與特色；太強的燈光則會導致消費者的不安與煩燥。唯有
適當的燈光強度、投射方位、燈光色彩等，才能塑造預期的商店形象。

（四）櫃臺

櫃臺也是傳播商店氣氛的重要因素。櫃臺是顧客光顧商店的終點站，
也是留下商店印象給顧客的最後機會。有些商店也利用櫃臺作最後的催
促，提醒消費者購買一些面紙、打火機、口香糖之類的小東西（蕾歌斯
Legg's 褲襪就是採用在櫃臺附近的特殊陳列，而成功地開拓其市場）。
7-Eleven 超級商店更利用櫃臺供應現煮咖啡、熱狗、茶葉蛋、關東煮
等，不但可藉最後機會推廣特殊項目產品（special items），更可創造
溫馨熱絡的商店氣氛。

櫃臺的設計會影響商店的親切或冷峻，例如櫃臺太高時，會讓顧客
有一種壓迫感，覺得自己被拒於千里之外。

（五）走廊通道（Aisles）

通道、走廊都是商店內部需要考慮的地方。動線規劃可以讓消費者
產生不同的商店印象及不同的商品注目度。寬敞而不擁塞的通道，可以
創造輕鬆、愉悅的購物情境；但是特賣、特價、降價、折扣……等時機
下，通道上商品的不規則陳列，卻較能達到熱絡的氣氛。通道及空間規
劃應視不同商品、不同時機、不同客層而作適當的調整。

三、店職員

決定商店印象的最重要因素，可能就是商店的店職員。店職員包括
銷售人員、服務人員及陳列人員。

（一）銷售人員

銷售人員與顧客面對面接觸，他們的一舉一動會對顧客經由其他印
象決定因素所獲得的商店印象，產生相當的影響和改變。如果銷售人員

態度親切友善、舉止謙恭有禮、知識豐富淵博時，顧客將對商店產生良好的印象。銷售人員對於商店印象建立之重要性，毋需贅言強調。以百貨公司爲例，店員在塑造商店印象及口碑方面，的確比其他任何因素來得重要。一項針對女性服飾店所作的研究顯示，謙恭而見聞廣濶的銷售人員是顧客選擇服飾店的三大因素之一 (Perry & Norton, 1970)。其他研究結果也支持「銷售人員的特質構成消費者對零售店之整體印象」的說法 (Rachman & Kemp, 1963)。

除了人格特質外，銷售人員的其它因素也會影響顧客對商店的印象。例如，銷售人員的年齡、性別、種族、籍貫等，都可能會影響顧客對商店的印象。成熟的顧客可能不願一個「小孩子一般」的店員來接待他。在某些情況之下，某些顧客會對異性銷售人員感到困窘不安；某些顧客會對不同種族的店員感到不悅；客家人可能對同爲客家人的店員感到特別親切。

大致說來，銷售人員與顧客相近似，而且能符合其顧客之期待水準時，顧客就會對零售店產生良好的印象 (McNeal, 1973)。

（二）服務人員與陳列人員

除了銷售人員之外，有許多其他的店職員也不容忽視，包括超級市場中的收銀機出納員、庫存陳列員、包裝捆紮員……等，以及所有商店的服務維修人員等。以百貨公司爲例，雖然百貨公司可能花相當多的廣告費用來建立印象，也花相當多的預算來雇用並訓練銷售人員，並不惜重資來裝潢店面，但是往往卻會由於維修人員在維修服務時的稍一不愼，而將信譽毀於一旦 (McNeal, 1973)。由此可看出商店的任何成員對商店印象之建立的重要性，所有店職員均共同影響到商店印象的建立。

這裏所討論的一些與店職員的重要性，將可供商店經營者參考與運用，也可提醒商店經營者更加重視並致力於甄選與訓練所有的店職員。

如果店職員的甄選與訓練不當的話，既使不惜斥鉅資裝潢商店內外來吸引顧客，或爲顧客細選精挑適合的商品，或儘一切努力來塑造正確商店印象，也均將告功虧一簣；店職員甄訓的重要性，由此可見一斑！

四、供應的商品

從商店所供應的商品種類，也可以反映出該商店的形象。商店中的商品品質、價格、種類、數量……等，都會對消費者告知某些事物。供應著高價位、高品質之商品的商店，可能告訴消費者他所光臨的商店是一級店。如果某一商店大批進貨，不但商品種類繁多，每一類的進貨量也很大，這就是告訴消費者：「本店貨色齊全應有盡有，供應充裕；本店買不到，別家一定無」，這種情形稱之爲「種類取勝」（classification dominance）。有些專門販賣某一種類商品的商店，針對該類別供應齊全的貨色（例如體育用品、文具、小五金……等），也可以算是採用「以類取勝」的策略。人們深信，一但走進這種貨色齊全的專業店，必然可以選到他們所需要的東西。

五、招牌與字體(sign and logo)

許多商店已經開始體會到，架設在其店面的招牌，對於吸引顧客上門以及讓顧客容易辨認商店而言，具有重要的功能。商店招牌的高低、形狀、色澤、變化以及招牌中的字體(logo)，都會對顧客傳達商店的某些特性。例如，從商店招牌的文字、色彩、設計，以及字體等，就可看出該商店是屬於低價位的「平價中心」或高級的「流行精品店」。有些商店不太重視招牌，認爲只要把文字寫在招牌上就可以了，無需設計或色彩調配，結果不但未能有效發揮傳播效果，甚至妨礙觀瞻，降低該商店的格調。反之，有些商店不但重視招牌，更重視招牌的位置、色彩、形

狀、以及文字字體, 像麥當勞速食店的 "M" 字, 色彩鮮明, 精緻美觀, 使顧客在老遠就能看到該店的座落, 就是一種有效利用招牌, 發揮傳播效果的最佳例證。

六、商店座落位置

商店的座落位置可以從兩方面影響到商店形象。首先談到商店的地理位置, 會區隔其消費客層。座落在高所得之住宅區的商店, 其消費客層可能不同於座落在低收入地區之商店的客層。座落在忠孝東路、敦化北路等東區的商店客層, 可能與座落在西門町之商店的客層完全不同。商店經營者必須配合商店座落位置的人文景觀背景, 來調整其商店形象; 或是選擇適當的座落位置作爲立店條件, 以求符合其商店的格調印象。

關於商店座落位置的重要性, 馬丁紐指出 (Martineau, 1958):

店東必須針對不同的社區階層的特性,以及該社區居民的購物期望、生活型態……等, 來塑造該店的形象與格調。這些客層特性、購物期望、生活型態……等, 很可能與該商店長久以來承襲的傳統形象迥然不同。舉個例來說, 如果在豪華高級、活潑幽雅, 而住著教育良好之年輕家庭的社區中, 開設一家可以討價還價的「平價中心」商店時, 當地居民可能會覺得該商店對他們而言是侮辱, 有違他們的價值體系。再者, 在中等階層的社區中, 同時引進高級及低級的商店, 可能都會被拒絕, 因爲這些商店會讓該區的顧客覺得: 「我不信任它們。」 (Martineau, 1958)

除了商店座落的商圈人文背景之外, 在同一商圈內的地段結構也會影響到商店的格調與形象。有時, 同在一社區環境之中的不同地段, 有

些會成爲商店麕集的「結市」，有些則孤零稀疏，毫無生氣；甚至同屬一條街道的左、右兩邊，其所呈現的商店景觀及氣氛格調，卻有天壤之別。商店經營者在選擇商店位置時，也不能忽視這點。

七、零售店廣告

零售店的廣告也會形成消費者對商店所產生的印象，甚至對消費者所不熟悉的商店，也會有同樣的情形。零售店廣告的內容固然重要，然而更重要的可能是該廣告的型態與格調。消費者往往會忘記廣告主在其廣告訊息中的大部份（卽「挫化」的概念），但是他們卻會記住由廣告中的整體形式及格調所造成的大致「觀感」及印象。消費者會根據商店廣告的不同設計形式、印刷、格調等，來知覺商店的個性。因此，商店廣告所採用的符號會影響到商店的整體形象，必須要符合由商店設計、店職員以及其他形象符號所構成的商店個性。換言之，商店廣告必須契合商店特質。

零售店在決定商店廣告訊息內容時，必須考慮到商店的形象層面，以期其商店與競爭對手有所差異。此外，他也應該在廣告中強調與其顧客型態和商店型態有關的因素。例如名牌精品的商店，就不宜在其廣告中過於強調其價格或店裝，而應該強調其格調、名牌、精選、產品組合、服務……等商店特性，使其顧客體會該店的高雅、精緻、品味等商店個性。

八、售後傳播(Postpurchase Communication)

售後傳播是經常被零售店忽略的傳播活動，是指廠商或商店在消費者購買成交之後，向消費者所做的傳播。這種傳播的主要目的，在於幫助消費者減輕其在購物之後可能造成的「認知失調」（參考前面第九章

的認知失調）。任何生意人自然不願意只跟其客戶作第一次交易，他們都希望能成功地使生意持續不斷，顧客一來再來，而非一去不來。在這種需求的前提之下，零售店只要稍加用心，於消費者購買產品之後，向消費者進行售後傳播，就有可能去提高該商店的形象，並促使未來的續購。

　　大致說來，　零售店可以用兩種主要方式對其消費者進行售後傳播──信函與電話。這兩種方法中，售後信函的效果顯然超過電話方式。一項針對這兩種方式加以比較的研究結果顯示，消費者在購買某產品後接到信函時，會使他們的「認知失調感」降得較低，對商店也持有較良好態度，而且對於未來再購買也呈現較高的意願（Hunt，1970）。相反地，售後傳播採用電話方式的效果就遠不如信函方式，因爲消費者往往會懷疑電話的眞正意圖。

九、影響商店形象的其它因素

　　除了上述諸多因素之外，有幾個會影響到商店形象的其他因素，也值得在此一提，茲列述如下：

（一）商店銷售服務

　　商店的銷售服務是指商店在顧客購物之前、中、後，所提供的各項服務，包括應對、解說、示範、介紹、收款、包裝、交貨、配送、退換……等，這些都會影響顧客對該店的看法及知覺。

（二）商店陳列

　　商店的陳列不僅可以傳播商店所供應的商品，也告訴消費者關於商店的個性。商店的陳列包括商品陳列、POP、價格標籤、貨架……等。商店陳列必須考慮要能增加店內熱鬧氣氛，也要新奇趣味且能令人一目了解，更要與商品及商店格調相互襯托。

（三）口碑與客層

口碑與經常出入該店之顧客階層，也是消費者常用來形成其對商店所持之印象的重要情報。但是這些因素都是零售店較不容易控制或立即奏效的，唯有賴平常累積形象建立口碑的。

（四）店名

商店名稱就像品牌名稱一樣，也可以向顧客傳播有關商店形象的重要情報。對於新開幕的商店或新遷入的新住戶而言，商店名稱尤其重要。食品店、飲食店、冰果店、餐廳等，所取的店名應該要與「吃」有關或符合店的氣氛格調；服飾（尤其是女性流行服飾）商店的店名，則必須符合活潑、輕快、新穎、高雅的原則。

雖然這些因素的重要性可能較不如前述諸項，但是仍然值得零售店加以注意。

貳、顧客如何選擇商店

前面已經談到許多影響到消費者對商店知覺的因素，這些因素可以歸納成為圖 14-6 中的「商店選擇模式」。這個模式把消費者選擇商店的過程加以概念化，並且指出消費者根據其評估商店的標準以及其對某商店所知覺的特質（印象），兩者加以比較後，決定是否選擇該商店。消費者可能會由於商店形態的不同，而有不同的評估標準。例如，某一消費者在選擇超級市場時，可能認為座落地點位置、價格，以及商品貨色最為重要；但是在選擇服飾店時，則認為商店裝璜、店職員、顧客層、服務等最為重要（Engel & Blackwell, 1982）。然而，所有這些知覺的商店特質，多少都會巧妙地影響到商店的整體形象。

圖 14-7 則指出商店選擇過程是消費者對商店之知覺形象與消費者

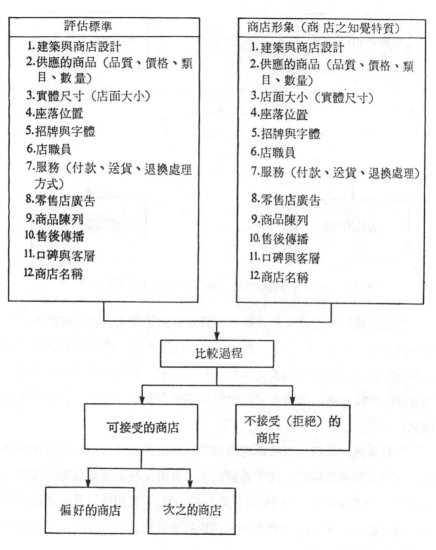

圖14-6　商店選擇過程模式

之自我形象間之配合過程；　也就是說，　消費者根據自我形象來選擇商店，　如果彼所知覺的商店形象與其自我形象一致的話，他就會選擇該商店；反之，則不接受該商店。

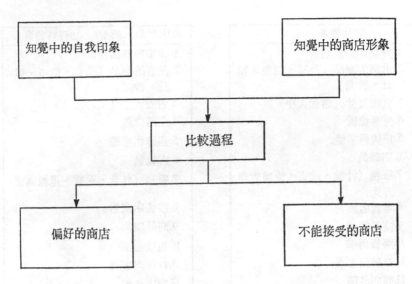

圖14-7　商店選擇過程模式（商店形象與自我印象的比較）

　　上述兩種模式的最大差異就是消費者用來選擇商店的評估標準。在第一個模式（圖 14-6 ）中，消費者的評估標準是他們用來判斷商店的各項商店特質；而第二個模式（圖 14-7 ）中，消費者的評估標準則是消費者的自我形象。消費者試圖找到最能完全反映他所持之自我形象的商店。

　　大致說來，社經地位較低的購物者，比較容易從功能的角度來看商品，他們在選擇商店時，通常希望商店印象能反映其著重實際（尤其是經濟性）的價值觀。他們較重視商品的品質、實用性以及商店的可靠性。而社經地位較高的消費者則對商店的象徵意義是否能反映其地位及生活型態等較感興趣。

叁、廠商如何選擇零售商店

　　有些廠商往往把「選擇適當類型的零售通路來推廣產品」視爲一項重要決策，這些廠商通常以生產專業性產品爲主，因爲這些產品必須選擇性地舖貨而無法普銷。 另一方面， 生產便利性產品的廠商則無此煩惱，因爲他們通常採取密集式的普銷策略，因爲他們的產品需要較高的市場露出度。對於採取普銷式的廠商而言，零售通路的選擇並不是件困難的事，因爲只要零售店願意進貨， 他們通常是樂於將產品舖貨到每一個零售點。對於生產男飾或古龍水的廠商而言，零售通路的選擇又有不同的情況，因爲他們通常希望選擇一家足以搭配或襯托其產品形象的高格調商店。例如高級男性古龍水的廠商，可能只希望他們的產品在高級流行男飾店或珠寶店、委託行販賣其產品，因爲這些商店會對該古龍水產生「月暈效果」（halo effect）。如果廠商在廣告中強調古龍水的價格合理，每瓶只需 500 元，而在零售點的選擇上又以平價中心或便利商店爲主的話，將是一件不智之舉，極可能阻礙該古龍水的成功。

　　總之，廠商必須愼選其零售點。必須考慮到「普銷」對產品的急速擴張固然助益甚多；但是配合產品形象愼選形象良好的零售店，更能提昇產品形象。採取「普銷」式或「選擇」式舖貨，必須端賴產品的類別型態而定。零售點選擇的適當與否，有時甚至會影響該產品在市場上的成敗，吾人不可稍加忽視。

《本章重要概念與名詞》

1. 種類取勝 (classification dominance)
2. 售後傳播 (postpurchase communication)
3. 商店選擇過程 (the store-choice process)

《問題與討論》

1. 影響商店形象的因素有那些? 請以您居住的社區附近找一家商店加以觀察，描述一下該店內外影響您對該店印象的各項因素。

2. 討論圖 14-6 及 14-7 之兩種商店選擇模式的優點，您認爲那一個模式對消費者之商店選擇行爲而言較合乎實際? 爲什麼?

3. 從傳播的角度來看，何以零售業者認爲選擇適當的立地環境及地理座落如此重要?

4. 零售店如何反應出高品質商店的形象? 高價值感形象? 平價實惠形象?

5. 何以售後傳播對零售店而言如此重要? 除了信函與電話拜訪之外，您認爲零售店還可以用什麼方式來減除顧客購買後的認知失調?

6. 零售店選擇與價格、推廣之間，如何交互影響產生配合作用? 試舉實例說明之?

《本章重要參考文獻》

1. Louis Cheskin, *Color for Profit* (New York: Liveright Publishing Company Inc., 1957), pp. 65-66.

2. Eric P. Danger, *How to Use Color to Sell* (Boston: Chaners Publishing Company Inc., 1969), p. 91.

3. Debbert J. Duncan, Charles F. Phillips, and Stanley C. Hollander, *Modern Retailing Management* (Homewood, Ill.: Richard D. Irwin, Inc., 1972) p. 107.

4. James F. Engel and Roger D. Blackwell, *Consumer Behavior* (4th ed.) (New York: Holt, Rinehart and Winston, Inc., 1982) pp. 513-516.

5. Bernice Finkelman, "New Intelligence System Keeps Tabs on Rapidly Changing Retail Scene," *Marketing News*, Oct. 15, 1973, pp. 8-9.

6. Shelby D. Hunt, "Post-Transaction Communication and

Dissonance Reduction," *Journal of Marketing*, Vol. 34, p. 50, July 1970.

7. Pierre Martineau, "The Personality of the Retail Store," *Harvard Business Review*, Vol. 36, pp. 50-51, January-February 1958.

8. James U. McNeal, *An Introduction to Consumer Behavior* (New York: John Wiley & Sons, Inc., 1973) pp. 217-218.

9. Michael Perry and Nancy J. Norton, "Dimensions of Store Image," *Southern Journal of Business*, Vol. 5, pp. 1-7, April 1970.

10. David J. Rachman and Linda J. Kemp, "Profit of the Discount House Customers," *Journal of Retailing*, Vol. 39, pp. 1-8, Summer 1963.

11. Lloyd Shearer, "San Franscisco's New Landmark-a Corporation Pyramid," *Parade*, Jan. 14, 1973, p. 10.

12. "Rose's Zeroes In on Growth Locations," **Chain Store Age**, December 1972, pp. E22-E23.

13. "Qutdoor Lighting: Six Checkpoints to the Best System for Your Center or Store," Crouse-Hinds Company, Lighting Products Division, *Bulletin 2876.*

14. "This is a Supermarket?" *Chain Store Age*, January, 1973, p. E53.

15. "Chains Sign Up for Proper Image," **Chain Store Age**, December, 1972, p. E37.

16. 李孟熹著，實戰零售學（臺北：羣泰顧問公司）民七十。

17. 羅文坤編，商店致富秘訣——歌林公司經銷商手册(臺北：歌林公司)，民七十五。

第十五章　廣告傳播

　　本章所討論的是關於「廣告傳播」(advertising communication)，而不是「廣告」(advertising)，因爲兩者之間有所不同。簡而言之，「廣告傳播」只是「廣告」這個較大課題下的小環節而已。「廣告」所牽涉的範圍要比「廣告傳播」廣泛得多，因爲它除了包括廣告傳播之外，還包括廣告代理、廣告組織、廣告預算決策等方面的探討。「廣告傳播」則是指由公司付費，將製作的訊息，透過大眾傳播媒介與消費者共享的過程。廣告傳播的目的，是希望在某一特定市場區隔的消費羣中，達成某些預期反應。爲了要能順利獲得這些預期反應，廠商必須具備並運用一些傳播概念。本章將針對這些傳播觀念，詳加討論。

壹、廣告傳播之特質

　　廣告傳播具有一些與其他行銷傳播活動不同的特質(Levy, 1971)，茲就這些特質分別敍述如下：

一、廣告傳播是向大眾公開揭示
(Public presentation)

廣告傳播與人員銷售不同。人員銷售是由業務人員與客戶之間進行個人式的面對面傳播與交易；而廣告傳播在本質上是針對大眾而且是公開的。 廣告傳播通常出現在每個人都可以看到的地方。 由於它是公開的，它可以告訴您親朋好友、左鄰右舍有關產品的一切，因此可以加強您擁有該產品時的成就感。某一產品從廣告傳播中所獲得的任何象徵內容或產品形象，往往都會自動地加諸於其擁有者的身上。換言之，一般人會用其得自廣告傳播中的產品形象來知覺該產品的擁有者，認爲他也應具有與產品形象一致的特質或個性。

二、廣告傳播具滲透性 (Pervasiveness)

廣告傳播可以說是無所不在、無時不在，隨時隨地地存在於人類生活之中。由於廣告傳播具有這種滲透性的本質，使消費者得以有充裕的時間來考慮其購買決策。因爲廣告傳播可以使消費者針對某一品牌與許多其它品牌加以比較，並且由於廣告傳播的重複，使消費者有機會了解各種不同品牌的特徵與利益。總之，廣告傳播的滲透性，使每一品牌均有機會在此「自由意見市場」(free market of opinion)傳播其產品特徵與產品利益，而使消費者得以「充分被告知」(well-informed)，而能更客觀、更理智地選擇他們所需要或偏好的品牌。

三、廣告傳播是一種誇張的表現
(Amplified expressiveness)

廣告傳播運用音樂、戲劇化的視覺處理以及創作性的表現手法來傳播產品訊息，可以強化並誇張該公司的產品供應。然而，廣告傳播的誇

大程度必須經過慎重考慮才能決定其高低。從某一方面看來，強烈的戲劇化並強調產品特徵的訊息，可以帶給消費者愉悅的娛樂效果，並且可以因此而有助於達成某些傳播目標（例如提高知名度或記憶度）。但是另一方面，過度強烈和戲劇化的訊息也可能喧賓奪主而掩蓋了該訊息的主要銷售訴求點。

四、廣告傳播是一種非人際的傳播（Impersonality）

與人員銷售相較之下，廣告傳播可以說是一種「非人際」（impersonal）的傳播。由於廣告傳播這種非人際的本質，因此與人員銷售相較下具有某些優點與缺點。廣告傳播的缺點之一，就是較缺少消費者的立即回饋；又如，廠商（或廣告主）未能確定那些人真正接受到他們所傳播的訊息。在另一方面，由於廣告傳播是一種非人際的傳播，因此無法要求消費者必須以某一特定方式對傳播訊息產生反應。因此，消費者在接受廣告傳播訊息時，不會像在接受人員銷售的情境一般，感受到某種壓力。由於缺乏這種壓力，使消費者能以悠閒的心情去接收廣告訊息及思考廣告訊息。

貳、廣告傳播的功能

廣告傳播在行銷傳播過程中，具有一些重要的功能，其中包括：(1)告知；(2)娛樂；(3)說服（影響）；(4)提醒；(5)保證（安心）；(6)協助其它行銷活動；以及(7)提高產品「價值」等。茲分別列述於後：

一、告　　知

廣告傳播使消費者知曉產品，並告訴消費者可以到那裏去買產品以及產品的售價是多少。廣告也可以進一步教育消費者認識某一產品的特性與利益，並且經常在訊息中將該產品與競爭品牌加以比較，便於消費者之購物決策。由於廣告傳播能提供這些情報，所以能幫助消費者減少尋找產品的成本。如果沒有這些情報，消費者必定需要花費相當多的時間、金錢與精力，去獲取進行購物決策時所需的情報。否則，他們就必須在「缺乏情報的基礎上」進行這些購物決策 (Stein, 1973)。

二、娛　　樂

廣告傳播經常在其基本的銷售訊息中，加入賞心悅目的背景、情節或聯結。這種娛樂的特性往往可以提高消費者對主要訊息的注意、理解與學習效果。在廣告傳播中呈現娛樂的方式通常有幽默、唯美畫面以及想像。廣告往往運用這些手法為廣告商品及品牌，塑造出愉悅的情境，以期達成某些基本的傳播目標，並用以塑造良好的產品形象。

三、說　　服

廣告傳播不應只是讓消費者知道某一品牌之產品的存在，或讓他們充分瞭解該產品的基本特徵與利益而已，更應該要設法誘使潛在消費者去購買該產品，至少也要讓消費者去試用。要促使消費者試用或購買某一產品，通常要設法建立良好印象及購買意圖，也就是要發揮廣告「說服」功能。廣告傳播的說服功能可分為兩種：一種是「基本需求的說服」；另一種是「選擇需求的說服」。

「基本需求」(primary demand) 又稱為「一次需求」。有時候，廣告傳播在訊息中強調某一類疇產品 (generic) 的共同利益，使消費者從「不使用者」(non-user) 變成「使用者」(user)。例如，國際羊毛事

務局經常運用廣告來強調羊毛纖維的優點，提高羊毛製品的總需求量；美國黃豆協會在沙拉油初導入市場時，爲開拓沙拉油的總消費量，在廣告中強調「常用沙拉油可防止血管硬化，可健康長壽」，便是針對消費者的「基本需求」加以說服。

「選擇需求」(selective demand)又稱爲「二次需求」(Secondary Demand)。當同類商品眾多，競爭激烈，或商品普及率已經達到相當水準時，廣告的目的不僅是希望不使用該商品的人變成使用者(nonuser →user)，並且要讓消費者在諸多品牌中選擇某一品牌。大多數的廣告都是在對消費者的「選擇需求」進行說服，希望使用他牌的消費者能成爲本牌的消費者 (their user→our user)。不同的情境下，在廣告傳播訊息中就應有不同的說服方式。

四、提　醒

由於廣告傳播具有「重複」的特質，所以會一直不斷地向現在的使用者以及潛在的使用者，提醒某一公司的品牌及其利益。廣告傳播這種「提醒」(reminder)功能的主要目的，是希望使該公司的品牌一直維持在消費者記憶中的「頂端」，俾使消費者對這類產品產生需求時，第一個考慮到的就是該公司的品牌。前曾述及，「熟悉度」(familiarity)很容易產生「喜歡」(liking)。因此，讓消費者對密集廣告的品牌愈感到熟悉，就愈容易讓消費者對該品牌產生好感而採取較積極的反應。此外，消費者對於較不熟悉的品牌，往往也會由於它們有密集的廣告，而產生某種程度的信賴感。

五、保　證

對於使用某一品牌商品的消費者而言，不斷地給予保證是絕對必要

的，唯有如此才能使消費者安心，也才能消除現有消費者在初次購買之後經常產生的「認知失調」（cognitive dissorrance）的現象，因爲消費者需要確定他們所做的購物決策是明智的。廣告傳播列舉了產品的魅力、優點、利益，充分支持了消費者的購買決策，使消費者對其購買感到安心。廣告傳播的「保證」（reassurance）功能，對於建立品牌忠誠度及持續購買而言，的確是非常必要的。

六、協助其它行銷活動

廣告傳播有助於在行銷傳播過程中，公司所作的其它努力及活動。對業務代表而言，廣告傳播有助於他們找到潛在顧客，可以降低其銷售成本並使其銷售努力不致偏頗。廣告中經常可以加入回函或 coupon（回條），可以讓業務代表順利找到可以去拜訪的潛在準客戶。這種廣告可以明確找出對該公司所提供之產品或勞務感到由衷興趣及眞正需要的消費者之所在，避免盲目摸索，無的放矢。由於廣告的引導，可以節省或減少業務代表的精力、時間和成本。此外，廣告也可以使潛在顧客認識公司的產品，而使業務代表不必花很多時間去向準客戶介紹產品的特徵與利益。廣告還可以使業務代表對產品的說辭更具有可信度，顯得更合乎正統。

除了協助並支持業務代表的銷售努力之外，廣告傳播還可以協助或加強其他的行銷傳播手段。由於廠商的廣告傳播，消費者可以很容易地在商店中辦認出產品包裝，並且認定產品的「價值感」（Value）（因此也認同其價格），廣告也可以幫助販賣該商品之商店，加強並提昇其形象與聲譽。

七、提高產品價值

廣告傳播可以增加或提高產品的價值感。傳統的看法認為廣告傳播的功能只是單純地把產品告知給顧客而已。然而，廣告傳播事實上也可以影響消費者對產品的「知覺」（perception），進而提高產品的價值感。因此，有些產品經過廣告傳播之後，會顯得更高雅、更流行、更有男性氣概、更名貴。廣告傳播的確能大幅提高產品的價值感，雖然這種價值感並非完全只是由於廣告傳播而產生的。

這種附加價值概念的理論根據，基本上是在於行為理論。以傳播學的術語來說，產品可以說是一種「標的物」（significate），也就是指物體本身。而引發「標的物」之聯想與概念的刺激，稱為「訊號」（sign），產品的品牌就是一種「訊號」。例如「統一滿漢大餐」這個品牌就是一種「訊號」，用來代表某一特定種類的速食麵食品（標的物／物體）。如果沒有廣告傳播及其它傳播訊息，「滿漢大餐」只能引發一種概念，那就是「較大包裝、較有內容的速食麵」。然而，經過行銷傳播，尤其是廣告傳播之後，「滿漢大餐」在消費者心目中所引發的聯想，可能就不只是上述的概念而已，它還會引發許多其它的概念，例如：傅培梅親自指導調製、統一企業值得信賴、帝王之食美味佳餚……等。

叁、達成預期反應──廣告目標

要想了解廣告傳播如何進行，我們必須了解消費者對廣告訊息所產生的心理反應過程。這些心理反應正好說明了廣告傳播所要達成的目標。簡而言之，廣告傳播想達成的預期心理反應包括：

1. 刺激消費者對廣告品牌的注意力；
2. 影響消費者使其對廣告品牌形成有利的知覺；
3. 促使消費者記住廣告品牌；

4. 使消費者對廣告品牌形成有利態度，進而信服；

5. 促使消費者對廣告品牌採取有利的行動（例如：蒐索及購買行為）。

6. 促使消費者產生有利的「購買後行為」（例如：減少購買後的認知失調）。

這些消費者反應構成了廣告傳播的決策原則與管理指標。從另一方面看來，廣告決策與實施，也都必須事先了解與分析消費者對廣告訊息的基本反應。下列的討論概略說明了消費者的這些反應，並擬訂出一些廣告傳播的基本原則，期使達成廣告傳播目標。

一、引起注意

根據統計，平均每人每天大約接觸到1500個——2000個之間的廣告訊息。但是，在這些林林總總的訊息之中，只有少部份會吸引人們的注意；至於能讓消費者維持較長的注意力，以便有效地傳播基本銷售重點的訊息，那就更是微乎其微了。因此，廣告傳播者面臨著兩個困難——既要吸引消費者的注意力，又要維持消費者的注意力。

廣告傳播者為了要能吸引並維持消費者對廣告訊息的注意力，本身必須具備許多實用的概念，這些概念可分為兩大類——一類是關於廣告作品的物理特徵，另一類是關於訊息的訴求。

廣告作品（廣告物）的技術及物理特徵是指像尺寸大小、色彩、音效等事物。表 15-1 中之第一部份所列舉的，就是一些關於廣告物的物理特徵能夠吸引消費者注意力的推論及指引。

廣告作品中所採用的訊息訴求方式，也會影響到該廣告是否能吸引消費者注意。消費者通常對於與其興趣相符合，或是與其本身之特定需求和問題相關的廣告，較會加以選擇注意。表 15-1 中之第二部份，列

表15-1 在廣告中引起注意的指引原則

1.就廣告作品的物理特徵而言——

　大抵說來:

　（a）較大的廣告比較小的廣告更能引起注意。

　（b）移動或造成移動錯覺的廣告比靜止的廣告更能引起注意。

　（c）愈強的廣告（例如高聲、強光等），愈能引起注意。

　（d）不尋常或新奇的廣告，較能引起注意。

　（e）運用「對比」的廣告，較能引起注意。

　（f）彩色廣告比黑白廣告更能引起注意。

　（g）廣告的形狀會影響注意，高而窄的廣告比矮而寬的廣告更能引起注意。（即▯＞▭）。

　（h）在廣告中孤立呈現的事物，較能引起注意。

　（i）刺激多種感官的廣告比刺激單一種感官的廣告，更能引起注意（例如，影像與聲音兼俱的廣告比單純影像或單純聲音的廣告，更能有效引起注意）。

2.就吸引並維持注意的訊息訴求特徵而言——

　大抵說來:

　（a）訴諸消費者之恒久興趣或立即關切的廣告，較能吸引並維持消費者的注意。

　（b）支持消費者目前所持之態度與意見的廣告，較能吸引並維持消費者的注意。

　（c）訴諸消費者需求的廣告，較能吸引並維繫消費者的注意。

　（d）容許消費者自然地移動其注意力的廣告，較能掌握並維繫其注意。

舉出一些關於訊息訴求的實用原則與推論。本章稍後會針對一些訴求，進一步討論。

簡而言之，廣告作品的物理特徵，主要是有助於消費者對該廣告的注意；而訊息訴求則不僅有助於吸引消費者的注意，更重要的是能維持消費者對該訊息的注意。必須一提的是，用來吸引注意的技巧絕不應該引起消費者煩燥，或是干擾阻礙到訊息的基本銷售目的。記得早年的機車海報經常運用穿著暴露的女郎騎在該廠牌機車上的畫面，結果是的確吸引了人們的注意，但是人們只注意到騎在機車上的性感女郎，而忽略了注意該女郎所騎的機車究竟是那種廠牌（有時甚至連是什麼樣式都未注意到）。雖然，要達成較高傳播目標的先決條件是吸引消費者的注意，但是絕不應該因此而付出「喪失銷售」的代價。

二、影響知覺

所謂「知覺」（perception）是指人們對於某一物體形成某種心理上之形象（image）或印象（impression）的過程。也就是在我們的大腦中就環境中事物構成「圖像」（picture）的心智過程。人們通常是根據過去的學習經驗，對於進入其知覺領域的刺激賦與意義而形成「圖像」。如同第三章所提，人們的需求、情緒、態度以及人格特質等，都會影響到他們對事物的知覺方式。進而言之，由於這些個體特性中有一部份是由其所歸屬之團體來加以規範塑造，因此個體所屬之文化團體、次文化團體和社會團體等，也會影響他對事物的知覺。

行銷傳播人員對於人類知覺過程中最感興趣的與印象之形成有關的部份，尤其是有關如何去影響消費者對其品牌、企業及零售所持的印象。行銷人員都已經了解消費者的品牌印象對於他們在設法去影響顧客選擇行為上的重要性。「人們買東西不僅是為了東西的作用，也是為

了東西所代表的意義。」（Levy, 1959）品牌印象會引發出產品的某些意義。例如某一品牌的衣飾、手錶或汽車，可能會帶出社交、尊貴、威望、高雅、氣派……等意義。

　　既然品牌印象對於消費者的購買決策如此重要，那麼行銷人員究竟要如何決定該公司的品牌應塑造成何種品牌印象？根據這方面的研究結果顯示，消費者之所以會購買某些產品，是要看產品的品牌印象是否與消費者的自我印象（self-image）以及自我理想印象（self-ideal image）協調一致而定（Delozier & Tillman, 1972; Grubb & Hupp, 1968; Dolich, 1969）。質而言之，行銷人員經由研究消費者的自我印象後，就能夠以自我印象之研究結果作為藍本，據以擬訂傳播計畫並發展傳播戰略，俾使品牌印象能符合消費者本身已有或預期之自我印象。例如：金車飲料的「年輕流行」印象，頗能吻合其飲用階層；而萬寶路香煙（Marlboro）廣告中所塑造的「粗獷、男性氣概」印象，的確使不少人「心嚮往焉」！

　　值得一提的是，品牌印象是指「消費者對品牌的看法，而不是公司對品牌的看法，或公司一廂情願要消費者所作的看法」。廣告學者賈德納（Burleigh Gardner）曾經提過某一公司用來對其消費者引發預期之品牌印象的失敗個案。該公司的廣告中出現一位著名的樂團指揮，身著燕尾服，手握啤酒，與一名身穿晚禮服，打扮高雅入時的貴婦交談。這個廣告的目的，本來是要用來提昇該品牌之啤酒的地位與印象，試圖建立該品牌的高貴格調，希冀喝該品牌啤酒的消費者，也能在飲用時享受到廣告中所傳播的高貴格調與高雅氣氛。然而，根據事後的研究結果顯示，消費者對廣告中的啤酒不太喜歡，持有「負面甚至敵對」的反應，因為他們根本不熟悉這名樂團指揮，那名身著燕尾服的男士對他們而言，根本不具任何意義。因此，我們可以看得出來，決定「正確」的品牌印

象讓消費者去知覺是一回事，消費者是否產生共鳴、是否能在心目中引起您所預期的品牌印象，又是另一回事了 (Gardner, 1961)。

　　歐格威 (David Ogilvy) 深信，品牌印象一旦選定，就必須將該品牌印象視為該品牌的長期投資。如果品牌形象經常改變（甚至每半年就改變一次）的話，消費者將感到困惑混淆，而且該品牌也絕無法在消費者心目中建立一貫的品牌印象。一個良好的品牌印象應該經過多年的累積 (Ogilvy, 1963)。

　　必須確認的是，廣告傳播並非塑造品牌印象的單一因素，品牌印象的建立也不應完全歸功於廣告傳播。在建立及加強品牌印象上，其它的行銷傳播變數，也分別扮演各種不同的角色。然而，有些類疇的產品在建立品牌印象上，會比其他類疇的產品更倚賴廣告傳播。大致說來，在物理特性上趨於同質化的產品——例如香煙、啤酒、可樂、口香糖、酒類……等，必須特別倚重廣告傳播來創造該產品在消費者心目中的差異性。例如：在美國市場上，Schlitz 啤酒所蘊涵的形象是奔放、豪邁與冒險；而 Michelob 啤酒所代表的，則是身份地位。廣告傳播人員通常利用「聯結」 (association) 的方式，將其廣告的品牌與某些情緒性或社會性的涵意聯結在一起，用來創造上述這種「產品差異性」(product differentiation)。至於產品本身在物理上或功能上就已經有顯著差異時，廣告人員通常只需強調這些特徵如何優於其他競爭品牌即可。顯然，產品從高度同質化到高度異質化之間，有一種連續性存在。例如汽車的廣告人員可能會發現，在塑造品牌印象的廣告中，同時強調「功能性差異」及「心理性差異」，可能較為有效。例如：裕隆速利汽車強調「具清新開朗的個性，而且備有最小廻轉半徑」；喜美汽車則在廣告中指出「符合人性尊嚴，而且具12汽門」（如圖15-1）。

　　對一個企業而言，另一種印象也非常重要，那就是該公司的企業印

圖15-1　喜美汽車強調「人性尊重」

象（corporate image）。與品牌印象一樣，企業印象必須由公司的「所有的」行銷傳播變數，共同發揮作用來加以塑造。雖然，廣告傳播在塑造企業印象時，可能在短期間扮演著首要的關鍵角色，但是廣告傳播究竟無法單獨肩負起塑造企業印象的所有重擔。長期看來，公司所生產的產品，以及其服務、保證、價格，和其他行銷措施，都可以共同來建立該公司的企業印象並確認該公司廣告訊息中所說的廣告內容。

　　良好的企業印象是一種非常有價值的資產。一個公司的信譽往往決定了消費者究竟購買該公司的品牌，或是另一個非常相近的品牌。事實上，許多消費者寧可多花一些錢，也要購買由信譽卓著的廠商所出品的品牌，因爲他們對這些產品有較高的信賴感。身爲消費者的我們，都應該能體會到企業印象在購買行爲上的影響力。然而，除了消費者外，公司的供應商、股東、員工、流通業者、甚至融資銀行等，也都會受到企業印象的影響。公司的企業印象良好時，會讓上述這些人員與有榮焉，而該公司也可能因而受到比其它公司所獲得之較高的待遇——例如：可從其供應商處獲得較好的服務、較特別的授信額度、較不尋常的好原料；也可能較容易向其股東籌集資金；可提高員工的士氣和忠誠度、改善公司的組織氣候；可以獲得現有流通業者的充分合作與支持；更可幫助開發新的銷售通路 (Martineau, 1958)。

三、促使記憶

　　如果廣告傳播的目的在於影響消費者的購買行爲的話，我們就必須了解影響行爲改變以及增強已改變之行爲的過程。學習是指與改變及增強行爲有關的過程。廣告傳播中，最重要的就是要去創造和改變消費者行爲，以符合公司所預期的目的。

　　第四章中曾討論過學習過程以及影響學習的因素。其中談過的一些學習原則適用於廣告傳播，茲再度列表於表15-2以供參考。

　　本章擬就廣告傳播中的重複效果，進一步探討。廣告人員通常會同意「重複」往往是使廣告成功的關鍵之一。談到重複就會提到兩個重要的問題：要提高記憶到某一程度，必需重複多少次？重複到何種程度就會開始降低其效果？

　　對於上述兩個問題，並沒有一定的答案，通常要看產品的性質、廣

表15-2　*促使記憶的方法: 學習理論在廣告傳播上的運用*

1. 令人不愉快的訊息與令人愉悅的訊息一樣容易被學習。

2. 有意義的訊息比沒有意義的訊息更容易被學習。

3. 對於概念的學習，在大量密集的廣告之後，銜接著分散式的廣告，其學習效果較好。

4. 需要機械式技巧示範的產品，如果能在廣告中以「身歷其境式」的示範時，學習效果最好。

5. 產品的利益在訊息的開始與結束時呈現，學習效果最好。

6. 獨特或不尋常的訊息比平凡無奇的廣告更容易被記住。

7. 在訊息中向消費者提供「酬償」（reward），能加強學習。

8. 當消費者得知在使用產品時可獲得之利益時，將可提高消費者對該訊息的學習效果。

9. 主動積極地參與訊息，將有助於提高學習效果。

10. 如果前後訊息不干擾的話，訊息學習效果較快。

11. 對舊觀念的重複，其強度將大於新觀念的重複。

12. 訊息呈現的時間適逢消費者需求較殷切時，其學習速度比在消費者之需求較淡薄時所呈現的訊息來得快。

13. 消費者在接觸廣告訊息中所知覺的酬償愈大時，對該訊息的學習速度則愈快。

14. 消費者對廣告採取反應時，愈不費力的話，學習效果愈好愈快。

15. 訊息的複雜性愈高，愈不容易學習。

告訊息的「品質」、媒體組合的選擇、訊息訴求對象的特質、學習訊息的複雜性、產品的需求強度、以及許多其它變數而定。針對每一種不同的情境，都必須就上述各項變數一一加以考慮，並決定一種符合實際需

要的重複方式。儘管如此，我們仍然可以根據觀察，歸納出一兩個重複的原則。對於既有的舊產品而言，廣告訊息在經過一段期間後，必須要不斷有適度的間隔。這種戰術不但可提醒消費者記憶該產品，更不會由於密集廣告的疲勞轟炸，而致使消費者的厭煩以及可能造成的反感。反之，對於新產品而言，在導入期間必須先運用密集而集中的廣告，然後再銜接分散式（間隔式）廣告。這點可以參考學習原則中所提有關「大量而分散的學習」的概念。

此外，「中心主題配合一些變化的重複，通常被認為要比單純訊息的重複來得好」（Robertson, 1970）。也就是說，廣告訊息的重複次數太多，可能會導致消費者的厭煩，甚至造成反感。因此，同樣的主題而有不同的變化，將可以提高消費者的學習效果。

四、取得信服

「取得信服」是指讓消費者對廣告的品牌形成有利的態度和意見。表 15-3 中所列舉的是一些可以用來「獲取信服」的說服原則，消費者記憶某一品牌後，接著下來就是要讓他們對訊息的內容感到信服，下表原則可供參考：

表15-3 取得信服的方法——說服性廣告傳播原則

A. 來源因素——大致說來，在下列情況之下，廣告訊息的來源，會對消費者的態度與意見產生更大的說服力：

   1. 廣告訊息來源被其受播者認為具有高度可靠性（威望、專業、誠實……等）。

   2. 訊息來源先提示其受播者所持之一些看法，然後再提出屬於自己

看法的訴求。

3. 訊息來源被其受播者認爲與其本身相似。

4. 訊息來源被其受播者認爲是權威而有力或吸引人的。

5. 訊息來源的可信度不很高，但卻與自己本身興趣唱反調。

6. 未被察覺有操縱其受播者的意圖，或不從其所提出的訊息中要求得到任何事物。

B. 訊息因素——大致說來，在下列情況之下，廣告訊息將能更有效地按照預期方向去創造或改變消費者的態度與意見：

1. 對於右列三種消費者採用「片面訊息」——(1)事先已同意訊息中所提之論點的消費者；(2)教育程度較低者；(3)不希望看到或聽到反面訊息的消費者。

2. 對於右列三種消費者採用「兩面訊息」——(1)事先不同意訊息中所提之論點者；(2)教育程度較高者；(3)樂於聽到對立或反面論點者。

3. 當消費者對產品之興趣度低時，採用「漸降法」之訊息呈現順序。

4. 當消費者對產品之興趣度高時，採用「漸層法」之訊息呈現順序。

5. 對爭議性論點、興趣度高的話題、以及消費者非常熟悉的產品，採用「前置式」的訊息呈現順序。

6. 對消費者不感興趣的話題，或消費者不太熟悉的產品，採用「後置式」的訊息呈現順序。

7. 先引起消費者需求，再提出產品作爲滿足需求的方法。

8. 在訊息中提出結論，建議消費者採取正確行動。

9. 在右列的情況下採用「強烈恐懼訴求」——(1)該訴求威脅到消費者所喜好的事物；(2)訊息由高可信度的來源提出；(3)所提

出的有關主題是受播者所不太熟悉的事物； (4) 訊息內容針對自尊心較高之消費者訴求。

10. 在廣告中積極主動關心受播者，並讓受播者有參與感。

11. 使用富有情感的語言去描述商品。

12. 使產品與普遍性的大眾觀念密切結合。

13. 先引起受播者的攻擊性或侵略性，然後再建議利用產品來減除這些攻擊性所引起的緊張情緒。

14. 使產品與極受企盼的觀念或感覺密切結合。

15 運用非口語傳播符碼來加強產品意義，尤其是運用足以引起消費者之正面感覺或情緒的非口語符碼。

C. 消費者人格特質因素——消費者的某些人格特質會致使他們比別人更容易被說服。大致說來具有下列人格特質的消費者，通常比較容易被說服：

1. 自尊心較低而需要對彼等行為給予「社會認同」者。

2. 顯露出「社會退卻」傾向者。

3. 能抑制「攻擊性」行為傾向者。

4. 焦慮程度較低者。

5. 想像力豐富，幻想力較高者。

6. 基本上女性較容易被說服。

D. 交互影響——消費者的某些人格特質，會與訊息特徵及訊息來源產生交互影響，而會有不同的被說服性 (persuasibility)。大致說來有下列的推論：

1. 具有權威性格的消費者對於權威性來源所提出的訊息較容易產生感應； 對於由默默無聞之傳播來源所提出的訊息， 則較不予理會。

2. 具有非權威性格的消費者對於默默無聞人士之傳播訊息，較容易

產生感應；而對於由權威性來源所提出的訊息，則較不易產生感
應。

3. 具有高度「武斷性」之人格特質的消費者，較容易接受由他們信
賴之權威人士所提出之說服性傳播訊息；較不易受到由他們不信
賴之權威人士所提出之說服性傳播訊息。

4. 具有「開放心境」的消費者，被「廣告訊息之利益點」說服的情
形，要比被「訊息之提出者」（即廣告中推薦產品者）說服的情
形來得多。

5. 具有高度「論斷能力」的消費者，較常受到邏輯性論點的影響，
而較不會受到無相關推斷或毫無根據之訊息的影響。

E. 消費者的心理防衞因素——消費者內心中有一些心理藩籬，用來篩濾
外來訊息，這些心理防衞因素，使他們抗拒說服性傳播訊息。大致說
來，消費者對於廣告訊息中的下列幾種說服意圖，往往會採取心理防
衞而加以抗拒：

1. 與消費者所持之中心信念牴觸。

2. 與消費者之「衍生信念」（derived beliefs，即與中心信念聯
結者）相牴觸。

3. 與消費者為維繫並鞏固其聲望而堅守之信念相牴觸。

4. 違背消費者所歸屬之團體規範（尤其對威望與聲望較高的消費
者）。

F. 團體因素——消費者在其購物決策時，往往會受到彼所歸屬之團體的
影響。下列是一些與「團體」有關的廣告傳播說服原則：

1. 廣告傳播如果能針對「文化」所認同的行為訴求，其說服效果將
優於違背此種「文化」認同行為的廣告傳播。

2. 針對特定之次文化團體態度與常模訴求的廣告傳播，比針對「廣
泛而無特定階層」之文化團體態度與常模訴求的廣告傳播，更容

易獲得成功的說服。

3. 由於低收入家庭中的購物通常以家庭日用品爲主，家庭主婦掌握了大部份的購物決策，對於這些團體所作的廣告訊息應以主婦爲訴求對象。

4. 如果將目標市場界定爲「年輕已婚」之階層時，廣告訊息的訴求對象應該同時考慮到夫婦（這些團體在購物決策時通常採用「共同商議」方式）。

5. 強調產品之機械功能的廣告訊息，應以家庭中的男主人（丈夫）爲訴求對象；而強調產品之美觀的訊息，則必須以主婦爲主要訴求對象。

6. 以家庭用品爲訴求內容的產品廣告，必須考慮到家庭的生命週期。

7. 當某一產品或品牌之購買決策並不受到參考團體之強烈影響時，廣告訊息應該強調產品或品牌屬性、實質利益、價格、以及優於他牌之處。

8. 當參考團體對消費者的購買決策產生影響時，廣告訊息就必須強調是那些種人在使用該品牌商品，並加強消費者心中的刻板印象。

G. 其他因素——除上述與來源（廣告主、廣告訊息中的發言人）、訊息、消費者特質、團體等因素會影響到廣告訊息的說服力，而將如何取得信服的原則，列舉如上外，以下將列舉一些其他足以影響廣告說服力的因素，並提出應遵循的方法：

1. 對於一個新產品而言，廣告傳播應該強調該品牌與市面上現有品牌相較之下的相對利益；顯示該產品如何配合消費者目前之處置方式（即適合性）；示範該產品在使用上的方便性（減除知覺複雜性）；並展現使用該產品後的結果（眼見爲信）。

2. 有些廣告訊息的設計是用來幫助消費者消除購買後的疑慮。這類廣告必須經由下列方式來達成任務——(a) 提供消費者一些對他們購物決策作一合理解釋的方法; (b) 提供消費者一些證據,來支持其購物決策的明智。

3. 當某一產品的意見領袖甚爲明確,而且這些意見領袖的媒體接觸行爲多少有同質現象時,廣告傳播就必須將其傳播的主要重心放在這些意見領袖之上,俾使這些人轉而對其追隨者發揮對廠商有利的影響力。

前曾述及,「態度」是指個體針對某一物體(例如廣告中的產品)所表現之有利(喜好)或不利(厭惡)的預存立場 (predisposition)。在本書第五、六、七章中, 我們曾討論幾個足以影響廣告說服力的因素,所有這些因素也都可能會共同作用而影響到消費者對產品所持的態度。

廣告傳播可以「暫時」有效地改變消費者對產品的態度,或加強彼等對產品的旣有態度。而長期的態度改變還必須靠一些個體因素而定,尤其是那些會受到團體規範及團體認同所影響的個體因素。對新產品而言,廣告傳播可以非常有效地改變消費者的態度與行爲;對旣有的舊產品而言,廣告傳播的效果較低。因此,我們可以歸納出一個結論:廣告傳播在「塑造」消費者對新品牌的有利態度上,以及加強消費者對其目前所使用品牌之有利態度之上,均最爲有效。對於改變消費者之品牌行爲(品牌轉移行爲)而言,由於消費者所表現的選擇過程,往往會延緩或降低廣告傳播的說服效果。

五、促成行動

行銷活動的主要目標之一是達成有利潤有盈餘的銷售。廣告傳播可以配合其他行銷組合要素，使消費者進入購買行為階段以協助行銷活動達到上述這種盈利目標。由於廣告傳播有時可以暫時改變消費者態度或建立消費者對新產品的強烈正向態度（特別是對主要的市場對象而言），因此廣告傳播人員經常可以利用廣告來引起消費者的嘗試購買。然而，消費者是否續購以及最後是否建立了品牌忠誠度，則必須配合許多其它因素，例如：知覺產品品質、支付價錢的滿足感（價值）、以及消費者周圍之重要團體（如家庭、朋儕團體、參考團體等）對於購物決策的接受性。此外，有些其他誘因也會與廣告配合，共同對消費者購買造成強烈的刺激，例如：打折削價、折價券、贈品、及其他促銷方式等。

必須再度強調的是，廣告傳播甚少能單獨促使消費者採取購買行動；其對行銷活動的主要貢獻是塑造一種有利於購買決策的「情境」或「氣氛」。為了達成此任務，廣告傳播通常會替某一品牌建立良好的品牌印象，並塑造該品牌與市面上其他競爭品牌間的差異性。廣告傳播更在增強消費者的購買決策以及幫助消費者消除購物後的疑慮。關於消除購後疑慮方面，將於下節中進行討論。

六、影響購後行為

消費者在完成重要的購買決策之後，通常就開始對其決策的明智與否感到懷疑。消費者為了消除由於這種購後疑慮所產生的緊張與焦慮，經常會設法去蒐尋情報用來支持或肯定其購買決策。廣告傳播在此期間內，扮演重要角色，因為廣告中強調的商品利益、魅力、格調……等，均可減輕消費者的購後疑慮。購買某一新產品的消費者，在看到不斷出現而且處處可見的廣告傳播訊息中，再三頌揚其所購買之產品的優點，甚至直接肯定或讚美購買者的明智抉擇時，內心一定感到非常欣慰。事

實上，消費者是主動去蒐集這些廣告訊息來支持並肯定其購買決策的（尤其是價位較高昂的產品）。有些研究發現，消費者在購買某一品牌的產品之後的一段期間內，只會去注意其所購買之品牌的廣告，至於他牌廣告往往會不去注意甚至拒絕接受，其目的就是設法去蒐集任何支持其購物決策的訊息，而抗拒任何引起購後疑慮的訊息。這種來自訊息的支持與肯定，會促使消費者樂於再度購買相同品牌，並提高消費者向其親友推介以形成良好口碑的可能性。由於企業的存續是要靠顧客的不斷惠顧，因此，廣告人員應將廣告策略的部分力量針對目前使用中的消費者，來肯定並支持其購物決策的正確與明智。期使這些消費者對其購買決策，能消除心中的「認知不和諧」，而進一步對該產品採取有利於廠商的購後行為。

七、廣告有所為、有所不為 —— 廣告傳播的角色

經常會有人指望由廣告來肩負完成公司之行銷目標的所有重責大任。我們經常聽到有人這麼說：廣告目標是希望「在未來三年之後，使X品牌的市場佔有率從目前的10％提高為20％。」這種目標是不合理也不實際的，因為如此重責大任不應該由廣告傳播來獨挑大樑。如前所述，廣告傳播必須與其它行銷變數配合，互相影響並共同發揮整體性作用，才能有效地刺激產品的銷售。行銷人員不能夠（也不應該）完全倚賴廣告傳播，而以廣告傳播作為達成行銷目標的唯一手段。行銷人員應該了解，必須要所有的行銷功能充分配合，共同發揮作用，才能有效達成廣告目標。為了要讓行銷人員能分辨行銷目標與廣告傳播目標，行銷學者唐恩 (S. Watson Dunn) 曾指出：「行銷中所強調是銷售；而廣告傳播中所強調的，則是傳遞有助於銷售的訊息。」 (Dunn, 1969)。

切合實際的廣告傳播目標限於有效改變消費者的心理，並且在消費

者心中形成一種「足以進一步引導消費者採取有利於公司之行為」的欲
求態勢。換言之，合理的廣告傳播目標除了提高知名、促使理解、改變
態度之外，最多也只能在消費者心目中塑造對公司產品之「購買前心理
準備」。廣告傳播人員必須記得提醒自己：廣告傳播的目標必須配合企
業及行銷目標，也必須與其他行銷活動相輔相成，共同發揮作用。

肆、廣告訴求架構

廣告主每年總要投入大量金錢、時間、精力及創造力來發展廣告訴
求。在這些努力之下所發展出來的廣告訴求可說是千奇百怪、五花八門。
由於這些多采多姿的廣告訴求無法分別一一討論，因此有必要整理出一
種訴求架構，針對廣告訴求加以分類，本節將就這種架構提出模式。

一、馬斯羅之需求層次與廣告訴求

廣告訴求的最終目的是要激起人類的需求,並且在廣告中展現商品,
說明該品牌如何來滿足這些需求。廣告人員所面臨的問題是要決定其訊
息訴求應該針對消費者的那些需求; 而這個問題本身就相當複雜, 因為
需求種類甚多。 心理學家就不同意所謂「人類基本需求」的說法, 然
而, 行銷人員卻可以根據一些被公認的需求作為參考, 用來擬訂廣告訴
求。目前最能被接受也是運用最廣泛的人類需求分類方式, 是由馬斯羅
（A. H. Maslow）所提出的——人類需求的層次, 如圖15-2（Maslow,
1943）。

馬斯羅指出: 必須要俟「較低」層次的需求獲得（或幾乎足以獲得）
滿足之後, 才會產生「較高」層次的需求。因此, 人們基本上滿足了生
理需求與安全需求之後, 才會開始關心到進一步去滿足「更高層次」需

自我成就需求（自我實現）

威望需求（尊嚴、地位、名譽）

歸屬需求 （歸屬感、愛情）

安全需求（安全感、保護）

生理需求（飢餓、口渴、性愛）

圖15-2 馬斯羅的「人類需求層次」理論

求（例如: 愛情、尊嚴、自我成就等）。由於在今天社會中，較低層次的需求基本上已獲得滿足（幾乎沒聽說過在臺灣有人眞正餓死），因此，今天充斥在食品廣告中的訴求，大多強調愛情、歸屬、尊嚴（品味）……等需求，而較少有人強調充飢、解渴……等基本的心理需求。例如: 某些飲料強調歡樂（歸屬）、某些餅乾禮盒強調體面（尊嚴）、某些醬品強調妻子的體貼（愛情）……，這些訴求的效果，都比訴諸飢餓之訴求的訊息來得有效。

以下將針對馬斯羅所提的人類基本需求層次在廣告訊息訴求上的運用，進一步加以探討:

(一) 生理需求與廣告訴求

水與食物（營業）是人類生命的兩大要素，缺乏兩者人類就無法生存，因此馬斯羅才將這些屬於生存之基本條件的需求，列爲在所有人類需求中最重要也最根本的一環。蓋因人類若缺乏食物飲水，根本已無法溫飽甚或生存了，當然無法考慮到安全與尊嚴，更遑論自我成就了。在我們社會中，大部分人的基本生理需求應已獲得滿足，因此對於食品類

商品的廣告人員而言，在廣告訴求上至少有兩種選擇：（1）、描述該食品是滿足飢餓需求的「較佳方式」；或是（2）、說明該食品有助於滿足較高層次的需求（例如愛情或尊嚴）。

（二）安全需求與廣告訴求

當消費者的生理需求一旦獲得相當完美的滿足時，就會接著產生「安全的需求」。 在這一層次的需求滿足中， 人們所追求的一些新的需求，而不再是生理需求的範圍。

由於最近幾年來社會間出現一些保護消費者權益組織，發揮了重大的教育作用， 加上國民知識水準的提昇及經濟的進步，「 安全需求 」日益受到消費大眾的注意與關切。雖然，企業界也日益重視這些問題，但是在今天我們的社會中，安全需求上的滿足畢竟無法像生理需求一樣獲得滿足，有些人仍然偶爾會對其安全、健康與防護等問題感到就心甚至恐慌。

廣告傳播訊息訴求如果能針對「安全需求」加以強調的話，必然會引起消費者的關注與共鳴。

（三）愛的需求與廣告訴求

隨著前述兩種層次需求的獲得滿足，人們開始眞正關切到「愛的需求」。愛的需求是指情感及歸屬感方面的需求，在此需求層次中，人們所追求的不但要去愛別人，而且要被他人所愛。這些所說的愛，並不是指生理意義層面的性愛。因爲，「性」包括了生理上與心理上的滿足，經常被人用來作爲滿足生理及愛等兩方面需求的手段。長久以來廣告人員曾廣泛地在廣告中採用「性」的訴求，然而這些訴求表面上還是針對愛的需求（情感）。

（四）威望需求與廣告訴求

在需求層次中的再高一層的需求稱之爲 「威望需求」 （esteem

needs）。一般說來，「威望」是指一個人對他自己的評估方式。「威望需求」可分爲兩種類型：（1）、「人們對自我觀感的需求」——表現在個人成就、自信、自尊和自我調適之上；（2）、指「他人對自己觀感」的需求——關切他人對自己的看法，也就是希望獲致他人的注意與肯定，進而期在人們之中建立其權威、聲望與身份地位。衣著、服飾、珠寶、函授課程、美姿訓練等產品或勞務的廣告，經常在強調人們可以使用該產品或採用該服務（訓練、教學），來提高其自信心與自我肯定。汽車、名貴手錶、名牌服飾等，有時更在其廣告中，強調這些產品的使用者如何能獲得他人的認同、肯定，並襯托身份地位。

（五）自我實現需求與廣告訴求

「*What you can be, you must be.*」（汝是然，汝必然；汝能爲，必爲之）這句話，可以說是「自我實現」（Self-Actualization）需求的最貼切描述。爲了獲致永遠的快樂與人生的自我實踐，「音樂家必須創作音樂，畫家必須不斷地作畫，詩人必須永遠地寫詩。」（Maslow, 1943）。文學創作課程、繪畫課程、創作詩課程、經理人員訓練班……等教學訓練服務的廣告，往往會運用訴諸自我實現需求的廣告訴求。運用這種需求作爲廣告訴求的產品廣告，可以標榜該產品如何讓消費者成爲偉大的藝術家、運動家、發明家、企業家、成功者……，或成功的父親、模範母親……等。

馬斯羅指出，上述這些需求層次雖然有先後順序之別，但是並不表示某需求層次必須百分之百完全獲得滿足之後，才能够進入下一層次的需求。相反的，人們往往分別以不同的程度同時在追求五種不同需求層次的滿足。

二、人類需求的其他歸類與廣告訴求

雖然，馬斯羅所提出之人類基本需求層次中列舉的需求，可能是最廣泛被接受的需求分類方式，不過還是有人提出其他的需求歸類方式。例如，佛洛依德就認為人類只有兩種基本需求——生存的需求與死亡的需求。寇姆思與史奈格（Combs & Snygg）則認為人類只有一種基本需求——維持或加強自我概念（Self-Concept）的需求（1959）。柏樂遜與史甸納（Berelson, B. and Steiner, G. A.）則列舉出人類所有的基本需求（primany needs）與次級需求（secondary needs）。基本需求（生理方面）通常包括下列幾方面：

* 供給動機（Supply motives）——飢餓與口渴；
* 規避動機（Avoidance motives）——避免痛苦、恐懼、傷害及其它負面結果；
* 繁殖動機（Species-maintaining motive）——又稱母性動機（maternal instinct），包括交配、生育、哺育、照顧幼兒等。

這種分類標準是按該需求是否為個體的「生物機能」所必需而定。因此，上述之「基本需求」係「生物機能」所必須的需求。根據該標準，所謂「次級需求」又稱為「衍生需求」，是指人類從外界取得或學習來的需求，並非個體基本生物機能所必需的需求。有些心理學家相信，由於人類的基本需求獲得滿足，才會進一步學習次級需求。例如，個體在獲得財產及其他事物所有權後，才學習知道能以更好方式來滿足其飢餓和口渴的需求。這種需求的形成，一般稱為「需求取得」（Needs acquisition）。許多學者專家都曾表列各種不同方式的需求分類表，每一種分類的繁簡程度都因研究者的目的而異。以下所列是其中一種針對次級需求所作的分類（Steiner & Berelson, 1964; Murry, 1938）

獲得（Acquisition）　　　　肯定（Recognition）

順從（Deference）　　　　　親合（Affiliation）

保護（Conservance）	展現（Exhibition）
類似（Similance）	拒絕（Rejection）
命令（Order）	聖潔（Inviolacy）
自主（Autonomy）	保留（Retention）
面對（Inavoidance）	反對（Contrarience）
救援（Succorance）	建構（Construction）
保衛（Defendance）	攻擊（Aggression）
遊戲（Play）	優越（Superiority）
抵抗（Counteraction）	貶黜（Abasement）
認定（Cognizance）	成就（Achievement）
駕御（Dominance）	避咎（Blamavoidances）
解說（Exposition）	

總結上述有關需求的討論，可以歸納出幾項重點：

1.一般人都同意，未獲得滿足的需求才是行爲的動機因素；已獲得滿足的需求，並非行爲的動機因素。

2.雖然馬斯羅需求層次中的需求分類方式是最廣爲接受的分類方式，但是迄今並無任何一種共同認定的需求分類方式。

3.大多數心理學家同意，人類多數行爲都是由潛意識或無意識需求而引起動機，這些需求都是吾人所不願也無法察覺與承認的。例如，一項動機研究報告指出，媚登芳（Maidenform）胸罩影片——「我夢見我穿著媚登芳胸罩在倫敦（或其他地方）街頭，婆娑起舞」——最大成功之處，是由於婦女們一直未能獲得滿足（及無意識）的「展現」需求。大多數婦女都有展現自己胴體的潛在慾望，卻無法去滿足，於是藉著穿著媚登芳胸罩作爲滿足這種無意識需求的象徵方式，而獲得替代式滿足。

4. 大致說來，行為是由幾個需求同時作用而引發的。不過，其中可能有某些需求可能比其他需求來得重要。這些「關鍵性」需求，應該在廣告訊息中直接或間接提出並加以訴求。

三、訴求的類型

由上述討論可以得知，所有的廣告訴求都與消費者需求產生直接或間接關聯。有些時候廣告人員是在廣告訴求中明白揭示消費者需求；有些時候則隱藏或故意使其曖昧不明，消費者必須詳加推敲才能確定該訴求與他的關聯性。以下就是有關於廣告訴求類型的個別探討：

（一）直接訴求與間接訴求

圖 15-3 是廣告訴求的分類架構。如前所述，所有的廣告訊息都是

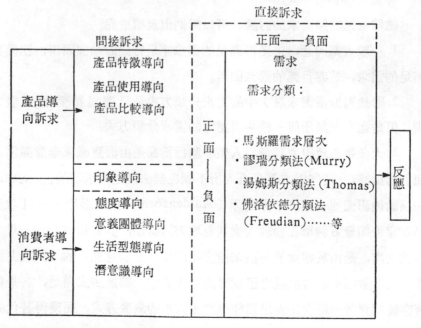

圖15-3 廣告訴求類型架構

針對人類的某一（或某些）需求加以訴求，只是表現方式互異而已。「直接訴求」（Direct appeals）是指在廣告訊息中直接而明白地傳播消費者的某種需求，然後再指出該品牌是用來滿足該需求的產品。例如：「當您落寞的時候，就來一片××口香糖。」

間接訴求則不是直接強調人類需求，而是以暗示的方式提及需求，由消費者自己去體會該品牌所能滿足的需求。因爲廣告者大都了解人類需求對「選擇性知覺」（Selective perception）的影響，所以有意在訊息中保留某些曖昧不明的需求概念，讓消費者分別按照各自的需求狀態及對廣告中之訊息的知覺情形去解釋該訊息。因此，消費者可以自由地按照自己意願去詮釋廣告訊息。

如圖 15-3 所示，「間接訴求」可分爲「產品導向訴求」（product-oriented）以及「消費者導向訴求」（consumer-oriented）（事實上，也可能是兩者的組合）。茲分別說明於後——

1. 「產品導向的訴求方式」——卽訴諸產品的表現方式，至少可分爲下列三類：

(A)、產品特徵導向訴求（Feature-oriented appeals）——是指在基本訊息中強調某品牌的屬性與特徵。例如：「本公司出品的清涼飲料每瓶中只含 1 卡路里熱量。」的訊息中，表面上是在強調該飲料的低卡路里特徵，事實上它卻間接地向消費者表示飲用該飲料可以使他們變得更苗條（或保持身材苗條），進而獲得他人的羡慕與喜愛（馬斯羅的「愛的需求」）。此外，對特別肥胖的人而言，該訊息可能被解釋爲該飲料可以降低卡路里、減少心臟病變的發生、甚至可以長壽!

(B)、產品使用導向訴求（Use-oriented appeals）——是指在基本訴求中強調某品牌使用中及使用後的某些利益與優點。例如：

「使用本品牌的厨房清潔劑，去污力強，可節省一半時間。」
的訊息訴求，表面上是在強調該品牌厨房清潔劑使用中的卓越
性能及省時特性，然而實質上它卻間接地訴諸於謬瑞 (Murry,
1938) 所提的「成就」需求，以及馬斯羅需求層次中的「威
望」需求。

(C)、產品比較導向訴求 (Product comparison-oriented appeals)
——是指在基本訊息中強調廣告中的品牌與競爭品牌之間的差
異性。當然，廣告中的品牌勢必要具有優於競爭品牌的特點。
例如：「本公司的車子每公升可以跑十四公里，而其他廠牌的
車子每公升只能跑十公里。」或「本公司的車子可容納六個行
李箱，而他牌的車子只能容納四個行李箱。」等訊息訴求，表
面上是針對本身產品與競爭品牌相較之下的優點與特點加以訴
求，但是卻間接地針對馬斯羅的「威望」需求加以訴求。

當然，上面所舉的每一個廣告實例中提及的訊息訴求究竟屬於何種
需求，大多要視消費者對訊息的知覺而定，上述的需求只是舉個例子而
已。

2.「消費者導向的訴求方式」——是指產品之外，訴諸於消費者特
質的表現方式，至少可以分為五種：

(A)、態度導向之訴求 (Attitudinally oriented appeals)——在基
本訊息中強調消費者之「態度——價值——信念」結構的訴求。
例如：「國富而後家富、國強才能家強，好國民要愛國，富國
強國，請踴躍購買愛國公債。」的廣告訊息，可以說是針對馬
斯羅需求層次中之「威望」需求所做的間接訴求。然而，有時
也可以解釋為針對「安全」需求所做的間接訴求。

(B)、意義團體導向訴求 (Significant group-oriented appeals)

──是指廣告中的基本訊息在強調使用或認同廣告品牌之團體的類型，也就是所謂的「使用者刻板印象」(user's stereotype)。這些團體包括參考團體、社會團體、以及消費對象認爲有意義或很重要的團體。這種訴求方式通常是讓消費者在使用與廣告中相同之品牌時，能够感覺到自己是該團體中的成員或與該團體有關。該團體所贊同的品牌，你一旦使用了自然會受到該團體的認同。例如；「年青一代的新口味（A taste for young generation）──百事可樂」的廣告訊息，間接地訴諸於馬斯羅需求層次中的「愛」的需求（尤其是歸屬感）。

（C）、生活型態導向訴求（Life style-oriented appeals）──是指在廣告的基本訊息中強調與某一特定目標市場息息相關而具有代表性的生活型態。例如；「享受生活的品味與片刻的自我，請嚐統一咖啡。」的廣告訊息中，強調「生活的品味」、「自我」，針對一些注重生活情調的消費者訴求。如果按謬瑞（Murry's）的需求分類標準來看，則該廣告間接地訴諸於幾種需求──如類似（similance）需求、遊戲（play）需求。

（D）、潛意識導向訴求（Subconsciously oriented appeals）──是指將廣告的基本訊息隱藏起來，而針對消費者的潛意識（或無意識）需求加以訴求。這些訊息往往會訴諸於購買者的夢想世界或夢境，但是卻以某種方式將其隱藏在「對消費者之意識需求進行訴求」的訊息之中。這種訴求方式的理論根據，是人們往往會由於罪惡感或羞恥心理而難以啟齒表達，以至壓抑了他們的需求。然而，這些需求卻與其他需求一樣，會產生人體系統的緊張態勢，而趨策個體去尋求滿足。前面所提的媚登芳胸罩就是這種訴求的例子。

（E）、印象導向訴求（Image-oriented appeals）——雖然前面所提
的這些訴求方式，最後都會在消費者心目中塑造某種品牌印象，
但是「印象導向」的訴求方式是特別專指由廣告傳播者刻意去
塑造某一品牌形象，所運用的訊息訴求方式。換言之，其事先
的意圖或目標，就是塑造品牌印象。廣告傳播人員在塑造品牌
印象時，可以運用前面提過之訴求方法中的任何一種，也可以
將幾種方法加以綜合運用。前面曾提到影響知覺之策略，是設
法塑造一種符合消費者之「自我印象」與「自我理想印象」的
品牌印象。因此，希望讓自己覺得有男子氣概的男士，可能會
選擇萬寶路香煙（Marlboro）而不會抽雲絲頓（Winston）香
煙，因為萬寶路給他的印象與他對自己的印象（或自己所期待
的形象）較吻合，他認為那是屬於他的香煙。

（二）正面訴求與負面訴求

訊息訴求的呈現可以用正面方式或負面方式。「正面呈現方式」
（positive presentation）就是設法讓消費者產生好感，並進而向消費者
展示說明使用廣告中之品牌所能帶給他的利益。反之，「負面呈現方式
」（negative presentation）則是設法在訊息中製造恐懼、疑慮、焦急、
悲傷或其他讓消費者感到不快的氣氛或情緒反應。進而在訊息中讓消費
者了解，只要使用廣告中的品牌，他就能避免這些負面情境。例如除臭劑
（體香劑）的廣告，就可以先在訊息中展現由於腋下狐臭所遭遇的各種社
會窘態及帶給他人的憎惡，然後再告訴他們使用廣告中這種品牌的除臭
劑，可以避免上述這些窘困。也可以採用正面呈現方式，同樣說明「乾
爽舒適」的主題。此時，我們可以在訊息中強調，只要使用該品牌除臭劑
（體香劑）就可維持整天的舒適、乾爽、清香。不論是正面呈現方式或
負面呈現方式，其訊息主題都是「乾爽」。但是，在負面呈現方式中，

訊息重點在於強調如何避免所遭遇的不利情境（失敗情境）；而在正面呈現方式中，則是在訊息中始終維持有利的情緒反應。

《本章重要概念與名詞》

1. 標的物 (significate)
2. 訊號 (sign)
3. 自我印象 (self-image)
4. 自我理想印象 (self-ideal image)
5. 生理需求 (physiological needs)
6. 安全需求 (safety needs)
7. 愛的需求 (love needs)
8. 威望需求 (esteem needs)
9. 自我成就需求 (self-actualization needs)
10. 供給動機 (supply motives)
11. 規避動機 (avoidance motives)
12. 繁殖動機 (species motives)
13. 直接訴求 (direct appeals)
14. 間接訴求 (indirect appeals)
15. 產品導向訴求 (product-oriented appeals)
16. 消費者導向訴求 (consumer-oriented appeals)
17. 正面呈現 (positive presentation)
18. 負面呈現 (negative presentation)

《問題與討論》

1. 廣告傳播與廣告有何不同？ 這種區分有意義嗎？ 爲什麼是？ 爲什麼不是？
2. 廣告傳播如何提高產品的價值？ 這種「價值」對消費者有何意義？

3. 廣告傳播的功能何在? 在整體行銷傳播計畫的擬訂上扮演的角色如何?

4. 廣告人員如何運用消費者的自我印象及自我理想印象， 來 擬 訂廣告計畫?

5. 有位資深業者認爲廣告應視爲一項長期投資，而非短期的費用。請就此加以闡述您的觀點。

6. 廣告傳播如何在下列幾方面發揮作用: (a)建立品牌知名度; (b)建立品牌印象; (c)加強品牌理解度; (d) 建立品牌偏好度及忠誠度; (e) 刺激購買; (f)降低購買後疑慮?

7. 試析論圖 15-3 的模式。在激發廣告創意時，該模式有何用途?

8. 試闡述「所有廣告訊息最後都是訴諸於消費者需求」這段描述。

9. 試分析下列諸品牌的廣告訴求: (a) 統一滿漢大餐; (b) 雪克33奶昔; (c) 福斯金龜車; (d) FM-9頻道 9 飲料; (e) 濛濛21體香劑 (抑汗除臭劑); (f) 李斯得靈漱口水; (g) 旁氏冷霜; (h)美津濃運動服; (i)麥斯威爾咖啡。

10. 在那些情況之下，廣告訊息應採用產品導向訴求? 那些情況下則採用消費者導向訴求?

《本章重要參考文獻》

1. Arthur Combs and Donald Snygg, *Individual Behavior* (New York: Harper & Brothers, 1959), p. 49.

2. Wayne DeLozier and Rollie Tillman, "Self Image Concepts-Can They Be Used to Design Marketing Program?" *The Southern Journal of Business*, Vol. 7, No. 4, November 1972, pp. 9-15.

3. Ira Dolich, "Congruence Relationships Between Self Image and Product Brands," *Journal of Marketing Research*, Vol. 6, pp. 80-84, February 1969.

4. Watson Dunn, *Advertising: Its Role in Modern Marketing* (New

York: Holt, Rinehart and Winston, Inc., 1969), p. 61.

5. Burleigh Gardner, "Symbols and Meaning in Advertising," in C.H. Sandage (ed.), *The Promise of Advertising* (Homewood, Ill.: Richard D. Irwin, Inc., 1961).

6. Edward Grubb and Gregg Hupp, "Perceptions of Self, Generalized Stereotypes, and Brand Selection," *Journal of Marketing Research*, Vol. 5, pp. 58-63. February 1968.

7. Harold H. Kassarjian and Thomas S. Robertson (eds.), *Perspectives in Consumer Behavior* (Glenview, Ill.: Scott, Foresman and Company, 1968), p. 212.

8. Sidney J. Levy, "Symbols for Sales," *Harvard Business Review*, Vol. 37, pp. 117-124, July-August 1959.

9. Sidney J. Levy, *Promotional Behavior* (Glenview, Ill.: Scott, Foresman and Company, 1971), pp. 64, 65.

10. Pierre Martineau, "Sharper Focus for the Corporate Image," *Harvard Business Review*, Vol. 36, pp. 45-58, November-December 1958.

11. A.H. Maslow, "A Theory of Human Motivation," *Psychological Review*, Vol. 50, pp. 370-396, 1943.

12. Henry A. Murry (ed.), *Explorations in Personality* (Oxford University Press, 1938).

13. David Ogilvy, *Confessions of an Advertising Man* (New York: Atheneum Publishers, 1963), pp. 100-103. 57 （中譯文「一個廣告人的自由」，賴東明譯，民57年，三山出版社）。

14. Charles Osgood, George Suci, and Percy Tannen baum, *The Measurement of Meaning* (Urbana: The University of Illinois Press, 1957), Chap, 1.

15. Joseph T. Plumme, "Applications of Life Style Research to the Creation of Advertising Campaigns," in William D. Wells (ed.), *Life Style and Psychographics* (Chicago: American Marketing Association, 1974), pp. 159-168.

16. Ivan L. Preston, "Theories of Behavior and the Concept of Rationatity in Advertising," *Journal of Communication*, Vol. 17; No. 3, pp. 211-222, September, 1967.

17. Thomas S. Robertson *Consumer Behavior* (Glenview, Ill.: Scott, Foresman and Company, 1970), p. 30.

18. Herbert Stein, "Advertising Is Worth Advertising," *Advertising Age*, Nov. 21, 1973, p. 5.

19. G. A. Steiner and B. Berelson, *Human Behavior*: *An Inventory of Scientific Findings* (New York: Harcourt, Brace & World, Inc., 1964), pp. 241-242.

20. 羅文坤、藍三印,「廣告心理學」(臺北: 天馬出版社,年68年)

第十六章　廣告媒體

　　本章所要探討的，是將廠商的廣告訊息有效呈現給其潛在消費者的各種途徑。行銷人員在進行媒體決策時，必須對媒體的整體特質有深入的了解，也要對每一媒體的個別屬性有相當的認識之後，才能制定所謂的媒體組合。

　　本章將針對廣告人員可資運用的各種傳播通路加以敍述，並提供一項廣告人員在擬訂及評估其媒體計畫時，可資參考的標準。

壹、媒體面面觀

　　媒體的基本功能是銜接傳播者與受播者，以便雙方的傳播得以展開。媒體所載荷的「刺激」（卽廣告訊息），激起受播者（卽消費者）適當的感官反應，例如視覺反應與聽覺反應等，然後再將情報傳送至大腦，至於大腦是否能仔細注意到這些刺激則不得而知。人的感官有多種，其中有部分感官有「蒐集」情報方面，顯得比其他感官來得重要。絕大多

數的情報是經由眼睛與耳朵收集；觸覺、味覺、聽覺等，在這方面扮演
輕微得多的角色。至於，能否有效地運用這些通路，則要視情報的本質
與受播者的特質而定。例如，研究結果指出，對於簡單事物而言透過收
音機廣播媒體傳送的「口頭」呈現（卽聽覺呈現），要比運用印刷媒體
（視覺呈現）產生更大的記憶效果，尤其對於教育程度或智力較低的受
播者而言，更是如此(Klapper, 1960)。然而，印刷媒體對於較「複雜」
的事實題材而言，卻顯得比口頭呈現更能被人記住 (Klapper, 1960)。
因此，我們在選擇適當的傳播通路時，必須仔細分析所擬呈現的訊息型
態，以及所擬訴求之受播者特質。

　　大致說來，印刷媒體與電波媒體（廣播媒體）各有特色，互有長
短。印刷媒體較優於廣播媒體之處如下 (Klapper, 1960; Klapper,
1965)：

　　一、印刷媒體可以讓讀者自行控制接觸的時間、速度、方式、方
向。讀者可以大致瀏覽，也可以深入精讀；可以選擇任何方便的時間及
適合的場合進行閱讀。

　　二、印刷媒體可以讓讀者自行選擇所喜好的專題去閱讀。

　　三、對複雜的材料而言，印刷媒體比口頭媒體（聽覺媒體，更有助
於記憶。）讀者在閱讀印刷媒體時，可以按照其個別的速度及需要，仔
細詳閱這些資料。

　　四、印刷媒體可以用來針對特殊的小羣體受播者進行訴求。因此一
些針對特殊對象的特殊訴求，可以運用印刷媒體來達成任務。

　　五、印刷媒體較容易重複接觸。印刷媒體並非「稍縱卽逝」，讀者
在第一次看過之後，可以隨時視其需要，於幾天後、幾週後、幾月後、
甚至幾年後，隨心所欲地再度翻閱。

　　六、對某些出版品而言，威望程度頗高。尤其是一些專業雜誌，在

處理一些專業性主題的報導方面,其權威性可能較一般其它媒體來得高。居於愛屋及烏的心理,經常可發現在某些印刷媒體上發生作者與主題間的「月暈效果」(halo effect)。

反之,廣播媒體也有一些優於印刷媒體之處:

一、廣播媒體(尤其是電視)能够讓閱聽人(audience)有一種「身歷其境」的臨場感(sense of reality)。

二、廣播媒體的涵蓋面較廣,幾乎可以讓所有人都能接觸到。

大致說來,媒體可以襯托出訊息以及訊息傳播者的地位,每一種媒體也分別各有其不同程度的權威性與可信度。就目前而言,報紙的相對權威性可能較其他媒體高;而電視的相對可信度可能就略高於其它媒體。

許多有關於媒體效果的研究,都將研究重點放在注意效果、理解效果、記憶效果、態度效果及行動欲求效果。

有關媒體注意效果的研究顯示,人們對於所注意的事物是具有選擇性的,人們對於自己所熱衷的事物會特別加以注意。學者專家曾將上述這些情形歸納爲下列的結論:

由於受播者的注意力是自我選擇的,因此在不同的傳播媒體接觸傳播,其注意效果是互補的,而非相乘的;換言之,凡是「看過」有關某一主題報導的人,也可能「聽過」該報導,在某些時刻對某一主題加以注意的人,也可能在其他時間注意該主題 (Steiner & Berelson, 1964)。

關於媒體的理解及記憶效果,我們已談過訊息材料本質與受播者特質如何影響媒體的效果。簡言之,印刷媒體最適合於複雜的訊息,也較

為高教育程度者所重視；聽覺及圖像媒體，則最適用於簡單訊息，也較為低教育程度者所信賴 (Steiner and Berelson, 1964)。

有關媒體之態度改變效果的研究顯示，媒體主要是有助於加強受播者目前持有之態度，真正改變態度的效果並不顯著。這個結論似乎很有道理，因為人們是根據其目前所持有的意見、態度、興趣等，去選擇性地注意某一媒體。

對於任何一種媒體而言，要達到「促使行動」之行為層面的效果，似乎非常困難。然而，面對面傳播被認為是用以說服及引起行動之最有效途徑，尤其像意見領袖之類的傳播者，更是如此。

總而言之，行銷傳播人員必須配合不同受播者之不同興趣，完整而忠實地處理傳播主題，運用最適當的媒體傳播給受播者。沒有任何一種媒體在任何方面都是最好的——所有媒體均視不同的情況場合，而各有其地位 (Lucas and Britt, 1965)。

貳、多重媒體通路

多重媒體通路是指傳播者用來呈現訊息的媒體，經由受播者的多重感官系統。大致說來，多重感官媒體要比單一感官媒體通路更有效。就下列情況而言，多重感官媒體尤其具有價值 (Bettinghaus, 1973):

一、當視覺刺激未能充分表達或不易理解時，傳播者如果能配合聽覺的解說時，將提高其傳播效果。

二、如果傳播者希望將受播者的注意力集中在視覺訊息中的某部分重點時，口頭訊息將可加強受播者的理解。

三、多重感官通路可能是吸引受播者注意力的有效方法。運用幾種通路同時傳遞某一訊息，有助於吸引消費者的注意。

四、有長時間的訊息呈現中，多重感官媒體通路將有助於維持消費者的注意力。這種方式也可以減輕由於長時間使用單一媒體（感官通路）所造成的疲勞與單調。

五、對於不易表達的主題，多重感官媒體非常有效。業務代表在推薦某種嶄新而複雜的產品給消費者時，如果能在指出產品特徵及利益時，同時以口頭解說或配合圖表時，將有助於吸引消費者注意，並提高傳播效果。

電視之所以能成爲主要大眾傳播媒體，多少也是由於電視媒體聲光兼具，同時運用聽覺及視覺的感官通路。

叁、媒體分論 —— 各種媒體特徵析論

前面幾節裏，我們討論過媒體的共同及一般特性。這一節裏，將針對每一特定的媒體，分別探討個別的特徵。較爲一般人所共同熟知的廣播傳播媒體有印刷媒體（報紙、雜誌、DM等）電波媒體（廣播、電視）、車廂廣告以及定點傳播媒體（戶外、POP 等），茲分別描述如後：

一、報　　紙

就廣告投資總額而言，報紙可以說是所有媒體中之第一大媒體（如表16-1），佔臺灣地區廣告投資總額的百分之四十以上。就金額而言，目前的報紙廣告投資額，幾乎是十年前的六倍，成長激速的主要原因是由於主要各報紛紛採用彩色印刷及發行量快速成長。

大致說來，報紙媒體具有下列優點及缺點，行銷傳播員可參考其特性，針對不同的對象及不同的產品加以運用——

（一）**報紙的優點**：

表16-1 民國七十四年度臺灣地區廣告投資額分析

（單位: 新臺幣萬元）

	七十四 (1985) 年	七十三 (1984) 年	成長率
報　紙	644,625萬元 (40.61%)	680,528萬元 (41.48%)	－ 5.57%
電　視	539,000萬元 (33.95%)	547,000萬元 (33.34%)	－ 1.48%
廣　播	100,100萬元 (6.31%)	119,100萬元 (7.26%)	－ 18.98%
雜　誌	112,500萬元 (7.09%)	105,140萬元 (6.41%)	＋ 7.00%
電影院	16,420萬元 (1.03%)	16,400萬元 (1.00%)	＋ 0.01%
戶　外	18,070萬元 (1.14%)	21,570萬元 (1.32%)	－ 19.37%
直接函件	88,348萬元 (5.57%)	82,820萬元 (5.05%)	＋ 6.67%
其　他	68,300萬元 (4.30%)	67,900萬元 (4.14%)	＋ 0.06%
總　計	1,587,363萬元 (100%)	1,640,458萬元 (100%)	－ 3.34%
折合美元	39,684萬美元	41,012萬美元	

資料來源: 臺灣廣告量研究小組

1. 普及性──現代工商社會裏，人們的社會參與度逐漸提高，報紙是唯一能完整而有系統地報導社會事件及公共事務 (social issues and public affairs) 的媒體，所以成為現代社會人人必讀的媒體，閱讀率與普及率均有逐漸提高的趨勢。

2. 擴張性──隨著國民所得的提高及教育程度的普及，報紙的發行量日益增加；更由於人口結構產生變化，戶數增加，戶量減少，使報紙訂戶隨之增加，甚具擴張性，人人必看，每日皆看。

3. 地理性──報紙具有高度的地理彈性，可按地理區分，彈性選擇市場作彈性運用。

4. 機動性──報紙廣告要更動廣告文案或廣告內容，只要在截稿前

（通常是24小時前）更替卽可，輕而易舉。

　5.配合性——報紙廣告可利用新聞式的廣告（如圖 16-1 ），或新聞報導的配合， 加強其說服力， 這種配合方式， 又稱爲「新聞廣告」（newsertising）。

圖16-1　新聞式廣告

　6.權威性——相對而言，報紙媒體是較具權威性媒體，尤其中國人

「眼見爲信」，必須看到「白紙印上黑字」方才放心。例如，大專聯考因颱風而延期舉行，許多人一定非得看到報紙刊出這項宣布之後，才肯相信這是事實!

7. 積極性——大致說來，報紙讀者的教育程度及社經地位頗高，對報紙報導的關心度及參與度甚積極。在報紙上刊登廣告有時可獲致較高的催促效果，產生擴散力量。有些人甚至以報紙廣告作爲「購物指南」。

8. 解說性——報紙可以深入地處理某一訊息，使讀者獲得最詳盡而完整的解說，而對產品（尤其是機械式、理性、高價位、耐久財之類的產品）有更深刻的理解。

9. 重複性——如同其他印刷媒體，報紙可以讓讀者輕易地在一天之內重複閱讀某一訊息，而不像電波媒體一樣稍縱卽逝。

（二）報紙的缺點:

1. 保存性較低——與其他型式的印刷媒體（例如雜誌）相較之下，報紙的保存性較低，訊息之生命較短暫（只有一天）。不像雜誌，可在家中擺上一週、一月甚至兩個月，可在家中隨時翻閱。

2. 粗糙性——由於紙張、油墨及高速印刷的緣故，報紙的印刷略顯粗糙， 印刷水準受限。 雖然近年來許多報社均致力於改善印刷技術，提高印刷水準，但畢竟其改善結果終究未能比美某些雜誌的精緻印刷水準。

3. 泛括性——報紙屬全國性訊息，讀者羣涵蓋各地區、各層面、各階層，對象較不精準。雖然近年來，某些報紙採地方分版，對某些地區性的行業（如房地產、百貨公司）而言，已可避免「看白戲」的地區讀者造成預算浪費。但是對某一縱斷面的階層而言，報紙就不是一種適合用以區隔的媒體，因爲報紙的讀者是泛括性的。

根據一項非正式的估算,臺灣地區的報紙總發行量約四百萬分以上。

目前全省共有31家日報、5家晚報、2家英文報紙。中國時報與聯合報被相信爲兩家最大發行量的報紙。由於臺灣並沒有完整的「ABC」制度（Audit Bureau of Circulation 發行量稽核局），因此各報均無一眞正完全具有公信力的發行數字。

　　臺灣報紙於近年來，無論在硬體設備、軟體的內容編輯及運送（由於高速公路通車，大幅縮短運報時間）方面均有顯著的改善，使報紙更呈現一片蓬勃淸新的朝氣。

　　至於臺灣的廣告版面，雖然有時可以「突出」的方式處理。但是一般情況下，報紙廣告的版面尺寸可歸納成如圖 16-2 的版面位置——

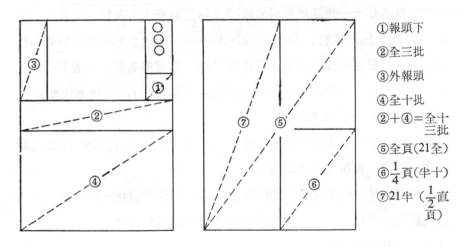

①報頭下
②全三批
③外報頭
④全十批
②＋④＝全十三批
⑤全頁（21全）
⑥$\frac{1}{4}$頁（半十）
⑦21半（$\frac{1}{2}$直頁）

圖16-2　報紙廣告版面位置示意圖

二、雜　誌

　　近幾年來，國內雜誌媒體廣告有顯著成長，以民國七十四年爲例，雜誌媒體的廣告量爲十一億二千五百萬元，成長百分之七，躍升爲第三大媒體，佔臺灣地區廣告投資總額的百分之七‧〇九（見表16-1）。

雜誌媒體之廣告量成長的主因，首先是發行量大的雜誌，普遍受到各業廣告主的信任與採用；其次是財經商業及具特色的雜誌發展明顯，被電腦和高級商品等視爲主要的廣告媒體（顏伯勤，民75年）。

雜誌媒體的主要優缺點如後——

（一）雜誌的優點:

1. 選擇性——由於雜誌逐漸走向殊異性及專業性，因此廣告主可以精準地選擇符合特定潛在對象的雜誌，進行廣告訴求。

2. 保存性——相較之下，雜誌具有較長的訊息壽命，保存的期間較長，也擁有較多傳閱的讀者。

3. 精緻性——雜誌所運用的紙張及彩色製版非常美觀，印製水準較高。對於食品、飲料、服飾、化粧品……等講求食慾與美觀的產品而言，雜誌媒體更可提昇產品的價值與格調，亦可提高廣告主聲望。

4. 配合性——雜誌也可以在內容上配合廣告，以「報導式廣告」(newsertising)方式處理。

5. 重複性——雜誌與報紙一樣具有重複性，讀者可以隨其需要隨時保存、研讀、重複閱讀雜誌內容。

6. 權威性——對某些專業性雜誌而言，不但可以接觸社經地位較高的消費者，同時在訊息方面也顯得較具權威性與信賴感。

（二）雜誌的缺點:

1. 機動性不高——雜誌廣告的截稿時間較早，截稿後不易更動訊息內容，機動性較低。

2. 易得性有限——雜誌畢竟不是涵蓋面極廣的媒體，除某些少數雜誌之外，發行網必無法像報紙一樣普及，易得性（availability）相當有限。

3. 成本較高昂——雜誌的製作費用較高，如果稿件係彩色印刷時，

更是如此。

　　臺灣地區登記有案的雜誌超過兩千種，其中以政論性、娛樂性、家庭生活性等居多， 近年來工商經濟、 管理行銷、 財經金融等專業性雜誌， 如雨後春筍般形成一股蓬勃的新潮流。

　　國外的科技專家曾試圖運用 「微蒴技術」 （microencapsulation technology） 來改善雜誌的功能， 使雜誌得運用視覺與嗅覺感官體系， 來引起讀者注意。目前該科技尚待局部克服即可進入應用階段。

三、直接信函(DM)

　　直接信函又稱為 DM （Direct Mail），是由廠商直接寄達消費者的廣告訊息，這些訊息的型態包括信函、小冊、型錄、折價券、贈品券、點券（積分點券）、價目表、樣品、贈品、新聞信、日（月）曆、明信片、 傳單……等等， 不一而足。 隨著工商業發達及經濟成長， 直接信函廣告逐漸受到重視。以民國七十四年為例，直接信函的廣告總量達八億八千三百四十八萬元，成長率為百分之六・六七 （僅次於雜誌的成長率）， 佔臺灣地區廣告投資總額的百分之五・五七， 是第五大媒體 （表 16-1）。 較常運用直接信函的廣告主包括出版事業、 房地產、 中小企業及部份百貨零售業等。

　　茲將直接信函媒體的優缺點，列述如后──

(一) 直接信函的優點:

　　1. 行動性──直接信函可以配合贈品券、折價券、回函卡……等簡易方法， 促使消費者採取行動。

　　2. 內容彈性──直接信函的訊息內容的彈性甚大，可自由發揮；亦可因人而定， 極具親切感。

　　3. 選擇性──直接信函廣告極具選擇性，廣告主可以依照產品特性

及廣告目的自行選擇適當對象，寄發直接信函廣告訊息。

4. 衝擊性——直接信函廣告的衝擊性高，與其他廣告之競爭甚微，消費者不易分散注意力。

5. 可測性——直接信函廣告因爲事先須掌握對象名單，因此易於測定出廣告效果。

（二）直接信函的缺點：

1. 廣告費用高——直接信函廣告的費用除了訊息與本身的製作成本外，還包括名單成本及郵費。就每一接觸的單位成本而言，化費頗算昂貴。

2. 名單不易獲取——直接信函的郵寄名單通常不易獲得，而且人事變遷、地址更易等，使名單不易維持其時宜性。

3. 易遭扔棄——由於直接信函繁多，加上名單極易重複，導致某些名單上的人經常收到來自不同廠商的 DM，使彼等對 DM 泛濫的情形，留下不佳印象，極易被扔棄。

由於資訊科技的發達，加上電子硬體的配合，DM 專業公司應有成立的可能性。這種 DM 專業公司，可以事先廣泛蒐集名單，按其人口統計變項及地理區隔變項，分別加以剖析建檔，然後視客戶（廣告主）需要，隨時由電腦印出其訴求對象階層的名單、名條，（甚至直接印在信封套上），再將 DM 郵寄出去。

四、廣　　播

廣播是歷史相當悠久的廣告媒體，直至今日爲止，平均每一家庭至少有一部以上收音機，因此也是普及率相當高的廣告媒體。但是由於電視媒體的興趣，限制了廣播廣告的成長。以民國七十四年爲例，廣播廣告總量爲十億一百萬元，負成長近百分之十九，爲近二十五年來之第三次

負成長; 廣播廣告佔臺灣地區廣告投資總額的百分之六‧三一 （表16-1）。

茲將廣播媒體的主要優缺點列舉如後——

（一）廣播的優點:

1. 選擇性——廣播（尤其是調幅廣播）分布各地，廣告主可依實際需要，在地理上作充分的選擇。

2. 內容彈性——由於廣播訊息只訴諸聽覺，在製作上簡易迅速，改動廣告文案輕而易舉，內容彈性甚大。

3. 相對成本低廉——廣播廣告製作容易，製作成本低廉。媒體時間費也較便宜，因此其相對成本相當低。

（二）廣播的缺點:

1. 持久性低 ——廣播廣告稍縱卽逝，消費者無法保留訊息，持久性及保存性均低。

2. 缺乏視覺配合——廣播廣告只單純訴諸聽覺，缺乏視覺配合，吸引力及生動性均不夠。

3. 注意力有限——消費者在收聽廣播者通常較不專注，而是在從事某一活動（駕駛、閱讀、工作……等）時，無意識情況下接觸廣告訊息，因此注意力有限。

4. 衝突性——廣播廣告訊息往往彼此交雜，消費者極可能在短短廣告揷播時段中，同時收聽到彼此衝突的產品廣告訊息，因此容易互相沖淡抵消廣告效果。

5. 依存性——廣播廣告往往無法單獨存在發揮效力，必須配合其他背景媒體，才能更有效地產生廣告效果。

廣播廣告雖然逐漸衰退，但是仍然有其存在的必要與地位。如果能精心設計，創造廣播節目的特性與個性時，對於日益重視精神文明及休

閒生活的消費者趨勢而言，仍然是一種值得重視的廣告媒體。

五、電　視

電視甫在臺灣成立，就躍登臺灣地區的主要廣告媒體之一。然而，以民國七十四年爲例，電視廣告量爲五十三億九千萬元，負成長率百分之一點四八，係自電視事業在臺問世二十五年以來首度負成長。儘管如此，電視廣告量仍然佔臺灣地區廣告投資總額的百分之三三・九五，仍然高居第二大媒體（表16-1）。

茲將電視媒體的主要優、缺點列述如後——

（一）電視的優點：

1. 示範性高——電視可有效傳播一項動作，是一種典型的SHOW'N TELL的媒體，對於需要作商品示範（Demonstration）的廣告而言，是唯一可資運用的媒體。

2. 涵蓋面廣——電視訊息之衝擊力大，電視機普及率高，可同時到達龐大的視聽大眾，涵蓋面甚廣，可以說是最通俗、流行之媒體。

3. 滲透力強——臺灣地區電視普及率達95%，平均每部電視機每天之開機時數爲2.35小時，是一項滲透力極強的媒體。

4. 權威性高——電視媒體由於訊息較直接，因此在相對之下，電視的可信度及權威性均甚高。

5. 生動活潑——電視媒體集影像、聲音、動作等屬性於一身，加上色彩逼眞，因此生動活潑，適合傳達商品的美觀、格調與氣氛。

（二）電視的缺點：

1. 持久性低——除非重複，否則訊息的持久性甚低，稍縱卽逝。除非運用長秒數的廣告影片，否則不易處理較複雜的訊息。

2. 費用高昂——電視廣告費用相當高昂，其中包括訊息（影片、錄

影帶……等）製作費用，以及時間費用等之相對成本均甚高昂。

3. 互相抵消效果——電視廣告訊息經常會因爲與其它競爭品牌選擇同一訴求對象，而在同一廣告時段裡與其它廣告訊息互相沖抵，減低其效果。

4. 選臺器成劊子手——技術的進步，使選臺器成爲電視機必備的組件。遙控的選臺器，更使觀眾方便地利用廣告時間，按鈕轉臺，儼然成爲電視廣告的劊子手，影響了電視廣告的播出效果。

5. 黃金時間檔次有限——電視廣告的黃金時段裡，許多廣告主爭相爭取播出。奈何檔次有限，不一定能購得，因此有時難於安排。尤其像臺灣地區的電視，目前只有三個頻道，更容易造成檔次擁擠，廣告超秒而未能上檔的情形。

6. 未能深入——目前電視廣告的平均長度爲三十秒，雖然有六十秒，甚至兩分鐘長度的長秒數影片，但是由於時間費甚高昂，故三十秒仍爲最普遍的長度。由於時間短暫，加上時間分割，訊息受到限制，往往不能深入。

7. 涵蓋上的浪費——電視涵蓋面廣固然爲其優點之一。但是正由於其涵蓋面廣，使得人口選擇性低，未能集中火力而精準地針對某一階層進行訴求，造成許多非意圖／非預期對象成了「看白戲」的受播者，形成一種浪費。

六、其他媒體

除上述媒體之外，經常運用到的媒體包括車廂廣告、戶外廣告，以及POP（店頭）廣告等。這些廣告媒體的優缺點，可參考表16-2。

此外，上述各種媒體之型態、計費單位、影響收費比率之因素、效用比較指標等，可由表 16-2 之廣告媒體之綜合比較分析中，得到明確

表16-2 廣告媒體綜合比較分析表

媒體	型　　態	計費單位	影響收費比率因素	效 用 比 較 指 標
報 紙	日　　報 晚　　報 週　　報	批行／行字	刊登次數折扣、套色、彩色、刊登版位、報紙發行量	Milline rate(平行成本) $=\dfrac{每批行成本\times 1000}{發行量}$
雜 誌	一般性 農業雜誌 商業雜誌	頁(全,$\frac{1}{2}$,$\frac{1}{3}$……)	發行量、印刷成本、讀者階層、刊登次數折扣、版位、尺寸、彩色、發行區	每千人成本（CPM） $=\dfrac{每頁成本\times 1000}{發行量}$
直 接 信 函 (DM)	信函／小冊 型錄／點券 價目表／樣品 新聞信／月曆 明信片／傳單	不　　定	名單成本 郵　　費 製作成本	每一接觸成本（CPC） $=\dfrac{總費用}{總發出人數}$
廣 播	調頻（FM） 調幅（AM）	提供（獨家，聯合） 插播（30″，60″）	播出星期別，聽眾人數，節目或插播時間長度，時段，播出次數	每千人成本（CPM） $=\dfrac{每分鐘成本\times 1000}{收聽人數}$
電 視	全國性（網） 地方性 CATV	同　　上	同　　上	同　　上
車 廂	汽　　車 公車、地下鐵	按月計費	行車路線、載客人次、次數，折扣、製作成本	每千人成本
戶 外	招牌，壁面、霓虹灯	不　　定 （按年居多）	交通流量、製作成本、座落位置	未　　定
P O P	海報、貼紙、布旗、吊牌、陳列架	不　　定	佈置家數及製作成本	未　　定

表16-2 廣告媒體綜合比較分析表（續）

媒體	優　　　　　點	缺　　　　　點
報 紙	(1)普及性（現代社會人人必讀） (2)擴張性（發行量日益增加） (3)地理性（可依地彈性運用） (4)機動性（便於更替內容） (5)配合性（newsetising）(6)權威性 (7)積極性　(8)解說性　(9)重複性	(1)保存性低（隔日即失去生命） (2)粗糙性（印製水準受限） (3)泛括性（不易精確）
雜 誌	(1)對象精準，有選擇性 (2)廣告壽命較長 (3)印製水準較高 (4)可作內容配合 (5)重複性	(1)機動性不高，截稿較早不易更動 (2)易得性較有限 (3)成本較高（彩色尤然）
D M	(1)較易促使行動 (2)內容彈性甚大，可自由發揮 (3)衝擊性高，不易分散注意力 (4)易於衡量效果 (5)對象選擇性高	(1)廣告費用高（單位成本高） (2)名單不易獲取 (3)易被丟棄
廣 播	(1)地理選擇性高 (2)內容彈性甚大 (3)相對成本低廉	(1)持久性低，稍縱即逝 (2)缺乏視覺配合 (3)注意力有限 (4)彼此沖淡抵消 (5)必須配合背景媒體
電 視	(1)示範性高　(Show 'N tall) (2)涵蓋面廣 (3)滲透力極強（95%／2.35hr） (4)權威性高 (5)AV兼具，生動活潑	(1)除非重複，否則持久性低,稍縱即逝 (2)相對成本高昂 (3)廣告訊息間容易沖抵 (4)選臺器劊子手 (5)黃金時間檔次有限 (6)未能深入　(7)看白戲者多
車 廂	(1)到達層面廣而深 (2)地理選擇性高 (3)相對成本低	(1)人口選擇性低 (2)易得性低 (3)高級感不夠
戶 外	(1)到達層面廣而深 (2)市場選擇性高 (3)相對成本低	(1)固定性，有限效果 (2)高級感不夠 (3)無法吸引完全注意力
D O D	(1)促成效果，recognition (2)販賣力高 (3)直接與商品聯結	(1)不易爭取好位置 (2)亂軍中不易突出 (3)創意受到限制

的概念。

《本章重要概念與名詞》

1. 多重媒體 (multiple channel)
2. 截稿時間 (deadline, closing time)
3. 微萌技術 (microencapsulation technology)

《問題與討論》

1. 美國著名的大眾化雜誌——Life 與 Look 相繼於1970年間停刊，試討論其停刊的理由。
2. 報紙在那些方面的功能優於雜誌？雜誌在那些方面的功能優於報紙？
3. 電視乃多重感官媒體，而廣播為單一媒體，何以廣告主猶未能完全放棄廣播媒體？
4. 試比較電子媒體與印刷媒體。
5. 試申己見說明媒體的未來發展趨勢？試預測未來十年間將有何新興媒體的產生？

《本章重要註解》

1. 顏伯勤，「去年廣告量首次呈現負成長」，國華人，235期，1986年2月。
2. E. P. Bettinghaus, *Persuasive Communication*, 2d ed. (New York: Holt, Rinehart and Winston, Inc., 1973), p. 168.
3. Harper W. Body, Jr., and Joseph W. Newman (eds.), *Advertising Management*: *Selected Readings* (Homewood, Ill.: Richard D. Irwin, Inc., 1965), pp. 431-432.
4. Joseph T. Klapper, *The Effects of Mass Communication* (New York: The Free Press of Glencoe, Inc., 1960), p.

111-112.

5. D. B. Lucas and S. H. Britt, *Measuring Advertising Effectiveness* (New York: McGraw-Hill Book Company, 1965), p. 285.

6. G. A. Steiner and B. Berelson, *Human Behavior: An Inventory of Scientific Findings* (New York: Harcourt, Brace & World, Inc., 1964).

第十七章　行銷傳播戰略

在高度複雜和競爭的商業界中，企業的生存與盈利端賴於有效戰略的計畫擬訂。因爲戰略提供有系統的計畫，使公司資源得以適應市場環境與市場機會；同時戰略也是指導企業各種營運活動的最高原則。

本章將探討戰略的基本概念，析述行銷傳播策略的有關步驟，並將討論某些公司用以達成目標的幾種行銷傳播戰略。

壹、戰略的基本概念

許多學者都避免對「戰略」（Strategy）一詞下定義，主要是因爲該名詞不斷地被各方面採用，甚至於濫用。「戰略」的概念來自於軍事作戰用語，是指軍事作業中之大規模的計畫佈署，也是高層次的指揮原則。古希臘人把該概念稱之爲「Strategia」，意指「將軍的藝術」，充分掌握了概念的精髓眞諦。然而，這種解釋並不能成爲實用的定義，除非我們業已了解某一軍隊的將軍眞正扮演的角色功能爲何。綜觀整個人類歷史，將軍的角色與一國之君的角色，均不甚相同，因此不同的時

代，不同的角色，均有不同的戰略概念。其中最基本的不同，就是定義
範圍上的差異。

　　為了便於討論，我們將提出兩個有關「戰略」的定義，藉以說明企
業戰略與傳播戰略：

　　　定義㈠：「戰略」是指「施展並運用軍事（或商業）手段以貫徹政
　　　　　　　策的藝術。」(Hart, 1967)
　　　定義㈡：「戰略」是指「為達成某一目標而調整並有效利用資源的
　　　　　　　藝術與科學。」

　　這兩種定義均有助於吾人了解公司內部的運作情形。定義㈠強調「
履行並貫徹政策」是戰略的最終目標。從軍事的角度看來，這項定義是
指履行並貫徹某一國家，甚至某些聯盟國家之政治目的。

　　就商業的角度而言，戰略的最終目標是指「企業任務」(Corporate
mission)。「企業任務」是「企業目前所持或努力爭取的長程計畫。」
(Kollat, Blackwell and Robeson, 1972) 質而言之，企業任務也可
以定義為企業的自我印象與自我理想印象 (self-ideal image) ——「我
們是什麼與我們將成為什麼」(What we are and what we would
like to be)。以 IBM 為例，應該被認為是「滿足消費者解決問題之需
求的公司」，而不是「電腦的生產者」(Kotler, 1972)。因此我們可以
說，第一個定義是指貫徹企業目標，在此定義下的戰略可以說是「整體
戰略」(grand strategy)。

　　定義㈡的戰略在範圍上較為狹隘。相當於將軍們在其職掌內佈署移
師以達成軍事目標的計畫。定義㈠的戰略較適合於說明企業的「整體戰
略」，而定義㈡則較適合說明一般通稱的「戰略」，也可以稱為「功能

戰略」(functional strategy)。 所謂「功能戰略」是要達成功能性目標而制定的「中程管理責任」，這些責任包括行銷目標、銷售目標、生產目標等的達成。所有這些功能性目標都是以「短程」作業敍述方式，闡明公司所必須確知的企業任務。同樣地，功能性策略是指完全確認公司之整體目標後，所制定的短程計畫，也就是有其脈絡可尋的邏輯研判與計畫。

另一個與「戰略」極易混淆的字稱為「戰術」(tactics)。「戰術」是指「戰略」的運用，類似「功能性戰略」是「整體性戰略」的運用一般。戰術包括每一日、每一刻的特定活動。茲舉兩個企業中常見的兩個典型的「戰術」個例：(1)文案人員擬訂適當的廣告文案來執行廣告戰略；(2)業務代表針對潛在客戶之需要進行解說，以達成銷售目的。這兩個例子所代表的「戰術」是由行銷人員所執行的「戰場」(in-the-field)活動，可以稱為「企業戰術」，而且很清楚地與「戰略」加以區分。然而，戰略與戰術之間，往往很難截然劃分——很難明確地界定戰略於何時終止，而戰術於何時開始；有些情況之下，既是某一層次的「戰略」，也是較高層次的「戰術」。例如，行銷部門經理可能把廣告活動當成行銷戰略之下的戰術；而廣告課或廣告代理商，則將它視為「戰略」。人們對這些名詞的看法與界定，要看當事人所談的層次而定。

任何戰略的成功與否，要看擬訂戰略者能否有效運用資源來掌握明確的機會點。 表面上看來， 這個道理似乎相當簡單， 但是真正執行起來，卻是一件頗為艱鉅的任務。

戰略人員經由公司資源的分析， 以及市場機會點的評估， 為企業的運營制定合理的作業目標。同時也要考慮到能夠達成該目標的時間規劃，以及可能面臨的資源及環境上的問題或風險。如果問題或風險的層次不為管理及經營上所接受，而達成目標所需的時間又太長時， 則必須

另尋其他機會點。圖 17-1 說明了戰略的本質。

| 資源 | → | 機會 | → | 目標 |

圖 17-1 戰略計畫的簡易模式: 運用資源達成特定目標

貳、行銷傳播戰略的擬訂

這一節裏，將談到擬訂戰略的一些基本步驟。雖然，這些探討是針對行銷傳播戰略的擬訂，但是這些基本的概念也可以視爲擬訂一般戰略基礎。

擬訂行銷傳播戰略，可以概分爲下列五個基本的步驟:

1.評估行銷傳播的機會點;

2.分析行銷傳播的資源;

3.設立行銷傳播目標;

4.擬訂及評估可能的行銷傳播戰略方案;

5.賦予明確的行銷傳播任務。

一、評估行銷傳播機會點

擬訂適當戰略的第一步，就是要確定並且企業環境中的重大變化。戰略計畫人員一旦確知了影響其企業的主要環境趨勢之後，就必須開始針對該公司之資源及能力所及之特定市場加以確定及評估，以確實掌握企業現存之機會點。這一節裏將探討影響企業機會的外界環境因素以及公司內部的環境因素。

（一）環境變遷的掌握❶

對公司的短期與長期運作而言，有許多因素會影響到運作的成敗績

---

❶ 有關臺灣環境變遷，請參閱本書之附章「掃描行銷環境，窺測消費生活」。

效。這些屬於公司環境的變遷因素，不斷地創造或摧毀企業的機會點，進而影響企業的成敗榮枯。這些環境影響因素主要包括科技、經濟、法令政治、社會文化系統等。管理人員必須隨時警覺並確實掌握這些環境因素的變遷，因為這些因素會不斷地為公司之運作及企業任務之遂行，開創新機會或帶來困難與威脅：

1.科技因素──近年來，電子科技方面的急遽發展對某些公司帶來了威脅，但是卻也造福了許多其他公司，為它們開創了新機會。例如，電子科技為某些公司開創機會，使它們得以生產並行銷物美價廉的電子計算機，廣泛地提供於商業上及家庭中使用；但是，它同時也對生產算盤、計算尺與機械式計算器的公司構成威脅。某一公司的機會，經常也是另一公司的衰枯。

「微蒴技術」（Microencapsulation）、IC 有聲晶片膜、錄影帶、個人電腦、電子傳真、電讀……等新興科技，為廣告者開創許多新機會，向其潛在消費者進行傳播。例如，「微蒴技術」使印刷媒體不但可以看，而且可以聞出味道；而 I C有聲晶片膜使印刷媒體不但可以閱讀，而且可以聽到聲音。這些新興技術都可以提高傳播訊息的彈性，更可以提高「閱聽人」的注意，進而達到更好的傳播效果。

2.經濟因素──不論是本地的經濟活動水準或是國際性的經濟活動水準，都會影響到企業的經營，也就是會為企業開創或抑制營運上的機會點。當消費者日益富裕時，其消費習慣也就隨之改觀了。在消費支出型態方面，休閒娛樂、旅遊觀光、文化教養以及各式各樣奢侈品的需求大幅增加。愈來愈多的消費者開始講求品質，對高品味的商品及勞務感到興趣而加以追求。任何一位有經驗的行銷傳播人員都能體會到：當經濟活動情況良好時，消費者才會對身份地位產品、附加服務、附加價值產品、休閒活動、以及「高品味、高品位」生活等，感到高度興趣。行

銷傳播人員可以根據不同的經濟狀況，來調整或完全改變其對消費者所做的傳播訊息。例如，當經濟景氣日佳，所得收入趨高時，某些消費者開始找尋身份地位代表及高品味的產品。行銷人員將可利用這種有利狀況，考慮改變其推廣訴求、產品訂價（如「心理訂價」或「身份訂價」）、通路選擇、包裝設計、甚至產品命名等，以符合這些人需求。

民國六十三年間的能源危機，足以說明經濟景氣狀況如何影響到許多公司的營運與傳播策略。當時，有許多機車或汽車的廣告，無不迅速地開始將其傳播訴求主題，集中在經濟省油的重點之上。許多公司也掌握此一危「機」（機會點），紛紛趁「機」（危機）推出具有節省能源或節省金錢之特性的產品與勞務。

3.法令政法因素——法令政治體系（包括經濟部、衛生署處、新聞局、建設局廳……等的行政規章）也會開創或限制了企業的機會點。例如，商品標示法規定商品必須標示成份、重量、製造日期、廠商地址……等，大幅降低了廠商欺騙消費者的「機會」；藥物藥商管理辦法及食品衛生管理辦法中規定某些醫師處方藥品不得廣告，而藥品及食品廣告，必須送經衛生單位核准始得刊播，削弱了不良藥品及食品製造廠商的行銷「機會」；廣告影片必須經新聞局審核始能在電視上播映，防止了不實、誇大、沒有根據、攻訐詆毀的廣告。

又如，省農林廳為了杜絕不肖鮮乳廠商以合成乳冒充純鮮乳，推出「100％純鮮乳」標記（如圖 17-2），減少消費者被欺騙的「機會」。

圖 17-2　省農林廳推廣之 100％純鮮乳標記

4.社會文化因素——社會及文化行爲型態的變遷，開創或消弭了企業的機會。就以最近幾年在國內興起的西式速食爲例，在未引進國內之前，國人在選擇外食時均以色、香、味爲主要考慮因素，很多人都在懷疑西式速食在「民以食爲天」，「美食甲天下」的臺灣社會，如何能與當地五花八門、多采多姿的中國菜相抗衡？沒想到麥當勞一登陸之後，人們不再只是追求美食，更重視餐飲的「品質」、「服務」、「潔淨」、「價值」（卽 Q.S.C.V.）；消費者不但接受了西式速食，更使整個速食觀念及社會文化改變了，於是一家家講求 Q.S.C.V. 及氣氛格調的速食連鎖店，如雨後春筍一般，紛紛躍上臺灣市場。社會文化爲西式速食開創了機會，卻對傳統的餐飲構成威脅。

從上述的分析顯示，企業環境瞬息萬變，這些環境變遷可能會給公司提供新機會，有時卻會對公司構成潛在威脅。企業環境的主要因素有科技、經濟、法令政治、社會文化行爲等。能夠充分掌握這些變遷態勢，並適應這些變遷的企業，才能生存與成長。

（二）市場區隔的掌握

前一節裏大致探討了一些影響公司運作的環境因素，這些只是界定公司機會的第一步，經營及管理人員必須對其產品的行銷市場是誰有此概念，也必須能事先掌握潛在的市場規模有多大、未來五年內的成長情形如何、潛在市場的需求趨勢爲何⋯⋯等問題。能夠於事前較清楚明確，更精準無誤地界定企業所面臨的機會點時，將能更有效地進行戰略計畫。

在確定市場區隔時，必須也要了解現有市場所未能滿足之處。想要使用某種產品的消費者，必須就市場現有品牌中加以挑選。嚴格說來，市場上可能還沒有任何一種品牌的商品，能夠百分之百完全滿足消費者的需求，但是消費者終究會在現有品牌之中選擇一種最接近能滿足

其需求的品牌。很多人都用洗髮精來洗頭髮，但是這些人可能對他們目前所使用的品牌都不太滿意。嬌生公司發現，許多成人在使用該公司的「嬰兒洗髮精」，因此乃修正其傳播戰略，積極開拓成人市場區隔——針對那些希望「寶貝」自己秀髮的成年人訴求，指出嬌生嬰兒洗髮精溫和得連嬰兒都可以使用，當然經常用來「寶貝」他（她）們的秀髮最適合也不過了（見圖 17-3）。對成人市場而言，「溫和」洗髮精儼然成

圖 17-3 嬌生嬰兒洗髮精以「成人」為訴求對象

了機會點；而這機會點並不是來自於公司環境的變遷，而是來自於某些消費者對市場上現有品牌之不滿足。

因此，明確的市場區隔是掌握市場現存機會點及開啟市場新機會點的途徑。市場區隔是指根據事先擬定的一個變數或一組變數，將異質化的市場「分割」成為一些趨向同質化的較小「次市場」(Sub-market)，例如產品的市場可依使用對象概分為下列幾個類疇： (1)、政府市場；(2)、機構市場（如醫院、學校等）； (3)、工業市場（汽車、商店等）；以及(4)、家庭市場。「穩潔」雖然都能適用於每一種區隔，但是對於每一個市場區隔，卻需要有不同的傳播訴求（如圖 17-4）。

就「消費者市場」而言，典型的區隔變數有下列幾種：

1.人口變數 —— 以人口統計學上的歸類變數來作為市場區隔之指標，例如：年齡、性別、收入、籍貫、宗教信仰、家庭規模、家庭生命週期、社會階層、職業、教育程度等。

2.地理變數——以地理特性變數來作為市場區隔所根據之指標，例如：居住地區、氣候、都市規模、都市化程度、地理座落位置等。

3.消費行為變數——以消費者使用行為及消費型態作為市場區隔之指標，例如：品牌忠誠度、消費量、購買頻率，以及對價格、廣告與其他行銷活動的敏感度（彈性或適應力）等。

4.自我印象——以消費者的個性或自我印象、自我概念 (self-image, self-concept) 作為市場區隔的指標。例如一九五〇年代末期，福特汽車與雪佛蘭汽車都以擁有不同之自我印象為號召：福特汽車的買主被認為是「獨立、衝動、雄壯、適應力強、與自信」；而雪佛蘭汽車的買主則是「保守、節儉、重聲望、溫文儒雅、避免走極端」(Evans, 1959)。

5.生活型態——以消費者之活動、興趣、態度、意見等之綜合測量

圖 17-4 針對不同的市場區隔，穩潔有不同的傳播訴求

結果作爲區隔市場的指標，包括：態度、人格特質、自我印象、行爲型態、興趣、價值、需求、社團關係、社交活動、預期產品利益……等。

市場區隔的概念認爲並非所有的消費者對於某一產品都具有相同的需要與欲求，因此行銷人員可以根據某一特定集羣消費者之需求，而開發不同特性的產品。有時，在同一類疇中的品牌間「差異」，並非物理上或功能上的差異，而是由廠商之傳播活動所塑造出來的「心理差異」。汽車、香煙、啤酒、口香糖等，都是一些典型的實例。

消費者和廠商兩者都可從市場區隔中蒙利。對消費者而言，所能獲得的主要利益是，可以在市面上現有品牌中，找到一些更接近其需求的品牌。對販賣者而言，市場區隔有助於他們掌握市場現有機會點或開啟未來機會點。此外，市場區隔的剖析可以提供行銷人員一種「藍圖」用以擬訂傳播計畫與訴求、更有效運用媒體、以及制定產品特徵符合某一消費者的消費羣的需求，進而提高品牌忠誠度較高之消費羣對品牌的偏好，使銷售與利潤的成長更趨穩定。

「市場區隔」雖然是一個簡單的概念，但是在實際執行上卻頗困難去決定用何種方式來區隔市場。事實上，任何一位行銷人員都不敢確定他們所用來區隔市場的變數，是否爲區隔市場的最佳方式。不過，我們仍然可以根據下述的四種標準，約略地評斷某一考慮之區隔變數的「相對優缺點」：

1.可測性（Measurability）──「可測性」是指與區隔變數有關之資料可能獲取的程度。某些市場特質會比其他市場特質更容易被測度。大致說來，與人口變數有關的資料比與購買者動機有關的情報更容易獲取並加以測度。

2.易達性（Assessibility）──「易達性」是評估區隔變數的第二種標準，是指某一市場「可以被到達或接近」（reachable）的程度，也就

是公司透過行銷努力去影響某一市場區隔的難易程度。有些時候，某一市場區隔內的消費者卻有著相當分歧的媒介接觸習慣，使得「接近或到達」該市場區隔的工作變得相當困難而費用昂貴。

3.實效性(Subtantialety)——「實效性」是指市場區隔的規模大小與利潤多寡程度，是否足以值得考慮運用公司的資源去開發該市場。行銷人員在進行市場區隔時，必須設法在「找到一個小得足以強調產品個性之區隔」與「大得足以獲得盈餘之區隔」之間，求得巧妙的平衡。

4.一致性（Congruity)——「一致性」是指在同一市場區隔中之消費者特性是否彼此一致，也就是指市場區隔變數能解釋該團體之購買行為的程度。市場的一致性愈高，行銷人員就愈能精確地預測市場區隔對其行銷計畫的反應。

一旦所有的市場區隔都經初步評估與篩選之後，所剩下的市場區隔可能會由行銷人員根據事先預定的比重加以評定其順位，然後再根據每一區隔所需的資源種類及量額加以評估，並考量其可能風險及其他因素，選出一或幾個市場區隔 (Kollat, Blackwell, and Robeson, 1972)。

由上述分析可以看出，界定某一市場並進而掌握行銷傳播機會，的確是一件複雜而無定論的任務。要發覺新的有利機會，除了要有科學的調查根據之外，有時不免要靠一些「創意」(Creativity)。

二、分析行銷傳播資源

當市場機會業經明確界定並加以初步評估之後，行銷戰略家必須進一步審核一下公司資源，俾便決定公司是否具有符合該市場機會的能力。從這些分析之中，戰略計畫人員可能會發現，公司並沒有足夠的專門技術及作業能力去開發某些市場機會。因此，公司的資源可能會對公司未來所考慮之機會點的種類與層面構成限制；而分析公司的長處與缺

點，也可能會為公司找到新的機會點。就以電子產品為例，構成電子廻路的零組件可能都是大同小異；但是某些廠牌可能就堅信該公司所設計的電子廻路最好，因為他們自認為「高人一等的技術力」，這種認定拓展了該公司的潛在機會。百事可公司（Pepsico，即百事可樂公司）自認為該公司見長於行銷規劃，因此目前正致力於將其行銷方面的專長，運用於飲料與食品以外的領域。以該公司在臺灣正式投資的產品而言，「波卡洋芋片」的戲劇性成功，百勝客（Pizza Hut）餐廳的轟動性開幕，都再三展現其行銷能力。不久前，位於德州達拉斯的總部更併入肯德基炸雞（Kentucky Fried Chicken）全球聯鎖，更說明了上述事實。

從上述個案中可以看出，只要深入評估探討，任何公司都不難找出該公司之「高人一等的能力」，任何一家公司都可能在某些方面有其見長之處，例如，財務狀況、資金運轉、技術及生產能力、管理作風與能力、廣告企劃能力、業務能力、研究發展能力、通路強度、品質——價格聯結、創新性的行銷服務、創意的商品化計畫、企業信譽……等。質而言之，公司必須慎重而苛刻地評估其「自我概念」(self concept)，然後根據此自我評估合理地制定公司及行銷目標。就行銷傳播的層面而言，亦是如此。必須分析公司的強弱態勢及缺點長處，才能有效合理地制定行銷傳播目標。

三、擬訂行銷傳播目標

目標是指公司對未來所擬達成之某些點的陳述說明，包括對企業任務的結果與企業資源的分析。

目標可以分成許多層次，例如：企業目標、行銷目標、業務目標、廣告目標……乃至於每一業務代表之個人業績目標（圖 17-5）。這些

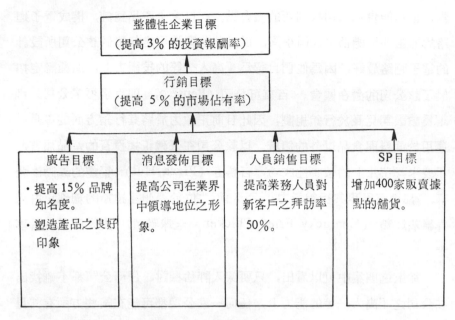

圖 17-5 目標層次之舉隅說明

目標必須視爲屬於同一系統架構之下的目標，共同爲達成企業任務而盡力。有此認識之後，企業企劃人員在制訂目標時，應該避免使用互相矛盾或重複的語句，並且確定這些目標都可望將公司帶入其預期地位。有關各項目標的進一步討論將不在本章範圍❷，在此僅針對行銷傳播目標加以探討。

---

❷ 有關企業其它層次／層面之目標擬訂可參考下述資料: Kenneth, R. Andrew, *The Concept of Corporate Strategy* (Homewood, IU.: Dow Jones-Irwin, Ine., 1971); George W. England, "Organizational Goals and Expected Behavior of American Managers", *Academy of Management Journal*, June 1967, pp. 107-117; 以及 Richard M. Cyret and James C. March, "A. Behavioral Theory of Organizational Objectives" in M. Hane (ed.), *Modern Organizational Theory* (New York: John Wiley & Sons, Inc., 1959)

在本書第二章裏，曾從受播者對傳播訊息之反應略述行銷傳播目標。簡而言之，這些目標所指的是引起消費者某些共同的反應，例如注意—知曉、理解—知覺（印象），態度改變與形成、行動（購買行爲及購買後行爲），以及對預期反應的記憶（學習的結果）。在第二章裏我們也探討許多學者對行銷傳播訊息可能引起受播者之反應所提出的各種模式，並且詳加比較，這些學者包括柯里、拉維奇—史丹納、麥古瑞等。他們所提出的這些消費者反應，在行銷傳播計畫上可以輕易地轉化成爲行銷傳播管理目標。例如，對某一新產品而言，下年度的傳播目標可以下列方式來描述：

㈠　在未來十二個月內，在目標市場中，建立50％的知名度。

㈡　在未來十二個月內，在目標市場中，建立30％的產品理解度（是指對於管理人員預先訂定的某些產品屬性、功能與利益的理解。）

㈢　在未來十二個月內，使10％的目標市場，對產品產生「有利態度」（所謂「有利態度」也是由管理人員事先界定）。

㈣　在未來十二個月內，在目標市場中，促使５％的人採取初次購買（試購）。

㈤　在未來十二個月內，在目標市場中促使並維持３％的續購率。

　　（至於「記憶」目標，可以在其它目標中加以陳述，例如產品理解；態度；預期之購後行爲——如良好口碑之傳佈；以及其它有利之行爲反應等。）

雖然上述這些目標可能大致說明了行銷傳播經理應制訂的目標（不僅是單純銷售或盈餘目標），但是就現代行銷傳播計畫而言，表 17–1 中所列舉的行銷傳播目標，可以說是非常完整週詳而且值得參考。這個由史都華教授（Stewart, J. B.）所提出的行銷傳播目標分成三大類：

表 17-1　行銷傳播目標舉隅表

(一)　就消費者心理建立預期情境

　　A、確認需要——

　　　　1.使消費者察覺其目標情境與目前情境間的差異。

　　　　2.使消費者確認其心中之上述差異的性質。

　　　　3.提高該差異在消費者心中的重要性。

　　　　4.提出有關消除該差異的迫切性。

　　　　5.使消費者更確定該差異在現在或未來的確存在。

　　B、提高品牌知名度——

　　　　1.提高品牌知名的廣度（知名人數）。

　　　　2.提高品牌知名的深度（接近潛意識，建立心理佔有-mindshare）

　　　　3.改進知名度與購買行動間的時間。

　　　　4.提高知名度的持久性。

　　　　5.改進潛在客戶之知名度品質。

　　　　6.提高消費者所察覺之需要與其採用該品牌作為解決需求之方法間的
　　　　　密切聯結。

　　C、提高產品知識——

　　　　1.提高消費者對於該品牌的整體認識。

　　　　2.提高消費者對於該品牌之有利知識對不利知識之比例。

　　　　3.改進消費者心目中對產品知識的評估。

　　　　4.改進消費者心目中對產品知識的精確性（避免不利的謠傳、神話）。

　　　　5.改進消費者對產品之知識的適合性——尤其是指產品差異的獨特點
　　　　　或隱藏之品質。

　　　　6.改進消費者對產品之知識的可信度。

　　D、改進品牌印象——

　　　　1.改進消費者對品牌之產品屬性（設計、功用、費用、品質等）所持
　　　　　之態度。

　　　　2.改進消費者對品牌之人格屬性（使用者之年齡、性別、地位等）所

　　　　持之態度。

　　E、改進公司印象——

　　　　1.進步繁榮。

　　　　2.誠實公正。

　　　　3.信譽可靠。

　　　　4.能力卓越。

　　　　5.親切近人。

　　　　…………………等。

　　F、提高品牌偏好——

　　　　1.提高品牌偏好之廣度（增加偏好該品牌之消費者人數）。

　　　　2.提高品牌偏好之深度（提高偏好之強度）。

　　　　3.延長品牌偏好之期間。

㈡　就消費者行為建立預期情境

　　A、刺激蒐索行為——

　　　　1.提高商店拜訪率。

　　　　2.提高電話詢問率。

　　　　3.提高其它方式的產品詢問。

　　B、提高品牌試購——

　　　　1.提高產品試用者人數。

　　　　2.提高產品試用者的品質（亦卽提高試用者之續購可能性）。

　　C、提高續購率——

　　　　1.提高購買頻率。

　　　　2.提高續購量（減除認知失調）。

　　　　3.延長續購之持續期間。

　　D　提高消費者對品牌之自願宣傳——

　　　　1.提高消費者間口傳之質與量。

　　　　2.提高消費者對經銷店之有利回饋。

㈢　就企業地位建立預期情境

A、改進財務狀況——

    1.提高每年銷售量。

    2.降低每年之銷售成本。

    3.提高每年之利潤及／投資報酬。

    4.延長利潤流轉之期間。

    5.提高利潤流轉之期間的安定性。

B、提高企業形象的彈性，以利於未來的成長與變化。

C、提高來自通路的合作——

    1.激勵公司業務代表的熱忱。

    2.提高零售點上的陳列空間。

    3.提高舖貨盤存之完整性。

D、加強公司在金融界中的信譽。

E、加強公司在目前及潛在員工心目中的信譽。

F、提高關於公司福利措施之政治興論的影響力。

G、建立管理自我。

㈠就消費者之心理 （mind）（內隱行為） 建立預期情境（ desired Condition）; ㈡就消費者之行為（Behavior）（外顯行為） 建立預期情境; ㈢就企業之地位（財務上及非財務上的）建立預期情境。這些目標描述涵蓋了定質及定量的描述，對行銷傳播目標之擬訂而言，非常具有參考價值。

四、擬訂並評估可行之策略

當目標確定之後，行銷戰略家必須開始擬訂並評估各種不同的可行戰略方案， 藉以達成所擬訂的目標 。 這些策略都是一些廣泛周延的計畫，指出如何將公司資源加以整合，以適應市場機會。在這個階段裏，創意過程成為整體計畫過程中非常重要的環節，各項戰略計畫均有不同

的撰擬格式（專題17-①，各種戰略計畫撰擬格式舉隅），有關行銷傳播戰略，將在本章稍後加以討論。

　　幾個不同的戰略方案一經提出後，就必須一一加以評估，評估的標準包括：可能的結果、競爭者的可能反應、可能負擔的風險、達成個別不同目標與整體目標所需的時間、所須付出的成本與效益分析、以及人力資源及管理系統上所需付出的代價等。

─────── **專題 17-①** 各種戰略計畫案撰擬格式舉隅───────

一、行銷戰略（**Marketing Strategies**）

綱　要	說　　　　明	舉　　　隅
1.目標	以銷售單位（箱、盒、打）或金額方式說明特定期間內所要達成的業績，以及其他可以進一步界定某品牌整體行銷目標的項目。	・維持市場上的領先地位。 ・預定達到＿＿＿＿銷售量及＿＿＿＿元銷售金額，而獲得＿＿＿元的盈餘。 ・市場佔有率由＿＿＿＿％提高至＿＿＿＿％。 ・增加平均每人消費量以提高成長量（率）。
2.戰略 　・定位	確切界定某品牌商品在競爭環境相較下，在市場上的明確位置。	・唯一具有其他兩種不同品牌之不同特性之雙重功效的品牌。 ・唯一能提供其他競爭品牌所不能滿足的消費者主要

綱　要	說　　　　明	舉　　　隅
		·利益。
		·物美價廉。
·費用	根據所擬達成的目標說明所擬花費的行銷投資。	·費用超過競爭對手。
		·在消費尖峰期間大量投資。
		·在第一年介紹期投入足够金額。
·廣告/推廣	說明對於達成預定目標有重要影響之廣告及推廣計畫的關鍵性戰略要素。	·運用經證實為有效的內容作為廣告的基本主題。
		·運用推廣方法擴大消費者層面與規模。
		·試銷成功後，將媒體運用從以印刷為主轉為以電視為主。
·其它	對於能幫助達成預定目標的基本戰略安排或戰略方向，提出其它具體的進一步說明。	·將產品平行擴伸至全國。
		·開闢兩條新生產線。
		·提供比競爭品牌更優厚的經銷利潤。

二、文案戰略（Copy Strategies）

綱　要	說　　　　明	舉　　　隅
1.目標	描述訴求對象特性，並說明要傳播給訴求對象的基本訊息。	·說服幼兒的母親，使其偏好我們的產品，因為…。
		·說服10～19歲之青少年，使其瞭解我們的產品比 X 牌產品快兩倍……

2.戰略 ・基本概念	描述所發展出來用以傳遞上述訊息給消費者的基本 Campaign idea。	・專為無法每餐飯後刷牙的人士設計的……。 ・把洗碗的事交給……。 ・在您車子的油箱裏放置一頭老虎。
・概念支持點	按照 Campaign 的訴求方向，描述一下可以讓消費者相信其本訊息的支持理由。	・含有 GL-70。 ・含有快速之有效成份組合。 ・五分之四的醫生推薦。
・氣氛／格調	適當廣告中所要傳達的情境安排。	・現代的；摩登的；傳統的。 ・正式的；嚴肅的；輕鬆的。 ・幽默的；趣味的。 ・柔和的；輕快的；女性的。 ・震撼的；陽剛的。 ・消息發佈，告知式的。

三、媒體戰略 (Media Strategy)

綱　　　要	說　　　　　明	舉　　　　隅
1.目標	描述訴求對象之所在，並說明適用於該訴求對象之媒體別比重以及廣告媒體所要達成的目標。	・加強對年輕母親的到達率。 ・在消費旺季期間內，作進一步強調。 ・對高成長的市場集中火力。

| 2.戰略 | 說明為此目的所作的媒體選擇；選擇的理由；必要時得說明媒體安排所達成的到達率與頻率（Reach & Frequency）。 | ·因為……所以繼續選擇電視為主要媒體。
·利用歌仔戲時段以期達到 Reach 及 Frequency 之最大效果。
·在消費旺季利用晚間之電視時段向主要市場訴求。
·配合夏季推廣運用主要市場對象所閱讀的報紙進行訴求。 |

四、推廣戰略

綱　　要	說　　　明	舉　　　隅
1.目標	提出推廣活動的特定目標，並按其重要性程度予以順序排列。	·在流通順暢的銷售點上刺激衝動性購買。 ·增加配銷通路。 ·提高品牌試用率。 ·增加購買頻率。
2.戰略	說明達成上述目標的方法，描述所採取之推廣活動的必要配合措施。	·提供定期內的直接誘因給消費者，提高其購買量。 ·提供進貨及銷貨獎金。 ·散發十元的折價券給商圈附近一萬戶住家。 ·選擇適合對象階層的實用贈品。

五、價格戰略

綱　　要	說　　　　明	舉　　　隅
1.目標	描述所建議之零售價格結構的目的。	·維持＿＿＿％的毛利率（GPM）。 ·維持與主要競爭品牌之同等價位。 ·以較大包裝提供消費者較高的價值感。
2.戰略	適當地說明達成上述目標的方法	·在年底前提高零售價五角。 ·推出經濟包降低售價。 ·立即跟進競爭對手的任何價格調整。 ·降低＿＿＿％的生產成本。

五、賦予明確任務

　　一旦選定了初步概括式的攻擊計畫之後，行銷傳播經理必須針對包裝、廣告、業務代表、價格、零售店、實際產品、品牌名稱……等傳播角色進行明確的界定並作成決策。所有這些戰術上的考慮必須全盤加以融合，成為一種一致性的行銷訊息，進而刺激事先經選定的市場區隔中的消費者採取預期的行動反應。在擬訂整體計畫時，必須考慮到作業的彈性，俾使每一特定的任務間得以迅速適當調整，以配合市場情勢的變化。例如，許多汽車製造商對於能源危機都能迅速採取反應，而在其廣

告訊息中強調省油，說明該廠牌汽車所能達成的里程數。

　　圖 17-6 有助於了解戰略的擬訂，該圖說明企業計畫系統的主要構成要素，以及行銷傳播戰略在整體計畫系統中所扮演的角色。

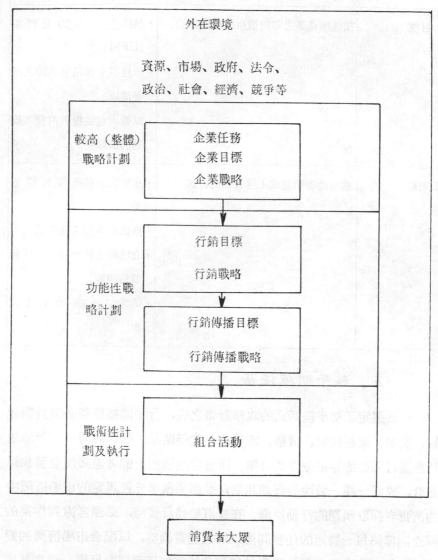

圖 17-6 企業計畫系統之簡單模式

叁、行銷傳播戰略

到目前爲止，我們在這一章裏已經探討過戰略、整體戰略以及戰術等概念，並大致描述了擬訂戰略的步驟，並說明了行銷人員在擬訂企業或行銷戰略時，必須注意的一些考慮。這一節裏將針對行銷傳播戰略加以探討，並且將行銷傳播戰略分成三大類分別加以說明，卽：產品利益戰略、形象認同戰略以及產品定位戰略。

一、產品利益戰略(Product-benefit Strategy)

產品利益戰略是指在行銷傳播訊息中，設計一些傳播產品的某些特徵或消費者利益的戰略。這些戰略把重點放在強調產品所具備或所能提供（指功能方面）給消費者之處。例如：冷氣機廠商強調其冷氣機「安靜無聲」；洗衣機廠商指出其洗衣機「洗衣不打結」；電冰箱廠商說明該公司的冰箱「不但以微電腦控溫，還多了一個 0°C 冰溫保鮮室」；汽車製造商指出該公司新推出的轎跑車「內裝豪華，有電腦儀表板，精確顯示車況」…。　類似這些例子不勝枚舉（如圖 17-7～圖 17-11），都是運用產品利益的行銷傳播戰略。雖然，這種戰略在某些情況之下對某些產品會獲得成功，有時則不盡然。更重要的是，運用這種戰略往往會給其他競爭公司有機會模仿其商品，而瓜分了該公司在市場上的實質利基（niche）。

以「產品—利益」戰略爲基礎的創意非常簡單。運用這種戰略的廠商必須找出，該品牌與市場上其他競爭品牌間，不同的產品特徵或消費者利益。無論是經由消費者研究，或是經營階層的直覺研判，該公司必須設法發展出一套可能滿足消費者某種需求的獨特特徵或利益，也就是

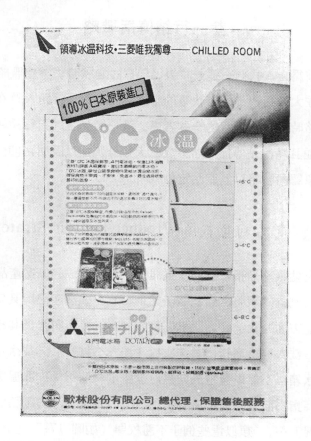

圖 17-7　運用「產品—利益」戰略的廣告舉隅(二)——「0°C
　　　　　冰溫保鮮室」的冰箱。

所謂的USP(Unique Selling Proposition, 獨特銷售建議)。

　　「產品—利益」戰略並不僅限於推廣（ promotion ）或廣告的領
域。換言之，要確保該戰略的成功，必須設法使企業中的所有行銷傳播
變數都能全面配合求得一致； 這些傳播變數包括包裝、 價格、 品牌名
稱、產品實體等，都必須能傳播預期的訊息。

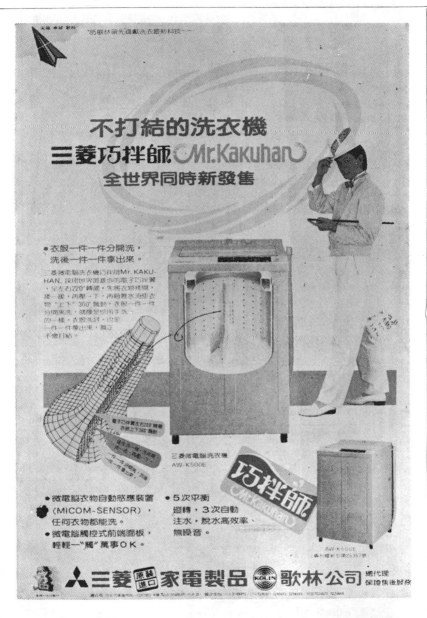

圖 **17-8**　運用「產品—利益」戰略的廣告舉隅(一)——「不打結的洗衣機」

圖 **17-9** 運用「產品一利益」戰略的廣告舉隅(三)——「專爲臺灣寶寶設計之配方」的嬰兒奶粉

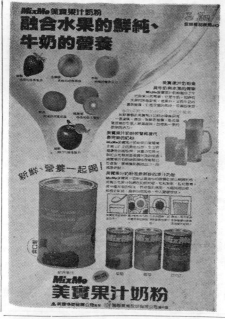

圖 **17-10** 運用「產品一利益」戰略的廣告舉隅(四)——「融合水果鮮純與牛奶營養」的奶

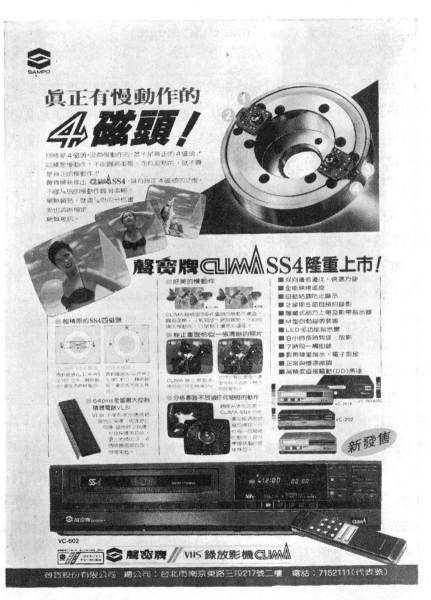

圖 **17-11**　運用「產品—利益」戰略的廣告舉隅㈤——「超精密
　　　　　　4 磁頭」的錄影機

二、形象戰略(Image Strategies)

如果說，五〇年代的行銷傳播戰略主流是「產品特徵導向」或「消費者利益導向」的話；則六〇年代所誕生的形象時代，可以說是當時流行的傳播方向。「形象戰略」的主要目的是希冀在消費者心目中塑造一種品牌「印象」(impression) 或「圖像」(picture)， 以便與其他品牌有所區別。析而言之，「形象戰略」是經由心理差異的創造間，達到產品差異的方法；而「產品—利益戰略」則是經由產品物理上或實體上特殊設計處理以及功能上特徵等方面的強調，進而傳播產品之差異。

「形象戰略」經常會設法去塑造品牌「個性」(personalities)，而將產品擬人化，以人類的一些特質來描述商品，例如：陽剛、陰柔、女性化、年輕、傳統、新潮時髦、保守、典雅、穩重、奔放、叛逆、解放……等。有時，「形象戰略」也會被用來塑造身份地位、高雅品味、堅固耐久……等品牌形象。

對於那些在產品之物理上、實體上、或功能上與競爭品牌接近或趨於「同質化」(homogeneous) 的產品製造廠商而言， 「形象戰略」尤其有效；因為，只有這種戰略較可能在同質化的諸多產品中，形成「異質化」(heterogeneous) 的現象 （這點與第三章中所談的「刺激區辨」概念，有所相通。）航空公司、化粧品、清涼飲料……等產品，均需要設法在消費者心目中建立心理差異，而在廣告中為品牌塑造性格或形象（如圖 17–12～圖 17–15） 。

圖 17-12 運用「形象戰略」的廣告舉隅㈠——「相逢自是有緣」

圖 17-13　運用「形象戰略」的廣告舉隅㈢——「新生代的選擇」

圖 17-14　運用「形象戰略」的廣告舉隅㈣——「搖動流行」

圖 17-15　運用「形象戰略」廣告舉隅㈡——「感性美」

　　雖然，「形象戰略」的主要關鍵在於廣告，但是如果完全倚賴廣告的話，可能也非常不恰當，甚至會導致失敗。成功的「形象戰略」，必須建立在所有行銷傳播變數的整體配合及統整之上。換言之，必須在包裝設計、產品規劃、通路選擇、價格擬訂……等方面，都考慮到整體形象的一致性。

三、認同戰略 (Identification Strategy)

「認同戰略」可以說是「形象戰略」的延伸，因爲「認同戰略」也是設法爲品牌塑造形象，只不過是該戰略所塑造的形象，重點在於消費者能够很快地認同，或樂於認同的形象。如果說「形象戰略」是以「產品導向」 (product oriented) 爲主的話，則「認同戰略」可以說是「消費者導向」 (consumer-oriented) 了，這些戰略都必須根據消費者研究， 藉以得知產品如何增加消費者的自我形象或自我理想形象 (self-image or self-ideal image)。這一節裏所要提到的兩個戰略方向，將有助於擬訂「認同戰略」時之參考。

「認同戰略」已注意到了行銷傳播過程的互動本質。在運用「認同戰略」時，行銷傳播人員必須設法擬訂明確的產品訊息，使其意義能廣泛而順利地被目標市場所接受。「認同戰略家」設法經由行銷傳播去塑造該公司之「整體產品提供」 (total product offering)，以滿足消費者對產品的心理需求。簡而言之，「認同戰略」必須建立在一個前提之上： 一個公司愈了解其消費者的話， 就愈能有效地將其 「整體產品提供」傳播給消費者。以下就是用來分析消費者，了解消費者，並進而擬訂「認同戰略」的兩種方法。

㈠**自我印象（概念）**

在前面第十章裏，我們曾提到，近幾年來行銷人員愈來愈對自我概念（或自我印象）理論用以解釋消費者選擇行爲感到興趣。有關「自我印象」（或自我概念）的定義在第十章裏均已提及。在此，僅提到行銷研究中曾以爲根據的兩個基本「自我印象」理論架構：

1. 個體往往會努力去維護並加強其自我印象(Combs and Snygg, 1959)。

2. 個體有維護其自我和諧及內部一致的傾向 (Lecky, 1961)。

　　根據這個理論架構，產品及產品品牌均被視爲消費者購買來維護或加強其自我印象的物體。實際的選擇決策則繫於該商品或品牌與消費者之自我印象間之相似（或調和）程度。因此，有人根據像啤酒、香煙、洗髮精、化粧品、飲料……等產品之消費者的研究加以歸納推論，認爲產品往往成爲傳播的符號。這種符號所傳播的意義會直接影響個體的自我印象，並進而左右其購買行爲。換言之，產品就是「自我印象」的表徵，而「購買」正是個體用以維護或增強其「自我印象」的具體方法（Crubb, 1965）。

　　關於「自我印象」與產品之象徵（符號）本質間的關係，我們可以獲致下列的結論 (Crubb and Grathwohe, 1967)：

1. 個體確實有其自己的自我概念。

2. 自我概念對他是有價值的。

3. 由於該自我概念對他有價值，個體的行爲會致力於促進或加強其自我概念。

4. 自我概念是經由與父母親、朋儕同輩、師長以及顯著之其他人之間的互動過程 (interaction process) 而形成。

5. 產品有時作爲社會象徵，因此對個體而言是傳播工具(訊息)。

6. 運用產品象徵可以將「意義」傳播給個體或他人，引起反應和（或）互動過程，並進而影響個體的自我概念。

7. 因此，個體的消費行爲之形成，係由於個體使用作爲象徵之產品，而促進或加強其自由概念；這一點與學習理論中的工具

式制約學習頗爲接近（如圖 17-16）。

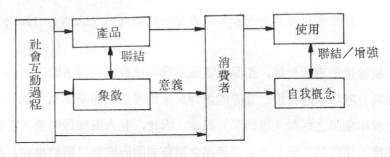

圖17-16 自我概念與產品象徵

行銷人員必須考慮將自我概念的理論作爲擬訂行銷傳播計畫的基礎。對於消費者自我概念及其對品牌知覺之深入剖析，將可供許多不同產品作爲區隔市場的有力工具。從消費者研究所獲致的消費者及其自我概念剖析，可供行銷人員作爲設計其廣告、包裝、產品特徵、品牌名稱與其他傳播要素時之設計指引。此外，零售據點有時也必須考慮到顧客自我概念 (Martineau, 1958)。

㈡**生活型態及心理特性**

近年來，以生活型態 (Life Style) 分析及心理特性 (Psychographic) 研究，作爲擬訂行銷傳播計畫之基礎，已愈來愈成爲各界注意的焦點。生活型態與心理特性這兩個概念，雖然分別被定義，但是卻互相通用，在消費者研究中也經常被合併運用。

大致說來，心理特性所涵蓋的範圍較廣，而心理特性研究（psychographic research）所要探討的項目，除了包括了生活型態變數（即 A. I. O.—Activities, Interest, Opinion, 見第十章及本章第二節）之外，還包括了消費者之需求與價值、人格特質、預期產品利益、品牌知覺、產品及品牌使用行爲、媒介接觸習慣、以及購物習慣等方面的剖析。

圖 17-17　根據生活型態戰略所發展的廣告舉隅㈠

每一種不同產品的心理特性研究必須要有不同的探討項目，牙膏使用者的心理特性分析項目，必然與啤酒使用者的心理分析項目有所不同。

　　行銷人員必須根據其消費對象的生活型態及心理特性來擬訂行銷傳播策略，使消費者對「整體產品提供」產生認同（如圖17-17～圖17-19）。

四、產品定位戰略(Product-Positioning Strategy)

　　「產品定位戰略」是指試圖經由與某品牌之競爭者產生關聯或將某品牌與消費者心目中旣存的某些事物產生聯結，而希冀在消費者心目中爲該品牌建立某種「位置」的戰略。換言之，定位就是在消費者認知領域中，找到某一「位置」而將該品牌植建其上（圖17-20）。

1

2

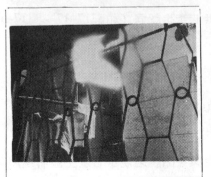

5

6

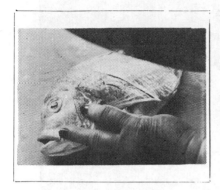

3

4

7

8

圖 17–18 根據生活型態戰略所發展的廣告舉隅㈡

創新與保守
您喜歡那一種？

一樣的杯子
不一樣的內涵
創新寓意著開放進取
保守象徵著安於現狀
凡事若能抱持創新的哲理
必將多彩多姿

這就是生活的情趣

圖 17-19 根據生活型態戰略所發展的廣告舉隅㈢

　　例如，七喜汽水甫上市之時，以碳酸飲料(soft drinks)的姿態出現
（也就是在消費者心目中所找到的「位置」是碳酸飲料）。在碳酸飲料
市場中，七喜遭遇到了可口可樂、百事可樂、榮冠(R.C.)可樂等強勢品
牌而一籌莫展，消費者把七喜汽水當成可供他們選擇的碳酸飲料類中的

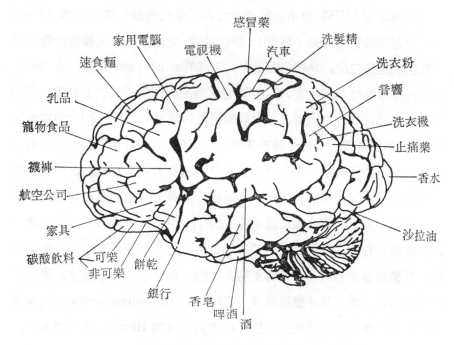

圖17-20　定位好比在腦中找到一個「租位」

一個品牌，而可樂在該類飲料中遠比其他碳酸飲料更受到消費者偏好。因此，七喜汽水遂採取「定位」策略，推出「非可樂」(Un-cola) 廣告運動 (Campaign)，試圖在由可口可樂及百事可樂所盤據的消費者腦中找到一個「租位」。這項廣告運動的結果，果然將消費者心目中的「碳酸飲料」市場，拆分成為「可樂市場」及「非可樂市場」，而七喜汽水乃從「碳酸飲料」中之第三或第四偏好的位置，一躍而成為在「非可樂」中最受偏好的品牌了。七喜汽水的廣告運動創造了可樂之外的另一選擇，而在消費者心目中建立了新的產品類疇，並且把自己設定在此一新的產品類疇中的盟主地位（這個道理與俗諺「寧為雞嘴，不為牛尾」頗為類似）。至於建立新的產品類疇必須要與消費者心目中業已熟悉的事物（例如可樂）有關，才能真正奏效。

艾維斯（AVIS）租車公司於一九六〇年代所做的廣告（專題17-②），所運用的策略則是「對立」（against）定位策略。艾維斯的廣告以「我們只是第二位，我們只有更努力」（We are only No. 2, but we try harder）作為主題，以業界的領導品牌作為「對立」對象。這個廣告的成功，有許多因素，其中最重要的因素是對「定位」的感性訴求，它勇於承認該公司是居於業界的第二位，而將競爭對手奉於第一位，這與「老王賣瓜，自說自誇」之自吹自擂方式正好相反，而在美國人傳統中又傾向於同情弱者，因此這招「哀兵」奇招，有效地掌握了消費者的注意力。同時，由於這種巧妙的「定位」，使原為弱點的「第二位」轉為有利點，因為它提出了「第二位，自然會更努力」作為推論邏輯，而消費者也會對這名「會更努力」的「第二位」寄以厚望，而且相信它的諾言。這正是「雙面傳播」（two-sided communication）的完美運用——即說明自己的反面地位（指出對手赫茲 Hertz 是業界老大），然後再立刻提出反駁（指出「我們會更努力」），也就是所說「YES-BUT」戰略。

福斯汽車的廣告也採用與艾維斯租車公司所運用之類似戰略。這種獨樹一格的廣告運動，也就是後人所推崇的「醜定位」（ugly positioning）。福斯汽車的系列廣告，總是在一張巨大的商品之下，配置一句相當聳動

專題 17-② 艾維斯與赫茲的汽車廣告爭霸戰

　　關於艾維斯與赫茲這兩家汽車出租公司的廣告戰，描述得最完善的，應該是葛雷特哲（Robert Glatzer）所著的「新的廣告」（The New Advertising-The Great Campaigns From Avis to Volkswagan）一書中的一章。書中將這場爭霸戰分為「艾維斯戰赫茲」與「赫茲還擊艾維斯」兩部份：

第一回合——艾維斯戰赫茲

　　這場戰是從艾維斯陣營開始的。一名觀察家追述說：「1969 年的今天，

艾維斯的業務扶搖直上，眞令人無法想透他們如何在業界苦撐至今。 他們已經有整整十五年處於財務赤字的狀況——整整十五年的賠錢！ ——眞令人無法猜猜他們究竟為何仍然屹立不倒。如果我是貸款銀行的話，我一定會儘早讓它關門，把車子賣掉，然後收回我的廬損。但是，有家投資銀行家卻認為他們應該有一個機會來挽救這家公司，這便是佛雷里斯（Lazard Freres）銀行。我當時認為，他們是一羣瘋子。」

這位觀察家自從1962年起，就改變了他的看法。

1962年，佛雷里斯銀行首先雇用了一位名叫湯聖德（Robert Townsend）的人來經營艾維斯公司，然後賦予全權讓他放手去做。 湯聖德隨即着手進行一項艱辛計劃，將艾維斯公司從默默的第二流的、聲譽掃地的處境提高其地位，然後再在出租汽車業界爭上一席之地—— 讓使用艾維斯汽車的商場人士受人尊敬，覺得有身份而不致被誤為「可能的偷車賊」。

湯聖德走訪了六家廣告代理商，向他們提出如下的要求： 「我有一百萬的廣告費用預算，但我所需要的是價值五百萬元的衝擊效果。」，所得到的答案是否定的，大家都認為會失敗。但是，當他拜訪DDB廣告公司時，彭巴克居於實現理想的理由，答應替他做這件事。 他要求給予九十天的時間來策劃廣告活動，並且說： 「你必須答應， 對於我們所撰寫的每一件東西，一點一字都絲毫不能更改，直接拿去刊登。 我們樂於看到我們所撰寫的東西刊登出來，而不喜歡看到它被呈到董事會那兒後被弄得一團糟。一個好的廣告呈到董事會裡，便不算是一件創作了。」 湯聖德答應了他的要求，接着便開始他的期盼。

DDB 這邊立刻成立製作小組，主要成員為彭巴克、柯隆（Helmut Krone）及撰文員葛林（Paula Green）， 他們就艾維斯微不足道的資產以及數額龐巨的債務進行研商，所得的結論是：艾維斯並不是最大， 也不是最好，更不是最賺錢——甚至連够得上大企業的基本條件都不够多 ——眞是天曉得！不過，它畢竟還有湯聖德——日後，柯隆曾說， 他覺得可以完全相信湯聖德正竭盡一切積極地在努力， 期使艾維斯至少在顧客心目中

成為租車時最愉快、最友善的地方。柯隆與葛林小姐在接受了這個客戶之後，遵照 DDB 公司的原則——廣告可以發揮作用，成為商品的具體屬性，開始策劃製作這項被譽為1960年代最不平凡的——也是最重要的——廣告活動。

湯聖德對這項廣告並沒有充分的心理準備，他說：「他們在九十天以後回來了，所提的廣告作品看起來簡直太恐怖了，我認為甚至連他們都不敢肯定其方向是否正確。我當時再三說：「不要刊登這個。」，可是他們堅持不肯讓步，果然，這項廣告活動進行得相當成功。」

柯隆說：「我必須替艾維斯開創新頁。」「舊頁」指1960年代所做的平凡印刷媒體廣告，這是大衛·歐格威 (David Ogilvy)於 1949 年所創新發明的（是自1920年代以後，廣告界的突破），他的特點是一幀大照片，大標題在下，然後底下是一大堆文案。柯隆說：「我大致還保持過去的作法去構圖，不過在表現方式上卻一反過去，改頭換面，採用大標題、大字體的文學而小照片的方式來進行艾維斯的廣告表現。」（圖1～圖7）。

誠然，柯隆所做的不僅是替廣告表現開闢一條新的方向，同時他和葛林小姐更將廣告帶入一個新的境界。廣告刊出之後，便接到來自其他廣告公司以及一些廣告主的激烈——甚至憤怒的評論，這些評語的大意是說，只有精神不正常的人才會製作像這些的廣告，才會讓客戶的業務受挫（他們認為這些廣告會影響到艾維斯的營業），才會奮力強調我這家公司只是業界中的「第二位」。保守人士之間最常聽的反應是：「這正好是免費在替赫茲作廣告。」當然，免費替赫茲作廣告是不值得的。但是，在這之前你要租車的話，總是會去找赫茲；如今，當你在赫茲門前排隊的時候，你會想到去試試艾維斯的車子，看看廣告所說的是不是真的。"不找赫茲而試試艾維斯"——雖然只是一時心血來潮——踏出了品牌轉換的第一步，你試過艾維斯之後，一定會向親友談到關於艾維斯的一切。對許多經理人員而言，租用艾維斯的車子已經變成「圈內」的習慣；這顯示人們對弱者所表示認同，甚且對廣告表示欣賞。

　　當然，假若不是湯聖德重視承諾，提高公司及其員工、服務、和它的車輛的信譽與地位的話，整個廣告必將功虧一簣。所幸的是，他能充分地自由發揮，全權負責處理公司的所有事情。事實上，柯隆與葛林小姐進一步撰寫的廣告要求對艾維斯不滿意的任何人都可打電話到湯聖得的辦公室或家裡，並且列出了他的電話號碼（圖8）。廣告刊出後，來了許多電話，不過所有這些電話都表示他們如何地喜歡艾維斯這家公司。

　　對一些保守派人士而言，一個廣告活動是否成功的印證是銷售數字的提高。1962年，湯聖得接掌艾維斯的那一年，艾維斯的歲入爲 3400 萬美元，虧損額爲3201萬美元。1963年，由 DDB 作廣告後的第一年，年營業額爲 3500 萬美元，盈利額達120萬美元──這是15 年來第一次盈餘。1964年，營業額躍升達 4400 萬美元，盈餘已接近 300 萬美元。到 1968 年爲止，DDB爲艾維斯所做的廣告費用已超過六百萬元；但是到了1969年，艾維斯終止了與 DDB 廣告公司的關係，而將廣告交由 Benton & Bowles 廣告公司代理，這可能是由於有次廣告活動的明顯失當，DDB 在廣告作品上用粗線畫出昆蟲攻擊艾維斯之樸里茅斯車隊（該廣告是在柯隆離開之後才設計的，柯隆在 1969 年夏天，就已經離開 DDB 公司而自己創立廣告公司）。

　　艾維斯的顧客和看到艾維斯的讀者，紛紛索取「我們會更努力」（We try harder）的胸章，造成預期之外的宣傳效果。這種別緻的胸章風行於各個角落。

　　老兵俱樂部、足球隊、公司業務人員、軍團、大學生等等都引以自勉。這句話已被引用爲互勉用語，對於在美國流失已久的堅毅信念，有一種激發的作用。在這句口號從自我防衛的意味轉化爲謙恭奮勵的目標之前，艾維斯花在贈送胸章上的費用，就已經超過了十萬美元。

　　這項廣告活動也對赫茲產生了效果，赫茲在 1966 年把廣告從舊的廣告代理商手中收回交給卡爾阿利廣告公司（Carl Ally），設法製作一項廣告活動來還擊艾維斯。一場激烈的出租汽車廣告戰，從此拉開了序幕。

第二回合——赫茲還擊艾維斯

由 DDB 公司人員出去在外創立的廣告代理商，大都秉承彭巴克所創的原則——廣告要明顯敍述商品的特徵，儘可能考慮到消費者購買時所要注意之處，像價格、外觀、或效用等，而不單單是成爲推銷人員的後盾而已。針對這一點，他們舉出了葛伯萊 (John Kenneth Galfraith) 的深度見解，認爲在「新工業社會」(new industrial society) 裡，人們往往忽略了傳統的品質與價格差異，而這些卻是購買決策過程中不可缺少的參據準則。因此，廣告對購買者而言日形重要，並且可能演變到後來變成——某種產品之所以優於其他競爭品牌，是由於它的廣告做得比較好； 進而言之，如果廣告的確較好，其銷售勢必增加，因爲該商品較競爭商品多佔一個優勢——廣告較好。

照這種做法的下一步，是「廣告」消費者，讓他們知道我的商品的廣告勝過競爭商品的廣告，進而合理期待消費者的認同，如此，業務勢必遽增。事實上，1966年「艾維斯——赫茲之役」爭執之點是在於： 究竟在廣告中自說自誇強調自己是業界第一的方式較好呢？ 還是強調自己不是業界第一的方式較好？

赫茲汽車出租公司 (Hertz Rent A Car) 一直是業界之第一位，而今仍然是第一位。它的營業額佔全年業界市場總數（四億美元）的50%。這家公司曾經從1958年起推展過一項「讓赫茲領你到駕駛臺」("Let Hertz Put You in the Driver's Seat") 的廣告活動，由諾曼・克萊葛・昆梅爾廣告公司 (Morman, Craig & Kummel) 策劃設計。儘管這項廣告活動本身有點拙劣。但是它負有一項艱難任務，也就是該行業初期，告知成千上萬的人們知道，汽車可以按小時、天、或週計算去租車，而且就跟買的車子一樣，愛開到那裡就開到那裡。 就業界第二位且相距懸殊的艾維斯而言，可以不費吹灰之力而且事半功倍地向赫茲的顧客說服，指出艾維斯比赫茲更迅速、更親切。「我們會更努力」的公司，對顧客而言，是相當具有吸引力的。

圖 1

圖 2

圖 3

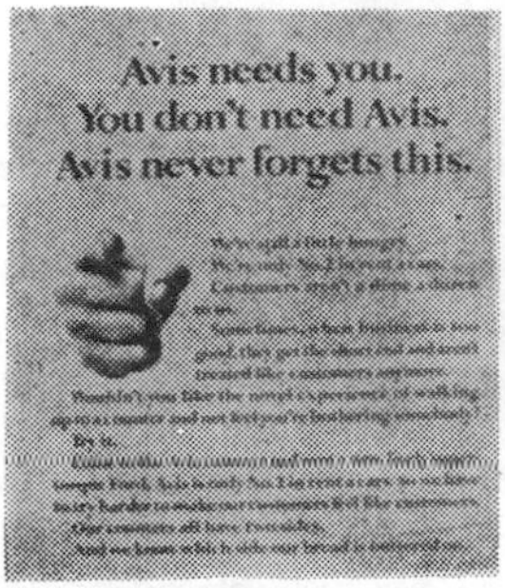

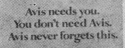

圖 4

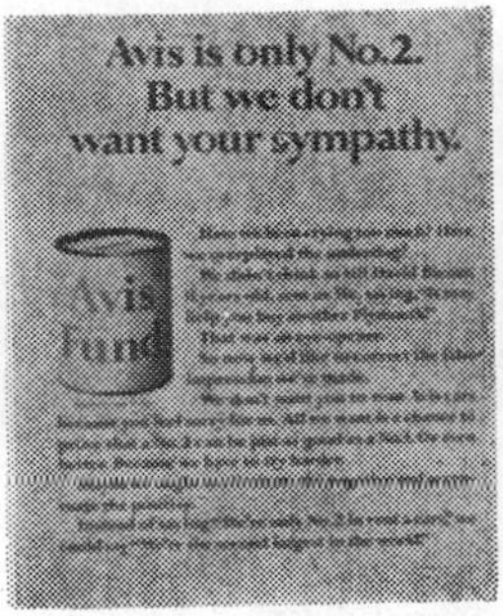

圖 5

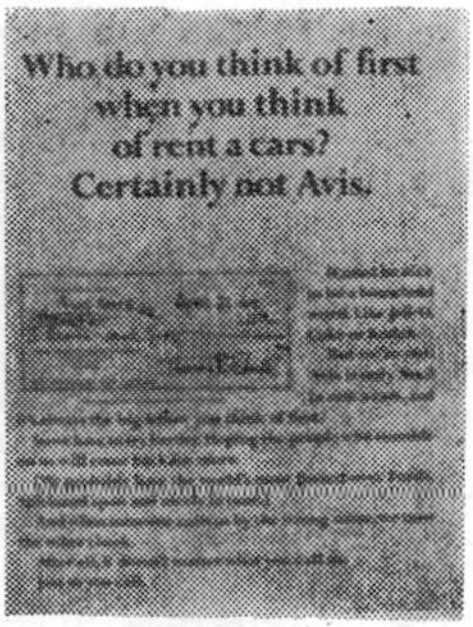

圖 6

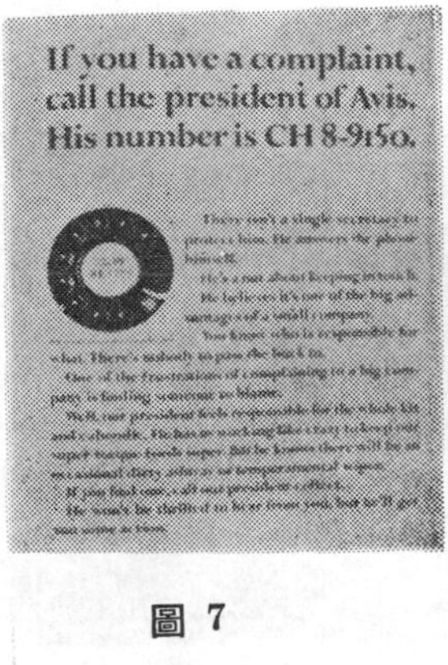

圖 7

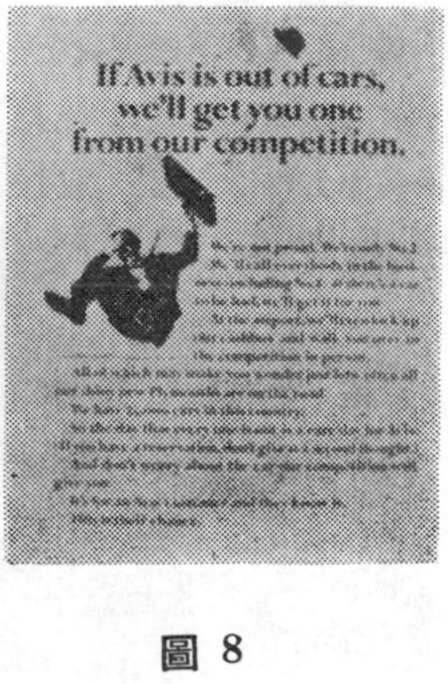

圖 8

圖9　圖10　圖11

圖12　圖13　圖14

圖15　圖16　圖17

　　當赫茲決定換廣告代理並改變它的廣告路線時，　他們考慮到了卡爾阿利廣告公司。阿利回憶說：「赫茲在 1965 年的 11 月找上我們，問我們是否能代理他們的一小部份廣告，我們婉拒了。然後，他們在 1966 年春天，再度找上我們。他們同時也找了其他的廣告公司，　所有其他的廣告公司都不願意接受這個客戶。我們接受了這家客戶，並着手替它診斷，　告訴他們赫茲正受到艾維斯的中傷。」

　　「艾維斯在彭巴克的廣告火力支援之下，　有四年半時間一直在吞蝕著赫茲的業務，而赫茲事實上也受到嚴重的打擊。他們從數字上看到：艾維斯的成長比赫茲迅速，而且氣勢凌人，威脅着赫茲。四年半以來，艾維斯一直以諷刺的方式影射著：赫茲的車子丟了滿是煙蒂，　赫茲的車子骯髒不淨，赫茲的車子不安全，赫茲職員的服務惡劣。假如你四年半來一直面對這些廣告的影射，而不加任何否認的話，消費者會認為那就是事實。」

　　除了卡爾・阿利廣告公司之外，　赫茲不能再找到更好的廣告代理商來治療這種病症。卡爾・阿利是一個頭腦清醒、鬥志十足的人，　舉止談吐之間，流露出有如大學英文教師的風範，以及檯球賭棍的冒險精神。（他曾為大學英文教授；也是球檯上的風雲人物，　雖然他在檯球上仍然要對他的兩位伙伴──杜菲（Jim Durfee）和買甘諾（Amil Gargano），該公司裡兩名相當傑出的文案及美術指導──敬畏三分）。這三位青年人走出底特律的彈子房，經由底特律最大的廣告代理商──坎培爾・葉沃德（Campbell-Ewald），進入廣告行業。離開坎培爾・葉沃德之後，阿利進入了 Papert, Koenig, Lois 當 AE，負責全錄──（Xerox）這家客戶，他曾為這家客戶策劃許多傑出的廣告活動；買甘諾先在 Benton & Bowles 待一陣子，　然後就和杜菲於1962年加入阿利自己所創立的廣告公司。他們的第一個客戶是瑞典的富豪牌（Volvo）汽車，在爭取這家客戶時，他們曾提出一系列的廣告表現，這些表現由買甘諾用草圖畫出，結果每一張稿子上都把"Volvo"錯拼為"Valvo"。雖然富豪汽車曾一度於1967年遭到挫折，但是就廣告表現而言，　富豪汽車的廣告活動在許多方面均足以

比美 DDB 公司所策畫的福斯汽車廣告，甚至有一些還優於福斯汽車。

阿利的所有最佳廣告都有一股強烈的個性，似乎擷取自彭巴克及郭沙奇 (Howard Gossage) 兩者的精華，郭沙奇是位來自舊金山天才，深受廣告人敬重。

阿利替赫茲所做的第一個廣告，可以說是一針見血。DDB 公司純粹運用精心策劃的廣告活動，已經替艾維斯引發了一場爭霸戰，因此，赫茲必須將本身之所以為第一位的市場記錄整理後提出（圖 9）。當時，赫茲的顧客，甚至連赫茲的員工，都已經開始動搖對赫茲的信心，並且開始相信艾維斯的廣告；因此，赫茲之第一階段的系列廣告就是在恢復這些顧客以及員工們對赫茲的信心（圖10～12）。阿利廣告公司一共設計了六個類似這種性質的廣告，都是由杜菲撰寫文案的；當他認為某一重點已經抓對了，他就依此重點再多撰寫另一個廣告（圖13）。

這種直接的攻擊在過去的廣告史上非常少見，因為在廣告同行間有一條不成文的規定，那就是不可以在自己廣告中提到競爭對手的名字，更不可以攻擊對方的廣告，由此看來，這次的攻擊行動已降低了行業間的道德約束力量。何況，過去從來沒有人敢攻擊 DDB 這位被公認的「老大」。不過，如阿利當時所說：「余豈好戰哉，余不得已也！」

彭巴克馬上對赫茲的還擊採取行動（圖14～16），阿利也立刻還以顏色（圖17）。

廣告評論家們開始指謫艾維斯及赫茲的廣告活動，認為他們兩家都只是互相謾罵，而未關心到他們的顧客。但是，事實上阿利和彭巴克都戰戰兢兢地在運用廣告來替客戶塑造他們期望顧客去接受的公司印象。赫茲的意義很明顯，認為如果沒具備充分的條件是不可能成為業界之第一位的；而艾維斯則是利用美國人同情弱者的心理做為出發點。雙方在開始的時候，都有一個假設，認為廣告做得好的公司，業務也會跟著好。

1967年春天，阿利公司宣佈停止攻擊。杜菲說：「够了，這已經够了！這種事情一生只能遇上一次，而我們已經證實我們的看法。」

阿利的廣告活動究竟算不算成功？且聽聽阿利自己的意見：「只要看業務數就可以了，六個月以來，我們已經替赫茲挽回失去的業務了。」赫茲的市場佔有率從55％降為45％已有四年之久了，經過阿利的廣告，在半年之後已回升為50％了。阿利結論說：「四年半以來，赫茲被打得腳步不穩，我們來了之後，已經逐漸轉好了。」從這個觀點看來，阿利替赫茲所做的廣告，可以說是成功的。

而又誘使讀者樂於卒讀整篇文案內容（如圖 17-21）。這種以「醜──是在於外表」（ugly is only skin deep）的「醜定位」訴求，首先自貶身價，承認自己的弱點，強調自己的醜陋。然而，大多數消費者往往會從正面的角度去體認「雖然」外表醜「但是」福斯汽車卻是性能卓越，

圖 17-21　福斯汽車的一貫作法──大圖片，強文案

耐久經濟、而且不被流行所淘汰的汽車。當然，這種體認是基於消費者過去對汽車的學習經驗與信念。

爲了建立適合的定位，有時必須對競爭對手加以「重新定位」（reposition）。例如，貝克啤酒（Beck's）當年在美國上市時，就曾針對當時的市場領導品牌──洛溫布勞（Lowenbrau）加以重定位。貝克啤酒在其廣告中向美國消費者宣告：「您們已經嚐過在美國最受歡迎的德國啤酒，　現在讓您來嚐嚐在德國最受歡迎的德國啤酒。」過去，　消費者一直根據洛溫布勞啤酒的廣告誤以爲洛牌啤酒就是德國最受歡迎的啤酒。貝克啤酒的廣告顯然將洛溫布勞逼出洛牌在消費者心目中的此一位置，進而將自己置於其中，使消費者恍然大悟認爲：「原來貝克啤酒才是在德國最受歡迎的啤酒。」這個例子再度印證，「定位戰略可以引發消費者之正面情緒聯結。」消費者會如是推論：雖然貝克啤酒不是在美國最受歡迎的德國啤酒；但是，貝克啤酒既然是德國啤酒，那麼一定是好的啤酒；既然是在德國最受歡迎的德國啤酒，那麼一定是非常好的啤酒！

有些公司因爲有辨認或識別上的問題，因此較困難在消費者心目中建立「定位」。多年來，B. F. Goodrich 與 Goodyear 一直被消費者混淆。事實上，Goodrich 的許多廣告一直被消費者聯結爲 Goodyaer，而認爲是其廣告，因爲 Goodyear 過去所花的廣告費遠超過Goodrich。因此，Goodrich 不得已只好打出一個廣告，改變其在消費者心目中的「定位」，並藉以和 Goodyear 劃清界線，廣告中說：「您們都知道飛行船的那家公司吧！嗯，我們是另一家。」（Trout and Ries, 1972）。

又如幾年前，當溫蒂(Wendy's)漢堡在美國打出「牛肉在那裏？」（Where is the beef?）的廣告（圖17-22），以期與麥當勞等其它漢堡

店有所區分時，一家近年來以「老頑固製造鮮嫩炸鷄」（the tender chicken made by a tough man）之形象而在美國極受歡迎的普渡炸鷄（Frank Perdue），在 1985 年的廣告中幽默地指出：「誰管它牛肉在那裏？」（who cares where the beef is?）（見圖 17-23）也是要設法與漢堡劃清界線。

有些公司有時會因爲在同時間內推出一些新的產品線，只爲了減輕負擔而建立其定位，並在產品命名時採用「族名」（family name）。這種情形很容易掉入所謂的「產品線延伸的陷阱」（line extension trap）。

一九七〇年，門寧公司（Mennen）曾經推出「蛋白質 -21」（protein 21)洗髮護髮劑，獲得極成功的結果，佔有百分之三十的市場。在初嘗勝利滋味之後，門寧公司由於被「產品線延伸」之概念所誘惑，乃迅速地在市場上推出「蛋白質-21」噴髮膠、「蛋白質-29」噴髮膠（男士用）、「蛋白質 -21」護髮乳（兩種配方）、「蛋白質 -21」濃縮劑。更令人混淆的是，原來的「蛋白質 -21」竟然也改成三種配方上市（乾性髮質適用、油性髮質適用、中性髮質適用等）。究竟要顧客選擇什麼東西適合於他（她）們的頭髮？眞是令人無法想像。毫無疑問地，「蛋白質 -21」的市場佔有率從百分之十三，降至百分之二，並且持續下降（Trout and Ries, 1972）。

前曾提及，「定位」是設法在人腦中找到一個植建的「位置」。人腦不但排斥與旣有之知識或經驗不相符合的訊息，也沒有取之不盡、用之不竭的知識或經驗來運用。

哈佛心理學家密勒（George A. Miller）指出，一般人腦無法同時處理超過七個單位以上的訊息。這也就是爲什麼我們經常所記憶的事物都與「七」有關，例如七位數電話號碼、世界七大奇觀、白雪公主與七矮人（Miller, 1956）。如以某一產品類疇爲例，能夠列舉出同一類疇

THE WENDY'S NATIONAL ADVERTISING PROGRAM, INC.

TITLE: "FLUFFY BUN"

CUST. #1: It certainly is a big bun.
CUST. #2: It's a very big bun.

CUST. #1: A big fluffy bun.

CUST. #3: Where's the beef?

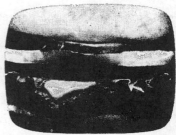

ANNCR: At Wendy's, we serve a hamburger we modestly call a "Single"— and Wendy's Single has more beef than the Whopper or Big Mac. At Wendy's, you get more beef and less bun.

One of the most popular and effective ads in recent years was this humorous 1984 television commercial by Wendy's restaurants. The "where's the beef?" campaign increased Wendy's sales dramatically and reinforced the perception that Wendy's hamburgers

LENGTH: 30 SECONDS
COMM'L NO.: WOFH-3386

CUST. #2: It's a very...big...fluffy..., bun.

CUST. #3: Where's the beef?
ANNCR: Some hamburger places give you a lot less beef on a lot of bun.

CUST. #3: Hey, where's the beef? I don't think there's anybody back there!

ANNCR: You want something better, you're Wendy's Kind of People.

were bigger than those of competitors. Intensive media coverage of the campaign resulted in substantial favorable publicity for the company. Reprinted by permission.

圖 17-22 溫蒂漢堡以"牛肉在那裏？"向麥當勞挑戰

圖 17-23 誰管它牛肉在那裏？

中七種品牌以上的人畢竟不多，而且這還是他們所關心的產品；如果換成他們不太關心的產品時，一般人大都只能指出一兩個品牌。

如果將消費者腦中所能處理之七個品牌的產品類疇視為七個階的「產品梯」（product ladder）時，「定位」就是設法將自己的產品置於對本身有利的「產品梯」上，並且在該梯上設法往上爬。如下圖 17-24

之產品，具有收音、錄音、調諧等功能，兩座音箱輸出功率各 60w，可以手提，交直流兩用，音箱可分離，每部定價一萬元。從產品開發及產品物理屬性來看，這個產品似乎是手提收錄音機的延伸與擴充，可以說是「放大的收錄音機」。但是，如果我們將該產品置於「收錄音機」的「產品梯」時，消費者可能會覺得這個「放大的收錄音機」過於「龐大、笨重、佔空間、價格高昂」；如果同樣的東西，改置於消費者腦中「音響」的「產品梯」時，消費者可能會覺得這個「音響」相當「精緻、輕巧、適合小空間、價格低廉」（圖 17-25）。同樣東西居然會讓消費者產生迥然不同的「知覺」，這就是「定位」的重要性與魅力。前面所提到的七喜汽水、福斯汽車、貝克啤酒等，都是一些成功的實例。（至於如何描述定位，擬訂定位戰略請參閱專題17-③）。

> ・收錄音機——龐大，笨重，佔空間，昂貴
> ・音 響——精緻，靈巧，適合小空間，便宜
> ◎理想的定位——小空間的大音響；
> 　　　　　　　精緻靈巧的手提音響

圖 17-24 較大的「收錄音機」？或是較小的音響？——定位的魅力

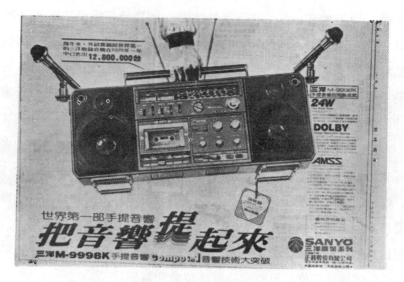

圖 17-25 把音響提起來

專題 17—③ 定位戰略的擬訂

「定位」是指在消費者心目中，找到一個適當的位置，將品牌植建其中的過程。換言之，就是在消費者腦中諸多「產品梯」中，選擇一座對本身品牌有利的階梯，積極往上爬。「定位」戰略可按下列步驟循序實施：

一、找到預期消費者 —— 也就是先了解「To Whom?」（向誰？）的問題，先根據產品特性及行銷目標確定「目標受眾」（Target Audience），才能有效掌握其自我印象、生活型態、消費實態、人文剖析，以作爲認知結構之研判參據。

二、探討消費者如何歸類該產品 —— 也就是了解「Sell What?」的問題，要從產品利益及消費者需求，深入了解究竟我們產品眞正帶給消費者的是什麼。換言之，就是要設法了解我們產品在消費者心目中，究竟應歸類到那一座「產品梯」；消費者在知覺我們產品時，所依據的「參考架構」（framework of reference）。

三、找出消費者的判斷標準——指就上述特定類疇（產品梯）中，消費者究竟採用何種標準來判斷該產品的優劣，也就是所謂的「購買考慮因素」、「效益觀點」（benefit concept）、或「評價標準」（perception/evaluation creteria）。

四、勾繪出消費者之理想貌及產品空間圖——根據前一步驟中所找出的效益觀點或評價標準，找出較重要（即消費者最關心）的項目，構成「知覺結構」（perception grid）。設法在此結構中勾描出消費者之「理想貌」（ideal profile），以及消費者印象中各品牌在此結構中的分佈情形，也就是所謂的「產品空間」（product space）圖，如下圖：

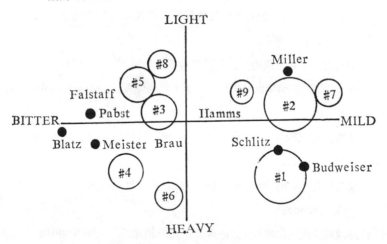

五、分析產品差異點——從產品之物理屬性、心理屬性、社會屬性等角度，設法分析本身產品與同一「參考架構」中之其他同類產品有何顯著不同之處，消費者「為何要購買它?」，（Why buy it?）也就是分析所謂的「差異點」。（points of difference）。進而根據這些「差異點」與消費者之「理想點」對照，分析此一「參考架構」（產品梯）是否即為其「定位」之所在，或者考慮另覓新的「參考架構」或新的「定位」。

六、完成定位策略——如果確定了上述諸點，則應進一步分析在此「準定位」中，本身產品的「差異點」強度與消費者「理想點」、競爭對手之「定位」及其強度等客觀條件相較之下，是否足以超越對方，吸引消費者。如果一切均告確立，則可考慮將持有此理想點的消費者列為「目標市場對象」（market target）或「目標受眾」（target audience），而「參考架構」之廣狹及「差異點」之鮮明度，都會影響到目標市場的範圍與競爭能力。因此，居於消費者認知結構的分化程度，企業本身能力、與競爭品牌間的強弱態勢、以及銷售目標等因素，有時要選擇比較沒有個性而意義較隱晦不明的「定位」，而有時則又要選擇以意義確定而明顯的「定位」，打入市場。

簡而言之，「定位戰略」必須至少包括三個要素——

①賣給誰（To Whom）？——即「目標受眾」（target audience）；

②賣什麼（Sell What）？——即「參考架構」（framework of reference）；

③為何買（Why buy it）？——即「差異點」（point of difference）

然後，根據此三個基本要素，擬訂「定位描述」（positioning statement），可依下列格式進行擬訂：

目標受眾（To Whom?）：
參考架構（Sells What?）：

差異點（Why buy it?）：

↓

定位描述（Positioning Statement）：

對＿＿＿＿＿＿而言，**XX**（產品）是具有＿＿＿＿＿
　　（目標受眾）　　　　　（品牌名稱）　　　　　（差異點）

等特性之＿＿＿＿＿＿
　　　（參考架構）

　　定位描述必須是一段簡明的文字，充分描述消費者對商品的知覺效益與類疇界定，這一兩句話必須仔細斟酌每一個字義。「定位」是三至五年內的中程策略，短期間不得任意更動；「定位」必須考慮到商品特性、包裝、價格、舖貨通路、市場態勢及競爭商品之定位、消費者消費實態等。「定位」是評估創意作品是否正確的依據，其功能是經過傳播活動之後，將商品留存在消費者腦海中的「圖像」。

　　「定位」戰略不只是與廣告戰略有關而已，成功的定位戰略必須考慮將包裝、品牌名稱、零售據點選擇、以及公司之其他活動，與整體推廣活動作全面配合，以期在消費者心目中建立預期之「定位」。定位戰略對於在潛在顧客心目中建立品牌識別而言，可以說是一種有效的方式；同時更能在消費者心目中建立對品牌的正面情緒反應或動機。

五、結　　語

　　行銷傳播戰略的選擇必須根據一些因素，包括：影響公司營運的環境因素、產品生命週期之階段、所行銷之產品或服務的種類、公司之主要行銷傳播目標，當然，還包括經營者的價值判斷。在運用戰略時，創

意總是扮演非常重要的角色，但是創意的努力，應避免改變或扭曲了基本的戰略計畫。最後，公司必須盡全力去設法堅守其戰略，使計畫得以有充分時間去執行。最後一點對許多公司而言是非常重要的，因爲許多公司最初對他們的戰略總是充滿信心，並對其才智躊躇滿志，然後在執行時稍遇挫折，往往就信心全無，失去勇氣，而迅速考慮改變其戰略。對於行銷傳播戰略人員而言，這種情形是極爲不智的，因爲戰略的迅速改變，往往會導致消費者的混淆與不適。

《本章重要概念與名詞》

1. 戰略 (strategy)
2. 企業任務 (corporate mission)
3. 整體戰略 (grand strategy)
4. 功能戰略 (functional strategy)
5. 戰術 (tactics)
6. 市場區隔 (market segmentation)
7. 目標 (objectives)
8. 產品利益戰略 (product-benefit strategy)
9. 形象戰略 (image strategy)
10. 認同戰略 (identification strategy)
11. 自我印象 (self-image)
12. 生活型態 (life style)
13. 心理特性 (psychographics)
14. 產品定位策略 (product-positioning strategy)
15. 再定位 (repositioning)
16. 產品梯 (product ladder)

《問題與討論》

1. 請根據己見試爲下列企業擬訂企業任務：(a) IBM，(b) 裕隆汽車，(c)統
   一企業，(d) 7-ELEVEN 商店，(e) 鐵路局，(f) 今日百貨公司，(g) 麥
   當勞，(h) 華航，(i) 大同公司。

2. 試舉例說明「整體戰略」、「功能戰略」、與「戰術」之間的差異。

3. 試依己見析論下列各領域中所產生的新機會點：(a) 傳播，(b) 交通，(c)
   能源，(d) 娛樂休閒，(e) 健康保育。

4. 對於下列產品而言，您將如何決定適當的市場區隔變數？(a) 牙膏，(b) 香
   皂，(c) 汽車，(d) 雜誌，(e) 香水，(f) 電視機。您將選擇何種區隔變
   數? 爲什麼? 試申己見。

5. 在決定運用行銷傳播戰略時，經營者應根據那些標準? 試申己見。

6. 試爲下列產品擬訂「產品定位」戰略，並分別以「定位」描述句闡述其定位：
   (a) 飄雅洗髮精，(b) 司迪麥口香糖，(c) 裕隆飛羚101汽車，(d) 普騰高
   傳眞電視，(e) 天下雜誌。

7. 爲何在同一市場中競爭的產品，會有不同的戰略? 假如他們從市場調查中所
   獲得的結果相同，爲何他們的戰術也不同呢? 試闡述己見。

《本章重要參考文獻》

1. Kenneth R. Andrews, *The Concept of Corporate Strategy* (Hom-
   ewood, Ill.: Dow Jones Irwin, Inc., 1971), p. 97.

2. Arthur W. Combs and Donald Snygg, *Individual Behavior* (New
   York: Harper & Brothers, 1959), p. 17.

3. Richard M. Cyret and James C. March, "A Behavioral Theory
   of Organizational Objectives", in M. Hane (ed.) *Mordern*

Organizational Theory (New York: John Willey & Sons, Inc., 1959).

4. Wayne Delozier and Rollie Tillman, "Self Image Concept-Can They Be Used to Design Marketing Program?" *The Southern Journal of Business*, Vol. 7, no. 4, pp. 9-15, November 1972.

5. George W. England, "Organizational Goals and Expected Behavior of American Managers," *Academy of Management Journal*, June 1967.

6. Franklin B. Evans, "Psychological and Objective Factors in the Prediction of Brand Choice," *Journal of Business*, 32, 1959, pp. 340-369.

7. Edward L. Grubb, "Consumer Perception of Self-Concept and Its Relationship to Brand Choice of Selected Product Types," Unpublished D.B.A. Dissertation, University of Washington, 1965, pp. 120-124.

8. Edward L. Grubb, and Harrison L. Grathwohl, "Consumer Self-Concept, Symbolism and Market Behavior: A Theoretical Approach," *Journal of Marketing*, Vol. 31, pp. 25-26, October 1967.

9. M. Hane (ed.), *Modern Organizational Theory* (New York: John Willey & Sons, Inc., 1959).

10. B.H. Liddel Hart, *Strategy*, 2d rev. ed. (New York: Frederick A. Praeger, Inc., 1967), p. 335.

11. Eugene J. Kelley, "Marketing Planning for the Firm," in Eugene J. Kelley and William Lager (eds.), *Managerial Marketing: Policies, Strategies and Decisions* (Homewood, Ill.: Richard D. Irwin, Inc., 1973), p. 22.

12. David T. Kollat, Roger D. Blackwell, and James F. Robeson, *Strategic Marketing* (New York: Holt, Rinehart and Winston, Inc., 1972), p. 14.

13. Philip Kother, *Marketing Management*: *Analysis, Planning, and Control*, 4th ed. (Englewood Cliffs, N.J.: Prentice-Hall, Inc., 1984).

14. Prescott Lecky, *Self Consistency* (Hamden, Conn.: The Shoe String Press, Inc., 1961), p. 155.

15. Pierre Martineau, "The Personality of Retail Store," *Harvard Businese Review*, Vol. 36, pp. 47-55, January-February 1958.

16. George A. Miller, "The Magic Number Seven, Plus or Minus Two: Some Limits on Our Capacity to Process Information," *Psychological Review*, 63(1956), pp. 81-97.

17. Joseph Plummer, "Application of Life Style Research to the Creation of Advertising Campaigns," in William D. Wells (ed.), *Life Style and Psychographics* (Chicago: American Marketing Association, 1974), p. 160.

18. Raymond Rubicom, "The Faceless Corporate Name-158 Ways to Lose Your Identity," *Advertising Age*, May 14, 1973, p. 65.

19. Jack Trout and Al Ries, "The Positioning Era Cometh," a reprint from *Advertising Age* (Chicago, Ill.: Crain Communicaton, Inc., 1972). The Article Originally Appeared in Three Parts, April 24, May 1, and May 8, 1972. (中文版，見卓越雜誌社出版「定位──最完整的行銷概念」，袁自玉譯，民國七十五年)。

20. Ruth Ziff, "The Role of Psychographics in the Development of Advertising Strategy and Copy," in William D. Wells (ed.), *Life Style and Psychographics* (Chicago: American Marketing Association, 1974), pp. 145-146.

第十八章　結　語

　　上述諸章我們探討過行銷傳播的原理與策略，並從行銷四 P 的角度評估過行銷傳播策略。我們可以用最簡易的描述來將上述諸章的探討加以結論。

　（結論一）行銷傳播是廠商與消費者之間，為銜接彼此需求，而從產品、價格、通路、推廣等角度，規劃出「整體提供」，進而彼此共享意義的過程。

　（結論二）行銷傳播訊息可藉由各項可資運用的媒介或傳播途徑，傳播給消費者。

　（結論三）為求達到最佳效果，行銷傳播人員必須遵循下列二項「大原則」──①「相關」(relevant)：行銷傳播訊息必須與產品、市場趨勢及消費者行為有關，而且必須是消費者所關心的，為了達到這點，必須要有充分的「科學分析」；②「出奇」(unexpected)：行銷傳播訊息必須突破，饒富變化，不得千篇一律，以免不能引發消費者

之注意與興趣。換言之，行銷傳播訊息必須要有多樣化
的「藝術創意」。

（**結論四**）行銷傳播日行重要，必須隨時掌握消費趨勢及行銷環境
（見附章）。

隨著經濟及科技的急速成長，國民生活品質的不斷提昇，消費者需
求型態的瞬息萬變，價值觀與生活型態的日趨多元，行銷傳播人員所面
臨的考驗與抉擇也將日益繁複艱鉅，唯有明確的概念、明智的研判，並
依各種行銷傳播原理，正確地擬出有效的行銷傳播戰略，廠商（供應
者）才可以順利地「接近」到預期消費者，達到設定之行銷傳播目標，
進而資利於企業成長與總體經濟發展。

此外，由於消費主義的抬頭、消費者保護運動風氣的形成，加上社
會責任論的日益受重視，「社會行銷」的觀念已逐漸成為大眾注意焦
點。行銷傳播人員也必須正視此趨勢，在擬訂行銷傳播戰略時，站在消
費者利益及社會福祉的角度去考慮，才能真正符合社會大眾需求，並引
起社會共鳴，進而發揮對消費大眾的積極影響。

附錄　掃描行銷環境窺測消費生活

壹、前　　言

　　國家的經濟成長，一方面繫於社會生產能量的不斷擴充，一方面則有賴於社會需求的不斷增加。一般而言，社會生產能量的擴充，決定於資本的形成與投資意願的提高；而社會有效需求的增加，則決定於消費規模與消費傾向。因此，　要促使經濟的全面發展，　除了要加速經濟建設、提高投資意願、擴充生產設備、強化產能績效等有形方面積極推展之外；對於匡輔國民消費生活之正確調適，喚起國民建立現代化生活意識與生活典範等無形方面，更需要密切有效地配合。尤其在各項行銷環境變數都正在急遽變遷的今天。

　　「環境掃描」（Environment Scanning）一詞，自麥克曼（Ronald D. Michman, 1983）提出之後，引起了各方重視，對於行銷企劃人員而言，其影響力實不亞於麥克魯漢（Mashall MacLuhan）之「媒介即按摩」（media is massage）對傳播界所引起的震撼！

　　「環境掃描」是指一個組織體針對其外在壓力、事件、關係及其對該組織體之現行及未來策略可能產生之影響，所作的早期警戒系統。這項警戒系統，包括對經濟、社會文化、政治法令、科技、人口結構、生態環境等諸多因素之變遷情形的確實掌握。

　　就個體經濟而言，一個公司如果未能有效掌握相關環境變遷及其影

響時，絕不可能擬訂出具體可行的行銷策略。對環境的分析與研擬應對之策，實乃維繫公司生存的必要措施。就總體經濟而言，國家經濟發展更需要不斷深入對環境加以掌握，才能擬訂符合現實需要並契合未來發展趨勢的經濟建設計畫。

臺灣地區近些年來各方面的成長，確是有目共睹的，至於行銷環境產生何種變遷？消費者生活型態 (Life Style) 的發展趨勢又如何？實有深入加以掃描的必要。

貳、臺灣地區行銷環境掃描

臺灣地區的行銷環境，目前正遭逢巨大變遷，人口、經濟、生態、科技、政治、社會文化等各項環境因素，都以方興未艾的姿態迅速變遷。以下就分別針對各項因素加以掃描。

一、人口環境的變遷——

市場 (Market) 是由人組成，人口環境的變遷是行銷環境變遷中極重要的一環。臺灣地區由於政府積極推行家庭計畫，有效控制生育，加上許多傳統價值觀的逐漸被揚棄，在人口環境方面至少產生了下列的變遷——

㈠總人口成長率及出生率之漸趨緩和：

根據「臺閩地區六十九年戶口及住宅普查報告」顯示，臺灣地區總人口成長率，已由民國四十五年戶口普查至民國五十五年戶口普查期間的千分之四十三，減少為民國五十五年至民國六十四年間的千分之二十三。再降為民國六十四年至民國六十九年間的千分之二十二。成長幅度，逐漸趨緩。

同一資料顯示，臺灣地區每年人口成長率也顯著地由民國四十年間平均 3.5％的成長率降爲 2.0％以下，至1985年更降至 1.3％之歷年來最低點。人口成長率仍有逐年漸降的趨勢。

表一 老年人口動向及老年人口指數表

年　份 （年底）	人口構成（千人）			年齡結構比（％）		老年人口 指　數①	一
	總人口	15～64歲	65歲以上	15～64歲	65歲以上		
1952	8,128	4,483	203	55.1	2.5	4.5	1952
1953	8,438	4,624	209	54.8	2.5	4.5	1953
1954	8,749	4,765	215	54.4	2.5	4.5	1954
1955	9,078	4,915	222	54.1	2.5	4.5	1955
1956	9,390	5,038	229	53.8	2.4	4.5	1956
1957	9,690	5,165	236	53.3	2.4	4.6	1957
1958	10,039	5,319	248	52.9	2.5	4.7	1958
1959	10,431	5,501	256	52.7	2.5	4.7	1959
1960	10,792	5,620	268	52.1	2.5	4.8	1960
1961	11,149	5,759	278	51.6	2.5	4.8	1961
1962	11,512	5,932	287	51.5	2.5	4.8	1962
1963	11,884	6,135	303	51.6	2.6	4.9	1963
1964	12,257	6,368	317	51.9	2.6	5.0	1964
1965	12,628	6,626	335	52.5	2.6	5.1	1965
1966	12,993	6,929	352	53.3	2.7	5.1	1966
1967	13,297	7,175	367	53.9	2.8	5.1	1967
1968②	13,650	7,474	382	54.8	2.8	5.1	1968
1969	14,335	8,125	404	56.7	2.8	5.0	1969②
1970	14,676	8,426	429	57.4	3.0	5.1	1970
1971	14,995	8,737	453	58.3	3.0	5.2	1971
1972	15,289	9,013	480	58.9	3.2	5.3	1972
1973	15,565	9,292	504	59.7	3.2	5.4	1973
1974	15,852	9,586	533	60.4	3.4	5.6	1974
1975	16,150	9,881	564	61.2	3.5	5.7	1975
1976	16,508	10,186	599	61.7	3.6	5.9	1976
1977	16,813	10,465	643	62.3	3.8	6.1	1977
1978	17,136	10,755	682	62.8	4.0	6.3	1978
1979	17,479	11,042	724	63.2	4.1	6.6	1972
1980	17,805	11,329	762	63.6	4.3	6.7	1980
1981	18,136	11,606	799	64.0	4.4	6.9	1981
1982	18,458	11,857	838	64.2	4.6	7.1	1982
1983	18,733	12,090	875	64.5	4.7	7.2	1983
1984	19,012	12,353	922	65.0	4.8	7.5	1984
1985	19,258	12,589	973	65.3	5.1	7.7	1985

資料來源：內政部戶政司

（註）：①老年人口指數＝$\frac{65歲以上人口數}{15\sim64歲人口數}\times100\%$

②自1969年起包括現役軍人。

在出生率方面，也由民國四十一年的4.66％降至民國五十年的3.83
％；更降至 1985 年之歷年最低點1.80％。顯示政府在推行家庭計畫及
控制生育方面，業已收到具體績效。

㈡老年人口比率提高，人口逐漸老化

　　就人口構成面而言，臺灣地區老年人口（65歲以上）的比率，有逐

表二　15～64歲勞動人口動向

年　　份 （年　　底）	總　人　口　數 （千　　　人）	15～64歲勞動人口 （千　　　人）	勞動人口比率 （％）
1952	8,128	4,483	55.2
1953	8,438	4,624	54.8
1954	8,749	4,765	54.5
1955	9,078	4,915	54.1
1956	9,390	5,038	53.7
1957	9,690	5,165	53.3
1958	10,039	5,319	53.0
1959	10,431	5,501	52.7
1960	10,792	5,620	52.1
1961	11,149	5,759	51.7
1962	11,512	5,932	51.5
1963	11,884	6,135	51.6
1964	12,257	6,368	52.0
1965	12,628	6,626	52.5
1966	12,993	6,929	53.3
1967	13,297	7,175	54.0
1968	13,650	7,474	54.8
1969①	14,335	① 8,125	56.7
1970	14,676	8,426	57.4
1971	14,995	8,737	58.3
1972	15,289	9,013	59.0
1973	15,565	9,292	59.7
1974	15,852	9,586	60.5
1975	16,150	9,881	61.2
1976	16,508	10,186	61.7
1977	16,813	10,465	62.2
1978	17,136	10,755	62.8
1979	17,479	11,042	63.2
1980	17,805	11,329	63.6
1981	18,136	11,606	64.0
1982	18,458	11,857	64.2
1983	18,733	12,090	64.5
1984	19,013	12,682	66.7
1985	19,251	13,007	67.5

資料來源：內政部

年增高的趨勢。表三中顯示，老年人口比率從民國 40 年代的 2.5％左右，提高至民國50年代的 2.8％左右，再提高至民國60年代的 3.5％左右，到了 1985 年業已提高至 5.1％，而且有持續提高的趨勢。老年人口指數也由民國40年代的 4.5％提高到近年的 7 ％以上，顯示老年人口與生產人口之比逐年提高，卽老年依賴生產人口比率亦逐年提高。

㈢勞動人口逐漸增加：

從表五中可以看出，臺灣地區15～64歲勞動人口佔總人口比率，於民國 40 年到 50 年間，有顯著下降趨勢，究其原因可能是由於民國30年至民國40年期間，戰亂頻仍加上醫療衞生不夠發達，導致勞動人口減少。從民國51年起，勞動人口佔總人口的比率，就顯著回升，並有逐年提高的趨勢，直至1985年底勞動人口佔總人口比率已高達67.5％。

㈣國民敎育程度大幅提高：

政府遷臺以來大力推行國民敎育，如今已有具體成效。由資料中可以看出，社會中的文盲率已大幅下降。民國41年，臺灣地區的文盲率高達42.1％，到民國50年已降至 25.9％，民國60年又降至 14.0％。到了1985年，臺灣地區的文盲率已降至 8.4％。曾受過中等敎育的人佔 6 歲以上人口比率，由民國41年的10.2％，增爲民國50年的21.9％，民國60年的31.6％，到1985年已超過50％。至於受過高等敎育者所佔的比率，也由民國41年的1.4％，提高爲民國50年的1.9％，民國60年的 4.1％，乃至1985年的9.0％。並且有逐年提高之趨勢。

㈤家庭組合逐漸由大家庭轉變爲小家庭：

臺灣地區平均每戶人口數，從民國 35 年的6.09人，降至民國45年的5.54人，以後輕微上升，起伏甚小。至民國 61 年起，每年始大幅下降，至民國74年的4.52人，在近40年內，平均每戶人口減少1.57人（如表四）。就家庭結構轉變的背景而言，「以夫妻及未婚子女組成之家庭

表三 國民教育程度分析

年 份 (年底)	總人口數 (千人)	六歲以上人口數及各教育程度別之人口比率						
		人口數 (千人)	全體比率	高等教育	中等教育	基礎教育	其它（識字）	文 盲
1952	8,128	6,384	100.0	1.4	8.8	43.5	4.2	42.1
1953	8,438	6,567	100.0	1.4	9.0	44.1	4.0	41.5
1954	8,749	6,766	100.0	1.6	9.3	45.5	3.9	39.7
1955	9,078	7,003	100.0	1.7	9.6	46.9	3.9	37.9
1956	9,390	7,227	100.0	1.7	9.6	47.7	3.9	37.1
1957	9,690	7,511	100.0	1.7	10.8	51.0	4.2	32.3
1958	10,039	7,821	100.0	1.8	11.2	51.4	4.7	30.9
1959	10,431	8,165	100.0	1.8	11.7	53.3	4.3	28.9
1960	10,792	8,487	100.0	1.9	12.4	54.1	4.5	27.1
1961	11,149	8,828	100.0	1.9	13.0	55.0	4.2	25.9
1962	11,512	9,175	100.0	2.0	13.7	55.3	4.2	24.8
1963	11,884	9,515	100.0	2.2	14.5	55.5	4.2	23.6
1964	12,257	9,871	100.0	2.3	15.3	56.0	4.0	22.4
1965	12,628	10,246	100.0	2.3	15.2	55.4	4.0	23.1
1966	12,993	10,614	100.0	2.5	15.8	54.8	3.8	23.1
1967	13,297	10,946	100.0	3.0	18.1	55.8	3.7	19.4
1968	13,650①	11,325	100.0	3.2	18.9	56.8	4.7	16.4
1969	14,335	12,022①	100.0	3.5	24.5	52.9	3.8	15.3
1970	14,676	12,393	100.0	3.7	26.5	51.8	3.3	14.7
1971	14,995	12,743	100.0	4.1	27.5	51.6	2.8	14.0
1972	15,289	13,078	100.0	4.4	28.5	51.3	2.5	13.3
1973	15,565	13,358	100.0	4.4	27.8	51.1	2.9	13.8
1974	15,852	13,675	100.0	4.8	29.1	49.9	2.9	13.3
1975	16,150	13,984	100.0	5.0	30.4	48.9	2.8	12.9
1976	16,508	14,314	100.0	6.0	31.5	47.6	2.8	12.1
1977	16,813	14,599	100.0	6.4	32.7	46.5	2.7	11.7
1978	17,136	14,873	100.0	6.9	34.1	45.1	2.7	11.2
1979	17,479	15,162	100.0	6.8	35.8	44.0	2.7	10.7
1980	17,805	15,450	100.0	7.1	36.9	43.3	2.4	10.3
1981	18,136	15,729	100.0	7.5	38.3	41.9	2.4	9.9
1982	18,458	16,070	100.0	8.0	39.2	40.9	2.3	9.6
1983	18,733	16,345	100.0	8.4	40.0	40.2	2.3	9.1
1984	19,013	16,674	100.0	8.7	40.9	39.4	2.2	8.8
1985	19,258	16,991	100.0	9.0	41.8	38.8	2.0	8.4

增多，傳統式大家庭相對減少。」而且，「傳宗接代觀念減輕，家庭人數減少。」

表四　臺灣地區平均家庭人口數（1946～1979）

年　　　底　　　別	人　口　數	戶　　　數	每戶平均人 口 數
民　國　35　年	6,090,860	1,000,952	6.09
民　國　36　年	6,495,099	1,120,145	5.80
民　國　37　年	6,806,136	1,192,710	5.71
民　國　38　年	7,396,931	1,331,916	5.55
民　國　39　年	7,554,399	1,368,654	5.52
民　國　40　年	7,869,247	1,440,787	5.46
民　國　41　年	8,128,374	1,492,476	5.45
民　國　42　年	8,438,016	1,552,922	5.43
民　國　43　年	8,749,151	1,568,042	5.58
民　國　44　年	9,077,643	1,629,257	5.57
民　國　45　年	9,390,381	1,695,432	5.54
民　國　46　年	9,690,250	1,746,020	5.55
民　國　47　年	10,039,435	1,803,820	5.57
民　國　48　年	10,431,341	1,868,577	5.58
民　國　49　年	10,792,202	1,939,733	5.56
民　國　50　年	11,149,139	2,002,493	5.57
民　國　51　年	11,511,728	2,060,500	5.59
民　國　52　年	11,883,523	2,118,281	5.61
民　國　53　年	12,256,682	2,187,612	5.60
民　國　54　年	12,628,348	2,257,031	5.60
民　國　55　年	12,992,763	2,321,596	5.60
民　國　56　年	13,296,571	2,388,152	5.57
民　國　57　年	13,650,370	2,465,965	5.54
民　國　58　年	14,334,862	2,541,867	5.64
民　國　59　年	14,675,964	2,620,105	5.60
民　國　60　年	14,994,823	2,702,792	5.55
民　國　61　年	15,289,048	2,781,325	5.50
民　國　62　年	15,564,830	2,865,801	5.43
民　國　63　年	15,852,224	2,958,843	5.36
民　國　64　年	16,149,702	3,066,611	5.27
民　國　65　年	16,508,190	3,182,646	5.19
民　國　66　年	16,813,127	3,307,224	5.08
民　國　67　年	17,135,714	3,437,392	4.99
民　國　68　年	17,479,314	3,593,052	4.86
民　國　69　年	17,805,000	3,755,086	4.74
民　國　70　年	18,193,955	3,906,015	4.66
民　國　71　年	18,515,754	4,031,820	4.59
民　國　72　年	18,774,917	4,153,801	4.52
民　國　73　年	19,012,512	4,252,149	4.47
民　國　74　年	19,258,053	4,360,647	4.42

㈥結婚年齡逐漸提高：

　　根據內政部戶政司所公布的人口統計資料顯示：民國63年時，臺灣地區居民之結婚（初婚）年齡平均數，新郎爲26.7歲，新娘爲22.3歲；至民國75年時，結婚年齡平均數，新郎已提高爲28.7歲，新娘則提高爲24.9歲。如下表：

表五　臺灣地區居民初婚者之年齡平均數

年　　別	新　　郎	新　　娘
民　國　63　年	26.7 歲	22.3 歲
64　年	26.6 歲	22.3 歲
65　年	27.4 歲	23.3 歲
66　年	27.4 歲	23.6 歲
67　年	27.4 歲	23.7 歲
68　年	27.5 歲	23.8 歲
69　年	27.4 歲	23.8 歲
70　年	27.6 歲	24.0 歲
71　年	27.8 歲	24.2 歲
75　年	28.7 歲	24.9 歲

㈦婦女就業人口比率增加：

　　民國52年，有業人口約 358 萬人，其中男性佔 71.57%， 女性佔 28.43%，男性與女性約成三比一。至民國75年6月時，有業人口已達771萬人，男性佔 61.99%， 女性佔 38.00%。 顯示婦女就業人口比率增加，妻之經濟依賴減輕。如下表：

表六　臺灣地區就業人口之性別比較　（單位：千人）

年　別 （民國）	就業人口 總　　數	男性就業人口		女性就業人口	
		人　口　數	％	人　口　數	％
52	3,577	2,560	71.57	1,017	28.43
53	3,658	2,650	72.44	1,008	27.56
54	3,701	2,735	73.90	986	26.10
55	3,722	2,791	74.99	931	25.01
56	4,022	2,868	71.31	1,155	28.72
57	4,225	2,972	70.34	1,252	29.63
58	4,433	3,085	69.59	1,348	30.41
59	4,576	3,180	69.49	1,396	30.51
60	4,738	3,291	69.46	1,447	30.54
61	4,948	3,371	68.13	1,577	31.87
62	5,327	3,490	65.52	1,837	34.48
63	5,486	3,651	66.55	1,835	33.45
64	5,521	3,719	67.36	1,802	32.64
65	5,663	3,857	68.11	1,806	31.89
66	5,952	4,039	67.86	1,913	32.14
67	6,228	4,179	67.10	2,049	32.90
68	6,424	4,299	66.92	2,125	33.08
69	6,547	4,356	66.53	2,191	33.47
70	6,672	4,448	66.67	2,224	33.33
71	6,811	4,509	66.20	2,302	33.80
72	7,070	4,561	65.51	2,509	35.49
73	7,308	4,624	63.27	2,684	36.73
74	7,428	4,719	63.53	2,709	36.47
75年6月	7,701	4,774	61.99	2,927	38.00

　　上述人口的各項變遷，對消費者生活型態可能產生的影響甚多，表十所列僅是較顯著之數端而已。

表七　人口變遷對生活型態所產生之影響舉隅

關聯性程度之標記 / 對行銷之影響（人口之變遷）	總人口成長率及出生率漸趨緩和	老年人口比率提高人口逐漸老化	勞動人口逐漸增加	國民教育大幅提高	家庭組合由大家庭轉變爲小家庭	結婚年齡逐漸提高	婦女就業人口比率增加
◎ 關聯性極高　○ 關聯性頗高　△ 尚有關聯　□ 無關聯性							
高齡化社會的形成	○	◎				△	
非消費支出（稅金、社會救助金）的增加		◎					△
與健康關聯之支出、保險需求提高		◎	○		△	△	○
消費內容之中高年化(高級化傾向、交際費高)	○	◎				△	
消費選擇之多樣化		◎		◎	○		△
高學歷化現象	△			◎	△	△	
家庭收入提高／購買力提高	○		◎	○	△		◎
消費意識提昇，消費者主義／運動抬頭				◎	△	△	
教育費用的增加	○		○	◎			△
與教育、文化、育樂關聯之支出增多	○		○	◎			△
簡化家事、育兒的關聯商品及服務的需求提高	○	△	◎	○	◎		◎
單身人士之商品及服務的需求提高		△				◎	
生活逐漸趨向西化	△		◎	◎	◎	△	◎
空間及時間之效率化／便利化／輕量化	△	△	◎	○	◎		◎
重視生活品質的提昇	○	△	◎	◎	◎	○	◎

二、經濟環境的變遷——

臺灣地區自民國42年推行第一期四年經濟建設計畫以來，在這三十年期間，政府採取成長與穩定並重的經濟建設策略，在計畫性自由經濟的原則之下，締造了輝煌的經濟發展成果，也使臺灣地區的經濟環境產生了下列的變遷——

㈠產業結構逐漸轉為以工業為主：

臺灣地區的產業結構，已經逐漸由昔日之以農業為主的型態，轉變成為以工業為主的經濟結構。如表八顯示，國內生產淨值中，農業生產淨值已從民國41年的 35.9％降至民國60年的 14.9％，以至於民國72年的8.7％；而工業生產淨值則由民國41年的 18.0％，提高至民國60年的36.9％，乃至於民國74年的44.2％。

至於今後經濟發展的產業結構中，仍將以工業生產為主幹，其中又以製造業為最重要的支柱。

經濟結構的改變，不僅提供了更豐富的商品，更由於工業化「大量生產」的結果，促使廠商藉行銷傳播的力量來說服消費者，藉以喚起消費者的需求，而採取「大量消費」的購買行動。

因此，廠商在產品及價格之外，競相以各式推廣活動來逕行行銷傳播的說服力量，消費者不僅面臨商品購買決策的困擾，更面對各式各樣行銷傳播訊息的充斥，消費行為已日趨複雜化了。

㈡經濟成長逐漸趨於緩和：

臺灣地區自民國 42 年起，才開始對經濟作有計畫的開發，這是我們經濟正常發展的起點。政府為改變經濟結構，謀求人民生活的普遍改善，從民國42年起，陸續執行六期「四年經濟計畫」。

表八 國內生產淨值之結構比

(單位: %)

年　份	國內生產淨值	農　業	工　業	交通運輸	商　業	其　它
1952	100.0	35.9	18.0	3.9	18.8	23.4
1953	100.0	38.3	17.7	3.4	18.5	22.1
1954	100.0	31.7	22.2	3.7	17.6	24.8
1955	100.0	32.9	21.1	4.1	16.9	25.0
1956	100.0	31.6	22.4	3.9	17.1	25.0
1957	100.0	31.7	23.9	4.4	15.3	24.7
1958	100.0	31.0	23.9	4.1	15.7	25.3
1959	100.0	30.4	25.7	3.9	14.9	25.1
1960	100.0	32.8	24.9	4.1	14.5	23.7
1961	100.0	31.4	25.0	4.8	15.4	23.4
1962	100.0	29.2	25.7	4.6	15.9	24.6
1963	100.0	26.7	28.2	4.4	16.3	24.4
1964	100.0	28.2	28.9	4.5	15.3	23.1
1965	100.0	27.3	28.6	4.8	16.6	22.7
1966	100.0	26.2	28.8	5.4	15.2	24.4
1967	100.0	23.8	30.8	5.2	15.3	24.9
1968	100.0	22.0	32.5	5.7	15.3	24.5
1969	100.0	18.8	34.6	5.9	15.3	25.4
1970	100.0	17.9	34.7	5.9	15.5	26.0
1971	100.0	14.9	36.9	6.1	16.4	25.7
1972	100.0	14.1	40.4	6.1	15.1	24.3
1973	100.0	14.1	43.8	6.0	13.3	22.8
1974	100.0	14.5	41.2	5.7	15.2	23.4
1975	100.0	14.9	39.2	5.9	14.5	25.5
1976	100.0	13.4	42.7	5.8	13.8	24.3
1977	100.0	12.5	43.7	5.9	13.6	24.3
1978	100.0	11.3	45.5	6.0	13.5	23.7
1979	100.0	10.4	45.7	6.0	13.8	24.1
1980	100.0	9.3	45.3	6.3	14.7	24.4
1981	100.0	8.7	45.2	5.9	14.8	25.4
1982	100.0	9.2	43.9	5.7	14.7	26.5
1983	100.0	8.7	44.2	5.7	14.8	26.6
1984	100.0	7.58	45.5	5.6	14.97	26.4
1985	100.0	6.98	44.2	5.7	15.17	27.95

第一期計畫的四年當中（1953～1956）平均每年有 8.13％的成長率；第二期「四年經濟計畫」（1957～1960）平均每年有 7.03％的成長率；民國50年起的第三期「四年經濟計畫」（1961～1964），平均每年有9.08％的成長率；民國54年起的第四期「四年經濟計畫」（1965～1968）平均每年平均經濟成長率，再續增至9.93％；民國58年起的第五期「四年經濟計畫」（1969～1972），達11.63％的高峯；民國62年起的第六期「四年經濟計畫」（1973～1976）期間，遭逢世界不景氣的衝擊，經濟成長呈現不穩定現象，民國63年經濟成長掉落谷底，僅及 1.1％，至民國65年始轉復甦，這一期間平均每年經濟成長僅達7.9％。

民國68年起，臺灣地區的經濟成長漸趨緩和，再度逐步陷入景氣低潮。更由於國際景氣復甦步調遲滯及國內廠商投資意願低落的影響，民國71年經濟成長仍持續緩慢，僅達 3.9％。民國72年，經濟景氣雖略有復甦之徵兆，然步調仍稍嫌緩慢，經濟成長僅達 7.1％。民國73年，達10.9％；民國74年僅 5.06％，民國75年初步估計爲 8.82％。

就整體趨勢來看，經濟成長的減緩，將是今後所面臨的環境變遷。

㈢國民所得之逐漸提高：

臺灣地區自民國42年推行第一期四年經濟計畫以來，國民所得已有顯著提高的趨勢。就平均每人國民所得而言，民國42年時僅及65美元。到1986年年底預估，臺灣地區每人平均國民所得已高達 3,360美元，增加了52.5倍。預計在五年內，每人國民所得，將達6,000美元。

國民所得的提高，必然會改變消費者的購買及消費型態，而廠商也會隨之改變其經營內容及生產產品或勞務的水準，競爭也就更加激烈，這些現象也成爲行銷環境的另一變遷。

㈣家庭消費支出型態產生變化：

臺灣地區自民國40年至73年間之民間消費型態（如表十一）顯示，

表九　臺灣地區歷年來經濟成長率

年　份	經濟成長率（%）
1952	12.1
1953	9.3
1954	9.6
1955	8.1
1956	5.5
1957	7.3
1958	6.6
1959	7.7
1960	6.5
1961	6.8
1962	7.8
1963	9.4
1964	12.3
1965	11.0
1966	9.0
1967	10.6
1968	9.1
1969	9.0
1970	11.3
1971	12.9
1972	13.3
1973	12.8
1974	1.1
1975	4.2
1976	13.5
1977	9.9
1978	13.9
1979	8.1
1980	6.6
1981	5.04
1982	3.9
1983	7.14
1984	10.9
1985	5.06
1986（估）	8.82

表十　歷年來平均國民所得（按　Per Capita GNP）

年　　份	平均每人生產毛額	折合美元
1952	2,009	50
1953	2,591	65
1954	2,746	69
1955	3,147	79
1956	3,483	87
1957	3,936	98
1958	4,254	106
1959	4,754	119
1960	5,571	139
1961	6,046	151
1962	6,465	162
1963	7,102	178
1964	8,074	202
1965	8,655	216
1966	9,436	236
1967	10,637	266
1968	12,097	302
1969	13,719	343
1970	15,467	387
1971	17,634	441
1972	20,761	519
1973	26,409	690
1974	34,684	913
1975	36,320	956
1976	42,630	1,122
1977	48,726	1,282
1978	57,025	1,543
1979	67,283	1,869
1980	81,667	2,269
1981	94,295	2,563
1982	99,922	2,554
1983	107,448	2,682
1984	118,916	3,003
1985	125,221	3,144
1986（估）	133,339	3,360

（註）按當年幣值計算

表十一 民 間 消 費
（按當年價格
中華民國四十年至七

	合 計	食品費	飲料費	菸絲及 捲菸費	衣 着 鞋 襪 及服飾 用品費
中華民國四 十 年	100.0	55.99	1.93	4.09	5.45
中華民國四十一年	100.0	55.60	1.96	4.46	5.49
中華民國四十二年	100.0	54.44	1.94	3.96	6.09
中華民國四十三年	100.0	54.10	2.28	4.28	6.46
中華民國四十四年	100.0	53.33	2.33	4.25	6.52
中華民國四十五年	100.0	53.12	2.53	4.64	6.04
中華民國四十六年	100.0	52.21	2.64	4.38	5.88
中華民國四十七年	100.0	51.77	2.67	4.81	5.75
中華民國四十八年	100.0	51.27	3.00	4.78	6.08
中華民國四十九年	100.0	53.07	3.08	4.84	5.40
中華民國五 十 年	100.0	51.23	3.03	4.79	5.23
中華民國五十一年	100.0	50.13	2.99	4.86	5.15
中華民國五十二年	100.0	48.84	2.84	4.88	5.34
中華民國五十三年	100.0	49.31	2.67	4.52	5.73
中華民國五十四年	100.0	48.73	2.73	4.90	5.65
中華民國五十五年	100.0	47.93	2.95	4.96	5.40
中華民國五十六年	100.0	46.41	3.56	4.84	5.41
中華民國五十七年	100.0	44.79	3.91	5.37	5.38
中華民國五十八年	100.0	43.60	3.80	5.15	5.15
中華民國五十九年	100.0	42.65	3.79	4.77	5.27
中華民國六 十 年	100.0	42.02	3.73	4.49	5.23
中華民國六十一年	100.0	41.96	3.84	4.13	5.22
中華民國六十二年	100.0	41.28	4.33	3.83	5.71
中華民國六十三年	100.0	44.32	3.70	3.53	5.50
中華民國六十四年	100.0	44.18	3.80	3.54	5.30
中華民國六十五年	100.0	42.07	4.06	3.55	5.36
中華民國六十六年	100.0	41.12	4.11	3.53	3.30
中華民國六十七年	100.0	39.80	4.73	3.34	5.29
中華民國六十八年	100.0	36.79	4.79	2.96	5.47
中華民國六十九年	100.0	34.69	4.64	2.92	5.40
中華民國七 十 年	100.0	34.31	4.43	2.84	5.16
中華民國七十一年	100.0	33.90	4.32	2.76	5.10
中華民國七十二年	100.0	33.51	4.28	2.71	5.14
中華民國七十三年	100.0	32.33	4.25	2.68	5.29

註: 七十三年係初步統計數。
來源: 行政院主計處

型　態
計算）
十三年　　　　　　　　　　　　　　　　　　單位: %

燃料及燈光費	租金及水　費	家　庭器具及設備費	家庭管理　費	醫療及保健費	娛樂消遣教育及文化服務費	運輸交通及通訊　費	其　他費　用
4.20		11.68		2.59	6.12	1.39	6.56
4.24		12.00		2.61	5.72	1.40	6.52
4.70		12.71		2.92	5.40	1.56	6.28
4.30		12.65		3.00	5.39	1.24	6.30
4.45		12.44		2.94	5.54	1.23	6.97
4.76		12.94		2.84	5.55	1.26	6.32
4.53		13.78		2.79	5.42	1.51	6.86
4.70		13.68		2.83	5.41	1.66	6.72
5.06		13.59		2.81	5.40	1.61	6.40
4.55		12.79		3.27	5.14	1.38	6.48
4.87	10.57	0.91	1.65	4.23	5.48	1.33	6.68
4.58	10.85	0.91	1.65	4.64	5.86	1.37	7.01
4.59	11.73	1.06	1.76	4.64	5.86	1.39	7.07
4.16	11.03	1.07	2.02	4.49	5.69	1.89	7.42
4.15	10.71	1.34	2.01	4.35	5.95	2.18	7.30
4.26	10.98	1.51	2.02	4.28	6.32	2.10	7.29
4.07	10.97	1.74	2.05	4.26	6.64	2.49	7.56
3.96	11.12	2.24	2.05	4.25	6.76	2.71	7.46
3.91	11.62	2.91	2.07	4.25	7.31	2.73	7.50
4.02	11.89	2.82	2.08	4.22	7.96	2.73	7.80
4.13	12.78	2.80	2.08	4.28	8.17	2.76	7.53
4.08	12.97	2.82	2.05	4.27	8.06	3.03	7.57
3.90	12.30	3.14	2.19	4.32	8.37	3.27	7.36
3.78	11.68	3.15	2.08	3.95	8.13	3.40	6.78
3.62	11.58	3.08	2.00	4.34	8.44	3.43	6.69
3.75	11.94	3.17	2.10	4.70	8.89	3.61	6.80
3.87	12.07	3.05	2.02	4.57	9.10	4.27	6.99
3.58	11.86	3.27	1.96	4.77	9.23	5.10	7.07
3.59	11.96	3.50	2.12	4.89	11.51	5.59	6.83
4.25	12.21	3.34	2.19	4.67	12.62	5.93	7.14
4.53	12.62	3.11	2.15	5.18	13.09	5.59	6.99
4.52	13.13	2.99	2.20	5.33	13.38	5.55	6.82
4.53	13.57	2.99	2.17	5.21	13.54	5.62	6.73
4.46	13.47	3.12	2.23	5.30	14.01	5.94	6.92

三十餘年來，食品飲料費用佔民間消費的比重，呈現逐年下降的趨勢；而家庭器具及設備費、醫療及保健費、娛樂消遣教育及文化服務費、運輸交通及通訊費等消費支出所佔的比重，則呈現逐年昇高的趨勢。從這種趨勢，可以歸納出下列幾項環境變遷的情形——

　　1.由基礎性支出，轉爲選擇性支出；

　　2.安全（醫療保健）需求與歸屬（交通通訊）需求日益殷切；

　　3.由物質性消費轉爲文化精神性消費；

　　4.消費生活日益趨向休閒化與流行化。

三、生態環境的變遷——

　　臺灣地區在將近30年間，由一個農業經濟社會邁進了工業社會；由一個貧窮落後的社會，轉而爲富裕進步之經濟奇蹟的典型。但是，急速工業化的結果卻也使生態環境方面產生了一些新的問題——

㈠石油問題導致能源成本增高：

　　鮑爾汀（Kenneth Boulding）曾指出，我們生存的行星——地球，有如一艘太空船，如果無法對物質作「更新」（Recycle）利用，勢必面臨燃料用罄的危機。

　　在各項有限而又無法更新的資源中，石油的問題最爲嚴重。幾乎全世界的主要經濟，均對石油的仰賴甚重；因此，除非人類能積極開發某種經濟價值的替代能源，否則石油必然將主宰世界的政治局面和經濟局勢。石油的短缺與油價的操縱，成爲各國所面臨的共同問題。

　　自從 1973 年的石油危機以來，能源問題已受到普遍的重視。一般而言，各國均以降低能源彈性，來適應能源之高價與短缺。我國近年來由於大力推動石油化學工業，致促使能源彈性，非但未見降低，反而超

過能源危機前之彈性。能源成本的增高，使企業面臨重大挑戰，更造成
消費者之不安定感。

(二)生態環境遭受污染與破壞：

　　經濟結構的改變，工業化的生產活動，無可避免地，已經對於我們
的生態環境造成了污染與破壞。

　　廣義來說，我們週邊的「物質」、「狀況」與「風氣」等生態環
境，都可能淪為被污染與破壞的對象。「物質」污染包括對空氣、水
質、食物、道路、建物等的污染；「狀況」污染，包括交通等秩序的混
亂、噪音等；「風氣」污染的例子，則有奢靡浪費、不守法、不愛惜公
物、不禮讓、服務態度不良等等。如何喚起國人提高環境意識，並從經
濟結構及政治制度上尋求生態環境污染問題的根本解決之道，殆為今後
重大課題！

四、科技環境的變遷——

　　科技的變遷可能對行銷策略產生重大的影響。產品種類的日益增
多、生產製造過程的日新月異及產品品質的日趨精良便捷，對於行銷作
業都會產生左右的效果。隨著時代的進步，臺灣地區近年來在科技方面
的發展步履甚為驚人，有人甚至指出近十年的科技變遷的成就，對於臺
灣地區的民眾生活貢獻，遠超過過去一百年的成就。除了石化工業之
外，臺灣地區近年來的科技變革（甚至可稱為革命）最重要的領域是在
電子：微處理及電子傳輸方面，其成長也最為快速。一般廠商如果未能
及時配合這種大趨勢，而在產品品質或製造及運送過程上，有所改良的
話，很可能在不久的未來，將被趨勢所淘汰。

　　析而言之，臺灣地區科技方面的諸多變遷可能對臺灣地區的行銷環
境產生下列的影響：

㈠電腦科技的引進與自動化生產技術的革新:

臺灣地區近幾年在電子及微處理技術方面的進展急速, 加上硬體方面的配合, 「電腦」已不再是一項陌生的名詞了。電腦科技的引進幾乎是無孔不入, 生產製造、財務分析、交通運輸……等等, 均可運用電腦來提高效率並降低人爲疏誤。 而自動化生產技術, 也隨著產生重大革新, 產品的品質提高、成本降低也是必然的結果了。

㈡科技帶來了產品創新:

科技的不斷進步, 不但影響到產品的製造方法與製作過程, 更直接促進產品的創新, 許多不可能的產品都因科技的進步而成爲可能。

產品的創新包括包裝、設計、大小規格(輕、薄、短、小)、方便性、精緻化、多元功能……等多方面。近年來, 臺灣地區產品(單就消費產品而言)的主要創新的實例, 有如家用電腦、個人多位元電腦、微電腦家電、電腦化警戒系統、電子交換機、多功能家電、電腦汽車(會說話警告系統)、電子收銀機、自動販賣機、自動提存款機……等。

㈢科技帶來了通路變化:

隨著科技的進步, 通路也產生了變化, Bar Code 及電子收銀機, 加速流通效率; 自動販賣機改變了許多購物觀念。 老舊菜市場、 雜貨舖, 很可能成爲一般傳統民眾的「社交」中心。超級市場及社區便利商店將取代舊市場的功能。

㈣資訊科技的急速發展, 造成高度情報化社會:

科技的進步, 使資訊的傳輸及儲存效率及能量呈等比級數進展, 資訊的繁多複雜, 使民眾成爲資訊的傳輸對象, 也使整個社會造成高度情報化現象。

㈤運輸交通科技縮短了人際關係距離, 提高了地理流動:

高速公路及電氣化鐵路的完成, 大幅縮短了人際關係的距離, 南北

來回的地理流動也大爲頻仍了。

㈥傳播科技方興未艾，改變了生活內涵：

電腦被運用於傳播科技，使資訊傳播更爲便捷，許多新的傳播科技，像電話傳眞 (telefax)、電讀 (teletext)、位元光束傳送……等，均方興未艾。一般預料，傳播科技將在五年內，有重大突破。

㈦研究發展日益受到重視。

五、政治環境的變遷——

㈠約束企業活動的法令規章日益增多。

㈡保障消費者權益之觀念與運動（如消費者文教基金會）逐漸受到
　　重視；

㈢公共服務 (public service) 團體（如：防癌基金會、明德基金
　　會、陽光基金會、信誼基金會等）之逐漸成長。

六、文化和社會環境的變遷——

㈠生活素質受到重視。

㈡生活意識及生活型態產生變化。

㈢世代間發生差距現象。

㈣社會參與日漸受到重視。

㈤地理流動及社會流動的增加。

㈥對休閒生活日益重視。

㈦工業化過程中，國民性格及行爲上並存著矛盾現象（楊國樞，民
　　68），使社會價值觀念產生紛歧現象。

以上所列舉的僅是諸多變遷中的部分現象而已，近三十年（尤其近十年）來，臺灣地區各方面變遷之急遽，乃前所未有的情形。

誠然，變遷乃社會的常態，亦爲社會的基本現象 (Loeb, 1980)。不論這些變遷是有計畫的策變，或爲自然的變遷；也不論其變遷的結果如何；或多或少，必然會爲人類帶來一些新的課題 (Kollat et. al, 1980)。就行銷環境之變遷而言，消費者如何處理行銷傳播資訊及創新事物 (innovation)；消費者是否知覺環境變遷及認同環境變遷帶來的問題；消費者在生活意識及生活型態上如何因應環境變遷而做適切調適；以及大眾傳播媒介在這些變遷與調適過程中所擔任的角色等問題，實爲變遷環境中所必須深入探討的重要課題。本研究卽以上述這些問題爲主要研究方向。

叁、消費生活趨勢窺測

隨著行銷環境的變遷，臺灣地區在近三十年所發生的快速現代化，導致了急遽社會變遷，使整個社會逐漸從傳統農業社會轉變成現代工業社會。

在這種漸進卻又快速的變遷過程中，行銷環境的變遷已在前面「環境掃描」中，作了詳盡的縷述。至於消費生活的變化如何，更是大家所關切的問題。

日本民眾在進入不安定的八十年代之前，也曾針對消費生活趨勢及未來產業變化加以探測，並在人們的口中流傳著「サシスヤソ」及「ハヒフヘホ」的「流行語」：

(1)「サシスヤソ」是指未來消費者生活型態的可能變化——

（サ）……卽「サビス」(Service, 服務)。消費者將重視服務業，及其它產業中的服務品質，包括 after service, before service, consulting service……等；

（シ）……卽「消費者」。指消費者意識的覺醒，消費主義的抬頭

消費逐漸重視本身的地位及權益，不再受廠商擺佈。

（ス）……卽「粹」。指消費者重視產品的品質及特色，尤其講求
產品的精緻化及個性化。

（ヤ）……卽「節約」。指消費者不再漫無概念的恣意浪費及無謂
消費，更由於時間的倉促及空間的侷限，消費者日愈重
視物力及人力的節約。

（ソ）……卽「創意」。指消費者重視商品的創意，更由於閒暇時
間增多，消費者也對於能滿足本身創意發揮的DIY（Do
It Yourself）商品的需求也逐漸殷切。

(2)「ハヒフヘホ」是指日本今後將受到矚目的行業

（ハ）……卽「ハウス」（House）。指與房屋有關的各項產業，包
括建築、裝潢、設計、家俱……等。

（ヒ）……卽「人節する」。指節省人力的機械化產品，像家用電
腦、微處理、機器人……等。

（フ）……卽「フード」（food）與「フアション」（fashion）。指
精緻、便捷的食品、外食產業，以及和流行事物有關的
產業（服飾、唱片……等）。

（ヘ）……卽「ヘルス」（health）。指與身心健康有關的產業，如
醫療、保健、壽險、健康食品、健診……等行業。

（ホ）……卽「ホビー」（hobby）。指與休閒、育樂、藝術有關
的身心教育產業。

這些現象顯示，消費者生活型態以及產品的未來發展都將會有重大
的變化。茲針對消費者的生活型態及消費者對產品的期望兩項，分別加
以大膽的預測：

綜合前面所談的經濟環境掃描，我們可以歸納出下列幾種現象：

環　境　變　數	重　要　現　象　摘　要
人口環境的變遷	・高齡化社會的產生 ・高學歷社會來臨，國民智識提高 ・就業人口增加，國民所得提高 ・婦女地位的提高 ・小家庭的誕生　・人口集中化
經濟環境的變遷	・產業結構產生改變，企業差距化 ・國民所得提高購買力增強 ・消費者的消費型態產生變化，重視精神生活及個性
生態環境的變遷	・石油問題導致能源成本增高 ・生態環境遭受污染與破壞
科技環境的變遷	・科技的創新，使產品開發能力增強 ・生產技術革新，提高產品品質及通路效率 ・資訊及傳播科技，改造生活內涵造成高度情報化社會 ・交通運輸縮短人際及地理間距離
政治環境的變遷	・消費者權益日益受到重視 ・約束企業活動的法令規章日益增多 ・公共服務團體及企業社會責任日益受重視
文化社會環境變遷	・生活素質受到重視 ・不安化心理籠罩消費者 ・社會參與受到重視 ・生活意識及生活型態產生變化 ・世代間發生差距現象 ・地理流動導致思考國際化、萬國化 ・社會價值觀紛歧矛盾 ・休閒生活日益受重視 ・個性化商品日益受歡迎

一、消費者生活型態的未來變化——

㈠生活意識及生活型態的變化：

1. 倫理關係的沖淡與世代差距的日趨嚴重——從前述的現象觀之，以夫妻及未婚子女組成之家庭增多，傳統式大家庭相對減少。父權夫權家庭趨向於平權家庭 ， 傳統家庭倫理及傳統孝道日趨淡薄，單身家庭及有子女而不在身邊的家庭增多，年老父母乏人奉養孤單寂寞，世代差距也日趨嚴重。這些趨勢都顯示，未來的消費型態會日趨「個性化」，購物決策上也逐漸產生「自主型」或「個我化」的情形。

2. 收入所得的提高，購買能力大幅提昇——
臺灣地區已逐漸邁進富裕的社會，國民所得已於去年突破三千美元大關。收入所得的提高，使消費者生活產生巨變，購買能力大幅提高，消費意識及消費型態也因而蛻變，「節約」的呼籲畢竟還是難以阻擋消費者對更美好、更高層次生活的追求。

3. 生活素質逐漸受重視，消費者追求精神生活需求——
臺灣地區到了富裕社會後，對於飲食、衣著等基本生理需求已不復強烈。消費者已開始追求育樂、安全、社會關係、自我尊嚴、自我實現的需求。換言之，消費者已逐漸重視生活素質，並追求精神（心理）方面的需求。

4. 對商品需求趨向二次化、高級化、精緻化——
如前面所提，過去消費者對於「物」的追求比較傾向於「硬體」（HARD）而人們對於商品所持的期求只要「擁有」（HUMAN HAVING）卽已告滿足，充其量也只不過是「使用」（HUMAN DOING）而已。 消費者購買動機是基於其「生理」需求。而今後，消費者對於商品的追求，將不只是其「硬體」， （產品的基本功能）而已提昇為「軟體」（SOFT，指產品的附加功能及心理炫耀功能），商品不只是供「擁有」或「使用」（或操作）而

已，更是成為消費者的「表徵」（HUMAN BEING）。消費者購買動機也將基於其「二次需求」或「心理需求」。在產品方面已追求高級化、精緻化、個性化、殊異化。

5. 社會參與日益受到重視，消費者權益日漸受到保障——

由於傳播活動日漸積極、地理流動及社會流動日漸頻仍，使消費者日益重視社會參與，並因而重視本身權益，加上消費者團體的日漸受尊重，消費者主義擡頭，消費者已不再受廠商的任意擺佈。從國內近年來發生的 S-95、黃樟素、味全新 AGU 奶粉等一連串事件，更使消費者覺醒，今後的消費者將更冷靜、更精明、更老練（Sophisticate）、更理智。

6. 閒暇時間將會增加，休閒活動日益受重視——

未來的社會裏，由於科技高度發展，許多耗費人們時間的工作均由機械、微電腦等代勞，人們閒暇時間，將比目前多很多。加上經濟愈進步、社會愈繁榮、生活步調就愈倉促，人們所感受到的壓力也就愈大。因此，人們逐漸重視休閒生活，藉以調劑緊張忙碌的精神壓力並獲得更高層次的生活素質上滿足。

7. 生活層面的擴大與人際交往的頻仍——

由於生活水準的提高，使消費者生活層面擴大，加上工商社會分工細密，人與人之間的交往就益形頻仍，與人際關係、社交相關的活動日益受到重視，像俱樂部等社交團體、場所、禮品、禮盒等，均為被看好的行業。

8. 多元化的價值觀及多元化的選擇標準——

工業化過程中，國民性格及行為上並存著矛盾現象，使社會價值觀念及價值系統產生了紛歧的現象，社會間較能容忍歧異。在消費行為方面，很難像過去一樣能發展一種「放諸四海而皆準」或

能「滿足各階層」「男女老少咸宜」的商品了，因爲消費者並存著多元化選擇標準及選擇機會。「市場區隔」（尤其從 LIFESTYE 角度區隔）、「市場定位」更是商品是否能成功的要素了。產品殊異化、個性化將是未來的趨勢。

9.追求短暫享受及立卽滿足──

　由於對「創新事物」（Innovation）的採納是富裕社會的主要現象之一。家計的長程計劃已不太被重視，取而代之的是「今朝有酒今朝醉」的短暫享受追求。流行事物（Fashion）的擴散甚快，因爲「流行」正是可以提供消費者對短暫享受的立卽滿足。

二、 消費行爲的未來變化──

1.生活高品質化傾向──

　(1)「正式」傾向：追求正牌、名牌、排斥仿冒、雜牌（generics）。

　(2)追求機能傾向：追求產品的高性能、講求精緻、不喜拖泥帶水的設計。

　(3)感性滿足傾向：追求心理或精神方面的需求，希望產品能襯托身分地位。

2.活動交流傾向──

　(1)遊覽傾向：旅遊、觀光、參觀、考察日益受到重視。

　(2)流動傾向：指地理流動與社會流動。動態的運輸、旅行等將日益受重視。

　(3)團聚、社交傾向：社團活動、交際應酬、送往迎來、禮品禮盒、社交場所等服務性行業將日漸興起。

3.文化創作傾向──

⑴情報化傾向: 消費者對情報蒐索將日漸殷切積極。

⑵鑑賞、學習傾向: 消費者將追求藝術、教育等方面的需求。

⑶創作傾向: 消費者對 DIY (Do It Yourself) 方面的產品會日

4.健康舒適傾向——

　　漸需求。

⑴健康追求傾向: 對與健康有關的產品或勞務,消費者將會日漸重
　　視。

⑵安全追求傾向: 保全、保險……等行業之興起與此有關。

⑶舒適追求傾向: 除「擁有」外還講求「舒適」將成為消費者需求
　　趨勢。

5.生活效率化傾向——

⑴時間效率化傾向: 省時省力的產品要求。

⑵空間效率化傾向: 「精緻」、「輕、薄、短、小」「適合小空
　　間」已成為消費者購置家中用品考慮標準。

⑶家計效率化傾向: 省錢、經濟的產品希望能發揮最高效益。

三、消費者對商品的期望——

　　綜合上述消費生活及消費行為的未來改變,消費者對商品的期望,
可能如下——

㈠多樣化: 產品種類將更繁多、更豐富,選擇性更高,更具殊異性
　　及變化。

㈡個性化: 產品殊異化結果使針對某一特定階層設計的產品更具獨
　　特個性。

㈢兩極化: 更趨向少量多樣,或少類大量的兩極化情形。

㈣高級化: 產品品質將更精密、精緻,更重視包裝以達高級感形象。

㈤短命化: 由於崇尚流行，且流行週期日短，使產品生命短暫。

㈥名牌化: 重視品牌，更重視名牌的炫耀心理。

㈦包裝化: 重視包裝、造型等更甚於商品品質、耐久性……等。

㈧多元化: 增合性、系列性增加，以 lifestyle 及 life stage 出發的產品日多。

㈨創作化: DIY 商品、自助式商品／服務的增加。

㈩效率化: 速成化商品、外食產業、輕薄短小商品日形重要。

㈠便利化: 「廢物不再利用」的「用完卽扔」(Disposable) 產品（紙尿布、免洗餐具）日益普及。

㈡國際化: 外國品牌商品（尤其多國性品牌）商品日多，「土洋雜陳」情形會愈來愈普遍。

　　以上所作的未來趨勢僅爲個人粗淺的窺測而已，尙待有關研究進一步分析研究。總之，行銷工作者必須隨時針對行銷環境加以掃描，並掌握消費者動向，才能制定更有效、更合時宜的行銷策略及行銷組合。

◇文化人類學·····································陳國鈞著

◇中國文化概論···················· 邱燮友・周　何　編著
　　　　　　　　　　　　　　　　　　李　鍌・應裕康

◇公民（上）（下）·····························薩孟武著

◇公民（上）（下）·····························呂亞力著

◇實用國際禮儀·································黃貴美編著

◇勞工問題·····································陳國鈞著

◇勞工政策與勞工行政···························陳國鈞著

◇少年犯罪心理學·······························張華葆著

◇少年犯罪預防及矯治···························張華葆著

◇教育哲學·····································賈馥茗著

◇教育哲學·····································葉學志著

◇教育原理·····································賈馥茗著

◇教育計畫·····································林文達著

◇普通教學法···································方炳林著

◇各國教育制度·································雷國鼎著

◇清末留學教育·································瞿立鶴著

◇教育心理學···································溫世頌著

◇教育心理學···································胡秉正著

◇教育社會學···································陳奎憙著

◇教育行政學···································林文達著

◇教育行政原理·······························黃昆輝主譯

◇教育經濟學···································蓋浙生著

◇教育經濟學···································林文達著

◇教育財政學···································林文達著

◇工業教育學···································袁立錕著

◇技術職業教育行政與視導·······················張天津著

◇技職教育測量與評鑑···························李大偉著

◇高科技與技職教育·····························楊啓棟著

◇工業職業技術教育·····························陳昭雄著

◇技術職業教育教學法………………………………………… 陳昭雄著
◇技術職業教育辭典………………………………………… 楊朝祥編著
◇技術職業教育理論與實務………………………………… 楊朝祥著
◇工業安全衛生…………………………………………………… 羅文基著
◇人力發展理論與實施……………………………………… 彭台臨著
◇職業教育師資培育………………………………………… 周談輝著
◇家庭教育…………………………………………………………… 張振宇著
◇教育與人生……………………………………………………… 李建興著
◇教育即奉獻…………………………………………………… 劉　真著
◇人文教育十二講…………………………………………… 陳立夫等著
◇當代教育思潮………………………………………………… 徐南號著
◇比較國民教育………………………………………………… 雷國鼎著
◇中等教育………………………………………………………… 司　琦著
◇中國教育史…………………………………………………… 胡美琦著
◇中國現代教育史…………………………………………… 鄭世興著
◇中國大學教育發展史……………………………………… 伍振鷟著
◇中國職業教育發展史……………………………………… 周談輝著
◇社會教育新論………………………………………………… 李建興著
◇中國社會教育發展史……………………………………… 李建興著
◇中國國民教育發展史……………………………………… 司　琦著
◇中國體育發展史…………………………………………… 吳文忠著
◇如何寫學術論文……………………………………………… 宋楚瑜著
　　　　　　　　　　　　　　　　　　　　　　　段家鋒
◇論文寫作研究………………………………………………孫正豐主編
　　　　　　　　　　　　　　　　　　　　　　　張世賢
◇心理學…………………………………………………………… 劉安彥著
◇心理學……………………………………………… 張春興・楊國樞著
◇怎樣研究心理學…………………………………………… 王書林著
◇人事心理學…………………………………………………… 黃天中著
◇人事心理學…………………………………………………… 傅肅良著

大 學 用 書

◇傳播研究方法總論 ···································· 楊孝濚著
◇傳播研究調查法 ····································· 蘇　蘅著
◇傳播原理 ··· 方蘭生著
◇行銷傳播學 ······································· 羅文坤著
◇國際傳播 ··· 李　瞻著
◇國際傳播與科技 ···································· 彭　芸著
◇廣播與電視 ······································· 何貽謀著
◇廣播原理與製作 ···································· 于洪海著
◇電影原理與製作 ···································· 梅長齡著
◇新聞學與大衆傳播學 ································· 鄭貞銘著
◇新聞採訪與編輯 ···································· 鄭貞銘著
◇新聞編輯學 ······································· 徐　旭著
◇採訪寫作 ··· 歐陽醇著
◇評論寫作 ··· 程之行著
◇新聞英文寫作 ····································· 朱耀龍著
◇小型報刊實務 ····································· 彭家發著
◇廣告學 ··· 顏伯勤著
◇媒介實務 ··· 趙俊邁著
◇中國新聞傳播史 ···································· 賴光臨著
◇中國新聞史 ······································· 曾虛白主編
◇世界新聞史 ······································· 李　瞻著
◇新聞學 ··· 李　瞻著
◇新聞採訪學 ······································· 李　瞻著
◇新聞道德 ··· 李　瞻著
◇電視制度 ··· 李　瞻著
◇電視新聞 ··· 張　勤著
◇電視與觀衆 ······································· 曠湘霞著
◇大衆傳播理論 ····································· 李金銓著
◇大衆傳播新論 ····································· 李茂政著
◇大衆傳播與社會變遷 ································· 陳世敏著

大 學 用 書

◇組織傳播……………………………………………鄭瑞城著
◇政治傳播學…………………………………………祝基瀅著
◇文化與傳播…………………………………………汪　琪著